U0385464

中国古建筑
构造技术

第 2 版

◎ 王晓华　主编
◎ 温媛媛　刘宝兰　副主编
◎ 冯美宇　主审

化学工业出版社
·北京·

本书以中国古建筑构造技术为主线，根据中国古建筑的构造组成，按照从基础到屋顶，从结构到装饰装修的顺序，分别介绍了古建筑下分"基础、台基与地面"的构造，古建筑中分"墙体、木构架、斗栱"的构造，古建筑上分"屋顶"的构造以及古建筑木装修和古建筑彩画等知识。全书渗透了宋《营造法式》、清《工程做法则例》、江南《营造法原》的内容，在学习中可以相互比照。

本书在第一版的基础上对内容进行了较大幅度的修订与完善，增补了综合实训内容，以便将构造理论与实践工程相结合，达到学以致用的目的；增补了古建筑地杖分层做法表、古建筑各类彩画特征表、古建筑常用名词对照表，以供读者查用。与第一版相比，质量进一步提高，实用性进一步加强。

本书可作为高等院校及高职高专古建筑工程技术专业的教学用书，也可作为岗位技术培训及从事古建筑设计、施工、监理等的工作人员的参考用书。

图书在版编目（CIP）数据

中国古建筑构造技术/王晓华主编 . —2 版 . —北京：
化学工业出版社，2018.11（2024.2重印）
ISBN 978-7-122-33074-1

Ⅰ. ①中⋯　Ⅱ. ①王⋯　Ⅲ. ①古建筑-建筑构造-
工程施工-中国　Ⅳ. ①TU-092.2

中国版本图书馆 CIP 数据核字（2018）第 217501 号

责任编辑：彭明兰　　　　　　　装帧设计：韩　飞
责任校对：边　涛

出版发行：化学工业出版社（北京市东城区青年湖南街 13 号　邮政编码 100011）
印　　刷：北京云浩印刷有限责任公司
装　　订：三河市振勇印装有限公司
787mm×1092mm　1/16　印张 27½　字数 722 千字　　2024 年 2 月北京第 2 版第 8 次印刷

购书咨询：010-64518888　　　　售后服务：010-64518899
网　　址：http://www.cip.com.cn
凡购买本书，如有缺损质量问题，本社销售中心负责调换。

定　　价：98.00 元　　　　　　　　　　　　　　　　　版权所有　违者必究

前言

本书在第一版的基础上，对全书做了全面的修订与升级。新增修内容中结合了《国务院关于进一步加强文物工作的指导意见》国发〔2016〕17号和《国家文物事业发展"十三五"规划》文物政发〔2017〕4号等文件精神，将坚持"创新、协调、绿色、开放、共享"的发展理念，坚持"保护为主、抢救第一、合理利用、加强管理"的文物工作方针等纳入古建筑构造技术理论体系之中。

本书在修订中，以古建筑工程项目为载体，古建筑构造技术为主线，对古建筑下分、中分、上分、古建筑装饰装修和彩画构造进行了系统的整理。新增补了古建筑构造综合设计实训内容，对实训技能标准做了规定，对实训步骤做了建议，对实训成果引用了工程案例进行了演示，使本书内容与古建筑工程技术及相关专业的教学相结合，同时与国内古建筑行业动态发展相结合，既能够作为高校教学用书，又可作为古建筑从业人员的参考用书。

本书由王晓华主编，温媛媛、刘宝兰副主编，山西建筑职业技术学院冯美宇教授主审。全书的修订分工如下：第一、第四、第五章由山西建筑职业技术学院王晓华修订，第二章及附录由山西建筑职业技术学院刘文博修订，第三章由山西古建筑保护研究所刘宝兰修订，第六章由山西建筑职业技术学院温媛媛修订，第七章由山西圆方古迹保护修复有限公司王明明修订，第八章由山西建筑职业技术学院李楠修订，第九章由山西省古建筑集团有限公司杨斌修订。 在本书的编写过程中，得到了各位编者所在单位的大力支持，在此表示衷心的感谢。

本书在编写过程中，参考了许多同类教材、专著，引用了相关文献、图集及实际工程中的构造案例，均在参考文献中列出，在此向文献的作者致谢。

由于编者水平有限，加之经验不足，书中难免有不妥之处，恳请广大读者批评指正。

编者
2018 年 11 月

第1版前言

随着社会的发展进步，我国对中国传统建筑遗产的保护与继承也进入了一个崭新的发展阶段。在各级政府部门的大力支持下，我国古建筑行业进入了一个前所未有的黄金时期。产业的高速发展需要大量的专业人才作支撑，为满足古建筑市场的人才需求，中国古建筑工程技术专业应时而生。但由于专业新，专业的发展定位、课程设置等方面还不够成熟，教材建设也尚处在初级阶段，当前急需内容适宜、质量高、能满足该专业人才培养目标和要求、体现新的学科研究成果及"系统的、综合的、反映工学结合的"专业配套图书，以解决当前开设古建筑专业院校师生的"教"、"学"需求。为此，在山西古建筑协会的支持下，由山西建筑职业技术学院牵头，联合山西省内的一些古建筑企业，组织相关人员共同编写了本书。

本书主要讲述了中国古代建筑的各部分组成、材料选择、结构方式、构造连接方式及古建筑装饰装修处理等方面的知识。由于中国古代建筑时间跨度大，不同历史阶段的建筑做法有着较大的差异，即使是同一历史时期，不同地域、不同民族的建筑也存在很多不同。但作为官式营造的建筑，同一时期还是有着较多的共性，并代表了时代的主流。本着求同存异的原则，本书主要以宋、清两个时期的官式建筑做法为代表，对古建筑构造知识进行系统地梳理，同时照顾到江南古建筑的特殊性，对江南地区的古建筑构造做法也有适当的介绍。本书以宋《营造法式》、清《工程做法则例》、江南《营造法原》等文献为主要参考，以现存的古建筑实例作为例证，按照古建筑的部位进行分类整理，并辅以大量的墨线图作为说明，来揭示中国古代建筑的结构与构造做法，使读者对中国古代建筑构造有一个系统的了解与认识。

本书由王晓华主编，温媛媛、刘宝兰副主编，山西建筑职业技术学院冯美宇教授主审。全书编写分工如下：第一、四、五章由山西建筑职业技术学院王晓华编写，第二章由山西建筑职业技术学院刘文博编写，第三章由山西古建筑保护研究所刘宝兰编写，第六章由山西建筑职业技术学院温媛媛编写，第七章由山西圆方古迹保护修复有限公司王明明编写，第八章由山西建筑职业技术学院李楠编写。在本书的编写过程中，得到了作者所在院校和相关古建筑企业的大力支持，在此表示衷心感谢。

本书在编写过程中，参考了许多同类教材、专著，引用了相关文献、图集以及一些实际工程案例，在此一并致谢。

由于编者水平有限，加之时间仓促，书中难免有不妥、不足之处，恳请广大读者批评指正。

编者
2013 年 5 月

目 录

第一章 中国古建筑概述

第一节 中国古建筑的发展 / 2

第二节 中国古建筑的类型 / 3

    一、功能类型 / 3

    二、结构类型 / 4

    三、单体形态类型 / 4

第三节 中国古建筑的基本构造组成 / 5

    一、下分——基础、台基、地面 / 5

    二、中分——屋身 / 5

    三、上分——屋顶 / 6

    四、装饰装修 / 6

    五、古建筑构造组成与现代建筑构造组成比较 / 7

第四节 中国古建筑中的建筑尺度体系 / 8

    一、模数 / 8

    二、宋《营造法式》时期的建筑尺度体系 / 10

    三、清《工程做法则例》时期的建筑尺度体系 / 12

第五节 古建筑规模等级的划分 / 14

    一、宋《营造法式》中殿堂、厅堂、余屋的区分 / 14

    二、清式大式建筑与小式建筑的区分 / 15

    三、正式建筑与杂式建筑 / 17

第六节 中国古建筑技术文献 / 18

    一、宋《营造法式》 / 18

    二、清《工程做法则例》 / 19

    三、江南《营造法原》 / 19

    四、《清式营造则例》与《营造算例》 / 20

第二章 古建筑基础、台基与地面构造

第一节 古建筑地基与基础构造 / 22

    一、地基 / 22

    二、基础 / 22

第二节 古建筑台基构造 / 30

一、台基的作用 / 30

二、台基的类型 / 31

三、普通台基构造 / 32

四、须弥座台基构造 / 36

第三节 台阶与栏杆构造 / 44

一、台阶与坡道构造 / 44

二、栏杆构造 / 48

第四节 古建筑地面构造 / 54

一、古建筑地面类型 / 54

二、古建筑平面尺度权衡 / 55

三、室内楼、地面构造 / 58

四、室外地面 / 64

五、园林地面 / 69

第三章 古建筑墙体构造

第一节 古建筑墙体用材 / 72

一、砌筑用砖 / 72

二、砌筑用灰浆 / 77

第二节 古建筑墙体概述 / 80

一、古建筑墙体的作用 / 80

二、古建筑墙体类型 / 81

三、砖墙的砌筑类型 / 84

四、各种砌筑类型的组合与使用 / 84

五、砖的摆置、组砌方式 / 86

六、古建筑砖墙勾缝 / 88

第三节 古建筑山墙构造 / 90

一、庑殿、歇山山墙构造 / 91

二、悬山山墙构造 / 91

三、硬山山墙构造 / 91

第四节 古建筑槛墙与檐墙构造 / 102

一、槛墙构造 / 102

二、檐墙构造 / 102

第五节 院墙与影壁构造 / 104

一、院墙构造 / 104

二、影壁构造 / 106

第六节 墙体抹灰 / 111

一、现代建筑一般抹灰 / 112

二、古建筑抹灰 / 112

第四章　古建筑木构架构造

第一节　古建筑木构架用材 / 116
　　一、传统建筑常用木材的种类及特性 / 116
　　二、木材常见的缺陷和各类木构件对材质的要求 / 118
第二节　木构架的类型及其构件组成 / 120
　　一、宋《营造法式》时期的木构架类型及其构件组成 / 120
　　二、明、清时期的木构架类型及其构件组成 / 130
　　三、江南木构架的类型及构件组成 / 133
第三节　木构架——屋顶曲线的形成 / 137
　　一、宋《营造法式》——举折法 / 138
　　二、清《工程做法则例》——举架法 / 139
　　三、江南《营造法原》——提栈法 / 140
第四节　硬山、悬山木构架 / 141
　　一、硬山、悬山建筑构架简图 / 142
　　二、硬山、悬山建筑木构架构造 / 145
　　三、硬山与悬山建筑细部构造 / 147
第五节　庑殿建筑木构架 / 152
　　一、庑殿建筑平面柱网布置 / 153
　　二、庑殿建筑木构架 / 153
第六节　歇山建筑木构架 / 163
　　一、歇山建筑平面柱网布置 / 163
　　二、歇山建筑木构架 / 164
　　三、歇山收山构造 / 168
　　四、庑殿、歇山翼角构造 / 170
第七节　攒尖建筑木构架 / 178
　　一、攒尖建筑的类型 / 179
　　二、单一型攒尖建筑 / 179
　　三、复合型的攒尖建筑 / 189
第八节　其他杂式建筑木构架 / 192
　　一、古建筑中单体门的种类 / 192
　　二、垂花门 / 194
　　三、游廊 / 197
　　四、木牌楼 / 198
第九节　古建筑木构架的结合工艺 / 204
　　一、榫卯结合 / 204

二、胶黏剂结合 / 214

三、钉接 / 215

第五章　古建筑斗栱构造

第一节　斗栱的作用及其发展演变 / 218

一、斗栱的作用 / 218

二、斗栱的发展演变 / 219

三、从唐宋到明清斗栱的变化规律 / 223

第二节　宋《营造法式》中的斗栱 / 224

一、铺作的两层含义 / 224

二、宋式铺作的基本构件组成 / 225

三、宋《营造法式》中铺作的组合与分布 / 231

四、宋式斗栱举例 / 236

第三节　清《工程做法则例》中的斗栱 / 242

一、清式斗栱的基本构件组成 / 242

二、清式斗栱分类 / 246

三、清式斗栱的计量单位和间距 / 251

四、清式斗栱构造分析——以单翘单昂五踩斗栱为例 / 251

第四节　江南《营造法原》中的斗栱 / 257

一、牌科斗栱的基本构件组成 / 257

二、牌科斗栱的出参与分布 / 258

三、牌科的类型 / 258

四、江南牌科各构件之比例权衡 / 262

第六章　古建筑屋顶构造

第一节　古建筑屋顶概述 / 266

一、屋顶类型 / 266

二、古建筑屋面类型 / 268

三、古建筑屋脊类型 / 271

四、大式屋顶和小式屋顶 / 272

五、古建筑屋面材料 / 272

第二节　古建筑屋面构造 / 281

一、古建筑屋面构造组成 / 281

二、古建筑屋面分层构造 / 283

三、宫廷灰背中几种特殊的做法 / 286

四、屋面瓦件的选择 / 287

　　　五、古建筑屋面细部构造 / 287
第三节　古建筑屋脊构造 / 289
　　　一、唐宋时期古建筑屋脊构造做法 / 290
　　　二、清代古建筑屋脊构造做法 / 292
　　　三、苏南地区古建筑屋脊构造做法 / 311

第七章　古建筑木装修

第一节　古建筑木装修用材 / 317
　　　一、树种的选择 / 317
　　　二、木材的干燥 / 317
　　　三、板材与方材 / 318
　　　四、木装修构件的选材标准 / 318
第二节　外檐装修 / 319
　　　一、门 / 319
　　　二、窗 / 339
　　　三、外檐柱间装饰 / 346
第三节　内檐装修 / 352
　　　一、隔墙、隔断 / 353
　　　二、天花藻井 / 361
　　　三、木楼梯 / 369

第八章　古建筑彩画

第一节　古建筑彩画发展历史 / 372
　　　一、古建筑彩画的起源 / 372
　　　二、中国古建筑彩画的发展 / 373
第二节　宋式彩画 / 377
　　　一、宋式彩画概述 / 377
　　　二、宋式彩画类型 / 381
第三节　清式彩画 / 385
　　　一、清式彩画概述 / 385
　　　二、清代官式建筑彩画的分类 / 386
　　　三、清三大官式彩画的构图及其线路 / 388
　　　四、清三大官式彩画的设色 / 388
　　　五、清三大官式彩画的纹饰及做法 / 388
　　　六、其他清式彩画 / 393
　　　七、其他部位彩画 / 395

第九章　古建筑构造综合设计实训

一、项目概况 / 398

二、技能标准 / 399

三、实训步骤 / 399

四、成果展示（图纸部分）/ 401

附　　录

附录一　清式带斗栱大式建筑木构件权衡表 / 409

附录二　清式小式(或无斗栱大式)建筑木构件权衡表 / 413

附录三　古建筑墙体各部位尺度权衡表 / 416

附录四　古建筑地仗分层做法表 / 418

附录五　古建筑各类彩画特征表（官式彩画）/ 419

附录六　古建筑常用名词对照表 / 422

参考文献 / 430

第一章

中国古建筑概述

第一节　中国古建筑的发展

中国古代建筑，与古代埃及建筑、古代西亚建筑、古代印度建筑、古代希腊与罗马建筑、古代拉丁美洲建筑并称为世界六大原生的古老建筑体系。它发祥于中国黄河与长江中下游地区，如同一个有机生命体，经历了萌芽、发育、定型、成熟、规范化、衰退与简化及烂熟式微这样一个发展历程，具体各发展阶段特征详见表1-1。它的发展在世界建筑史上是独一无二的，并具有以下几个典型的特征。

表 1-1　中国古建筑发展简表

发展阶段	历史时期	建筑特征
萌芽期	原始社会末期	1. 沼泽地带源于巢居的建筑发展——干阑式建筑 2. 黄土地带源于穴居的建筑发展——木骨泥墙建筑 3. 原始聚落发展——农村与城市的萌芽
发育期	夏、商、周	1. 茅茨土阶——奠定了中国古代建筑呈现台基、屋身、屋顶三分面貌 2. 夯土技术发达,高台建筑盛行 3. 建筑布局首次呈现了廊院式与四合院式格局 4. 梁柱构件已在柱间用阑额,柱上用斗,开启运用斗栱之滥觞
定型期	战国、秦、汉	1. 木构架三种主要形式——抬梁式、穿斗式、井干式已基本形成 2. 筒、板瓦广泛使用于屋顶,出现了庑殿顶、悬山顶、叠落顶、短脊顶等各种形式 3. 斗栱使用已很普及,但形式还不统一 4. 建筑以"间"为单位构成单座建筑,建筑群体以"院"为单位形成多进多路式的布置模式 5. 开始盛行重楼建筑(多层楼阁,望楼)
成熟期	隋、唐、五代	1. 解决了大体量建筑的构筑技术,广泛使用殿堂型、厅堂型构架 2. 木构架的形式和用料已经呈现"以材为祖"的现象 3. 斗栱的结构机能得到充分发挥 4. 专掌绳墨绘制图样和指挥施工的"都料匠"出现 5. 建筑形象呈现雄浑、豪健的气质,屋顶舒缓、斗栱雄健、门窗朴实无华、构件无多余装饰、色彩简洁明快
规范化、精细化	宋、辽、金	1. 建筑规模缩小,总体布局趋向多进院格局,单体建筑出现复杂形态 2. 建筑技术取得重要的进展,《营造法式》的问世,对成熟的木构架体系进行了规范化的总结,建筑定型化达到严密的程度 3. 小木作发育成熟,内、外檐装修日趋华美、细腻,彩画趋向绚丽多彩 4. 建筑风貌呈现出鲜明的地域特色和精细化特点
衰退与简化	元	1. 木构架建筑承宋、辽、金传统,但规模与质量均下降 2. 广泛使用减柱造与移柱造 3. 内檐斗栱机能减退或被取消,柱、梁、檩之间的直接联系加强
烂熟式微	明、清	1. 木材减少,砖材使用增加,硬山建筑广泛使用 2. 单体简化后定型,并以规范的形式固定下来。随着技术上的定型化,艺术上也走向了程式化和呆板僵化 3. 建筑结构与装饰分离,单体建筑装饰精细、华丽,甚至由于装饰过分而产生繁缛与堆砌感 4. 建筑分工细化,皇家工程设计出现样式房(包括图纸与模型),算房(预算)等

（1）历史悠久　中国古代建筑体系是一个源远流长的体系，该体系萌芽于原始社会晚期。长江中、下游沼泽地带源于巢居形成的干阑式建筑与黄河流域源于穴居发展形成的木骨泥墙建筑是其雏形。作为主体的"木构架建筑体系"最迟至殷商时期就已初步形成，发展延续至今的时间至少在四千年以上。

（2）体系独特　木构架体系是中国古代建筑中占据主流的建筑体系，它不同于西方的砖石结构体系。它以木材作为建筑材料，充分发挥了木材既能受压也能受弯的力学性能和良好的加工性能，创造了以抬梁式为主的独特结构体系。这种结构体系与现代框架结构十分相似，整个传力路线为：屋面荷载→椽子→檩条→梁架→柱子→磉墩（基础），脉络清晰、层次分明。另外承重构件与围护、分隔构件分离，有机地对结构构件和其他附属构件进一步加工，形成独特的中国建筑装饰，内容包括内外装修、彩画、木雕、砖雕等。

（3）高度稳定　中国古代的木构架体系一脉相承，持续少变。以建筑造型为例，在夏商周时期已经形成的中国传统的三段式建筑形象，即台基、屋身、屋顶的组合，一直延续到明清，除了局部比例与尺度发生变化之外，整体造型表现出了高度的稳定性。

（4）发展缓慢　受中国传统文化影响，在中国古建筑领域，遗存的建筑书籍少之又少，许多建筑做法属于工匠们"口传心授，门户相传"，再加上述而不作，信而好古，对古制、祖制述之、守之，而少改变，导致中国古代建筑技术与工艺发展较为缓慢。

（5）是一种典型的纯金文化　由于中国位于东亚大陆，东面是浩瀚的大海、北面是苦寒的戈壁、西部与东南是险峻的山脉和高原，造成了半封闭的地理结构特征，使之远离世界其他文明中心而形成相对隔绝的状态。加之农耕文明和有足够回旋的辽阔土地，也使中国文化缺乏外向的动力。中国建筑的早期发展保持着很大的独立性，木构架建筑发生期、发育期大体是在与外来文明没有联系的情况下度过的。到了东汉时期佛教文化传入时，中国木构架建筑体系已经形成，正统地位已经确定，外来建筑文化没有冲淡中国建筑的特色，只是融化在中国建筑的特色之中。这种情形一直保持到 19 世纪中叶，使得中国古代建筑体系既是高度成熟的、延绵不绝的，也是较为纯粹的和独树一帜的。

第二节　中国古建筑的类型

建筑类型是因特定的社会需要而产生的。随着社会的发展，一些旧的类型消失，一些新的类型产生，古代如此，今天也是如此。在长达数千年的历史积淀下，中国古代建筑类型非常丰富，总体来讲可以从以下几个角度进行划分。

一、功能类型

功能是指建筑的用途与使用要求，是人们建造房屋的主要目的之一，对中国古代建筑而言，功能类型指的不是某一个单体建筑，而是组群建筑。单体建筑只是完成群体组合的空间单位，功能只有在群体之中才能发挥其作用。

我国古建筑功能类型有以下几种。

（1）居住建筑　居住建筑在任何一个时代都是最大量的建筑，我国北方的大院、南方天井院以及具有强烈民族和地域特色的乡土民居等都属于这一类型。

（2）行政建筑　包括宫殿建筑、衙署建筑、公馆、贡院、邮铺、驿站、军营、仓库等。

（3）礼制建筑　是以祭拜天地、鬼神为核心而设立的祭祀类建筑，如：以天地自然神为祭祀对象的坛庙，以祖先祭祀为核心的太庙、祠堂，以历代先贤祭祀为核心的各类先贤祠等。

（4）宗教建筑　包括佛教寺院、道教宫观、基督教堂及其他宗教活动建筑。

（5）商业与手工业建筑　包括商铺、会馆、手工作坊、酒楼、茶肆、旅店、货栈等。

（6）教育与文化娱乐建筑　主要有官办的国子监、私学书院、观象台、藏书楼、文会馆、戏台、戏场等。

（7）园林与风景建筑　包括皇家苑囿、衙署园圃、寺庙园林、私家园林以及风景名胜区的亭台楼阁等建筑。

（8）市政与标志性建筑　包括钟鼓楼、市楼、望火楼、桥梁、风水塔、航标塔、牌坊、华表等。

（9）防御性建筑　包括城垣、门楼、箭楼、角楼、更铺（设于城墙之上供军士值夜之用）、串楼（南方城墙上设长廊周匝，以避烈日霪雨）、墩台等。

二、结构类型

结构是建筑物承重部分的构造，按照古建筑主要承重结构的材料与搭接形式可以划分为以下几种类型。

（1）木构架建筑　是我国古代建筑的主流形式，主要包括抬梁式、穿斗式、井干式构架这三种基本形式。其适用范围广泛，从平原到山区、从炎热到寒冷地带、从民居到宫殿建筑都有涉及。

（2）砖石结构建筑　在我国的使用范围仅次于木构架建筑，主要应用于砖塔、石塔、锢窑、无梁殿、石窟、石窑、桥梁等。砖石结构承压性能好，尤其适用于拱券结构，更能发挥其受压特性。

（3）混合结构建筑　是指建筑主要承重结构采用两种或两种以上的材料形成，如墙体采用石材，而楼盖采用木梁、楞木组合的形式。在古建筑中，常见的混合结构类型有土木结构、砖木结构、石木结构三种。土木结构房屋见于西北民居，多为土坯墙或夯土墙与木构架混合使用。砖木结构房屋形成较晚，盛行于清末及民国时期，有后檐墙承重与传统木构架结合的形式，也有墙体承重与传统屋架结合的形式。石木结构房屋多见于多石少木的山区，如川藏高原、太行山区等，以石砌墙体与木楼盖相结合为其特征。

（4）生土建筑　多见于黄土高原地区，有靠崖式窑洞、下沉式窑洞和砌筑式窑洞三种类型。前两种类型是在自然形成的黄土崖壁或人工形成的黄土侧壁上开挖出半圆形或近半圆形的券洞。后一种类型则是通过砖石发券，券顶覆土形成。

（5）竹构建筑　多见于南方多竹地区的竹构干阑。

三、单体形态类型

（1）宫殿　专指帝王所居住的和供奉神佛的高大建筑物。宫殿在单体建筑中等级最高，多布置在中轴线上显要的位置，屋顶多为庑殿式与歇山式，殿必须有正脊与正吻，即所谓的"无吻不为殿"。

（2）厅堂　厅堂一般指在宅第中建造在建筑组群纵轴线上的主要建筑，多作为正式会客、议事或行礼之所。宗祠、衙署、园林中的主要建筑也称为堂。

（3）楼阁　楼与阁起源于干阑式建筑，都是表达两层及其以上的多层建筑的名词。楼，本意是重屋。阁，是指带有平座层和腰檐的建筑，现已不区分。功能上阁还指兼有储藏作用的房屋，如藏经阁。

（4）塔　又称作窣堵坡，原是存放有佛教圣物以供佛教徒膜拜的构筑物，后根据用途又有佛塔、墓塔、经塔、风水塔、灯塔等之分。

（5）亭、廊、轩、榭　这些是风景园林建筑中常用的建筑。

① 亭，在园林中供游客休息、停留、眺望、宴会等功用的建筑，多为开敞式，平面有三边、四边、多边、圆形、扇面等各种形状。

② 廊，古建筑屋檐下的过道或独立有顶的通道。在园林建筑中，廊除了作为建筑物之间的通道外，还有供游人停留、休憩、观赏景物之用。

③ 轩，本是对车的一种称呼。古时车前高后低叫轩，前低后高叫轾。园林中多指明净轩敞的小室。在江南建筑中也指房屋具有双层屋面时，内层顶棚较为精细者为轩。

④ 榭，本是指建筑在高台之上的木构亭状物，是检阅、讲武之所。后也指园林中凭借景观而构筑的供游览、休憩的小型建筑，如：花榭、水榭，形态也随宜而定。

（6）斋　并无特殊的形态，燕居之所称为斋，学舍书屋也称为斋，后泛指专心进修的场所。

（7）馆　旧指招待宾客供应食宿的房舍，明清以来的会馆是馆的较大形式，专指为旅居异地的同乡人共同设立的，供同乡、同业聚会或寄居的馆舍。馆也可以是文教类建筑，如学馆。园林中馆是用来游览、眺望、起居、宴饮的建筑。

（8）门　是作为入口标志的建筑物，形制上有墙门（如园林中的月洞门）、屋宇门（如寺庙中的山门、四合院的大门）、台门（北京故宫午门、城门）、阙门及牌坊门（仅作为入口标志）。

（9）桥　供行人等跨越水体（河流、湖泊）、山谷使用的构筑物。桥有各种形态，如：平桥、拱桥、廊桥、浮桥、拉索桥等。

第三节　中国古建筑的基本构造组成

从造型上看一栋古建筑明显分为三个部分：台基、屋身、屋顶。北宋著名匠师喻皓在《木经》中称之为"三分"，并指出"凡屋有三分，自梁以上为上分，地以上为中分，阶为下分"。根据古建筑房屋这三部分的构成机能，古建筑构造可以分为以下几个部分。

一、下分——基础、台基、地面

古建筑的下分，指的是基础与台基部分。从构成机能上看，基础是结构构成因子，它位于墙柱之下，用来承担整个建筑的荷载并传递至下部地基。台基是围护与装饰构成因子，它将基础包裹在内，形成建筑的基座。台基一般为砖石包砌的夯土平台，起着保护基础、防水避潮等功能，同时在建筑造型和建筑等级标志方面起着重要的作用。

另外，古建筑地面也属于下分部分的内容，地面是房屋的室内地坪，同时也是台基的上表面，地面层有均匀传力及防潮等要求，并应具有坚固、耐磨、易清洁等性能。

二、中分——屋身

屋身由木构架、斗拱、墙体部分组成。

1. 木构架

木构架是古建筑的结构受力因子，它由柱网部分与屋架部分有机组合在一起。木构架类似于今天的框架结构，屋架-柱网体系承受建筑上部的屋顶荷载，并将其传递给下部基础。

（1）柱网　柱子按照一定规律进行排列，通过上部额枋，下部地栿（宋以前有，明清已无）等联系成一个整体。

（2）屋架　由梁（栿）、短柱构成。以抬梁式屋架为例，沿着进深方向在柱顶架设大梁，在大梁之上按照步架位置立短柱（瓜柱），短柱柱顶架设短梁，在短梁之上再立短柱，短柱上架设更短的短梁，直至屋脊。然后在屋架梁（栿）的端头架设檩条，檩条之上架设椽条。

屋架既是古建筑屋顶部分的受力结构，同时也是形成屋面曲线的主要原因，当屋架采用不同的取折方法时，屋顶的陡缓曲线将发生变化，详见本书第四章第三节相关内容。

2. 斗栱

斗栱是中国古建筑特有的构件，它经常出现在柱顶额枋之上、檐下或梁架檩枋之间，由呈交错叠置的斗形和弓形木构件构成。在传递荷载、增加外檐出跳、装饰、屋身与屋檐之间过渡连接等方面起着重要的作用。

需要注意的是，不是所有的古建筑都有斗栱，中国古代建筑有着严格的等级之分，在明清时期小式建筑中就不能使用斗栱。

3. 墙体

墙体是古建筑中的围护与分隔因子。在木构架体系形成的古建筑中，墙体本身并不承受上部梁架及屋顶荷载，所以古建筑中有"墙倒屋不塌"之说。墙体虽不承重，但在稳定柱网，提高建筑抗震刚度方面起着重要的作用，同时墙体的耐火性能较好，在建筑防火方面也起着重要的作用。

三、上分——屋顶

中国传统建筑屋顶不仅在建筑中起着围护结构的作用，而且在建筑造型和彰显建筑等级方面起着重要的作用。

首先作为建筑物的顶界面，屋顶是重要的围护结构构件，抵抗风、雨、雪的侵袭和太阳辐射热的影响。其次作为传统建筑的上段，屋顶的形式多种多样，以庑殿、歇山、悬山、硬山、攒尖为主，还有盝顶、盔顶、勾连搭、抱厦、十字顶等形式作为补充；既有单檐、重檐、多檐之分，还有尖山式、圆山式之别，形成了屋顶变化丰富、多姿多彩的造型样式。再次屋顶的形式、屋脊做法和屋顶瓦饰等均能反映出建筑的使用性质、类别，建筑物业主的身份、地位等，在这些方面有着极为严格的规定，是绝对不可逾越的。

四、装饰装修

装饰装修主要包括木装修、油漆彩画等部分。

1. 木装修

木装修又称为小木作，分为外檐装修和内檐装修，外檐装修主要指古建筑室外或分隔室内外的木装饰构件，如：门窗、挂落、坐凳楣子、栏杆等。内檐装修主要指安装在古建筑室内，用来分隔和限定空间的木隔断、罩、博古架、天花、藻井等。内、外檐装修是体现中国传统建筑独特民族风格的重要组成部分。

2. 油漆彩画

油漆彩画的作用有四：一是保护木构架，起到防潮、防腐、防虫蛀等作用；二是装饰美化建筑构件；三是体现建筑的等级；四是在宗教建筑中，彩画还通过不同的绘画主题来教化世人，起到寓教于乐的作用。

油漆是以植物性油料（桐油、大漆等）为主要原料，采用不同的施工工艺涂覆在物件表面，形成附着牢固、具有一定强度、连续的固态薄膜。彩画是于木构表面涂绘的色彩装饰画。油漆彩画是中国古代建筑装饰中最突出的特点之一，《春秋谷梁传·庄公二十三年》："秋，丹桓宫楹。礼，天子诸侯黝垩，大夫仓，士黈（tǒu）。丹楹，非礼也。"这段文字说明当时柱子上已涂有颜色，并有了等级的差别。从成语"雕梁画栋"中也能够看出在高等级的建筑中彩绘装饰往往是建筑装饰的主要手段之一。

中国古建筑构造组成详见图1-1。

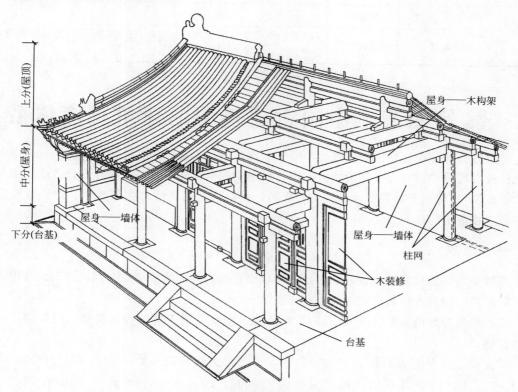

图1-1　中国古建筑构造组成

五、古建筑构造组成与现代建筑构造组成比较

古建筑构造组成与现代建筑构造组成比较详见表1-2。

表1-2　古建筑构造组成与现代建筑构造组成比较

序号	古建筑构造组成		现代建筑构造组成	备注
1	下分	基础与台基	地基与基础	台基是古建筑中主要的造型要素,现代建筑中应用较少
2		地面（楼面）	楼、地面	古建筑以单层建筑为主,楼阁建筑较少。地面属于古建筑"下分"构造的主要内容。楼层地面,因其与地面的构造要求相似,也参照现代建筑构造的分类方法,将其与地面合并一处
3	中分	墙体 木构架 斗栱	墙体与柱子	在古建筑中,柱子从属于木构架体系,是主要承重构件。墙体多用来分隔与围护,属于非承重构件。墙柱在古建筑中的作用与在现代框架结构中的作用相似。斗栱出现在古代高等级的建筑中,现代建筑构造中无此项

序号	古建筑构造组成	现代建筑构造组成	备注
4	楼梯（不单独列出）	楼梯、电梯、扶梯	在古建筑中，楼阁建筑较少，室内楼梯不发达，楼梯项常归在木装修（小木作）中，不单独分项列出
5	上分　屋顶	屋顶	
6	装饰装修	装饰装修	古建筑中除了外檐与内檐装修外，还衍生出了古建筑彩画等，现代建筑装修中无彩画内容

第四节　中国古建筑中的建筑尺度体系

建筑设计标准化在我国的出现应不晚于隋唐时期，在现存的唐代建筑五台山佛光寺大殿中就已经表现出"以材为祖"的特征。设计标准化的具体表现之一就是在设计及施工中采用了"模数"。这有利于缩短设计和施工的周期，从而达到提高劳动生产效率、避免材料浪费和降低工程造价的目的。

一、模数

模数是选定的尺寸单位，以作为建筑设计中尺度协调的增值单位。现代建筑设计中常采用三种模数，即基本模数、扩大模数和分模数。

基本模数的数值规定为100mm，符号是M，主要应用于建筑物的层高、门窗洞口和构配件截面。

扩大模数是基本模数的整倍数。其中，水平扩大模数的基数为3M、6M、12M、15M、30M、60M共6个，其相应的尺寸分别为300mm、600mm、1200mm、1500mm、3000mm、6000mm作为建筑参数。竖向扩大模数的基数为3M、6M，其相应的尺寸分别为300mm、600mm。作为建筑参数，扩大模数主要应用于建筑物开间、进深（柱距与跨度）、层高、构配件截面尺寸及门窗洞口。

分模数指整数除基本模数的数值。分模数的基数为1/10M、1/5M、1/2M共3个，其相应尺寸分别为10mm、20mm、50mm。分模数主要应用于建筑缝隙、构造节点和构配件截面等。建筑模数系列详见表1-3。

表1-3　建筑模数系列　　　　　　　　单位：mm

模数名称	基本模数	扩大模数						分模数		
模数基数（基数数值）	1M（100）	3M（300）	6M（600）	12M（1200）	15M（1500）	30M（3000）	60M（6000）	1/10M（10）	1/5M（20）	1/2M（50）
模数数列	100	300						10		
	200	600	600					20	20	
	300	900						30		
	400	1200	1200	1200				40	40	
	500	1500			1500			50		50

第一章　中国古建筑概述

| 模数名称 | 基本模数 | 扩大模数 | | | | | | | 分模数 | | |
模数基数（基数数值）	1M（100）	3M（300）	6M（600）	12M（1200）	15M（1500）	30M（3000）	60M（6000）	1/10M（10）	1/5M（20）	1/2M（50）
	600	1800	1800					60	60	
	700	2100						70		
	800	2400	2400	2400				80	80	
	900	2700						90		
	1000	3000	3000		3000	3000		100	100	100
	1100	3300						110		
	1200	3600	3600	3600				120	120	
	1300	3900						130		
	1400	4200	4200					140	140	
	1500	4500		4500				150		150
	1600	4800	4800	4800				160	160	
	1700	5100						170		
	1800	5400	5400					180	180	
	1900	5700						190		
模数数列	2000	6000	6000	6000	6000	6000	6000	200	200	200
	2100	6300							220	
	2200	6600	6600						240	
	2300	6900								250
	2400	7200	7200	7200					260	
	2500	7500		7500					280	
	2600		7800						300	300
	2700		8400	8400					320	
	2800		9000		9000	9000			340	
	2900		9600	9600						350
	3000				10500				360	
	3100			10800					380	
	3200			12000	12000	12000	12000	400		400
	3300					15000				450
	3400					18000	18000			500
	3500					21000				550
	3600					24000	24000			600

二、宋《营造法式》时期的建筑尺度体系

1. 营造尺制

营造尺是历代工部依据律尺颁布的用于土木营造的标准用尺，历代官方宫殿建筑、衙署、寺观和民宅府第基本以此为准。中国古代营造尺长随着历史的发展呈不断增加的现象，详见表1-4。

表1-4　中国历代营造尺长一览表

朝代	名称	尺长/cm	朝代	名称	尺长/cm
商	商尺	16～17	唐	小尺	24.58
战国	战国尺	23.1		大尺	30.3
秦	商鞅量尺	23.1	宋	三司布帛尺	31.2
汉	新莽尺	23.1	明	营造尺	32.0
魏、西晋	—	24.2		量地尺	32.6
南朝	—	24.7		裁衣尺	34
北魏前期	—	27.97	清	营造尺	32.0
北魏后期	中尺	29.58		量地尺	34.5
隋	开皇官尺	29.58		裁衣尺	35.2

注：1. 参看吴承洛编，《中国度量衡史》，上海：商务印书馆，1937年。
　　2. 参看丘光明编，《中国历代度量衡考》，北京：科学出版社，1992年。

宋《营造法式》共记述了壕寨、石作、大木作、小木作、雕作、旋作、锯作、竹作、瓦作、泥作、彩画作、砖作、窑作13个工种制度。除了大木作外其他诸作均采用营造尺制。如《营造法式》第三卷壕寨制度中规定"筑墙之制：每墙厚三尺，则高九尺；其上斜收，比厚减半。若高增三尺，则厚加一尺；减亦如之"。在石作制度中规定"造柱础之制：其方倍柱之径。方一尺四寸以下者，每方一尺，厚八寸；方三尺以上者，厚减方之半；方四尺以上者，以厚三尺为率。若造覆盆，每方一尺，覆盆高一寸；每覆盆高一寸，盆唇厚一分。如仰覆莲华，其高加覆盆一倍"。这里所指的尺寸就是宋代的营造尺。从表1-4中我们可以看出，1宋营造尺，折算为现代尺寸约为31.2cm。

2. 材分制

（1）材、分、栔的概念

① 材。材是宋官式建筑使用的基本模数，以单栱或素方用料的断面尺寸为一材，标准材的高宽比为3∶2，材的实质是构件用料的截面形态，如当构件截面高为15分、宽为10分则称为单材，并不包含具体尺寸，材的具体尺寸根据用材的等级而定。

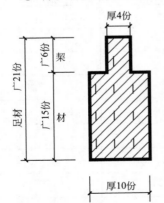

图1-2　材、分、栔的概念

② 分。分是与材联系的最小尺度单位。《营造法式》中将材高划分为15份，材宽划分为10份，每一份称为一分。分的具体尺寸也要根据用材的等级而定。

③ 栔。单纯用材作为衡量建筑物及其构件的单位还不够灵活，《营造法式》中又将两层斗栱之间填充的断面尺寸定为一"栔"，并规定一栔高为6分，宽为4分。

④ 足材。一单材加一栔称为足材。

材、分、栔的概念详见图1-2。

（2）"以材为祖"的模数思想和材分八等的技术规范 宋《营造法式·大木作制度一》中指出"凡构屋之制，皆以材为祖。材有八等，度屋之大小，因而用之"。就是说，房屋的设计、建造，在任何情况下都要以材作为最基本的依据，并规定材划分为八个等级，设计者、施工者可以根据所建房屋的大小，选用相应的用材等级。详见图1-3和表1-5。

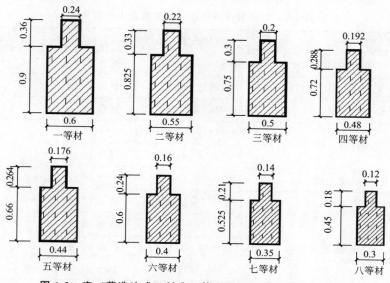

图1-3 宋《营造法式》材分八等之图示（单位：宋营造尺）

表1-5 材分八等的技术规范

用材等级	尺寸	适用范围	备注
一等材	广9寸，厚6寸	殿身9～11间则用之	材厚按0.5寸晋级，殿堂(阁)类大型建筑使用
二等材	广8.25寸，厚5.5寸	殿身5～7间则用之	
三等材	广7.5寸，厚5寸	殿身3～7间及厅堂7间则用之	
四等材	广7.2寸，厚4.8寸	殿身3间及厅堂5间则用之	材厚按0.4寸晋级，殿堂、厅堂类中型建筑使用
五等材	广6.6寸，厚4.4寸	殿身小3间及厅堂大3间则用之	
六等材	广6寸，厚4寸	亭榭或小厅堂用之	
七等材	广5.25寸，厚3.5寸	小殿及亭榭等用之	材厚按0.5寸晋级，小型附属建筑及装修使用
八等材	广4.5寸，厚3寸	殿内藻井或小亭榭施铺作用之	

注：本表中寸指的是宋代营造尺长，1寸约合31.2mm。

从图1-3和表1-5中我们可以看出，八个等级尺寸并不是完全按照等差级数递减的，而是大致分为三组，第一组包括一、二、三等材，每等材之间高度相差0.75寸，宽度相差0.5寸；第二组为四、五、六等材，每等材之间高度相差0.6寸，宽度相差0.4寸；第三组包括七、八等材，两者之间高度相差0.75寸，宽度相差0.5寸。第一组主要适用于殿阁类大型房屋，第二组主要适用于厅堂类的中型房屋，第三类主要适用于附属建筑及装饰装修，如小亭榭及殿内藻井等。另外在同一建筑中也可以通过选择不同的材分等级，来控制各部分的用材尺度，比如说带有副阶的大殿，其副阶用材，《营造法式》就规定"减殿身一等"，即副阶用材比殿身低一级。

（3）材分制的模数表现　宋《营造法式·大木作制度一》中指出"凡屋宇之高深，名物之短长，曲直举折之势，规矩绳墨之宜，皆以所用材之分，以为制度焉"。即房屋的间广、进深、柱高、举高，各构件的尺寸与形状都是以用材制度作为依据的。以柱、梁、槫、椽为例，详见表1-6。

表1-6　材分制在建筑构件尺度度量上的应用

大木构件	建筑规模等级	用材之制	备注
柱子	殿堂（阁）型	径两材两栔至三材	折合42～45分
	厅堂型	径两材一栔	折合36分
	余屋型	径一材一栔至两材	折合21～30分
梁（栿）	劄牵（带斗栱）	广两材（斗栱出跳）	折合30分
		广一材一栔（不出跳）	折合21分
	乳栿（带斗栱）	广两材一栔（明栿）	折合36分
	四、五椽栿（带斗栱）	广两材二栔（明栿）	折合42分
		广三材（草栿）	折合45分
	六～八椽栿（带斗栱）	广四材（明、草栿同）	折合60分
槫	殿堂（阁）型	径一材一栔或两材	折合21分或30分
	厅堂型	径加材三分至一栔	折合18～21分
	余屋型	径加材一分至二分	折合16～17分
椽	殿堂（阁）型	径9～10分	
	厅堂型	径7～8分	
	余屋型	径6～7分	

备注（梁行，合并单元格）：广即梁构件的高度，梁构件高厚比为3∶2，厚度可以按高度的2/3计算求得

三、清《工程做法则例》时期的建筑尺度体系

1. 营造尺制

清营造尺制适用范围如下。

① 大式带斗栱建筑中，除去房屋面阔、进深、大木及斗栱构件外的其他构件的度量。

② 大式不带斗栱的建筑及小式建筑中，房屋面阔、进深及各构件的度量。如：在《工程做法则例》卷二十四中，对七檩小式大木做法的描述："凡檐柱以面阔十分之八定高低，十分之七定寸径。如面阔一丈五寸，得柱高八尺四寸，径七寸三分。"

上述内容列出计算式则为：

檐柱高＝8/10 面阔（单位为尺），檐柱径＝7/10 面阔（单位为寸）

将面阔尺寸10.5尺。代入上式得：

檐柱高＝8/10×10.5＝8.4（尺）

檐柱径＝7/10×10.5＝7.35（寸）

另外应注意的是，在无斗栱的建筑体系中，还存在以柱高和柱径为模数的现象。一般以檐柱高和檐柱径为基本模数，通常用"H"和"D"来表示，例如：小式建筑的台明高度一般为1/5檐柱高，上檐出一般为3/10檐柱高，下檐出为上檐出的4/5或2.4倍的檐柱径。

再如：金柱柱径为檐柱径加1寸或2寸，落在金柱上的五架梁梁宽为金柱柱径加2寸。檩径与檐柱径相同等。

1清营造尺，折算为现代尺寸为32.00cm左右。

2. 斗口制

（1）斗口制的含义　在有斗栱的建筑中，以平身科斗栱安装头翘的卯口宽度（1斗口）作为模数，来衡量建筑的面阔、进深、大木构件及斗栱构件等尺度。

（2）斗口用材分十一等的技术规范　按照清工部《工程做法则例》的规定，斗口分为十一等，自1寸到6寸，等差为0.5寸，视建筑规模而选用，详见图1-4和表1-7。实际使用的斗口大都在四等（4.5寸）以下如城楼、角楼建筑，最大用到四等材，一般房屋用材不过七、八等材，垂花门、亭榭建筑多为九、十等材。

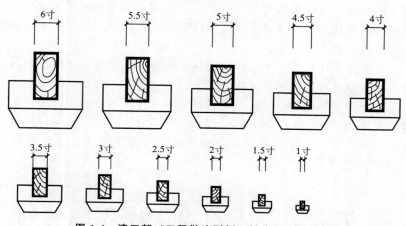

图1-4　清工部《工程做法则例》材分十一等图示

表1-7　斗口用材分十一等的技术规范

斗口等级	营造尺寸/寸	公制/cm	适用范围
一等	6	19.20	沿袭宋《营造法式》的分法，适用于大型建筑，但未见实例
二等	5.5	17.60	
三等	5	16.00	
四等	4.5	14.40	用于城楼、殿宇等大型建筑
五等	4	12.80	
六等	3.5	11.20	用于殿宇等大、中型建筑
七等	3	9.60	
八等	2.5	8.00	
九等	2	6.40	用于小建筑及藻井斗栱
十等	1.5	4.80	
十一等	1	3.20	

注：1清营造尺＝32cm。

（3）斗口制的模数表现

① 构件尺寸的确定。清工部《工程做法则例》中规定：以斗口为模数的建筑及其檐柱

之高（自柱顶石上皮至挑檐桁下皮）为 70 斗口，檐柱直径规定为 6 斗口。以檐柱径为推算其他构件断面的依据，如：金柱径为檐柱径加 2 寸，金柱之上的七架梁厚为金柱径加 2 寸，梁高为 1.2 倍的梁厚，其上各架梁之高厚为下架梁高厚各减 2 寸。这里加 2 寸为常数，乘 1.2 为固定系数。

② 建筑面阔、进深尺寸的确定。在有斗栱的大式建筑中，房屋的平面尺寸包括各间的面阔、进深，都视所含攒档数而定（攒档是指二攒斗栱中至中的距离，清制规定为 11 斗口，也有少数建筑为 12 斗口），每座用斗栱的建筑都要视其性质、规模先选定所用斗口的等级，再根据斗口的实际宽度和具体的尺寸、攒档数换算出建筑的平面、立面和构件的实际尺寸。例如：清工部《工程做法则例》卷一对九檩庑殿的规定："凡面阔、进深，以斗科攒数而定，每攒以口数十一份定宽。如斗口二寸五分，以科中分算，得斗科每攒宽二尺七寸五分，如面阔用平身斗科六攒，加两边柱头科各半攒，共斗科七攒，得面阔一丈九尺二寸五分。"这段话说明了在清代官式做法中，当选择了斗口用材等级后，如何求得九檩庑殿建筑某一开间面阔的方法，具体可以分为以下三步。

第一步，求每攒斗栱的宽度尺寸，按照斗栱中至中的距离进行计算，本例中 1 斗口用材尺寸为 2.5 寸，则一攒斗栱的宽度尺寸为：$11 \times 2.5 = 27.5$（寸）；

第二步，求开间中斗栱的攒数，包括平身科斗栱和柱头科斗栱。柱头科斗栱在每一开间中，左右各算半攒斗栱，合计为 1 攒，则此例中斗栱攒数为：$6 + 1/2 + 1/2 = 7$（攒）；

第三步，求面阔尺寸，以斗栱攒数乘以每攒斗栱的宽度即可获得，则本例中面阔尺寸为：$7 \times 27.5 = 192.5$（寸）。

第五节　古建筑规模等级的划分

从前面章节我们可以看出，无论是宋代还是清代，都存在有两种用尺制度，它们都与建筑规模和等级有关。在《营造法式》中将建筑按照规模等级划分为殿堂、厅堂、余屋三种，在清工部《工程做法则例》中将建筑划分为大式与小式建筑，在中国古建筑中还有正式建筑与杂式建筑之分，现将它们之间的区别交代如下。

一、宋《营造法式》中殿堂、厅堂、余屋的区分

1. 使用范围

① 殿堂类，包括殿宇、楼阁、殿阁挟屋、殿门、城门楼台、亭榭等。这类建筑是宫廷、官府、庙宇中最隆重的房屋，要求气魄宏伟，富丽堂皇。

② 厅堂类，包括堂、厅、门楼等，等级低于殿阁，但仍为建筑群中重要的建筑物。

③ 余屋，即上述两类之外的次要房屋，包括殿阁和官府的廊屋、常行散屋、仓廪、营房等。其中廊屋为与主屋相配，质量标准随主屋可有高低。其余几种规格较低，做法相应从简。

2. 建筑规模、屋顶样式、用材大小

① 殿堂类建筑面阔可达十一间，屋顶多用四阿顶和九脊殿，屋面用瓦尺寸大，常用琉璃瓦，正脊用鸱尾等。如有副阶，则形成重檐。用材通常为一至五等材。

② 厅堂类建筑面阔大多七间以下，屋顶多为厦两头造和悬山，屋面使用筒瓦或板瓦，正脊用兽而不用鸱尾。构架用材多为三至六等材，不能使用一、二等材。

③ 余屋在《营造法式》中没有提及对其的具体规定，但建筑规模、屋顶式样、用材应

低于厅堂。

3. 木构架的构造区别

① 殿堂型构架，内外柱同高，自下而上依次为柱网层、铺作层、屋架层；柱网平面可以划分为分心槽、单槽、双槽、金箱斗底槽四种形式；斗栱形成整体铺作层，多重栱造，出跳可多至五跳八铺；屋架使用明栿和草栿两套构架，其分工是明栿主要起搭络作用，草栿则是承受屋面重量的重要构件；室内使用平棊、平闇、藻井等装饰。

② 厅堂型构架，内柱高于外柱，内柱升高至所承梁首或梁下皮，其上再承槫；厅堂型构架使用铺作，但铺作层已不明显，因规模等级所限，所用铺作简单，最多用到三跳六铺，通常用四铺作；梁栿皆作彻上明造，室内不使用平棊、平闇及藻井装饰。

③ 余屋构架，余屋类建筑多使用柱梁作，仅采用梁柱相搭接，不使用铺作，或只使用"单斗只替"一类简单斗栱。

殿堂型构架与厅堂型构架比较详见表1-8和图1-5。

表1-8　殿堂型构架与厅堂型构架比较

比较项目	殿堂型构架	厅堂型构架
构架特征	构架为水平分层做法，自下而上依次为柱网层、铺作层、屋架层	构架为梁架分缝做法，增加建筑的分缝梁架，则可增加建筑的面阔尺寸
柱子特征	内外柱子同高	内柱高于外柱
柱网平面	柱网平面定型为分心槽、单槽、双槽、金箱斗底槽四种形式	不规定"定型"的平面，可以适应减柱造、移柱造等灵活柱网布置
斗栱	斗栱形成整体铺作层，在传递荷载、抗震等方面起重要作用。斗栱的结构机能得到充分发挥	斗栱分散于外檐和梁柱节点等处，斗栱的结构机能衰退
梁架	使用了明栿和草栿两套构架，分工明确。明栿主要起搭络作用（也支撑平棊天花），草栿则用来承受屋面荷载	梁栿皆作彻上明造，无草栿
装修	室内使用平棊、平闇、藻井等装饰	室内鲜有天花藻井，对梁栿及其附属构件多做艺术加工
范例	五台山佛光寺大雄宝殿（唐）、蓟县独乐寺观音阁（辽）	大同善化寺三圣殿（辽）、福州华林寺大殿（宋）

二、清式大式建筑与小式建筑的区分

大式建筑一般是指建筑规模较大、等级较高、构造较为复杂、做工要求精细、多为带斗栱的建筑。小式建筑一般是指建筑规模较小、构造较为简单、不带斗栱的建筑。除了有无斗栱作为最主要的区别外，二者之间的差异还主要表现在以下几个方面。

1. 使用范围

大式建筑主要用于宫殿、坛庙、府邸、衙署、皇家园林、官修寺庙等为皇族、贵族、官僚阶层服务的建筑。小式建筑主要用于民居、店肆等民间建筑或重要建筑群中非轴线、低等级的辅助建筑。

2. 间架、平面

大式建筑平面开间可达9间，特例用到11间；进深可达11架，特例用到13架。可用各种出廊方式，包括前出廊、前后廊，周围廊。小式建筑平面开间一般为3～5间，进深一

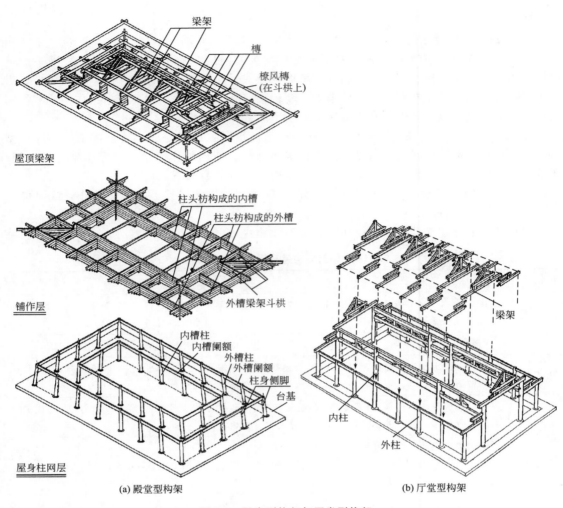

图 1-5　殿堂型构架与厅堂型构架

般为 3～5 架，不能多于 7 架，可以做前廊、前后廊，不能做周围廊。

3. 木构架

大式建筑可以用斗栱，也可以不用，小式建筑不允许用斗栱；在梁架构件中，大式建筑增添了飞椽、随梁枋、角背、扶脊木等构件，而小式建筑不许用；大式梁架跨空梁最长为七架，小式梁架跨空梁最长为五架；大式檐柱高取明间面阔的 80％，小式檐柱高取明间面阔的 70％～80％；大式檐柱径取明间面阔的 7％，小式檐柱径取明间面阔的 5％～7％。

大式建筑与小式建筑在木构架方面的若干区别详见表 1-9。

4. 屋顶形制

大式建筑可以使用庑殿、歇山、硬山、悬山和攒尖等各种屋顶形式，可以做重檐，可以使用琉璃瓦或筒瓦屋面及各类吻兽。小式建筑只能用单檐硬山、悬山及其卷棚形式，不用琉璃瓦屋面和筒瓦屋面，不用吻兽等。

5. 石作

大式建筑，不用须弥座式台基的台明高度为檐柱高的 1.5/10～2/10，用须弥座式台基的台明高度为檐柱高的 2/10～2.5/10。小式建筑，台明高度为檐柱高的 1.5/10。大式阶条

表1-9 大式建筑与小式建筑在木构架方面的若干区别

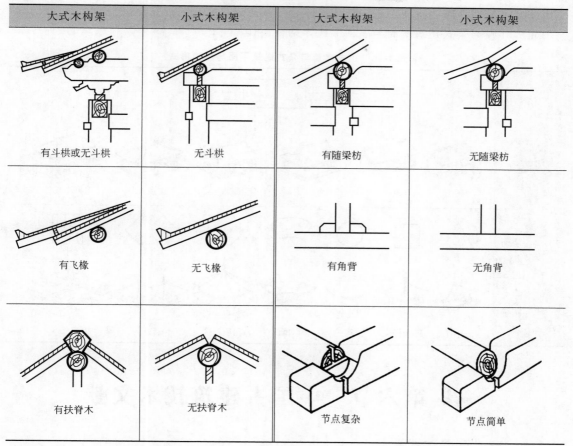

大式木构架	小式木构架	大式木构架	小式木构架
有斗栱或无斗栱	无斗栱	有随梁枋	无随梁枋
有飞椽	无飞椽	有角背	无角背
有扶脊木	无扶脊木	节点复杂	节点简单

石的厚度为5寸或本身宽度的1/3；小式阶条石的厚度为4寸。大式柱顶石宽度为柱径的2倍，厚度为本身宽度的1/2；小式柱顶石宽度为柱径的2倍减2寸，厚度为本身宽度的1/3。四、五檩建筑，大式建筑埋头深6寸，小式建筑埋头深4寸。六、七檩建筑，大式建筑埋头深8寸，小式建筑埋头深6寸。

6. 装修

大式建筑明间安置槅扇和帘架，次梢间安置槛窗或支摘窗；小式建筑用风门和支摘窗。

三、正式建筑与杂式建筑

正式与杂式是古建筑行业对官式建筑一种习惯上的区分，在中国古代建筑中，凡是平面投影为长方形，屋顶为硬山、悬山、庑殿或歇山做法的砖木结构建筑叫"正式建筑"。其他形式的建筑统称为"杂式建筑"。

正式建筑是官式建筑的主体。虽然其平面一概为规整的长方形，屋顶严格采用标准的定型形制，但其具有突出的规范性（等级明确，严格遵循木构架技术体系）、通用性（空间完整，适应于各类空间）、弹性（间架可调节性）和组合性（有利于庭院空间的组合），在木构架体系中是一种极富生命力的形态，因而处于官式建筑中的主流地位。

杂式建筑是正式建筑的一种补充。其平面形式则是多种多样、灵活变通的，常见的有正方形、六边形、八角形、圆形、曲尺形、工字形、十字形、扇面形、套方形等；屋顶相应的除了攒尖顶外，还采用了各种基本形屋顶的变体和组合体。它以不拘一格、丰富多样的体型大大丰富了官式建筑的空间形态和外观形体，与正式建筑构成一种互补机制。

正式建筑与杂式建筑平面与屋顶形式详见表1-10。

表1-10　正式建筑与杂式建筑平面与屋顶形式

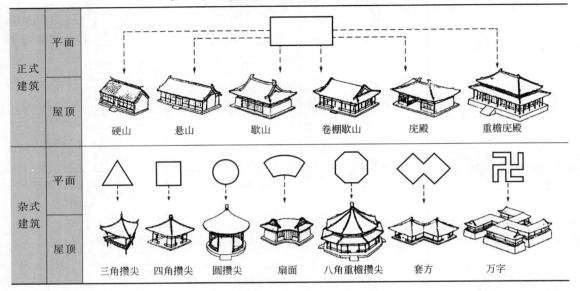

第六节　中国古建筑技术文献

一、宋《营造法式》

北宋初期，官方工程的营建规模达到了历史上空前的高度，为了节制工程费用的巨大消耗，提高设计、施工效率，在政府部门的主持下，前后颁布过两部《营造法式》，分别称为《元佑法式》和《崇宁法式》。其中后一部由将作监李诫承担编修，颁发于北宋崇宁二年（公元1103年）。"崇宁法式"针对第一部法式的弊病和不足，以"关防工料"为主旨，以工匠实践经验为依据，从工程实际需求出发，采取了一系列化繁从简、行之有效的编制方法进行了编订，形成现存的《营造法式》。《营造法式》对官方工程的设计、管理具有重要的实际作用和指导意义。

《营造法式》全书分为：释名、诸作制度、功限、料例、图样五大部分。

卷一卷二为"总释""总例"，考证每一建筑术语在古代文献中的不同名称、当时通用名称及书中正式名称。

卷三至卷十五为诸作制度，具体包括壕寨制度、石作制度、大木作制度、小木作制度、雕作制度、旋作制度、锯作制度、竹作制度、瓦作制度、泥作制度、彩画作制度、砖作制度、窑作制度等十三个工种的做法。

卷十六至卷二十五为诸作功限，即上述诸作的劳动定额和计算方法。卷二十六至卷二十八为诸作料例，即上述诸作的用料定额和工艺质量。卷二十九至卷三十四为图样，包括各种测量工具、各种石作、大木作、小木作、雕作、彩画作所涉及的平面图、断面图、构件详图及各种雕饰与彩画图案。

《营造法式》是一部全面反映北宋时期官式建筑设计、施工、制材水平的建筑技术专著。它完善了木构建筑以"材"为基本模数的完整的模数制设计方法，第一次从国家层面对各工种的用工定额和用料定额进行了规定，同时记录了很多重要的材料制作方法（如石雕、木雕、彩画等做法），留下了很多重要的建筑图样，为我们研究宋代建筑提供了宝贵的文献资料。

二、清《工程做法则例》

《工程做法则例》，又称《工部工程做法》《工程做法》，是清朝雍正十二年间（公元1734年）由管理工部事务的和硕果亲王允礼主持，另有14名官员协同编修。对坛庙、宫殿、仓库、城垣、寺庙、王府房屋及油画裱糊等工程做法和应需工料广泛收集，对工程所用各种物料价值详加查访，在此基础上编制条例，上报朝廷批准颁布作为官方营建工程的执行文件。

《工程做法则例》全书内容分为诸作做法、用料和用工三类。

卷一至卷二十七，分别介绍了不同类型的大式与小式大木建筑，形成27种不同的建筑物做法标准。卷二十八至卷四十，具体阐释了各种斗栱的做法。卷四十一，为各项装修做法。卷四十二至卷四十七，为石作、瓦作、土作等做法。卷四十八至卷六十，为各工种用料数量的规定。卷六十一至卷七十四，为各工种用工数量的规定。

《工程做法则例》的编订与《营造法式》相似，也重在确定各有关做法的物料、工价，以控制工程支出。其把较有代表性的已建工程的档案为案例，作为报销依据，对具体的设计方法并未详述，但是我们从中可以推出清官式大木结构部分以斗口为模数的设计方法，另外其他各作的做法中也反映了一些具体的施工程序和建筑技术，使我们能够通过综合分析，勾勒出清代官式建筑的发展水平。

三、江南《营造法原》

《营造法原》是记述中国江南地区（特指苏州、无锡、浙江等地区）古建筑营造做法的专著。它是江南营造世家姚承祖❶先生晚年根据家藏秘籍和图册汇集成稿，后经原南京工学院张至刚先生整理增编而成的民间著作，于1959年由建筑工程出版社出版，1986年又由中国建筑工业出版社出版。

全书按传统建筑各部位做法，系统地阐述了江南传统建筑的型制、构造、配料、工限等内容，兼及江南园林建筑的布局和构造，材料十分丰富。全书共分为十六章。

第一章为地面总论，讲解房屋台基的基本知识。第二章为平房楼房大木总例，介绍平房和楼房的大木构造。第三章为提栈总论，介绍屋架构造知识。第四章为牌科，介绍江南斗栱做法。第五章为厅堂总论，介绍厅堂的大木构造。第六章为厅堂升楼木架配料之例。第七章为殿庭总论，介绍殿庭类建筑大木构造。第八章为装折，介绍门窗及室内装饰装修。第九章为石作，介绍建筑用石、石牌楼、园林用石。第十章为墙垣，介绍江南建筑墙体砌筑知识。第十一章为屋面瓦作及筑脊，介绍江南屋面和屋脊做法。第十二章为砖瓦灰砂纸筋应用之例，介绍砖瓦灰用法，筑墙用砂及筑墙用纸筋灰的做法。第十三章为做细清水砖作，介绍砖细材料、加工、应用及砖细门楼。第十四章为工限，说明木作及水作的用工标准。第十五章

❶ 姚承祖（1866~1938年），字汉亭，别号补云。江苏吴县香山人。姚家世承营造业，姚承祖十一岁随叔习木作，曾完成苏州邓尉香雪亭、怡园藕香榭、灵岩寺大殿等。后为苏州工业专科学校教师，晚年并担任苏州鲁班会会长，是苏州当地匠师的领袖人物。

为园林建筑总论。第十六章为杂俎，介绍其他小型建筑基本知识。

《营造法原》一书偏重于江南民间的传统建筑——民居、宅第、园林和建筑小品统一的营建架构和技术措施，也是记述江南建筑的权威著作。

四、《清式营造则例》与《营造算例》

《清式营造则例》是梁思成❶研究中国清代建筑的专著，1934 年由中国营造学社出版。书中详述了清代官式建筑的平面布局、斗栱形制、大木构架、台基墙壁、屋顶、装修、彩画等的做法及其构件名称、权衡和功用，并附《清式营造辞解》《各件权衡尺寸表》和《清式营造则例图版》。

《营造算例》是梁思成根据中国营造学社搜集的许多民间匠师们的秘传抄本整理而成。1932 年在《中国营造学社汇刊》上分三期发表。全书共分为十一章，分别讲述了斗栱、大木大式、大木小式、大木杂式、装修、大式瓦作、小式瓦作、石作、土作、桥座、牌楼、琉璃瓦料做法。

---

❶ 梁思成（1901～1972 年），广东新会人，民盟成员，中国著名建筑历史学家、建筑师和建筑教育家，一生致力于保护中国古代建筑和文化遗产，曾任中央研究院院士、中国科学院哲学社会科学学部委员。他系统地调查、整理、研究了中国古代建筑的历史和理论，是这一学科的开拓者和奠基者。著有《清式营造则例》《中国建筑史》《〈营造法式〉注释》《中国建筑和艺术》等。

第二章

古建筑基础、台基与地面构造

第一节　古建筑地基与基础构造

一、地基

1. 地基的涵义

地基指建筑物基础以下的部分，是承受全部建筑物重量的土层或岩石。

宋《营造法式》中讲："凡开基址，须相视地脉虚实。"开基之前"相视地脉虚实"，就是做地质、地层的勘探工作，即在进行基础工程之前，必须对地层的土质情况、土的构成、土的密实度、土中含水率及地下水位等情况进行勘探。古代建筑基础工程中鉴定各类土壤的承载能力，土质"软硬"的标准，持力层选择的依据原则、标准是什么，目前尚未找到依据。但可以肯定的是在做基础工程时，是有地质勘探这一项工作程序的。

2. 地基的分类

地基分为天然地基和人工地基。

① 凡具有足够的承载力和稳定性，不需经过人工加固，可直接在其上建造房屋的土层称为天然地基。岩石、碎石土、砂土、黏性土等，一般可作为天然地基。

② 当土层的承载能力较低或虽然土层较好，但因上部荷载较大，必须对土层进行人工加固，以提高其承载能力，并满足变形的要求，这种经人工处理的土层，称为人工地基。

3. 地基的处理方法

古建筑地基处理一般比较简单，主要为原土夯实。当遇到软弱地基时，常综合采用多种处理手段，从已掌握的实物资料看主要有两种，一种是换土法，另一种是密实加固法。

（1）换土法　换土法即将基础底面下一定深度范围内的软弱土层、杂填土层挖出去，换填无侵蚀性的低压缩性散体材料，分层夯实，作为地基的持力层。在实例中有局部换土的，如山西五台山南禅寺（唐）、河北正定隆兴寺转轮藏殿（宋）只在柱础下局部换土。北京故宫北上门的基础是大面积的碎砖黏土层构成一个整体的基底作为持力层，它的稳固性和承载力都是非常安全可靠的。

（2）密实加固法　密实加固法主要是指打桩，以桩加固土层。从已见实物资料看，桩多打在粉砂层上。随着承载力要求的不同，用桩的数量、密度及粗细都不一样。古代的木桩用在土质松散地带，挤密土层，固定砂层，使桩与土、砂共同组成坚固的持力层。

二、基础

1. 基础的涵义

基础是建筑物的地下结构部分，是建筑物的一部分。它承受建筑上部结构传来的全部荷载，并将这些荷载连同本身的自重一起传递到下部地基之上。基础作为单体建筑结构的重要组成部分，它必须具有足够的强度将上部结构传来的荷载均匀地传到地基，因此对基础的埋置深度、坚固程度、施工做法及场地土质情况等都有严格的要求，做好基础是保证建筑物建成后能稳固地竖立在地面上的基本条件。

古建筑的基础是指木柱或室内地面以下部分，在明清做法中，多由柱础、磉墩、拦土等构件组成，通常也将磉墩下面的人工地基算在基础之内。古建筑的基础是随建筑的发展变化而不断形成和进化的。西安半坡村遗址中结构柱柱脚都是埋在土中；新石器时代的建筑遗址中则已经发现木柱柱脚洞内有卵石和碎石；河南偃师二里头宫殿遗址已经出现夯筑的筏式浅基础，而河南安阳殷墟遗址中已有夯土台基，从殷商时期的遗址中发现有残存排列成行、成列的石柱础，因此可以得知，古人对木构架建筑基础的认识是逐步提高并逐步完善的过程。

2. 古建筑基础类型

古建筑基础主要有夯筑基础、砌筑基础、桩基础、天然石基础等形式，在现代仿古建筑中，又借鉴现代建筑基础做法，出现了条形基础和筏片基础等形式。

（1）夯筑基础　又包括夯土基础、碎砖黏土基础和灰土基础。

① 夯土基础。利用夯土做基础，在我国建筑工程中历史悠久。素土夯实是明代以前建筑基础常用做法，早期河南偃师二里头宫殿遗址的基址，殿堂基础深挖，夯土结实，实存夯土总厚度达 3.1m 且每层夯土厚 4～5cm，夯土底部还铺垫了三层鹅卵石用以加固基础。陕西岐山凤雏村遗址建筑基址也是夯土夯建而成的。至清代，素土夯实仅遗存于极少数次要建筑、部分民居及临时性构筑物的基础中，适用于地面垫层，在大式建筑中已不多见，但在小式建筑中还较常采用。采用素土夯实做法的土质分类要求虽不像灰土严格，黏性土或砂性土均可，但要求质地比较纯净。近代工程中素土夯筑做法一般多用在基底，素土夯实，每步虚土一尺，筑实七寸。

② 碎砖黏土基础。碎砖黏土基础是对夯土基础做法的改进和提高。在夯土中加入石渣、碎砖、瓦片等，以提高基础的抗压强度。战国和汉初期时城墙夯土中就已含有瓦片，可见古人很早就对改进和提高基础抗压强度有一定的认知。

山西五台山南禅寺柱础石下的基础部分都是在土内掺入碎砖瓦等杂物筑成的。河北正定隆兴寺转轮藏殿建于宋，其各柱下设石柱础，之下基础深约 1.5m，长宽约为柱础石两倍。基槽内自下而上，一层碎砖，一层夯土，隔层筑打而成。《营造法式》中记载："用碎砖瓦石札等，每土三分内添碎砖瓦等一分"，又说："筑基之制，每方一尺，用土两担，隔层用碎砖瓦及石札等亦两担。每次布土厚五寸，先打六杵，次打四杵，次打两杵。以上并各打平土头，然后碎用杵辗蹴令平，再攒杵扇扑重细辗蹴。每布土厚五寸，筑实厚三寸，每布碎砖瓦及石札等厚三寸，筑实厚一寸五分。"在《营造法式》中提及的这段话里，既有筑基时土、碎砖瓦的配比，又有夯筑的方法和工序，以及质量检验标准。按照这种做法要求，就可以达到一般建筑物所筑的碎砖黏土基础。至明清时期，碎砖黏土基础做法在北京故宫内随处可见，如宫殿、门座、宫墙、城墙等都采用这种基础。碎砖黏土基础详见图 2-1。

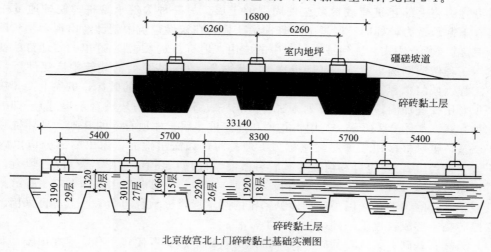

北京故宫北上门碎砖黏土基础实测图

图 2-1　碎砖黏土基础

③ 灰土基础。灰土具有一定的强度，不易透水，可以作为建筑物的基础和地面垫层等。灰土基础在我国历史悠久，但发展缓慢，明代以后才开始普及，至清代成熟完善。

灰土是由石灰与黄土按照一定的配合比拌和而成，古建筑中常见的有三七灰土（3：7）、二八灰土（2：8）、四六灰土（4：6）。其中四六灰土主要用于大式建筑，有些重要建筑的灰土配合比甚至超过4：6。三七灰土主要用于普通小式建筑，二八灰土则用于房屋周围散水及回填土部分，其配合比也可为1：9。而近代研究结果表明：灰土强度在一定范围内，随其含灰量的增加而增加，但超过一定限度后，灰土强度反而会降低，最佳石灰和土的配合比为3：7。

古建筑灰土垫层应分层夯筑。每一层叫做"一步"，有几层就叫做几步，最后一步称为"顶步"。小式建筑的灰土步数为1~2步。一般大式建筑的灰土步数为2~3步，清代陵寝建筑的灰土多为十几步做法，紫禁城内的一些宫殿的灰土步数甚至多达三十层。增加灰土步数，第一，从长远的经济观点看，可以延长修缮周期，从而降低了工程的总成本；第二，灰土既能抵抗后面的土压力，同时也能起到防渗漏的作用；既起隔水作用，又是对大面积基础的加固；既起到将大量的地面水阻隔下渗，又可以防止春季地下返浆，出现地面变形。

按清《工程做法则例》及其他有关文献规定：铺设灰土时"每步虚土七寸，筑实五寸"，即每步灰土的厚度为虚铺22.4cm（7寸），夯实厚为16cm（5寸）。每步素土的虚铺厚度为32cm（1尺），夯实厚度为22.4cm（7寸）。

（2）砌筑基础　在夯筑层之上使用砖或石砌筑而成的基础，称为砌筑基础，最早见于明代建筑。砌筑基础之下的夯筑层（今称为基础垫层）可以分为灰土垫层、三合土垫层、碎石垫层，发展到现代仿古建筑中又出现砂石垫层、炉（矿）渣垫层、混凝土垫层等。砌筑基础材料上分为砖砌和石砌，形式上有独立基础和条形基础两类。砖砌基础多见于官式建筑，主要由磉墩和拦土组成。磉墩就相当于柱下独立基础，承担着整个建筑的上部荷载。拦土为磉墩之间的墙体，其作用相当于挡土墙。砌筑所用灰浆的灰泥比为3：7或4：6，而在宫殿建筑中则大多用纯白灰浆砌筑。石砌基础多见于民居建筑，以条形基础为主，厚度上，一般扩出建筑墙体1~2寸，向下挖至冰冻线以下，砌筑所用灰浆多为麦秸泥或掺灰泥，讲究者则采用灌浆做法。

（3）桩基础　桩，在我国古代为打入土层的木制构件，常见的是柏木桩。一般用于土质松软的基础、人工土山的建筑基础。其受力情况有两种，一种为摩擦型桩，其原理是利用土和桩的摩擦力将上部建筑荷载扩散至桩周围的土层。另一种为端承型桩，使桩通过松软土层，落在下部承载力较好的土层之上。打桩做法最迟在宋代建筑中就已经出现，是基础做法的重大突破。《营造法式》提到桩在涵洞中的应用"地钉打筑入地"，这里的"地钉"就是指桩。清《工程做法则例》中将桩基础也称为"地杜"。在一些重要的建筑中广泛使用，如皇家陵寝工程、城门工程、桥梁工程等。为防止打桩时减少对木桩的破坏，桩尖上要套铁质桩帽，桩顶要用铁箍加固。地杜的排列方法有梅花桩、莲三桩、马牙桩（三星桩）、排桩、棋盘桩五种方式，如图2-2所示。其中梅花桩和莲三桩多用于柱顶石下的基础，马牙桩和排桩多用于墙基，棋盘桩多用于满堂红基础。下地杜时，如露出地面，露出的部分应以碎石填平，叫做"掏当山石"，也可在填充碎石后再做灌浆处理。还有一种做法是碎石填充，夯实灌浆后再做石板垫层（与现代的桩承台极为相似），其上再铺设灰土，如图2-3所示。少数古建筑在柏木桩的顶部还采用了一种横纵密排的圆木形成桩承台的做法，上部再采用砖砌体和多层碎砖黏土形成古建筑基础，如图2-4所示。

（4）天然石基础　天然石基础是一种特殊的基础形态。古代建筑有些建在山腰，利用山坡布置殿宇，凿岩开山，以辟出屋基，将地下的岩石凿成柱础。利用自然的岩石作为建筑的基座，需要掌握岩石的构成及其承载能力，因地制宜才能保证建筑的稳固。山西五台山佛光寺整座寺院建在山腰，就是利用山坡布置殿宇建筑的。

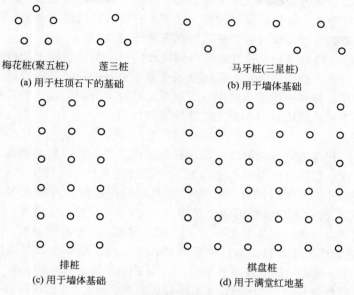

梅花桩(聚五桩)　　　莲三桩　　　　　　马牙桩(三星桩)

(a) 用于柱顶石下的基础　　　　　　(b) 用于墙体基础

排桩　　　　　　　　　　棋盘桩

(c) 用于墙体基础　　　　　(d) 用于满堂红地基

图 2-2　古建筑桩基（地钉）类型

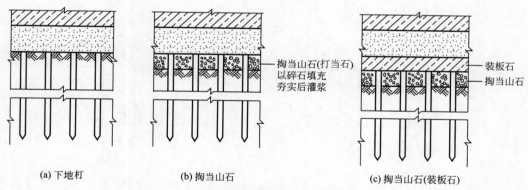

掏当山石(打当石)
以碎石填充
夯实后灌浆

装板石
掏当山石

(a) 下地钉　　　　　(b) 掏当山石　　　　　(c) 掏当山石(装板石)

图 2-3　古建筑桩基（地钉）构造

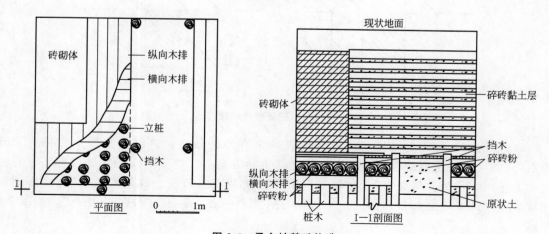

砖砌体

纵向木排
横向木排

立桩

挡木

平面图　　　0　　　1m

现状地面

砖砌体

碎砖黏土层

挡木
碎砖粉

纵向木排
横向木排
碎砖粉

原状土

桩木　　　I—I剖面图

图 2-4　承台桩基础构造

（5）条形基础　条形基础，又称带形基础，即呈带状砌筑的基础，是现代建筑中的常见基础形态。其既可设置于墙下，也可设置于柱下。在传统民居建筑中经常使用毛石砌筑，现代建筑中多采用砖砌大放脚形式或者采用钢筋混凝土浇筑。

（6）筏片基础　筏片基础是现代建筑基础类型之一。当建筑物上部荷载很大或地基承载力很小时，则采用整片的钢筋混凝土筏板来承受整个建筑的荷载并传给地基，这种基础形似筏子，则称为筏片基础。在仿古建筑中，当建筑层数较多时则采用这种基础。

条形基础和筏片基础构造可参见现代建筑基础构造。

3. 基础的开挖

古建筑基础的开挖主要有两种类型，一种是沟槽开挖，另一种是满堂开挖。

（1）沟槽开挖　沿柱下磉墩与拦土两侧一定范围内进行开挖称为"沟槽开挖"，清朝根据基础拦土墙尺寸开挖基槽，称为"刨槽"，现代称为挖地槽。沟槽宽度，即槽边与墙边之距离称为"压槽"。清《工程做法则例》卷四十七述："凡压槽，如墙厚一尺以内者，里外各出五寸。一尺五寸以内者，里外各出八寸。二尺以内者，里外各出一尺。其余里外各出一尺二寸。"即压槽宽，墙厚1尺以内的，槽里外宽各0.5尺；墙厚1.5尺以内的，槽里外宽各0.8尺；墙厚2尺以内的，槽里外宽各1尺；其余里外宽各出1.2尺，如图2-5所示。沟槽深度是以铺筑灰土层数（步数）为依据，《工程做法则例》述："凡刨槽以步数定深，如夯筑灰土一步，得深五寸，外加埋头尺寸，如埋头六寸，应刨深一尺一寸。"即沟槽深为灰土1步，深为1.1尺，如图2-5所示。

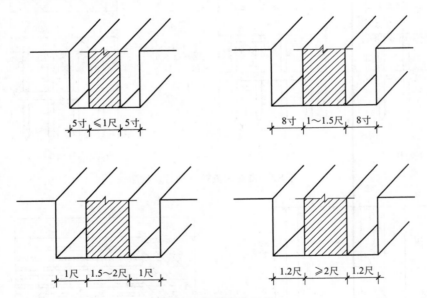

图2-5　压槽宽度示意

《营造法原》所述为以江浙一带为代表的南方地区做法，它将挖基槽土方称为"开脚"。开脚大小依房屋规模而定，在基槽上铺筑领夯叠石。挖土后在槽底铺设碎石，并夯实作为垫层，称为"领夯石"，在领夯石上再砌筑片石或砖墩，称为"叠石"，按所铺设层次多少（即磉墩之高低），分为"一领一叠石""一领二叠石""一领三叠石"，如图2-6所示。

（2）满堂开挖　古建筑基础采用全部开挖的做法称为"满堂开挖"，又称为"一块玉儿"，常用于重要的宫殿建筑。唐宋时期重要建筑的基础就已经采用满堂开挖基础的方法。

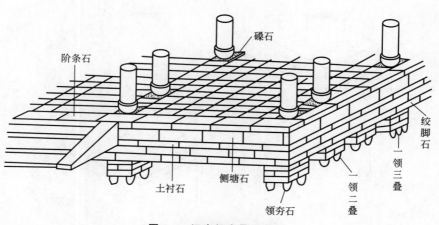

图 2-6　江南领夯叠石做法

标注文字：阶条石、碨石、绞脚石、土衬石、侧塘石、领夯石、一领二叠、一领三叠

关于满堂开挖基础深度的确定，在《营造法式》卷三述："凡开基址，须相视地脉虚实，其深不过一丈，浅止于五尺或四尺，并用碎砖瓦石札等，每土三分内添碎砖瓦等一分。"即指开挖基土的深度，要根据地质软硬情况，挖深不超过 1 丈，最浅 4～5 尺，并用碎砖瓦或碎石等与土混合，铺筑垫层，其比例为土：碎砖瓦＝3：1。山西芮城永乐宫是元代建筑，在 1960 年迁建时，曾对宫内的龙虎殿、纯阳殿、重阳殿等的基础进行了勘测，发现其满堂基础垫层均由一层黄土一层碎砖瓦所组成，其层厚都接近《营造法式》的规定值。满堂基础做法的优点是既可以更好地防止基础不均匀沉降，又能将建筑与自然土壤有效地隔开，隔绝地下潮气上升至室内地面，因此对建筑防潮十分有利，但这种做法造价较高。

4. 砌筑基础构造

砌筑基础主要由基础垫层及基础砌体两部分组成。基础垫层多为灰土，可参见灰土基础，基础砌体则包括碨墩和拦土。

（1）碨墩　碨墩是支撑柱顶石的独立基础砌体。

按碨墩的连做方式可以分为单碨墩、连二碨墩、连四碨墩。在一根柱子的柱顶石下砌筑一个碨墩，该碨墩与其他碨墩不发生任何联系，称"单碨墩"。单碨墩依据其位置命名，金柱下的叫"金碨墩"，檐柱下的叫"檐碨墩"。单碨墩均按柱顶石直径制成方形，面积大于柱顶石。宋制没有明确规定，一般以略大于柱顶石为原则。清制分大小式建筑，清《工程做法则例》卷四十三述，大式建筑"凡码单碨墩，以柱顶石见方尺寸定见方。如柱径八寸四分，得柱顶石见方一尺六寸八分，四围各出金边二寸，得见方二尺八寸。金柱顶下照檐柱顶加二寸。高随台基除柱顶石之厚，外加地皮以下埋头尺寸"。即如柱径 0.84 尺，则柱顶石见方 1.68 尺（按柱径 2 倍），四周各出 0.2 尺，得碨墩见方尺寸为 2.08 尺。金柱下的碨墩按檐柱下碨墩加 2 寸，得 2.48 尺。碨墩高随台基高除柱顶石厚外，另加地下埋头尺寸。卷四十六述，小式建筑"凡码单碨墩，以柱顶石见方尺寸定见方。如柱径五寸，得柱顶石见方八寸，再四围各出金边一寸五分，得见方一尺一寸。金柱下单碨墩照檐柱碨墩亦如金边一寸五分。高随台基除柱顶石之厚，外加地皮以下埋头尺寸"。即若檐柱径 0.5 尺，则柱顶石按 0.8 尺，加金边 0.15 尺，得碨墩见方尺寸为 1.10 尺。金柱碨墩按檐柱碨墩再加 0.15 尺，得 1.40 尺。碨墩的细部构造详见图 2-7。

当两个碨墩连做时，称为"连二碨墩"，适用于建筑中檐柱与金柱之间距离较近的情形（在砌筑碨墩时檐柱碨墩与金柱碨墩之间已没有距离或距离很小）。清《工程做法则例》中述："凡码连二碨墩，以出廊并柱顶石定长。如出廊深四尺五寸，一头加金柱顶半个一尺四

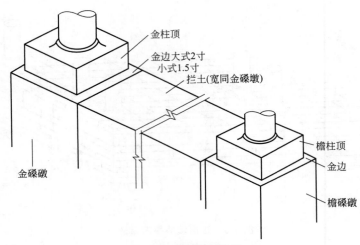

图 2-7　礩墩细部构造

分，一头加檐柱顶半个八寸四分，两头再各加金边二寸，共长六尺七寸八分……高随台基，除柱顶石之厚，外加埋头尺寸。"连二礩墩详见图 2-8。

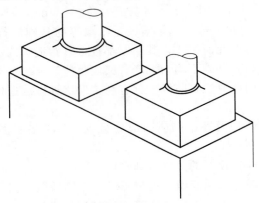

图 2-8　连二礩墩

除了单礩墩和连二礩墩之外，在有周围走廊建筑的转角处，当檐柱与金柱之间距离较小时还可能出现四个礩墩连做的情形，即连四礩墩。连四礩墩的长宽按连二礩墩的长度计算，高也与连二礩墩相同。

（2）拦土　位于礩墩之间的砌体称为拦土。拦土的作用有三：一是使礩墩连成整体，加强基础的整体稳定性；二是作为墙下基础，承受上部墙体荷载；三是作为挡土墙，对室内填土起着围栏作用。礩墩与拦土将基础划分为多个空腔，中间回填素土或灰土，其砌筑顺序是先码礩墩后掐拦土。礩墩与拦土各为独立的砌体，以通缝相连，少数古建筑基础中将二者连在一起，一次砌成。

清《工程做法则例》卷四十三述："凡拦土，按进深、面阔得长，如五檩除山檐柱单礩墩分位定长短，如有金柱，随面阔之宽，除礩墩分位定掐挡。高随台基。除墁地砖分位。外加埋头尺寸。如檐礩墩小，金礩墩大，宽随金礩墩。"即指拦土长按进深面阔尺寸，除去礩墩后确定。例如五檩建筑，按除去山檐柱礩墩后即得拦土长，如果还有金柱，再除去其金礩墩后即为其净长。拦土高按台基高减去地面砖厚，另加埋头尺寸。礩墩厚一般同拦土，如遇檐柱礩墩小，金柱礩墩大时，拦土厚按金柱礩墩的边长确定。

礩墩与拦土构造详见图 2-9，礩墩与拦土剖透视示意详见图 2-10。

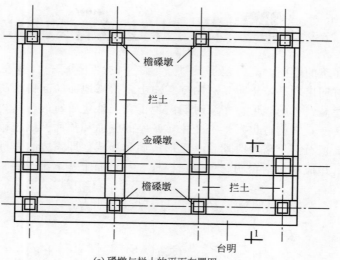

(a) 磉墩与拦土的平面布置图

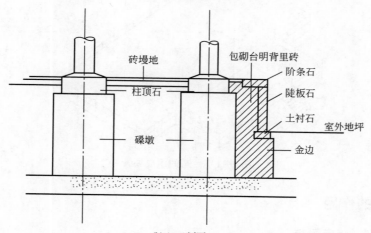

(b) 1—1剖面

图 2-9　磉墩与拦土构造

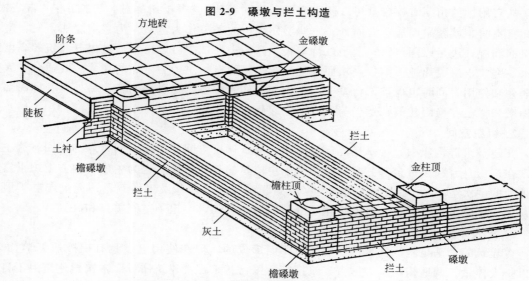

图 2-10　磉墩与拦土剖透视示意

第二节 古建筑台基构造

　　台基是单体建筑的基座，是古建筑三"分"之一的"下分"。台基在中国古建筑发展中历史悠久，夏商时期出现茅茨土阶，利用夯实的土台抬高地面，起御潮防水的作用，增加房屋的坚固性，这便是台基的雏形。东汉时期出现了夯土外包砖石的台基，随着台基基座材料由夯土向砖石的转变，其构造也发生了变化，基座的侧面和顶面开始包砌砖石，由此产生了阶沿石、地栿、陡板石。至隋唐时期台基已形成固有形式，即素方台基和须弥座台基。台基至清代逐步完善，形成了包括台明、台阶、栏杆、月台四个基本组成要素，如图2-11所示。

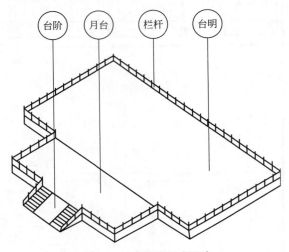

图2-11　台基的组成要素

一、台基的作用

1. 防水避潮、稳固屋基

　　从实用性的角度看，台基可以防水避潮、稳固屋基。《墨子·辞过》中指出："古之民，未知宫室时，就陵阜而居，穴而处。下润湿伤民，故圣王作为宫室。为宫室之法，曰：室高足以辟润湿，边足以圉风寒，上足以待雪霜雨露……"从中可以得知通过提升建筑的高度来防水，夯实土层隔离地下潮气，从而保证建筑的室内有一个较为干燥的环境。既适合于人们的居住和使用，同时也保护了台基上的木构架，使木构架避免受潮腐朽。另外台基埋深部分的磉墩和拦土在稳固建筑、承受荷载方面也起到重要作用。

2. 组织空间

　　在建筑组群构成中，台基还能起到组织空间、调度空间和突出空间重点的作用。这主要体现在运用月台和多重台基。月台既扩大了主建筑的整体形象，也为主建筑前方组织了富有表现力的"次空间"，加强了主建筑与庭院的联系。多重台基最多做三重，通过层层扩展台基，壮大主建筑整体形象，有效强化了庭院的核心空间，突出了空间重点和高潮。

3. 扩大体量、调适构图

　　古建筑的台基是基于技术性功能的需要而形成的，但在使用上还具有积极的美学意义，可以扩大体量、调适构图。中国古建筑擅长运用台基来扩大建筑体量。木构架建筑由于自身结构、用材的限制，屋身的间架和屋顶的悬挑都不能采用过大的尺度，因此可以通过台基有效地扩展体量。提升台基高度，放大台基尺度，能够强化主建筑的中心位置，突出威严，强调其重要性。台基是单体建筑物立面构成的三"分"之一，在重要建筑中，所起的造型作用十分显著。它为立面提供宽大的基座，使得视觉构图平衡，避免大屋顶建筑在视觉上产生头重脚轻的失衡感，增强了建筑造型的稳定感。

4. 独立建坛

台基在一些特定的场合还可以与屋身、屋顶分离而独立构成单体建筑。祭祀建筑中的祭坛就属于这类。例如北京天坛圜丘，三重同心圆的汉白玉台基，组成了圜丘的主体，充分显示出台基独立组构建筑的潜能。

5. 等级标志

台基很早就被选择作为建筑上的重要等级标志。《礼记·礼器》中提到，古代台基以高为贵，规定："天子之堂九尺，诸侯七尺，大夫五尺，士三尺。"一直到清代，在《钦定大清会典则例》中仍然延续对台基高度的严格等级限定："（顺治）十八年（1661年），题准公侯以下，三品官以上，房屋台阶高二尺；四品官以下，至士民房屋，台阶高一尺。"台基的高低自然地关联到台阶踏跺的级数，即"阶级"的多少，"阶级"一词后来衍生为表明人的阶级身份的专用名词，可见台基的等级标志作用是极为显著的。在同一建筑组群中的主次建筑之间，台基的高度也有差异，等级也有区分。通过对台基等级的控制，可以强调建筑组群之间的从属关系，从而加强组群的整体协调性。

二、台基的类型

（1）**按台基的使用功能分**　可划分为建筑台基、独立夯土台基、台座三种类型。

建筑台基就是单体建筑的基座；独立夯土台基大多为祭祀所用，如浙江余杭的瑶山遗址就是用土堆成的长方祭坛；台座多为大型佛像下部的基座。

（2）**按台基的层数分**　可划分为单层台基、双层台基和三层台基。

大多数古建筑单体都是单层台基；皇家建筑和用来祭天的建筑基座常采用三层台基；少数先贤祠庙中如祭祀孔子的大殿，可以采用双层台基。

（3）**按台基的形式分**　可划分为普通台基、须弥座台基、复合型台基，如图2-12所示。

普通台基一般为素方盒子，是普通房屋建筑台基的通用形式。须弥座台基的侧面呈突凹状，是宫殿、坛庙建筑台基的常见形式。除了用于建筑台基，还用于墙体的下碱部位，作为基座类砌体或作为水池、花坛单独使用。复合型台基是普通台基、须弥座台基两种台基的重叠复合，用于比较重要的宫殿或坛庙建筑。其组合形式有双层普通台基、多层须弥座台基、普通台基与须弥座台基的组合。普通台基与须弥座台基的组合中，普通台基相对比较低矮，一般只露出一层阶条石的高度，或在阶条石之下加一层台阶。多层须弥座台基的层数大多是双层，极为重要的宫殿采用三层。多层须弥座台基的做法中，下层须弥座必须为带龙头须弥座，上层则比较灵活。各层须弥座的高度可不相同，但最底层的应最高大。

（4）**按台基的砌筑材料分**　可划分为砖砌台基、石砌台基、琉璃砌筑台基、混合砌筑台基。

① **砖砌台基**：砖砌台基的砖料可用城砖、条砖，砌筑类型主要是干摆砌筑、丝缝砌筑、糙砖砌筑等类型，多用于民居、地方建筑或室内佛座等基座类砌体。

② **石砌台基**：石砌台基的最上面一层均安放阶条石，台基的四角放置角柱石，台基的做法有陡板石砌筑、方正石或条石砌筑、虎皮石砌筑、卵石砌筑、碎拼石板砌筑，官式建筑的石砌台基多用陡板石做法。

③ **琉璃砌筑台基**：琉璃砌筑台基常用于基座，多为须弥座形式。

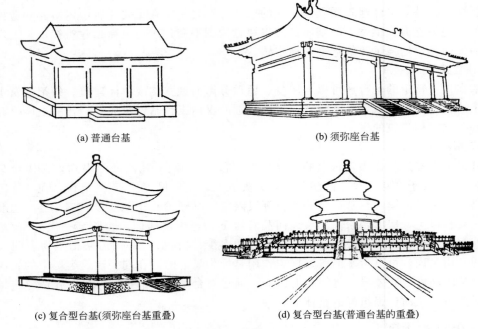

(a) 普通台基　　　　　　　　　　　　　(b) 须弥座台基

(c) 复合型台基(须弥座台基重叠)　　　　(d) 复合型台基(普通台基的重叠)

图 2-12　台基的形式

④ 混合砌筑台基：混合砌筑台基主要表现在台基外侧界面的台帮部位，其做法有砖石混合砌筑和琉璃与石混合砌筑。砖石混合砌筑的做法是阶条石、角柱石和土衬石用石料，其余用砖砌筑；琉璃与石混合砌筑的做法是阶条石、角柱石和土衬石用石料，其余用琉璃砌筑。砖石混合砌筑的台基是古建筑台基最常用的一种形式。

台基的砌筑类型如图 2-13 所示。

三、普通台基构造

台基由地面以上的露明部分和地面以下的隐蔽部分组成。露明部分称为台明，地面以下（即室外地坪以下）的部分称为埋深，也称"埋头"，如图 2-14 所示。一般古建筑基础埋深较浅，多取台明高度的 1/2，但是在现代仿古建筑施工中，一般要考虑到当地冻土深度的影响，故要求埋深不小于当地的冰冻线。古建筑台基的形式主要有普通台基与须弥座台基两种：普通台基外形简洁，多为素方盒子；须弥座台基，侧边多做凸出凹进的线脚，形式华丽、做工精细。另外，在高等级做法中常常在台明前部加设月台，功能上可以作为观月赏景或作为宗教礼仪和人群集聚的空间。月台在高度上一般低于台明一个阶条石，在长度上也小于前者，并且为了方便联系，在月台两侧常设有抄手踏跺。

1. 台明高度

台明的高度，即室外地坪至台基上表面（一般指台基边缘部位）的垂直距离。其规定宋清各有要求。为了便于排水，台明一般要做出内高外低的坡度。

（1）宋制规定　《营造法式》卷三述："立基之制，其高与材五倍。如东西广者，又加五份至十份。若殿堂中庭修广者，量其位置随宜加高，所加虽高不过与材六倍。"即是指台基高一般按所取用的材等尺寸的五倍确定。如果建筑东西向比较长，可再增加 5～10 份。若殿堂前为宽阔的庭院，可以根据其位置适当加高，但最高不得超过取材等级的 6 倍。

例如：某宋式殿堂型建筑，用材为二等材，其材广 0.825 尺，则台基高可取定 4.125 尺

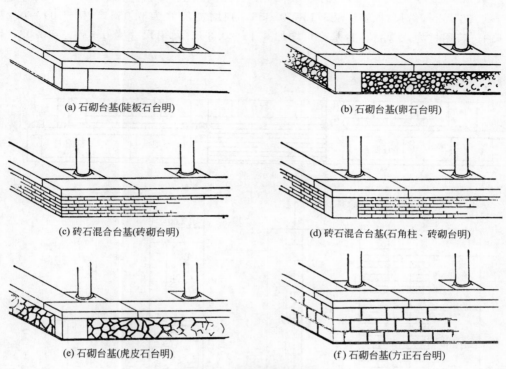

(a) 石砌台基(陡板石台明)　　(b) 石砌台基(卵石台明)

(c) 砖石混合台基(砖砌台明)　　(d) 砖石混合台基(石角柱、砖砌台明)

(e) 石砌台基(虎皮石台明)　　(f) 石砌台基(方正石台明)

图 2-13　台基的砌筑类型

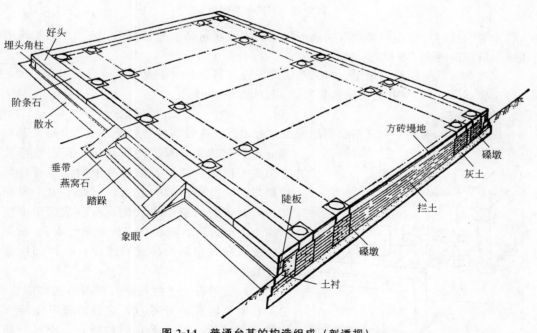

图 2-14　普通台基的构造组成（剖透视）

[0.825×5＝4.125（尺），约为1.287m]；若用材为八等材，其材广0.45尺，则基台高可取定2.25尺[0.45×5＝2.25（尺），约为0.702m]；加高取值，用材为二等材，台基高可增加0.275～0.55尺[每份尺寸为0.825/15＝0.055，则增加尺寸为0.055×（5～10）＝0.275～0.55尺]，若用材为八等材，台基高可增加0.15～0.3尺[每份尺寸为0.45/15＝0.03，增加尺寸为0.03×（5～10）＝0.15～0.3尺]。

宋式台基构造详见图2-15。

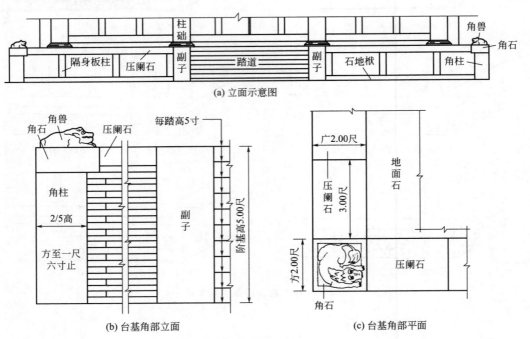

(a) 立面示意图

(b) 台基角部立面

(c) 台基角部平面

图2-15　宋式台基构造

（2）清制规定　台明的高度有明确的规定，大式建筑高为檐柱高的1/5，小式建筑的台明高则为檐柱高的1/7～1/5。

（3）江南《营造法原》规定　《营造法原》在《石作》中提及厅堂阶台至少高1尺，殿庭阶台至少高3～4尺（此处采用鲁班尺，1尺为27.5cm）。

2. 台帮构造

台帮构造指台明四个侧面与台明地面及室外地坪交界处的构造处理方法，普通台基台明部分台帮有砖砌台帮、砖石台帮、石砌台帮及混合砌筑等做法。其中石砌台帮中的陡板石台帮等级最高，构造做法较为复杂，因此本书主要介绍陡板石台帮的构造组成。陡板石台帮露明部位自下而上由土衬石、陡板石（埋头角柱石）、阶条石等组成，台帮里侧为砖砌背里。台帮细部构造如图2-16所示。

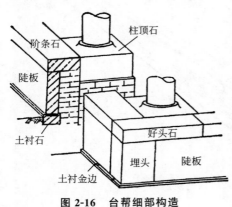

图2-16　台帮细部构造

（1）土衬石　土衬石是台帮石活的底层构件，也是台明与埋深的分界点，它是承托其上所有石构件（如陡板、埋头等）的衬垫石。土衬石高出室外地坪1～2寸，比陡板石宽出约2寸，宽出部分就是"金边"。当土衬石全部露出地面时，可作为台明的首层。小式建筑或次要建筑中，可以不用土衬石，以青砖代之。土衬石上凿有安装连接陡板石的槽口，即"落槽"。按陡板石的宽度，在土衬石上凿出一道浅槽，陡板石立在槽内，可增强连接的稳固性。

（2）陡板石　陡板石，江南称为"侧塘石"，是台帮石活底层之上的第二层，位于台明四周侧边作为护边石。陡板石一般立置于背里砖外皮，陡板外皮上与阶条石外皮齐平，下端安装在土衬石落槽内。上端作榫，装入阶条石下面的榫窝内，陡板的两端也可做榫，用以相互连接并与埋头角柱连接。陡板石长并没有严格的尺寸规定，可根据现场材料进行加工，陡板石通长尺寸为台基通长减去2倍的角柱石；高为台明减去阶条石厚再加上落槽尺寸；厚度取1/3本身高或同阶条石厚。

（3）埋头角柱　埋头角柱简称"埋头"，位于台明四角，是台明转角部位的护角石。埋头侧壁与陡板的交界面上应凿出榫或榫窝，以连接陡板。其规格，宋《营造法式》规定："造角柱之制，其长视阶高，每长一尺则方四寸。柱虽加长，至方一尺六寸止。其柱首接角石处合缝，令与角石通平。若殿宇阶基用砖作叠涩坐者，其角柱以长五尺为率，每长一尺则方三寸五分。"即角柱石垂直长按台明高而定，断面宽窄按0.4台明高见方计算，但最大不超过1.6尺见方。角柱石两面要与其上的角石平。如果殿宇用砖砌须弥座，其高不超过5尺，断面按0.35倍高见方计算，如图2-15（b）所示。

清《工程做法则例》规定："凡无陡板埋头角柱石，按台基之高除阶条石之厚得长，以阶条石宽定见方，如阶条石宽一尺二寸二分，得埋头角柱石见方一尺二寸二分。"即角柱石高按台明高减阶条石厚计算，宽、厚可同阶条石。埋头按其部位可以分为出角埋头、入角埋头，按构造形式可以分为单埋头、厢埋头、混沌埋头（如意埋头）、琵琶埋头，如图2-17所示。

（4）阶条石　阶条石，宋称"压阑石""压面石"，江南做法中称为"阶沿石"。它是台基最上面一层石活的总称，位于台明地面周边，起保护台面的作用。阶条石的规格，宋《营造法式》卷三述"造压阑石之制，长三尺，广二尺，厚六寸"，也就是每块压阑石尺寸长3尺、宽2尺、厚6寸。

清《工程做法则例》对于等级较高的建筑，阶条石的长度要求按"三间五安、五间七安、七间九安"进行配置，即建筑前檐阶条石的块数比房间数多两块，如三间房放置五块阶条石，叫做"三间五安"，以此类推"五间七安""七间九安"等；一般建筑可不遵循此规则，可按台明长现场配置。后檐阶条石视建筑的等级而定，也可与前檐阶条石做法相同。阶条石的宽度，大式建筑按下檐出尺寸减半柱顶石，小式建筑按柱顶石方径减2寸。阶条石的厚度，大式建筑按0.4本身宽取定，小式建筑按0.3本身宽取定。

每块阶条石由于所处位置不同而有不同的名称，如好头石、落心石等，详见图2-18。"好头石"又称"横头"，位于前、后檐的两端；宫殿及重要建筑中，好头石通常与两山条石连做，叫做"联办好头"；"坐中落心石"又称"长活"，位于前、后檐的中间；"落心石"位于坐中落心石与好头石之间；"两山条石"是山墙侧的阶条石，两山条石的块数一般不受限制，而两山条石和后檐阶条石的宽度受建筑形式的影响很大，详见图2-19。月台与主体建筑台基相接部分的阶条石，由于处在屋檐下，所以称为"月台滴水石"。做法讲究的阶条石在大面上要做泛水，阶条石的下面可凿做榫窝，以便和陡板上的榫头相接。

由于下檐出尺寸的变化，阶条石可以做成与柱顶石相接，也可以离开柱顶石。如果下檐出的尺寸较小，阶条石的里皮可以比柱顶石的外皮还要靠里，出现这种情况时，要保证柱顶石和阶条石的合理放置，应将阶条石上多余的部分凿去，这种做法叫做"掏卡子"。好头石上的卡子叫"套卡子"，落心石上的卡子叫"蝙蝠卡子"。

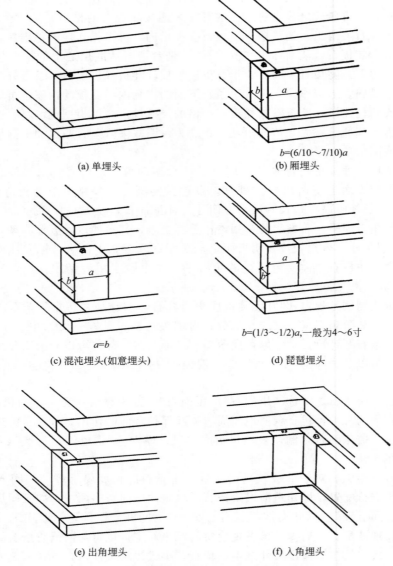

图 2-17　埋头（角柱）构造

《营造法原》明确提出阶沿石按台基边长定，其宽区分殿庭和厅堂之制，殿庭依廊道界深或小于界深减 4 寸，厅堂定 1～1.6 尺；厚按阶踏厚。

四、须弥座台基构造

须弥座台基源于佛像基座，《营造法原》称为"金刚座"。"须弥"一词来源于佛教，印度的须弥山，是中心制高点，因此用于佛像基座能够显示其威严和崇高，故将佛像下的基座都尊称为须弥座，之后用于台基，在唐宋时期就已经流行于高级殿堂建筑中。须弥座除用于台基外还可用于墙体下碱部位，以及作为基座类砌体或单独使用。

须弥座作为台基，经历了砖、石仿木的历程，由木质发展为砖作、石作。在房屋的台基中，石砌须弥座比较多，砖砌须弥座只用于小型建筑。宋式须弥座处于砖仿木的显著期，其形式都源自木须弥座的形式特征，而清式须弥座则已经取得了石构造的合理和石权衡的完

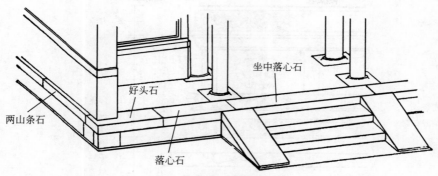

图 2-18　阶条石各部分名称

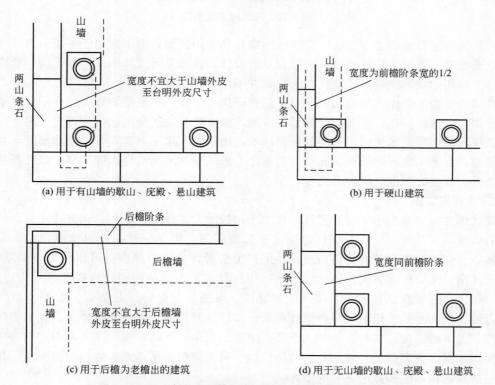

图 2-19　两山条石和后檐阶条石的宽度与建筑形式的关系

善，层次简化，雕饰粗放朴实，整体反映出石基座的敦实、庄重，这也是台基形式美构图成熟的表现。

1. 宋式须弥座

（1）须弥座台基的基本构成　宋《营造法式》在砖作须弥座制度中提到，须弥座台基的基本构成（自下而上）为：土衬、单混肚、牙脚、罨（yǎn）牙、合莲、束腰、仰莲、壶（kǔn）门柱子、罨涩、方涩，共分十三份，其中壶门柱子占 3 份，方涩平层占 2 份，其余均为 1 份，如图 2-20 所示。石作须弥座制度比较简单，记述"以石段长三尺，广二尺，厚六寸，四周并叠涩坐数，令高五尺，下施土衬石，其叠涩每层露棱五寸，束腰露身一尺，用隔身板柱，柱内平面作起突壶门造。"即石须弥座用 3 尺×2 尺×0.6 尺块石，围着四周叠砌数层，高 5 尺，最下铺土衬石，束腰高 1 尺，立角柱，柱内平面要起凸成壶口形。

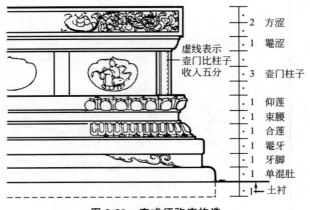

图 2-20　宋式须弥座构造

（2）须弥座台基的基本做法　宋式须弥座台基多用砖砌，由于常用于多层束腰，枋增加到三层或更多。上枋往往雕有宽大的卷花草等纹样，此外，云纹、水纹、万字纹、动物纹等也是枋上常用的装饰主题，素地枋在宋代也并不鲜见。

在体量权衡上，宋式须弥座明显以壶门柱子层为主体，在此层雕饰壶门柱子。其他各层厚度较小，雕琢的仰莲、合莲等纹饰都很纤细，整个柱身主次分明，但仰莲层、罨牙层、混肚层的线脚顶面都呈水平面，很容易积存雨水，雨水进入水平石缝，冬季结冰膨胀，会导致石块胀裂，是不太合理的线脚。在格调韵味上，宋式须弥座构造层次多而密、雕饰纤巧，细腻中透露出秀挺、精细、洒脱的韵味。

2. 清式须弥座

清式须弥座台基多用于宫殿建筑，也用于一般的大式建筑。此外，须弥座还可以用于基座类的砌体，如月台、平台、祭坛佛座以及陈设座等。须弥座台基可以做单层、双层、三层，其中三层须弥座台基的等级最高。从用材上来看，清式须弥座还可以分为砖砌须弥座、石砌须弥座、琉璃砌须弥座。砖须弥座是指用砖料加工而成的砖须弥座构件，其构造层为：土衬、圭角、连珠混、直檐、下枭砖、下混砖、束腰、上混砖、上枭砖、盖板，如图 2-21所示。琉璃须弥座是采用琉璃构件做外观面，多装饰有花纹，其内衬砖砌体。琉璃构件为定制构件，自下而上为：圭角、下枋、下枭、束腰、上枭、上枋，层层垒叠，围在四周一圈成为台座圈，圈内空当部分与普通台基结构相同。石砌须弥座是清式最常用的须弥座，其形制主要包括普通须弥座和做法讲究的须弥座。

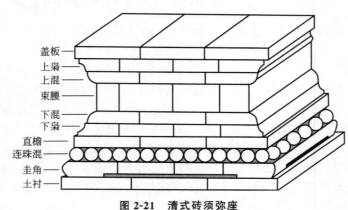

图 2-21　清式砖须弥座

（1）普通须弥座

① 基本构成　普通须弥座台基的基本构成（自下而上）为：土衬、圭角、下枋、下枭、束腰、上枭、上枋，如图 2-22 所示。如果高度不能满足要求时，可将下枋和上枋做成双层，必要时还可以将土衬也做成双层，但其中有一层土衬全部露明，如图 2-23 所示，坐落在砌体之上的须弥座可以不用土衬。

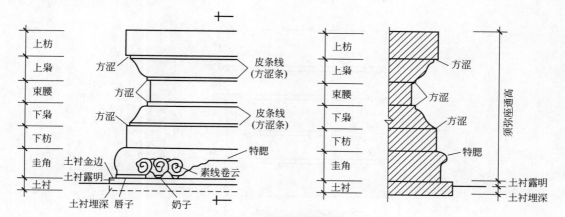

图 2-22　清式须弥座构造

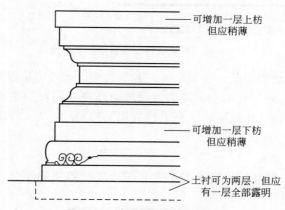

图 2-23　清式须弥座增加做法

② 转角处理构造　须弥座台基在束腰位置转角处理有多种做法：第一种是转角不做任何处理；第二种是在转角处使用角柱石（金刚柱），阳角处为"出角角柱"，阴角处为"入角角柱"，用以承托上部构件和保护转角，具有一定的装饰性；第三种是在转角处做成"马蹄柱"，俗称"玛瑙柱"；第四种是在转角处做人物造型"力士"。须弥座转角处理详见图 2-24。

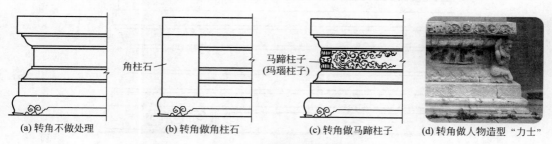

(a) 转角不做处理　　(b) 转角做角柱石　　(c) 转角做马蹄柱子　　(d) 转角做人物造型"力士"

图 2-24　须弥座转角处理

③ 尺度权衡　须弥座全高一般为 1/5～1/4 檐柱高，在这个总高度范围内，一般将全高定为 51 份，束腰高 8 份，加上下皮条线共高 10 份，与圭角高度相等；上下枭各高 6 份，各加 1 份皮条线，各占 7 份，高度相等；上枋高 9 份，下枋高 8 份，基本相等但上枋略高一点点，各层所占份数有一定规律，如图 2-25 所示。

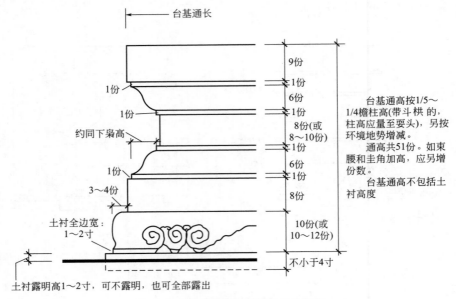

图 2-25　清式须弥座各部位尺度权衡

须弥座各层比例可适当调整，在须弥座的各层之中，圭角和束腰可再增大比例，但增高所需的份数应在 51 份之外另行增加。其调整应遵循几项原则：一是圭角和束腰的高度应基本一致，并应在各层的高度中最厚；二是上枋应比下枋稍厚；上、下枭的高度应一致，并在各层高度中最薄。

（2）做法讲究的须弥座

① 带勾栏须弥座　带勾栏须弥座即是带有栏板望柱的须弥座，多用于比较重要的宫殿建筑中，如图 2-26 所示。

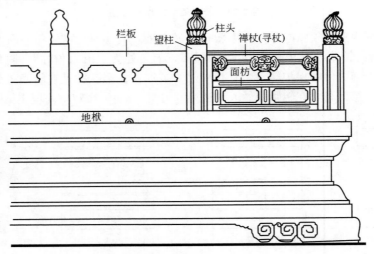

图 2-26　带勾栏须弥座

② 带龙头须弥座　带龙头须弥座即是在须弥座的上枋部位，勾栏的柱子之下，安放挑出的石雕龙头，如图2-27所示。龙头又叫螭首，俗称喷水首，不仅是一种装饰物，更重要的是作为台明雨水的排水设施，通过管口将雨水从龙嘴吐出。四角位置的龙头称为大龙头或四角龙头，其他的龙头称为小龙头或正身龙头。大龙头长约3倍角柱石宽（挑出长约1份，后尾嵌入2份），宽度大于或等于角柱石斜宽，高约2.5/3角柱石宽；小龙头出挑长度约0.8角柱石宽，宽1望柱径，厚按1.2上枋厚。须弥座带龙头就必须为勾栏须弥座，转角处必须为角柱做法。大、小龙头与勾栏之间的组合关系详见图2-28。

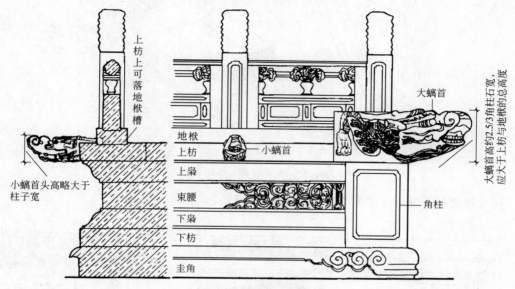

图 2-27　带龙头须弥座

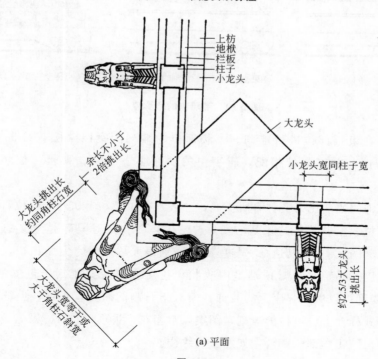

(a) 平面

图 2-28

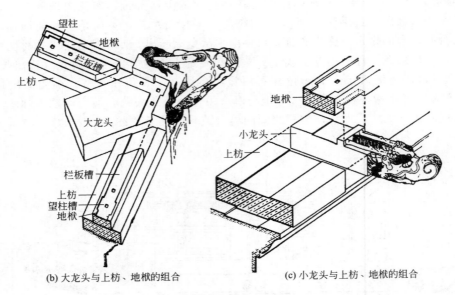

(b) 大龙头与上枋、地栿的组合　　　　　　(c) 小龙头与上枋、地栿的组合

图 2-28　大、小龙头与勾栏的组合关系

③ 带雕刻的须弥座　带雕刻的须弥座有三种形式，如图 2-29 所示。

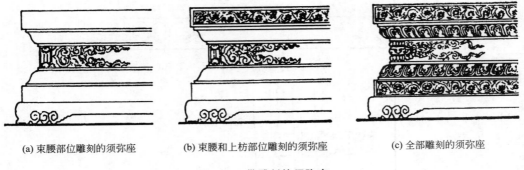

(a) 束腰部位雕刻的须弥座　　(b) 束腰和上枋部位雕刻的须弥座　　(c) 全部雕刻的须弥座

图 2-29　带雕刻的须弥座

第一种，仅在束腰部位进行雕刻。束腰部位的雕刻图案以"椀花结带"为主，即以串椀状的花草构图，并以飘带相配。庙宇中的须弥座还可以在束腰部位雕刻"佛八宝"等图案。

第二种，雕饰的幅度比第一种有所扩展，一般是在束腰和上枋两个部位，也可在束腰和上、下枋三个部位。上、下枭的雕刻，多为"巴达马"。"巴达马"是梵文的译音，意为莲花。在古建筑雕刻图案中，"巴达马"与莲瓣的区别很大，莲瓣为尖形花瓣，花瓣表面不做其他雕刻，而"巴达马"的花瓣顶端呈内收状，花瓣表面还要雕刻出包皮、云子等纹样。"巴达马"与莲瓣都可以做须弥座上的装饰，但对于石制的须弥座来说，上、下枭雕刻更多采用"巴达马"式样。上、下枋的雕刻，图案以宝相花、番草（卷草）及云龙图案为主。无论雕刻的程度如何，圭角部位都要做如意云的纹样。

第三种，所有部位均有雕刻。

以上带雕刻的须弥座，以第三种雕刻方式最为华贵。无论雕刻程度多么复杂或简单，乃至不做雕刻的须弥座，圭角部位都要雕刻如意云的纹样。

清式须弥座的雕刻图案详见图2-30。

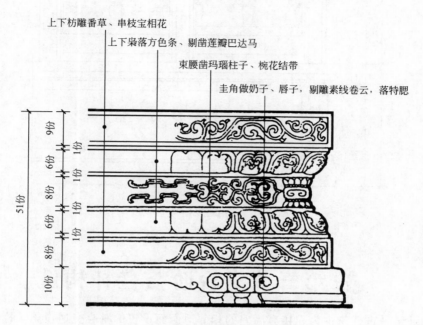

图 2-30　清式须弥座的雕刻图案

3. 宋代须弥座和清代须弥座差异

宋代须弥座多为砖做，清须弥座多为石做，二者在构造做法与艺术表现形式上均有较大的差异，详见表2-1。

表 2-1　宋式须弥座与清式须弥座比较

比较项目	宋式须弥座	清式须弥座
分层	十三份九层（高13皮砖）	五十一份六层
线条	细	粗
主次	分明（壶门处高三份）	不分明，各层高度相近
线脚	个别不合理，易于积水破坏	合理
风格	秀气、精细	庄重、硕壮
做法	砖仿木	石材

4. 《营造法原》金刚座

《营造法原》称石须弥座为"金刚座"。其结构为：台口石、圆线脚、荷花瓣、拖泥、土衬等，详见图2-31。

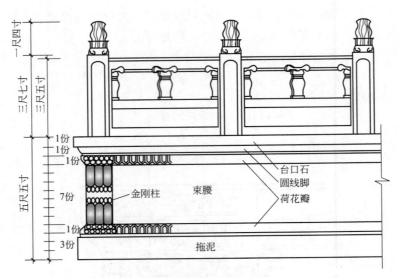

图 2-31　江南金刚座构造示意

第三节　台阶与栏杆构造

台阶和坡道是古建筑中为连接有高差的相邻地面而设置的垂直交通设施，栏杆则是在有高差的地面边缘，当达到危险高度时（现代规定为 0.7m），所采用的安全维护设施。除了具有使用功能外，这些构造设施兼具装饰美化的作用，丰富了古建筑的细节，成为古建筑装饰特色之一。

一、台阶与坡道构造

台阶是古建筑台基的附属部分，古时称"阶级""踏道""踏跺"，今称"台阶"。

1. 台阶（踏跺）

（1）台阶（踏跺）的类型

① 踏跺按照形式可以分为垂带踏跺、如意踏跺、御路踏跺、云步踏跺。

a. 垂带踏跺。垂带踏跺是两侧做"垂带石"的踏跺形式，是古建筑中最为常见的踏跺做法。

b. 如意踏跺。如意踏跺是指不带垂带的踏跺，从三面都可以上人，是一种简便的做法，多用于民居、园林建筑及附属建筑。可分为条石制成的圆角和方角两种做法，属于等级较低的做法。

c. 御路踏跺。御路踏跺是在踏跺正中位置砌有"御路石"的踏跺，多见于宫殿建筑和重要的大型建筑。御路石表面多带有雕刻，两侧踏跺供行人上下，属于等级最高的做法。

d. 云步踏跺。云步踏跺是用未经加工的石料（一般应为叠山用的石料）仿照自然山石码成的踏跺。云步踏跺多用于园林建筑，兼有实用和观赏的双重功能，表现了恬淡自然的艺术效果，同时又具有一定的趣味性。

② 踏跺按照位置可以分为抄手踏跺、正面踏跺、垂手踏跺。

a. 抄手踏跺。位于台明或月台两个侧面，一般为大型建筑所使用的踏跺形式。抄手踏踩为附属性构筑物，其规格做法均低于正面的单踏踩。

b. 正面踏踩。位于台基正前方的垂带踏踩称为正面踏踩，是连接台基和室外地面主要通行的位置所在。

c. 垂手踏踩。若大型建筑台基正前方与房屋中部三间门相对应都做踏踩，但每间的踏踩分开，并不连做，则中部为正面踏踩，处于正面踏踩两边的为"垂手踏踩"。

③ 踏踩按照数量可以分为单阶、双阶和三阶三种形制。中国历史上产生过"两阶制"的礼制规定，即东阶和西阶，分别供主人和宾客使用。因其在立面造型上不利于突出中央部位，所以在宋代以后逐渐消失。明清台阶数量定型为单阶和三阶，单阶只用正中一组正面踏踩，三阶则采用并列的三组台阶，其分为两种形式：一种是连三踏踩，即将三个垂带踏踩连为一体的踏踩，为大型建筑台阶的做法，连三踏踩实际上是两阶制与中部台阶相结合的产物；另一种则是正面踏踩和垂手踏踩的组合形态。

踏踩的类型详见图 2-32。

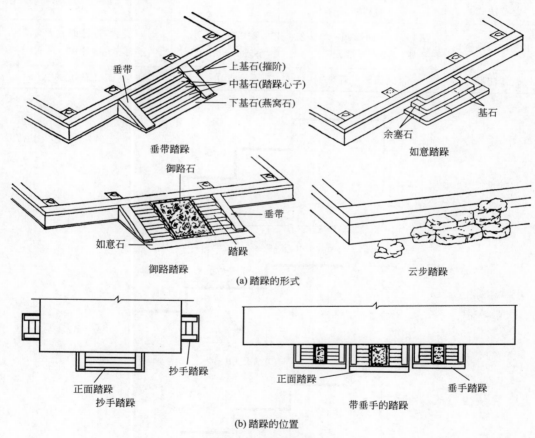

图 2-32　踏踩的类型

（2）垂带踏踩构造

① 垂带踏踩面阔尺寸的确定　宋《营造法式》中指出踏道按面阔的间宽取值。清《工程做法则例》及《营造算例》中规定：踏踩按开间布置，其阶宽按柱子中线之面阔而定；如按门宽布置，应按槛框外边尺寸取定。

② 垂带踏踩的构造组成　垂带踏踩由垂带、踏踩、象眼、如意石等组成。

a. 垂带。垂带位于踏踩两侧，宋称"副子"，其宽为 1.8 尺；清称"垂带"，按宽厚与阶条石同取定。垂带石的安置一般以明间面阔宽度为准，即俗称"垂不离柱"，但民间建筑大多不依此法，通常小于明间尺寸。垂带与阶条石（或上枋）相交的斜面叫"垂带戗头"，垂带下端与燕窝石相交的斜面叫"垂带巴掌"。垂带戗头和垂带巴掌又可统称为"垂带靴头"或"垂带马蹄"。

b. 踏跺。踏跺，宋称"阶石"，清称"基石"，台阶最上面一层，紧靠阶条石的上基石俗称"摧阶"，垂带踏跺的第一层下基石称为"燕窝石"。燕窝石宽、厚与踏步石相同，长比踏步石长一垂带宽。燕窝石与垂带交接处要按垂带形状凿出一个浅窝，叫做"垂带窝"或"燕窝"。上基石与燕窝石之间的都叫做中基石，俗称"踏跺心子"。古建筑踏跺尺度详见表 2-2 和图 2-33。

表 2-2　古建筑踏跺尺度表

名称	踏步长	踏步宽	踏步高
《营造法式》	面阔间宽	1 尺	0.5 尺
《工程做法则例》	法则一：正间面阔—垂带宽 法则二：按开门宽度	大式 1～1.5 尺 小式 0.85～1 尺	大式，设计取 0.5 尺 小式，设计取 0.4 尺
《营造法原》	正间面阔—垂带宽	1 尺或 0.9 尺	0.5 尺或 0.45 尺

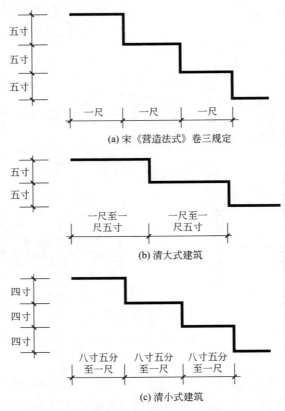

图 2-33　古建筑踏跺尺度权衡

c. 象眼。垂带之下的三角形部分叫做象眼。象眼可用砖砌，也可用石砌，用石料做成的叫象眼石。象眼与垂带也可以由一块石料连做而成。宋制象眼层层内凹，按每层内退 2 寸砌筑，当台阶高 4.5～5 尺者按三层内凹，6～8 尺按五层或六层内凹；清制为垂直平面，立砌陡板，象眼石厚按垂带宽 1/3 取定。

　　d. 如意石。宫殿建筑的台阶燕窝石前，如再放置一块与燕窝石同长的条石称为"如意石"，如意石应与室外地面高度相同。

　　e. 平头土衬。平头土衬放在台基土衬和台阶燕窝石之间，是象眼石下的垫基石。其宽、厚与踏跺石相同，露明高度及金边宽度应与台基土衬相同。

　　垂带踏跺的构造组成详见图 2-34，垂带踏跺剖面详见图 2-35。

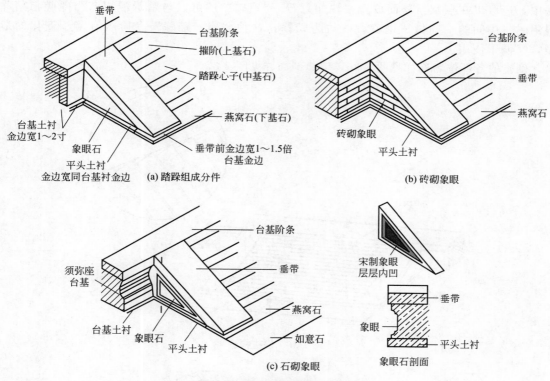

图 2-34　垂带踏跺的构造组成

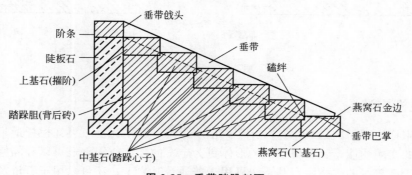

图 2-35　垂带踏跺剖面

2. 礓磋（慢道）

　　坡道在宋代称为慢道、清代称为礓磋。根据《营造法式》卷十五《砖作制度》中描述"垒砌慢道之制：城门慢道，每露台砖基高一尺，拽脚斜长五尺。厅堂等慢道，每阶基高一尺，拽脚斜长四尺……凡慢道面砖露龈皆深三分（如华砖即不露龈）"。据有关专家研究指出，宋代的慢道多用于上城头的马道、厅堂宫殿门前，用于城门慢道的高斜比为1∶5，用于房屋慢道高斜比为1∶4。慢道一般采用砖陡面立置斜砌的构造做法，露龈深三分（约10mm），如采用花砖斜铺则不露龈。

清代礓磋多用于车辆经常出入的地方，如宫门、府门、过街牌楼等处，分为砖构和石构两种，砖构做法与宋代慢道相同，石构多为整石凿糙道形成，其高宽比为1/9～1/3。石构礓磋与垂带踏跺构造相似，由垂带、礓磋、象眼、燕窝石等构件组成，在高等级做法中，还可以在燕窝石外面放置一块如意石。"礓磋"还可以与踏跺混用。当礓磋与踏跺混用时，中间的一间做成礓磋，两边为踏跺，这种"连三踏跺"台阶既有富于变化的造型，又便于使用。

礓磋的各部位名称详见图2-36，礓磋剖面详见图2-37。

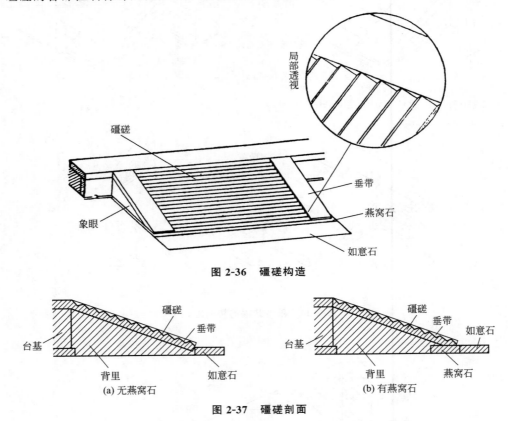

图 2-36　礓磋构造

(a) 无燕窝石　　　　　(b) 有燕窝石

图 2-37　礓磋剖面

二、栏杆构造

栏杆，宋称为"勾阑"，也做"阑干"，横木为阑，纵木为干，可知栏杆最早为木制。栏杆既有拦护的实用功能，又有使建筑的形体更为丰富的装饰作用，还可以分隔空间、丰富剪影。既可用于高等级的须弥座台基，也可用于普通台基之上；还可以用于石桥及某些需要围护或装饰的地方，如华表周围、花坛、水池四周等。

古建筑制作栏杆的材料以木、石为最多见，此外还有砖、瓦、琉璃、铁艺、竹等。由于木材与石材的防水性能不同，檐下及室内多用木栏杆，室外台基、台阶、桥梁边缘多用石栏杆。木栏杆构造详见本书第七章木装修，本节主要介绍石栏杆的构造。

1. 宋式石勾阑

宋式石质栏杆的形式是从木栏杆转化而来的，它的构造和形式都受到木栏杆的构造方式和形式的影响。石质寻杖栏杆的结束处有时使用矮栏（将栏杆降低，再做一栏）作为造型上的收尾处理，此手法影响了以后各代（尤其是对抱鼓石）。

宋《营造法式》中述及的石栏杆形式有两种：一种是重台勾阑，其等级较高，尺寸较大，每段阑板高 4 尺、长 7 尺；另一种是单勾阑，其尺寸和等级都低于前者，每段阑板高 3.5 尺、长 6 尺，单勾阑出现较早，是重台勾阑产生的直接形式。宋式勾阑构造详见图 2-38。

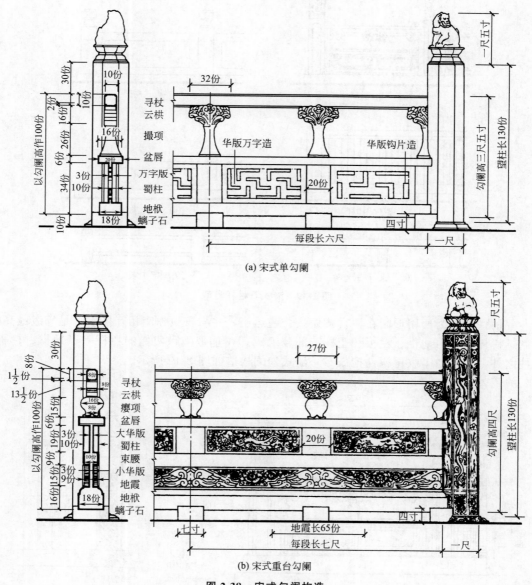

(a) 宋式单勾阑

(b) 宋式重台勾阑

图 2-38 宋式勾阑构造

宋代单勾阑望柱由柱头、柱身、柱础三部分组成，断面为八角形，柱身为素地，不施雕刻。望柱间的勾阑从上到下依次为寻杖、云栱、瘿项、盆唇、华版、蜀柱、地栿、螭子石

（可不用）。重台勾阑望柱的构造组成与单勾阑相同，只是柱身满饰雕刻。勾阑部分的区别主要有两点：一是云栱瘿项部分变化为云栱撮项（撮项为收颈束腰，瘿项为树瘤状）；另一区别是单勾阑为单层华版，而重台勾阑有两层华版（位于束腰上的称为大华版、束腰之下的称为小华版）。

2. 清式勾阑

清式石栏杆的构成形态多样，主要有寻杖栏杆、栏板式栏杆、罗汉栏板式栏杆三种，其他如直棂栏杆、石坐凳栏杆等散见于民居及园林之中，如图 2-39 所示。

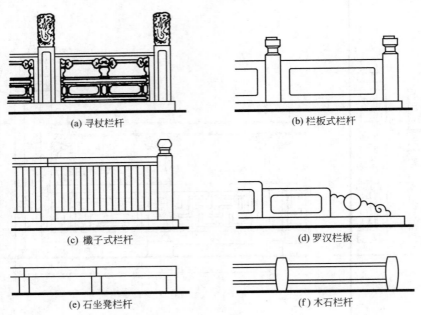

(a) 寻杖栏杆　　　　　　　　　　　　(b) 栏板式栏杆

(c) 横子式栏杆　　　　　　　　　　　(d) 罗汉栏板

(e) 石坐凳栏杆　　　　　　　　　　　(f) 木石栏杆

图 2-39　清式石栏杆类型

寻杖栏杆作为通用形制在清官式做法普遍运用，并与石须弥座相互搭配，是等级最高的体制。栏杆一般由地栿、栏板、望柱三部分组成。在垂带踏跺两侧的栏杆除了地栿、栏板、望柱之外，还增加了收尾构件抱鼓石。清式勾阑构造如图 2-40 所示。

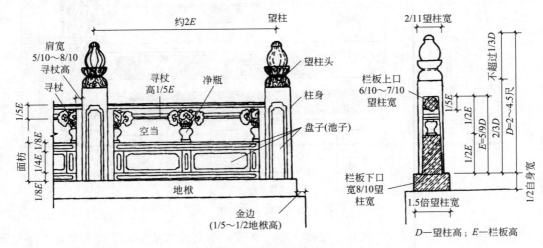

图 2-40　清式勾阑构造

（1）地栿　地栿是栏板的首层。地栿的位置比台基阶条石（或须弥座上枋）退进一些，退进的部分叫"台基金边"或"上枋金边"，金边宽度为1/5～1/2地栿高。

地栿的上面要按望柱和栏板的宽度凿出浅槽，即"落槽"，又叫"仔口"，槽内凿出和栏板、望柱相接的榫窝。望柱之间的长身地栿中间的底面凿出"过水沟"，以利于排水。地栿构造详见图2-41。

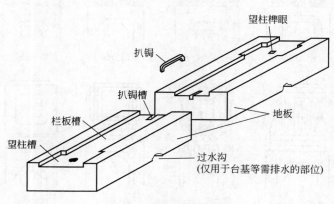

图 2-41　地栿构造

（2）望柱　望柱处于勾栏栏板两端，于两侧固定栏杆，下由地栿承托。望柱可以分为柱头和柱身两部分，断面多为方形。柱身的形状比较简单，一般只落两层"盘子"，也叫"池子"。柱头的形式种类较多，常见官式做法有莲瓣头、复莲头、石榴头、二十四气柱头、叠落云子、水纹头、素方头、仙人头、龙凤头、狮子头、麻叶头、八不蹭等。地方做法更是丰富多变，如各种水果、各种动物、文房四宝、琴棋书画、人物故事等。望柱柱头样式详见图2-42。

在选择柱头时应注意，在同一建筑上，地方建筑风格的柱头可采用多种样式，而官式建筑一般只采用一种样式；选择柱头样式时，应注意与建筑环境相互协调及等级上的匹配，如宫殿建筑应采用龙凤头。

柱子的底面要凿出榫头，两个侧面要落栏板槽，槽内要按栏板榫的位置凿出榫窝。

（3）栏板　清式栏板以寻杖栏板较常见，寻杖栏板中又以透瓶栏板最常见，在官式建筑中已经成为标准形制。透瓶栏板由禅杖（寻杖）、净瓶和面枋组成，禅杖上要起鼓线。净瓶一般为每段三个，但两端的只凿做一半。垂带上栏板或某些拐角处的栏板，净瓶可为两个，每个都凿成半个形象。净瓶部分一般为净瓶荷叶或净瓶云子，有时也改做其他图案，如牡丹、宝相花等，但外形轮廓不改变。面枋上一般只落"盘子"，或称为"合子"。极讲究者则雕刻图案，在"合子"中的雕刻称为"合子心"。栏板的两头和底面要凿出石榫，安装在柱子和地栿的榫窝内。

（4）垂带栏杆　垂带上栏板柱子的尺寸应以台基上栏杆的尺寸为基础，如"长身柱子""长身栏板"和"长身地栿"，根据块数核算其长度，再根据垂带的坡度，求出准确的规格。垂带上柱子底部应随垂带地栿做出斜面，顶部与"长身柱子"做法相同，如图2-43所示。

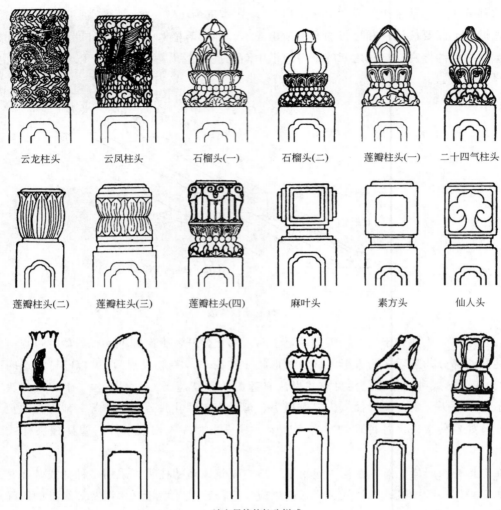

云龙柱头　云凤柱头　石榴头(一)　石榴头(二)　莲瓣柱头(一)　二十四气柱头

莲瓣柱头(二)　莲瓣柱头(三)　莲瓣柱头(四)　麻叶头　素方头　仙人头

地方风格的柱头样式

图 2-42　望柱柱头样式

垂带地栿上下两端的做法各不相同，上端与台基上地栿拼合，下端从垂带退进，形成地栿前的垂带金边，其宽度是台基上地栿金边的1～2倍。出于美观，抱鼓石也应从地栿边缘退进，其宽度是地栿本身宽度的1～1.5倍。垂带地栿可与垂带"联办"，可与垂带下的象眼"联办"。

抱鼓位于垂带上栏板柱子下方端部，清式勾阑承袭宋式勾阑形制，保留了端部构件加强的方式，创造了结构性和装饰性构件——抱鼓石。抱鼓的大鼓内一般仅做简单的"云头素线"，其尽端形状多为麻叶头和角背头两种式样，抱鼓石的内侧面和底面要凿做石榫，安装在柱子和地栿的榫窝内。抱鼓石形式详见图2-44。

3. 宋式勾阑与清式勾阑的比较

综上所述，宋式勾阑与清式勾阑构造做法与风格差异较大，二者之间的比较详见表2-3。

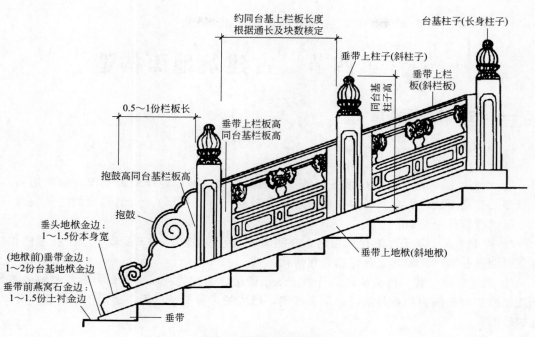

图 2-43　垂带上栏板柱子

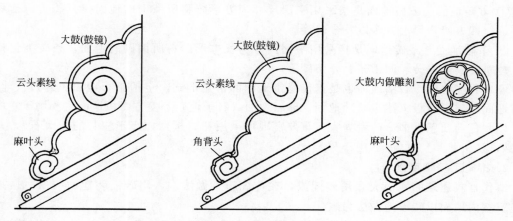

图 2-44　抱鼓石形式

表 2-3　宋式勾阑与清式勾阑的比较

比较项目	宋式勾阑	清式勾阑
分件构成	小分件组合体，由寻杖、云栱、撮项、盆唇、束腰、地栿、华版、蜀柱、螭子石等组成	由栏板、望柱、地栿三部分组成
望柱	直接落于阶基，断面为八边形，柱子比例修长，柱头所占比例较小，望柱间距较大	落于地栿之上，断面为四边形，柱子比例粗壮，柱头所占比例较大，望柱间距较小
栏板	寻杖细长，云栱撮项高瘦，构件之间留空较大、通透，华版较薄，有时还镂空	栏板为一完整构件，寻杖短粗，荷叶净瓶偏于肥硕，寻杖与栏板之间空当缩小，栏板为实心厚板，表面只刻出浅盘子
地栿	位于望柱一侧，可与地面相接，也可与地面分离	位于望柱之下
风格	纤细、秀气、轻快、苗条、虚灵	庄重、厚实、稳定、强壮有力
做法	石仿木	石材

第四节 古建筑地面构造

一、古建筑地面类型

1. 按材料划分

（1）土作地面

① 素土地面　素土地面是历史上最早的地面做法，即以纯净的黄土作为地面用料，按材料分层夯实而成，后来发展为在黄土之中掺杂麦秆（或稻草），以增强地面的抗裂性，夯实后形成滑秸黄土地面。

② 灰土地面　灰土作为地面用料，在明清以前的建筑实例中未发现。灰土技术的推广、普及时期是在明代，成熟完善时期是在清代。

③ 焦渣地面　北方部分地区流行焦渣地面做法，是古代利用废料作为建筑材料的范例。焦渣地面主要是焦渣和石灰浆经过混合压实，形成的一种简易地面，适用于耐磨程度要求不高的地面。

（2）砖作地面

① 方砖地面　方砖地面是指采用平面尺寸为方形砖料所铺砌的地面，方砖类包括尺二方砖、尺四方砖、尺七方砖以及金砖等。

② 条砖地面　条砖地面是指采用平面尺寸为长方形砖料所铺砌的地面，条砖类包括城砖、地趴砖、停泥砖、四丁砖、开条砖等。

（3）石作地面　石活地面也是古代建筑地面的常见形式，包括条石地面、方石板地面、毛石地面、碎石石板（冰裂纹）地面、卵石地面（石子地）等。方石板地面主要用于室内地面，以颜色与质感近似方砖者为宜。重要宫殿可采用花石板（如产于浚县的花斑石），并做烫蜡处理。

2. 按施工精细度划分

清代官式建筑的地面大多用砖铺成，在传统施工做法中，用砖铺装地面叫做"墁地"，古建筑室内地面以砖墁地做法为主。

（1）细墁地面　细墁地面的做法特点是，砖料应经过砍磨加工，加工后的砖规格统一准确、棱角完整挺直，表面平整光洁。地面砖的灰缝很细，表面经桐油浸泡，地面平整、细致、洁净、美观、坚固耐用。细墁地面多用于大式或小式建筑的室内，做法讲究的宅院或宫殿建筑的室外地面也可用细墁做法，但一般只限用于甬路、散水等主要部位，极讲究的做法才全部采用细墁做法。

室内细墁地面一般都使用方砖，按照规格不同，有"尺二细地""尺四细地"等不同做法。细墁地面所用的砖料一般应达到"盒子面"的要求。

（2）淌白地面　淌白地面可以视作细墁地面做法中的简易做法。淌白地面的要求是墁地所用的砖料仅要求达到磨面即可，其砖料砍制过程不如细墁地用料那么精细，墁好后的外观效果与细墁地面相似。因此除比较重要的建筑和重要部位用细墁砖外，其他多用淌白地面。

（3）金砖地面　金砖地面可视为细墁地面做法中的高级做法。其砖料使用质量最好的金砖，做法也更加讲究，多用于重要宫殿建筑的室内。

（4）糙墁地面　糙墁地面的做法特点是砖料不需要砍磨加工，地面砖的接缝较宽，砖与砖相邻处的高低差和地面的平整度都不如细墁地面那样讲究，相比之下，要显得粗糙。大式建筑中多用城砖或方砖糙墁。普通民宅可用四丁砖、开条砖等条砖糙墁。糙墁地面多用于一般建筑的室外，在做法简单的建筑及地方建筑中，糙墁做法也用于室内地面。

二、古建筑平面尺度权衡

（一）古建筑平面各部位名称

1. 间架的概念

间是建筑平面的数量单位，指四柱之间所围合的空间或两缝梁架之间的空间，如图2-45所示。架是指建筑沿进深方向的数量单位，一般以进深方向承托檩（桁）的数量来取定。间架的多少可以表明建筑的规格大小，体现建筑等级。

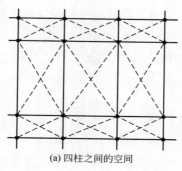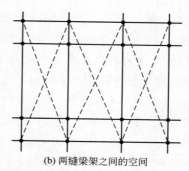

(a) 四柱之间的空间　　　　　　(b) 两缝梁架之间的空间

图 2-45　间架的概念

在我国封建社会时期，对不同阶层的住宅均有等级的限定，如：明洪武二十六年定制，一、二品官员的厅堂为五间九架，三～五品官员的厅堂为五间七架，六～九品官员的厅堂为三间七架等，庶人房舍不得超过三间五架。

2. 古建筑平面各部位名称

中国古建筑房屋的开间数一般为单数。沿面阔方向，从正中向两边依次为明间（宋称当心间）、次间、梢间、尽间。之外有柱无隔断称为廊，宋称副阶，可以分为前廊、后廊、周围廊。古建筑开间取奇数，采用3、5、7、9开间，以9开间为最高规格。各部位间的名称详见表2-4。北京故宫太和殿为特例，在9开间两侧加廊间共计11开间，形成等级最高的开间形制。在进深方向取决于房屋的架数，可选3、5、7、9架。进深方向有时也依据两山开间的数量描述为×间，进深方向的间数有单数也有双数。沿进深方向即从山面部分观察，若有多间，则分别称为两山明间、两山次间、两山梢间。

表 2-4　古建筑"间"的命名

间的数量	间的位置								
三开间				次间	明间	次间			
五开间			梢间	次间	明间	次间	梢间		
七开间		尽间	梢间	次间	明间	次间	梢间	尽间	
九开间	尽间	梢间	次间2	次间1	明间	次间1	次间2	梢间	尽间

（二）古建筑房屋面阔、进深尺寸的确定

1. 面阔、进深的概念

面阔又称"面宽"（宋称间广），即间的横向距离。房屋横向各间面阔之和称为"通面阔"。进深即间的纵向距离，单体建筑一间的深度。房屋纵向各间进深之和称为"通进深"。

2. 唐宋时期建筑间广与进深的确定

（1）间广的确定

① 间广材分的确定　根据陈明达《营造法式大木作制度研究》，建筑间广与铺作数量有着直接的关系，在宋代，柱间有单补间与双补间两种。每两朵补间铺作之间的间距，即斗栱的标准中距为125分，但依据《营造法式》中的补充说明"或间广不均，即每补间铺作一朵不得过1尺"。陈明达先生以六等材为标准，进而推出标准中距可以上下增减不超过25分。由此我们可以得出，在宋代，若二柱之间为单补间铺作，则柱间间广为250分，另外根据上下浮动，最大间广为300分，最小间广为200分。同理，若二柱之间为双补间铺作，则柱间间广为375分，另外根据上下浮动，最大间广为450分，最小间广为300分。

② 间广具体尺寸的确定　根据上述方法，我们能够确定建筑二柱之间的材分值，然后再根据建筑的规模等级进行选材。如建筑选取三等材，每分尺寸为0.5寸，则单补间间广一般为12.5尺，最大间广为15尺，最小间广为10尺。

另外根据田永复的《园林古建筑构造技术》中的相关研究结论，现存唐宋时期的古建筑中，除个别心间面阔大于18尺以外，大多数面阔都控制在18尺范围之内。

（2）进深的确定　唐宋时期建筑进深的确定与屋架所搭设的椽子的数量有着直接的关系，根据《营造法式》中的用椽之制，厅堂型建筑，每架椽平长（即进深方向两檩之间架设椽子的水平投影长度）不超过6尺，殿堂（阁）型建筑，每架椽平长在6.5～7.5尺之间。根据进深方向的用椽数量，计取各椽平长之和，即可得建筑进深尺寸。

3. 明清时期面阔、进深尺寸的确定

（1）面阔的确定　清《工程做法则例》对面阔有明确的说明，分两种情况，一种是带斗栱建筑，另一种是不带斗栱建筑。

① 带斗栱建筑　清《工程做法则例》卷一中，如九檩单檐带斗栱庑殿，规定："凡面阔、进深以斗科攒数而定，每攒以斗口十一分定宽，如斗口二寸五分，以科中分算，得斗科每攒宽二尺七寸五分。如面阔用平身斗科六攒，加两边柱头科各半攒，共斗科七攒，得面阔一丈九尺二寸五分。如次间，收分一攒，得面阔一丈六尺五寸。梢间同，或再收一攒，临期酌定"。换算公制为：

明间面阔＝（11斗口×0.25尺×7攒）×32cm＝19.25尺×0.32m＝6.16m

次间面阔＝（11斗口×0.25尺×6攒）×32cm＝16.5尺×0.32m＝5.28m

依上所述，大式带斗栱建筑的明间面阔，依斗栱的攒数多少而定，每攒斗栱宽度固定为11斗口（重檐建筑也可为12斗口），依据斗口等级来确定斗口大小，次间及梢间、尽间按正间逐次减一攒。这是确定面阔最常用的方法。

② 不带斗栱建筑　清《工程做法则例》直接规定尺寸：九檩大木（无斗栱），面阔一丈三尺；七檩小式，面阔一丈五寸；五檩小式，面阔一丈。次间、梢间面阔，临期酌夺地势定尺寸。

依上所述，大式无斗栱建筑的明间建筑，一般不超过13尺（即4.16m，按现代模数制可取为4m），小式建筑不超过10.5尺（即3.36m，按现代模数制可取为3.3m），其他可根据现状地形确定。

（2）进深的确定

① 带斗栱建筑　带斗栱建筑的进深与面阔的计算方法相同，都是以斗栱的攒数和斗口来确定，并以22斗口计一步架。以九檩单檐带斗栱庑殿为例，清《工程做法则例》中规定："如进深每山分间，各用平身斗科三攒，两边柱头科各半攒，共斗科四攒，明间、次间各得面阔一丈一尺。再加前后廊各深五尺五寸，得通进深四丈四尺"。这是指进深方向分为三间，每间进深按四攒，即11尺；两山次间为2间，进深22尺；前后廊深各为11尺，因此通进深共44尺。

② 不带斗栱建筑　清大木柱网布列规整，柱间净跨度一般宫殿及大式建筑选用二丈，仓房选用一丈半，小式建筑选用一丈二尺，廊深四尺到三尺，柱列整齐。

在仿古建筑设计中，不带斗栱建筑的进深，可用"步架"来取值（步架是古建筑进深方向的度量单位，梁架上相邻两根檩条之间的水平距离即为一步架）。不带斗栱的大式建筑，步架一般以檐柱高确定，廊步架按檐柱高的0.4倍定深，其余各步架均按照廊步架的0.8倍确定，但是无斗栱大式建筑步架一般不超过5尺；小式建筑一般以檐柱径确定，廊步为5倍的檐柱径，其余各步按照廊步架的0.8倍计算；卷棚建筑，顶步架取2～3倍的檩径，金脊步取4倍的檩径。

4. 江南《营造法原》中面阔、进深尺寸的确定

《营造法原》只规定，次间面阔按正间面阔8/10取定，而正间面阔没有明确规定，但多以"心间不越18尺"的原则来控制。进深可分三部分，即轩、内四界和后双步，其中"内四界"为基本，前置为"轩"，后置为"后双步"，在轩之外还可以加廊和轩。进深尺寸是以大梁（即内四界梁）跨长为准，按照"开间尺寸加二尺"的原则来确定，例如，若开间为一丈八尺，加二尺，则内四界进深为二丈。古建筑面阔、进深的确定方法详见表2-5。

表2-5　古建筑面阔、进深参考表

名称		面阔			进深	
		有斗栱	无斗栱		有斗栱	无斗栱
			大式	小式		
清《工程做法则列》	明间	$n\times11$斗口	13尺	10.5尺	$n\times11$斗口	通进深 $=\sum\limits_{k=0}^{n}$ 步架
	次间	次间比明间收一攒	8/10明间面阔，或按照0.5尺的倍数递减			
	梢间	梢间同次间，或再收一攒				
宋《营造法式》	当心间	斗栱的标准中距（攒档）以材分制计为125分	≤18尺		通进深 $=\sum\limits_{k=0}^{n}$ 椽平长	
	次、梢间		按当心间面阔酌减1尺或0.5尺			
《营造法原》	正间	≤18尺			厅堂内四界进深；按开间尺寸+2尺	
	次间	8/10正间面阔				

注：n为斗栱攒数。

（三）古建筑台明面阔、进深的确定

古建筑台明边线与古建筑边柱中心线之间均留有一定的距离。对庑殿、歇山和攒尖建筑而言，建筑周围均出檐，从檐柱中心线至台明边缘的距离称为"下檐出"，下檐出取2/3～4/5上檐出尺寸。对悬、硬山建筑而言，建筑前檐柱中心线至台明边缘的距离称为下檐出，下檐出取2/3上檐出尺寸；建筑后檐柱中心线至台明边缘的距离称为下出，若檐部为老檐出，下出尺寸略小于下檐出即可，若檐部为封护檐，下出尺寸则为外包金加金边尺寸。左右檐柱中心线至台明边缘的距离称为山出，悬、硬山建筑山出计算各不相同，悬山为2.5倍的山柱径，硬山为外包金加金边尺寸。

1. 台明面阔尺寸确定

庑殿、歇山建筑：台明面阔＝通面阔＋2倍下檐出

悬、硬山建筑：台明面阔＝通面阔＋2倍山出

2. 台明进深尺寸确定

庑殿、歇山建筑：台明进深＝通进深＋2倍下檐出

悬、硬山建筑：台明进深＝通进深＋下檐出（前）＋下出（后）

宋《营造法式》并没有提到台明部分的尺度计算，通过对其记载图样来看，台明面阔与进深均在屋檐伸出范围之内，使雨水落于台明之外。

三、室内楼、地面构造

（一）室内地面构造做法

古建筑室内地面通常由垫层（基层）、结合层和面层砖组成。普通的砖墁地面多以素土夯实后直接作为垫层，比较讲究的做法可采用2∶8或3∶7灰土夯实作为垫层。夯实后的垫层表面距砖底皮的距离可控制在5cm左右，局部凹凸偏差不宜超过15mm。做法讲究的大式建筑的灰土垫层往往要用两步甚至三步以上。重要的宫殿建筑还常以墁砖的方式作为垫层，层数可由三层多达十几层，立置与平置交替铺墁。每层砖之间不铺灰泥，每铺一层砖灌一次生石灰浆，称为"铺浆做法"。砖墁地的结合层大多采用掺灰泥，灰泥比例为3∶7或4∶6或5∶5，细墁地面在正式铺墁之前还要在泥上浇白灰浆，糙墁地面不再浇浆。近年来也有用灰土代替掺灰泥的，类似现代建筑地面使用的干硬性砂浆。室内地面构造做法详见表2-6。

表2-6　室内地面构造做法

地面名称	构造做法	备注
细砖墁地	细砖面层(砖缝挂油灰、砖面打点、墁水活、桐油钻生) 40厚灰泥结合层(3∶7泼灰与黄土加水拌和) 2∶8或3∶7灰土垫层1～3步 素土夯实	大式建筑
金砖墁地	金砖面层(钻生泼墨、烫蜡) 干砂或纯白灰结合层 多层糙砖粗墁垫层(立置与平置交替铺墁) 素土夯实	宫殿建筑

地面名称	构造做法	备注
架空木地板地面	20厚松木地板,烫蜡 铺设楞木 2~3层糙砖墁地 5厚灰泥结合层(3:7泼灰与黄土加水拌和) 2:8或3:7灰土垫层1~3步 素土夯实	仓储建筑地面
木地板地面	50厚硬木地板面层,烫蜡 松木板垫层 木格栅(楞木)@600~800(木格栅尺寸高为0.6倍梁高,厚为高度的4/5) 承重梁(梁厚同柱径,梁高为梁厚加2寸)	楼地面
细砖墁地	细砖面层,油灰抹缝、打点、桐油钻生 2:8或3:7灰土垫层1步 松木板垫层 木格栅(楞木)@600~800(木格栅尺寸高为0.6倍梁高,厚为高度的4/5) 承重梁(梁厚同柱径,梁高为梁厚加2寸)	楼地面

注:1. 打点:砖面上如果有残缺或砂眼,要用砖药打点整齐。

2. 墁水活:砖面如果凹凸不平,用磨头沾水磨平,并擦干净。

3. 钻生:在地面完全干透后,在地面上倒桐油,油的厚度约为3mm,钻生时间应到"喝"不进去油的程度为止。钻生后应用厚牛皮纸将多余的桐油等物刮去,再用软布反复擦揉地面。

4. 钻生泼墨:金砖墁地在钻生前,先用黑矾水涂抹地面,待地面干透后再钻生。

(二)室内楼面构造做法

古建筑二层或多层楼阁建筑中楼面一般由承重梁、楞木、木板垫层及木地板面层组成。古建筑楼面要求必须坚固稳定,因此要考虑楼板下面承重梁的大小及间距。一般楼面的梁直径不应小于15cm,中心距离不应大于60cm。其上架设楞木,楞木截面多为方形,讲究的做法还可以在下面楼层做天花板,使上部楼层结构隐蔽。楼面一般采用木地板或者方砖铺地,古建筑地面层做木地板就必须做防潮架空层,在近现代建筑中常在地面层做架空木地板。

楼板的厚度不应小于3cm,楼板之间采用企口缝拼接,以增加楼板的稳定性,防止变形,还可以使楼板拼贴紧密,消除接缝。室内楼面构造做法可详见图2-46、表2-6。

(三)室内砖墁地面质量要求

1. 宋《营造法式》

一般室内地面用方砖,砖四周磨合平整,地面中心应高出2‰~3‰,边柱以外应降低2‰~3‰。散水依下檐出而定,按定好的距离侧砌2道砖线围成。

2. 明清时期

(1)排砖通则

① 除特殊情况外,砖缝要按"十字缝"方式,而不应该排成井字格,即不应该按现代地面的通行做法排砖。

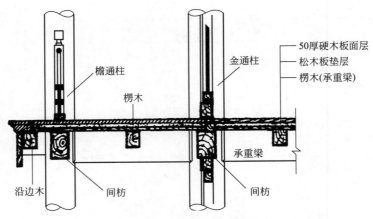

图 2-46　室内楼面构造做法

② 室内砖墁地面应以室内中心线为起始，从中间向两边铺墁。对于方砖墁地应注意"中整边破""首整尾破"，通缝必须顺中轴线方向。即首先要找中，将中间一趟砖安排在正中，从中间向两边赶铺，中间一趟砖第一块砖应为整砖顺进深方向赶铺，详见图 2-47。

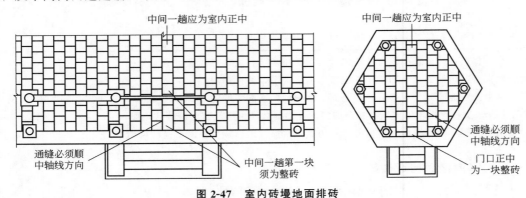

图 2-47　室内砖墁地面排砖

③ 室内及廊间方砖地面，通缝应与进深方向平行；砖的趟数应为单数，"破活"应安排到里面和两端，门口的一块砖必须是整砖。

（2）排砖形式　室内砖墁地面主要有方砖排砖和条砖排砖两种形式。方砖排砖形式有十字缝、斜墁两种；条砖排砖形式有陡板面朝上和柳叶面朝上之分。陡板面朝上的排砖形式有十字缝、斜墁、拐子锦等，柳叶面朝上的排砖形式有直柳叶、斜柳叶、人字纹等。室内地面砖的排列形式详见图 2-48。

（四）地面石活

地面石活主要是指柱顶石和一些台基地面上的石活，包括槛垫石、过门石、分心石、拜石、门枕石、门鼓石和滚墩石。

1. 柱顶石

柱顶石是古建筑木柱下用以承托柱子的石质构件。其作用是扩大柱脚的受力面积、传递荷载；防水避潮，防止柱根糟朽；装饰美观。宋《营造法式》中称为"柱础"，清《工程做法则例》中称为"柱顶石"。

（1）宋式柱础　宋《营造法式》中列有素平、覆盆、铺地莲花、仰覆莲花四种形制。柱础尺寸如础方、础厚、覆盆高、盆唇高等均已有定制。一般方鼓磴尺寸其直径按 2 倍

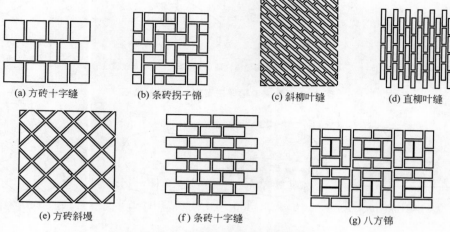

图 2-48　室内地面砖的排列形式

(a) 方砖十字缝　　(b) 条砖拐子锦　　(c) 斜柳叶缝　　(d) 直柳叶缝

(e) 方砖斜墁　　(f) 条砖十字缝　　(g) 八方锦

柱径，当方径在 1.4 尺以下，其厚按本身方径的 0.8 倍；方径在 3 尺以上者，其厚按本身方径的 0.5 倍；方径 4 尺以上者，其厚不超过 3 尺为原则。覆盆及铺地莲花，其高按柱径尺寸的 1/5 计算，仰覆莲花，其高按柱径尺寸的 2/5 计算。宋《营造法式》造础之制见图 2-49。

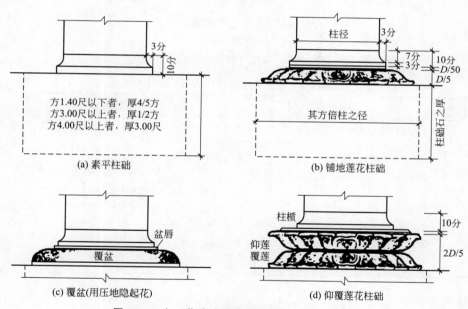

(a) 素平柱础

方 1.40 尺以下者，厚 4/5 方
方 3.00 尺以上者，厚 1/2 方
方 4.00 尺以上者，厚 3.00 尺

柱径　3分

7分　10分
3分　D/50
D/5

其方倍柱之径

(b) 铺地莲花柱础

盆唇

覆盆

(c) 覆盆(用压地隐起花)

柱櫍

10分

仰莲
覆莲

2D/5

(d) 仰覆莲花柱础

图 2-49　宋《营造法式》造础之制（D 为柱径）

（2）清式柱顶石　明清时期柱顶石种类多样，官式做法中常见的有平柱顶、方鼓镜柱顶、圆鼓镜柱顶、异形柱顶四种基本类型，如图 2-50 所示。清《工程做法则例》中规定：柱顶石边长，大式建筑按 2 倍柱径取值，厚度按 0.5 倍柱顶石的边长取值；小式建筑按 2 倍柱径减 2 寸，厚按 1/3 柱顶石边长，并不小于 4 寸。除了四种标准做法之外，清式柱顶石还出现石鼓磴式、方幞头式、动物（如狮、象）形象式、多层组合式等各类柱顶石，另外在园林与山地建筑中还有多边形柱顶、爬山柱顶、联办柱顶等类型，如图 2-51 所示。宋、清柱础（柱顶石）比较见表 2-7。

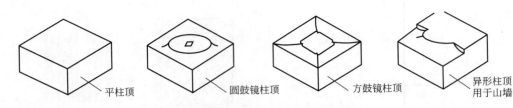

图 2-50　清《工程做法则例》中的柱顶石

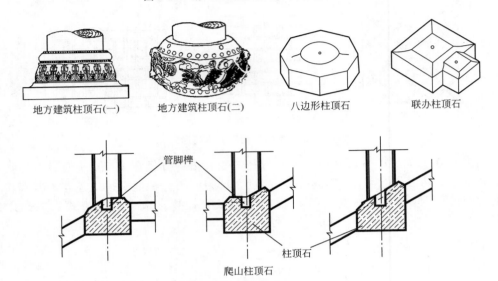

图 2-51　清地方做法中的柱顶石

表 2-7　宋、清柱础（柱顶石）比较

比较项目	宋代柱础	清代柱顶石
形式	素平、覆盆、铺地莲花、仰覆莲花	平柱顶、圆鼓镜柱顶、方鼓镜柱顶、异形柱顶
尺度	造柱础之制,方柱之径 边长<1.4 尺,厚 4/5 边长 边长>3.0 尺,厚 1/2 边长 边长>4.0 尺,厚≤3 尺	大式:边长＝2 倍柱径 　　　厚＝1/2 柱顶石边长 小式:边长＝2 倍柱径－2 寸 　　　厚＝1/3 柱顶石边长并≥4 寸
	覆盆及铺地莲花:1/5 柱径 仰覆莲花:2/5 柱径	鼓镜:宽约 1.2 柱径 　　　高 1/5 檐柱径

2. 地面石活

　　地面石活系指古建筑台基上的一些散件石活,包括槛垫石、过门石、分心石、拜石、门枕石、门鼓石。地面石活散件详见图 2-52。

　　（1）槛垫石　古建筑中,为避免槛框下沉和防潮,常在下槛铺设一道衬垫石,主要用于承托门槛,称为"槛垫石"。槛墙下面不用,但讲究者也可放置。槛垫石在古建筑中经常使用,特别是稍讲究的建筑几乎都要使用。槛垫石的宽度按 3 倍下槛宽,厚按 0.3～0.5 倍本身宽。

　　①通槛垫　通槛垫又叫合间通槛垫,即为一整块通长的槛垫石。古建中的槛垫石大多数都是通槛垫。

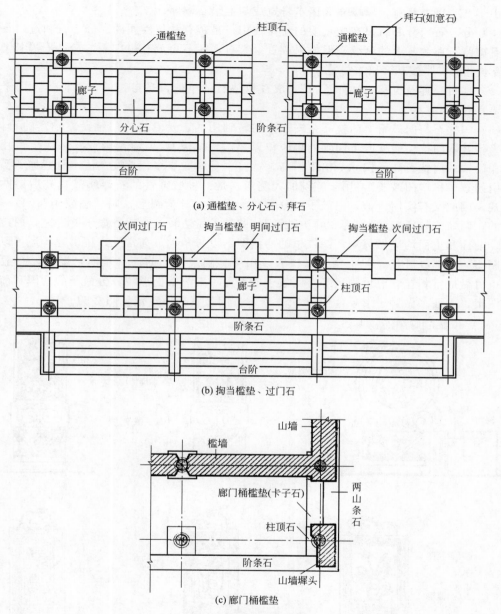

(a) 通槛垫、分心石、拜石

(b) 掏当槛垫、过门石

(c) 廊门桶槛垫

图 2-52 地面石活散件

② 掏当槛垫 门槛下使用过门石，槛垫石被过门石断为两截，过门石两侧的槛垫石就叫做掏当槛垫。

③ 带下槛槛垫 带下槛槛垫和槛垫"联办"而成，多用于宫门、山门等无梁殿建筑。带下槛槛垫还常与门枕石一并"联办"，叫做"带下槛门枕槛垫"。

④ 廊门桶槛垫 俗称"卡子石"。为了行走上的方便，常在廊墙位置做一个门洞，叫做"廊门桶子"，廊门桶处的槛垫石就叫做廊门桶槛垫。

（2）过门石 在一些重要宫殿建筑中，常放置过门石，以示高贵。过门石可只在明间设置，也可同时在次间设置，因此有"明间过门石"与"次间过门石"之分，梢间一般不再设置过门石。过门石可现场按实际情况加工，一般石宽以不小于 1.1 倍柱顶石直径为原则；石长不小于2.5倍本身宽，厚按0.3倍本身宽或与槛垫石同厚。

（3）分心石 分心石只在极重要的宫殿使用，是带有礼仪性质的。分心石和过门石均可看成石御路石在台基上的延续，但如果放置分心石，就不再放置过门石。分心石宽按0.3～0.4倍本身长，厚按0.3倍本身宽。

（4）拜石 拜石也称为"如意石"，放在槛垫石的里侧，是参拜的位置标志，用于庙宇或重要宫殿。

（5）门枕石与门鼓石 门枕石是安放大门转轴用的，是专门为门轴设立轴窝的石构件，可用来代替木门枕。门枕石上门轴的相应位置要凿出"海窝"，海窝内放置一块生铁片，用以承托门轴。门枕石高厚按0.7倍下槛高，宽按本身厚加2寸，长按2倍本身宽加下槛厚。

门鼓石俗称"门鼓子"，用于宅院的大院内，是一种装饰性的石雕小品，其后尾做成门枕形式，因此又有实用价值。门鼓子可分为两大类：一类为圆形，叫"圆鼓子"；另一类是方形的，叫"方鼓子"，又称为"幞头鼓子"。圆鼓子做法较难，比方鼓子要讲究，门鼓子的两侧、前面和上面均应做雕刻。圆鼓子的两侧图案以转角莲最为常见，稍讲究者还可以做成其他图案，如麒麟卧松、犀牛望月、蝶入兰山等。圆鼓子的前面（正面）雕刻，一般为如意，也可做成宝相花、五世同居等。圆鼓子的上面一般为兽面形象，方鼓子的两侧和前面做浮雕图案，上面多做狮子形象，如图2-53所示。门鼓石分位确定见图2-54。

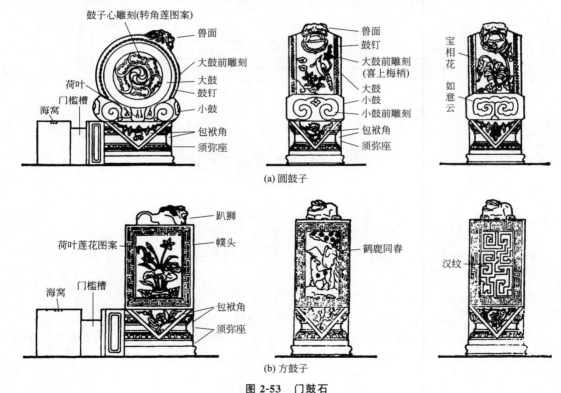

图2-53 门鼓石

四、室外地面

室外地面铺装在不同部位有不同的名称，如甬路、散水、海墁、天井等。甬路是庭院的道路，重要建筑前的主要甬路用大块石料铺墁的叫"御路"。散水用于房屋台明周围及甬路两旁。海墁是指室外除了甬路和散水之外的所用地面全部用砖铺墁的做法。在四合院中，被

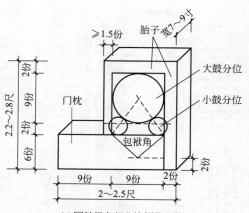

(a) 圆鼓子各部分比例及分位

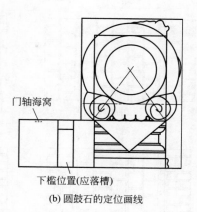

(b) 圆鼓石的定位画线

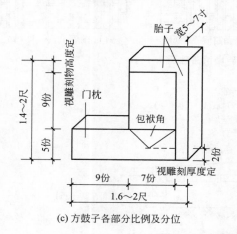

(c) 方鼓子各部分比例及分位

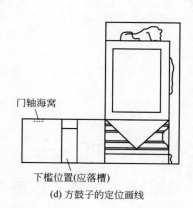

(d) 方鼓子的定位画线

图 2-54　门鼓石分位确定

十字甬路分开的四块海墁地面俗称"天井"。

1. 甬路

甬路专指大型院落或墓地中间，正对着厅堂或坟丘等主要建（构）筑物的砖石铺砌的道路，后泛指用砖石材料铺砌而成的道路。

（1）砖墁甬路　砖墁甬路可以分为大式甬路和小式甬路，详见表 2-8。大式甬路铺墁道路用方砖、城砖，主要由甬路和散水组成；小式甬路铺墁道路用方砖及条砖，只出现甬路，没有散水。甬路中心排砖一般为单数，如三路、五路、七路等，详见图 2-55。路面做出泛水，中间高两边低，成肩形或鱼脊形，以利于排水，砖墁甬路地面构造做法详见图 2-56。

表 2-8　大式甬路与小式甬路

名称	大式甬路	小式甬路	备注
材料	方砖、城砖、方石、条石	方砖或条砖	
组成	甬路和散水或御路、甬路及散水组成	只有甬路无散水	
形式	城砖陡板甬路、方砖甬路、御路石甬路、雕花甬路等	有方砖甬路、条砖甬路	雕花甬路是指散水带有花饰图案
构造要求	砖铺墁以十字缝为主，牙子可用石活　路面中间高,两边低要做出泛水	可采用十字缝做法,也可采用龟背锦、褥子面、筛子底等做法　路面中间高,两边低要做出泛水	

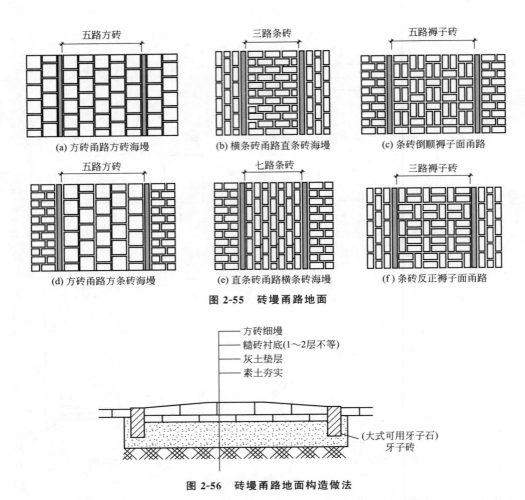

(a) 方砖甬路方砖海墁　(b) 横条砖甬路直条砖海墁　(c) 条砖倒顺褥子面甬路

(d) 方砖甬路方条砖海墁　(e) 直条砖甬路横条砖海墁　(f) 条砖反正褥子面甬路

图 2-55　砖墁甬路地面

方砖细墁
糙砖衬底(1～2层不等)
灰土垫层
素土夯实

(大式可用牙子石)
牙子砖

图 2-56　砖墁甬路地面构造做法

　　砖墁甬路对于路面交叉处理的节点，有十字交叉和拐角交叉两种形式，如节点排砖采用方砖常做成筛子底和龟背锦，如节点排砖采用条砖多为步步锦和人字纹，如图 2-57 所示。

　　（2）石墁甬路　石墁甬路主要是大式甬路，铺墁道路用方砖、城砖、方石、条石。石墁甬路主要有普通石墁甬路和御路石甬路两种形式，普通石墁甬路由中心道路加两侧散水组成，御路石甬路由中心御路石和两边甬路以及两侧散水组成，甬路与散水之间栽牙子石，如图 2-58 所示。石墁甬路与砖墁甬路都应该做成"鱼脊背"形，即中间高两边低，以便于排水，如图 2-59 所示。

　　（3）雕花甬路　雕花甬路是大式甬路的一种特殊做法，由中心甬路和两侧散水组成，散水采用花砖、瓦条集锦或花石子铺墁的甬路。花砖，即带有雕刻的方砖，用于局部地面，不适宜大面积使用；瓦条集锦是指在散水位置用瓦条组成图案，瓦条之间再镶嵌卵石；花石子则是用卵石直接排成图案，图案以外部分用其他颜色的卵石镶嵌。

　　2. 散水

　　散水是用砖或石铺墁于建筑台基周边或室外甬路两侧，且带有泛水的排水构造做法。散水可采用的材料有方砖、条砖、方石、卵石等，其中以方砖、条砖散水最为多见。

　　（1）散水的位置　古建筑房屋周围散水的位置在硬山、悬山建筑处于前后位置，在庑殿、歇山建筑处于四面，如图 2-60 所示。

　　（2）散水的构造　古建筑房屋周围的散水，其宽度应根据出檐的远近或建筑的体量决

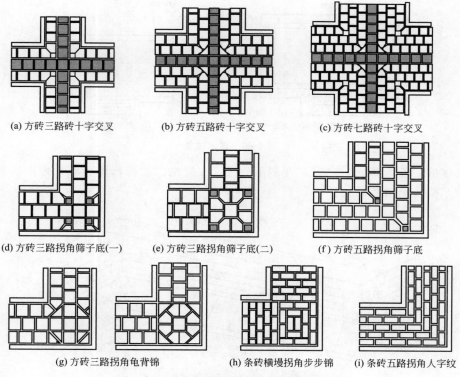

(a) 方砖三路砖十字交叉   (b) 方砖五路砖十字交叉   (c) 方砖七路砖十字交叉

(d) 方砖三路拐角筛子底(一)   (e) 方砖三路拐角筛子底(二)   (f) 方砖五路拐角筛子底

(g) 方砖三路拐角龟背锦   (h) 条砖横墁拐角步步锦   (i) 条砖五路拐角人字纹

图 2-57   砖墁甬路地面交叉节点排砖形式

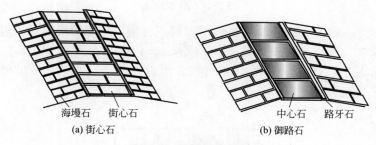

海墁石   街心石   中心石   路牙石

(a) 街心石   (b) 御路石

图 2-58   石墁甬路地面

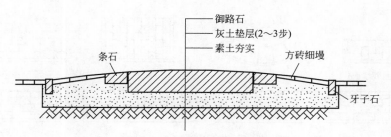

御路石
灰土垫层(2～3步)
素土夯实
条石   方砖细墁
牙子石

图 2-59   石墁甬路地面构造做法

定，以从屋檐流下的水最好能砸在散水上为原则。一般要求散水宽大于回水的距离。详细内容参见本书第四章木构架中的上檐出、下檐出及回水部分内容。甬路两边的散水宽，按现场情况而定，但最小不得少于三路砖。

散水要有泛水，要求里端高、外端低，里口应与台明的土衬石找平，外口应按室外地面

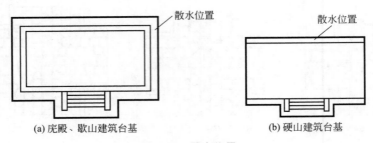

(a) 庑殿、歇山建筑台基　　　　　　　　(b) 硬山建筑台基

图 2-60　散水位置

找平。坡度值一般选择 2‰～3‰。在多雨地区，在散水的坡脚部位还经常做出明沟或暗沟排水。散水构造见图 2-61。

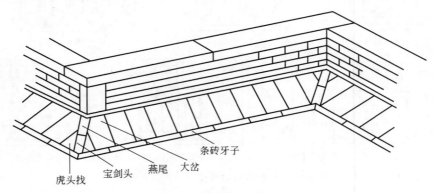

图 2-61　散水构造

（3）散水的排砖形式　方砖散水常选用大规格材料，单砖顺出，做出坡度即可，条砖散水根据砖的尺度，可以分为一砖长、1.5 砖长、2 倍砖长直至 3 倍砖长。砖的排列方式灵活多样，详见图 2-62（a）。在散水转角（包含阳角和阴角）要注意砖的处理形式，详见图 2-62（b）。

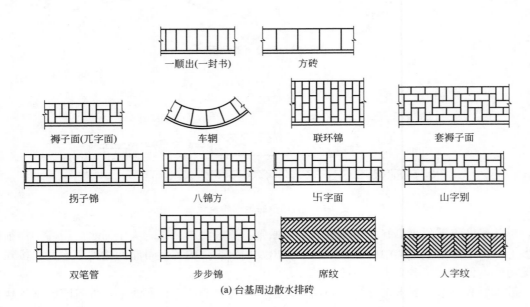

(a) 台基周边散水排砖

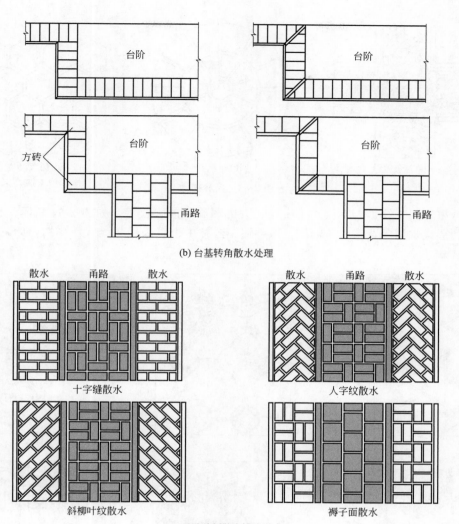

(b) 台基转角散水处理

散水　甬路　散水　　　　散水　甬路　散水

十字缝散水　　　　　　　人字纹散水

斜柳叶纹散水　　　　　　褥子面散水

(c) 甬路外侧散水排砖形式

图 2-62　散水排砖形式

3. 海墁

除了甬路和散水之外的全部室外大面积墁地的做法称为海墁，全部用砖或石铺墁，是室外庭院铺地较讲究的做法。方砖甬路和海墁的关系有"竖墁甬路横墁地"之说，即甬路砖的通缝一般应与甬路平行（斜墁者除外），而海墁砖的通缝应与甬路互相垂直，并且应考虑院落的排水问题。

五、园林地面

园林地面主要是指园林景观环境中出现的园路、景观节点等位置的地面铺装，如图2-63所示。园林地面铺装不仅展现形式的美感和意境的深化，还具有生态美的一面，园林铺地用材简单，可利用建筑废料。《园冶》中就提到："废瓦片也有行时，当湖石削铺，波纹汹涌；破方砖可留大用，绕梅花磨斗，冰裂纷坛。"说明废料利用在古建筑中很早就已开始出现。

一般在庭院或园林环境的铺地中，常用黑、白卵石子与瓦条、石条或整形石板、碎拼石板拼砌成各种花纹图案。地砖形式有方砖、条砖、六角形、八角形等，其铺地砌法种类多

(a) 冰裂纹

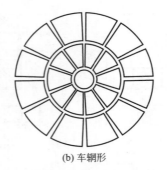

(b) 车辋形

(c) 龟背锦

图 2-63　园林铺地

样，套八方、拐子纹、人字纹、丁字纹、方胜图案、冰裂纹等，如图 2-64 所示。此外，异形砖排列形式常用龟背锦、车辋形、八卦锦。园林中也可采用"大式小作"，即可适当采用小式做法。

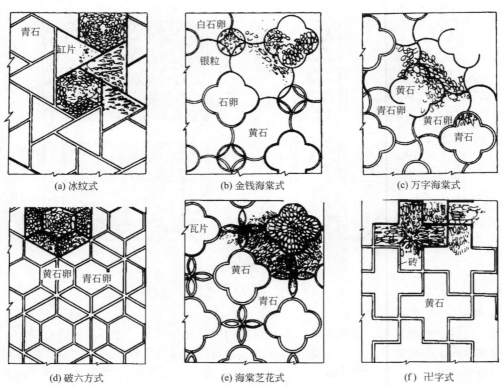

(a) 冰纹式　　　　　　　(b) 金钱海棠式　　　　　　(c) 万字海棠式

(d) 破六方式　　　　　　(e) 海棠芝花式　　　　　　(f) 卐字式

图 2-64　瓦条集锦地面

第三章

古建筑墙体构造

古建筑屋身由墙体、木构架、斗栱（仅在高等级建筑中使用）等部分组成。屋身构造按照受力方式有以下几种：梁柱造，是采用梁柱组成的框架体系承重，墙体只起分隔作用而不承受屋顶重量，也就是形成具有抗震性能的"墙倒屋不塌"构造；承重墙构造，屋架落在墙体上，墙体承受屋顶的全部重量；混合构造，梁柱和墙体共同起承重作用，一般后檐为墙承重构造，前檐为梁柱构造。古建筑中大部分建筑为梁柱造形式，墙体本身不承受上部梁架及屋顶荷载，但是在围护分隔、稳定柱网、提高建筑抗震刚度方面起着重要作用，另外墙体的耐火性能较好，在建筑防火方面也起着重要作用。除了上述几点外，在古建筑墙体中，只要是使用砖石材料，就极少抹灰粉饰，由于它具有结构与装饰的二重性，故有着十分严密、完整的规定。

第一节　古建筑墙体用材

古建筑墙体使用的材料有砖、石、土、木、竹等。砖是传统建筑中使用最为普遍的建筑材料，广泛使用于明代及其以后的官式和地方建筑之中。石材常常使用于基础砌体、墙体局部或地方建筑墙体。土是最古老的墙体材料，通过夯筑或者制成土坯砌筑成墙体（图 3-1），广泛使用于明代以前建筑，在北方黄土高原地区至今仍在使用。木板墙多用于多木地区和高级的室内分隔墙。竹墙则多用于四川、湖南、江西等产竹地区的地方建筑之中。

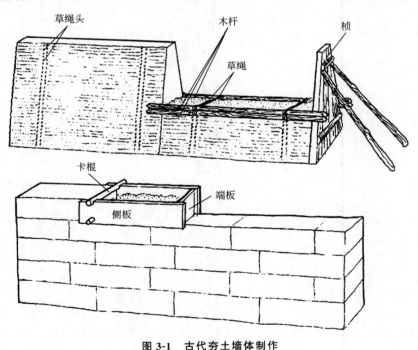

图 3-1　古代夯土墙体制作

一、砌筑用砖

1. 砌筑用砖的分类

在明清时期，由于规格、工艺、产地等差异派生出不同的砖产品的名称，常见清代青砖有城砖、停泥砖、砂滚砖、开条砖、四丁砖、斧刃砖、地趴砖、方砖、金砖等。

（1）按照砖制坯的精细程度划分　有糙砖、沙滚砖、停泥砖、澄浆砖和金砖五种。

① 糙砖：用黏土加水拌和摔打，闷一夜之后即可制坯。这种砖质地粗糙，多用在混合墙和基础工程中。

② 沙滚砖：在制坯过程中为避免黏土在速干时产生裂缝，以干沙附着在土坯表面后烧制，烧成的砖称为沙滚砖。另外清代晚期用沙质黏土制的砖也叫沙滚砖或沙板砖。

③ 停泥砖：在制坯过程中要把泥浆存放较长的时间（经过冻和晒）再行制坯上窑。这种砖质地较细，按照尺寸规格可以分为城砖、大停泥砖和小停泥砖及停泥方砖等，是古建筑中常用的砖。

④ 澄浆砖：将制坯的过淋泥浆放在池内静置，使砂砾沉淀，澄出上部的细泥浆经过晾晒减去水分后造坯。这种砖的质地细密，能做磨砖对缝的墙面和地面。用澄浆法还可以制作其他规格的砖，如方砖、大城砖、陡板砖等。明代临清附近生产的澄浆城砖质地最佳，称为临清砖。

⑤ 金砖：产于苏州，也称京砖，在明代是专供宫殿室内铺墁地面的大型方砖，质地极细密。在制造过程中，除各道工序工作更加仔细外，选好的泥土须经一冬一夏晾晒，制成砖坯后用油纸包封严密，再阴干 7 个月以上，方能入窑。再经过严格的烧制程序后窨水出窑，烧成砖后要逐块检验，表面要光洁无疵，而且敲击时有金属之声，因此得名金砖。

（2）按照在建筑中的使用部位划分　有墙身砖、地面砖、檐料子、脊料子和杂料子。

① 檐料子：用于砖檐部位的砖料，如枭、混、直檐砖等。

② 脊料子：用于屋脊部位的砖料，如硬瓦条、混砖、陡板砖、规矩盘子、宝顶等用料。

③ 杂料子：用量小但造型多变的砖料，如砖挑檐、博缝、须弥座、影壁心等用料。

（3）按照砖的形状划分　有条砖、方砖、异形砖（六方砖、八方砖、车辋砖、镐楔砖）。

（4）按照砖的砍磨加工工艺划分　墙身砖可以分为五扒皮、膀子面、三缝砖、淌白砖、六扒皮。

地面砖可以分为方砖和条砖。方砖根据砍磨加工工艺可分为盒子面、八成面、金砖铺、干过肋。砖的各面名称详见图 3-2，砖砍磨加工工艺及用途详见表 3-1。

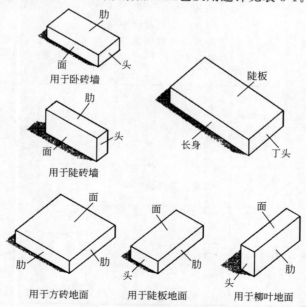

图 3-2　砖的各面名称示意

中国古建筑构造技术

表 3-1　砖砍磨加工工艺及用途

工艺名称		特点	主要用途	图示
墙身砖加工	五扒皮	加工五个面,其中一个面为外露面,四个面为包灰面	用于干摆墙面、细墁条砖地面	转头肋／包灰／包灰／转头肋
	膀子面	加工五个面,其中一个面为外露面,一个肋作膀子面(加工平整,使与面成略小于90°),三个面为包灰面	用于丝缝墙面	膀子面(无包灰)／包灰／转头肋
	三缝砖	加工四个面,比五扒皮少一个包灰面	用于砌体中不需要全加工者,如干摆的第一层、槛墙的最上一层、地面砖靠墙部位	转头肋／此棱不加工
	淌白砖	加工一个面(长度可按要求截头或不作要求)	只需要外露面磨平并且完整的淌白做法	加工一个外露面
	六扒皮	加工六个面	用于一个长身面和两个丁头面同时露明的情况或褡裢转头部位	需要六面加工
地面砖加工	盒子面	加工五个面,四肋应砍转头肋,表面平整度要求较高	细墁方砖地面	包灰／包灰／砍去部分
	八成面	同盒子面,表面平整度要求一般		
	金砖铺	与盒子面相近,表面平整度要求极严	细墁金砖地面	
	干过肋	表面不处理,仅加工四肋	淌白地面	表面不铲磨／四个肋互成直角

注:褡裢转头:墙体砌筑后可见一个面和两个头的转头叫褡裢转头。

2. 砌筑用砖的规格

（1）宋制时期的砖料规格　按照宋《营造法式》卷十三所记述的砖料规格，宋制时期的砖料规格详见表3-2。

表 3-2　宋制时期的砖料规格

名称		规格（宋营造尺）	用途
方砖	1	2.0×2.0×0.3	用于殿阁等十一间以上
	2	1.7×1.7×0.28	用于殿阁等七间以上
	3	1.5×1.5×0.27	用于殿阁等五间以上
	4	1.3×1.3×0.25	用于殿阁、厅堂、亭榭等
	5	1.2×1.2×0.2	用于行廊、小亭榭、散屋等
条砖	1	1.3×0.65×0.25	用于殿阁、厅堂、亭榭等
	2	1.2×0.6×0.2	用于行廊、小亭榭、散屋等
压阑砖		2.1×1.1×0.25	用于阶基（台基）代替压阑石

（2）清制常用的砖料规格　清制常用的砖料规格详见表3-3。

表 3-3　清制常用的砖料规格

砖料名称		使用范围	设计参考尺寸	
			清营造尺	设计参考尺寸/mm
城砖	澄浆城砖	宫殿墙身干摆、丝缝，宫殿墁地，檐料，杂料	1.5×0.75×0.35	470×240×120
	停泥城砖	大式墙身干摆、丝缝，大式墁地，檐料，杂料	1.5×0.75×0.4	470×240×120
	大城样	小式下碱干摆，大式墁地，基础，大式糙砖墙，檐料，杂料，掏白墙	1.5×0.75×0.4	480×240×130
	二城样		1.3×0.65×0.27	440×210×110
停泥砖	大停泥	大式、小式墙身干摆、丝缝，檐料，杂料	1.0×0.5×0.25	320×160×80
			1.3×0.65×0.25	410×210×80
	小停泥	小式墙身干摆、丝缝，地面，檐料，杂料	0.9×0.45×0.2	280×140×70
				295×145×70
沙滚砖	大沙滚	用于糙砖墙，随其他砖背里	0.88×0.45×0.2	320×160×80
			0.95×0.47×0.2	410×210×80
	小沙滚		0.75×0.375×0.15	280×140×70
开条砖	大开条	掏白墙、檐料、杂料	0.9×0.5×0.26	260×130×50
				288×144×64
	小开条		0.8×0.4×0.16	256×128×51.2
斧刃砖		贴砌斧刃陡板墙面、墁地、杂料	0.75×0.37×0.13	240×120×40
四丁砖		掏白墙、糙砖墙、檐料、杂料、墁地	0.75×0.36×0.165	240×115×53
地趴砖		室外地面、杂料	—	420×210×85

砖料名称		使用范围	设计参考尺寸	
			清营造尺	设计参考尺寸/mm
方砖	尺二方砖	小式墁地、博缝、檐料、杂料	1.2×1.2×0.2	400×400×60
			1.1×1.1×0.15	360×360×60
	尺四方砖	大、小式墁地,博缝,檐料,杂料	1.4×1.4×0.2	470×470×60
			1.3×1.3×0.18	420×420×55
	尺七方砖	大式墁地、博缝、檐料、杂料	1.7×1.7×0.25	550×550×60
			1.6×1.6×0.25	500×500×60
	二尺方砖		2.0×2.0×0.3	640×640×96
	二尺二方砖		2.2×2.2×0.35	704×704×112
	二尺四方砖		2.4×2.4×0.45	768×768×144
金砖	尺七~二尺四	宫殿室内墁地,杂料	规格同尺七~二尺四方砖	规格同尺七~二尺四方砖

注:1. 城砖:古建筑砖料中规格最大的砖,多用于城墙、台基和墙体下碱等体积较大的部位。

2. 开条砖:因砖中部有一道细长浅沟,易于改制条宽,故称开条砖,砖质介于沙滚砖与停泥砖之间。

3. 斧刃砖:因其薄窄而冠名"斧刃",多用于侧立贴砌。

4. 四丁砖:即蓝手工砖,古建筑工程中常用的一种砖,规格与现代机制标准砖相近。

5. 地趴砖:专门用于铺砌室外地面的砖。

（3）江南《营造法原》中的砖料规格　根据侯洪德、侯肖琪编著的《图解营造法原做法》瓦作篇中的记述,江南古建筑常用砖料尺寸及使用范围详见表3-4。

表 3-4　江南古建筑常用砖料尺寸及使用范围

砖料名称	长	阔	厚	质量/kg	用途
大砖	1.02~1.8尺	5.1~9.0寸	1.0~1.8寸		砌墙用
城砖	6.8寸~1.0尺	3.4~5寸	6.5分~1.0寸		砌墙用
单城砖	7.6寸	3.8寸		0.75	砌墙用
行单城砖	7.2寸	3.6寸	7.0分	0.5	砌墙用
五斤砖	1.0尺	5寸	1.0寸	1.75	砌墙用
行五斤砖	9.5寸	4.3寸		1.25	砌墙用
行五斤砖	9.0寸			1.25	砌墙用
二斤砖	8.5寸			1.0	砌墙用
十两砖	7.0寸	3.5寸	7.0分		砌墙用
六斤砖	1.55尺	7.8寸	1.8寸		筑脊用
六斤砖	2.2尺		3.5寸		大殿铺地用
正京砖	2.0尺	2.0尺	3.0寸		大殿铺地用
正京砖	1.8尺	1.8尺	2.5寸		铺地用

砖料名称	长	阔	厚	质量/kg	用途
正京砖	2.42尺	1.25尺	3.1寸		铺地用
半京砖	2.2尺				铺地用
二尺方砖	1.8尺	1.8尺	2.2寸	2.8	厅堂铺地用
尺八方砖	1.6尺	1.6尺		1.9	厅堂铺地用
尺六方砖			加厚	1.4	厅堂铺地用
尺五方砖					厅堂铺地用
尺三方砖			1.5寸		厅堂铺地用
南窑大方砖	1.3尺	6.5寸	加厚	1.1	厅堂铺地用
山东望砖	8.1寸	5.3寸	8.0分		铺椽上
方望砖	8.5寸	8.5寸	9.0分		铺椽上（殿庭用）
八六望砖	7.5寸	4.6寸或4.7寸	5.0分		铺椽上（厅堂用）
小望砖	7.2寸	4.2寸			铺椽上（平房用）
黄道砖	6.2寸	2.7寸	1.5寸		铺地、天井、砌单壁用
黄道砖	6.1寸	2.9寸	1.4寸		铺地、天井、砌单壁用
黄道砖	5.8寸	2.6寸			铺地、天井、砌单壁用
黄道砖	5.8寸	2.5寸	1.0寸		铺地、天井、砌单壁用
并方黄道砖	6.7寸	3.5寸	1.4寸		铺地、天井、砌单壁用
半黄砖	1.9尺	9.9寸	2.1寸		砌墙门用
小半黄	1.9尺	9.4寸	2.0寸		砌墙门用

注：本表计量单位采用"鲁班尺"，1鲁班尺＝27.5cm。

（4）青砖与红砖的差异 青砖和红砖的原材料均为优质黏土，将黏土用水调和后制成砖坯，放在砖窑中煅烧（约1000℃）便制成砖。黏土中含有铁，烧制过程中完全氧化时生成三氧化二铁呈红色，若采用自然冷却，即形成红砖；而如果在烧制过程中加水冷却，使黏土中的铁不完全氧化而生成低价铁（FeO）则呈青色，即青砖。

我国明清制砖一般经过七道工序：①亮（晾）土、沤泥；②踩泥，摔打；③造坯；④亮坯；⑤装窑；⑥烧窑；⑦洇青。在最后洇青阶段将全窑封闭从而使窑内供氧不足，并往窑里浇水降温，砖坯内的铁离子被从呈红色的三价铁还原成青色的低价铁而成青砖。

青砖与红砖相比强度、硬度差不多，但青砖在抗氧化、抗水化、抗大气侵蚀等方面性能明显优于红砖。

二、砌筑用灰浆

1. 宋《营造法式》中的四灰三泥

在宋《营造法式》中，已有四灰三泥的规定，四灰为红灰、青灰、黄灰、破灰，在灰中主要使用的材料为石灰，同时添加土朱、赤土、软石炭或墨煤、黄土、白蒇土等材料形成不同的颜色。三泥为细泥、粗（麤）泥、石灰泥。

各类灰的配合比如下。

红灰：石灰 15 斤＋土朱 5 斤＋赤土 11 斤 8 两（用于殿阁）；

石灰 17 斤＋土朱 3 斤＋赤土 11 斤 8 两（用于非殿阁，色调较淡）。

青灰：石灰 1 份＋软石炭 1 份；

石灰 10 斤＋粗墨 1 斤（可用墨煤 11 两、胶 7 钱代替）。

黄灰：石灰 3 斤＋黄土 1 斤。

破灰：石灰 1 斤＋白蒇土 4 斤 8 两＋麦麸（麦壳）0.9 斤。

2．清代的"九浆十八灰"

清代以后的建筑，其所使用的砌筑用灰浆经过长时期探索与实践积累，形成了品种齐全的灰浆体系。

（1）砌筑用灰 砌筑用灰详见表 3-5。

表 3-5 砌筑用灰

砌筑用灰名称		配制方法	主要用途	说明
原料灰	泼灰	生石灰用水泼洒成粉状过筛	制作各类灰浆原料	存放时间：用于灰土不宜超过 3～4d；用于室外抹灰，不宜超过 3～6 个月
	泼浆灰	泼灰过筛后分层用青浆泼洒，焖至 15d 以后使用。白灰：青灰＝100：13	制作各类灰浆原料	
	煮浆灰	生石灰加水搅拌成浆，过细筛后发胀而成	制作各类灰浆原料	类似于现代的石灰膏
	老浆灰	按照青灰：生石灰＝7：3 或 5：5 或 4：1 加水拌和成浆，过细筛后发胀而成	用于丝缝墙体的砌筑，内墙面抹灰原料	即呈不同灰色的煮浆灰
	青灰	一种含有杂质的石墨，青黑色，加工后呈粉末状	制作青浆的原料	现代工程中常用煤黑与白灰配置
各类颜色灰	纯白灰	泼灰加水搅匀或用石灰膏	内墙面抹灰、金砖墁地、糙砖砌筑	各类色灰，如果没有添加麻刀，就称为素灰，若是添加麻刀则称为麻刀灰
	浅月白灰	泼浆灰加水搅匀	砌糙砖墙、调脊、苫瓦、室外抹灰	
	深月白灰	泼浆灰加青浆搅匀	砌淌白墙、调脊、苫瓦、室外抹灰	
	红灰	按照白灰：霞土＝1：1 配制，按照白灰：氧化铁红＝1：0.03 配制	装饰抹灰	
	黄灰	按照白灰：包金土＝100：5 的比例配制	装饰抹灰	

砌筑用灰名称		配制方法	主要用途	说明
添加不同材料的灰	麻刀灰	各种灰浆调匀后掺入麻刀搅匀，灰∶麻刀＝100∶（3～5）	苫背、调脊、墙体砌筑填馅、抹饰墙面、墙帽、打点勾缝等	根据添加麻刀的多少和麻刀的长度不同还分为大、中、小麻刀灰
	油灰	用泼灰∶面粉∶桐油＝1∶1∶1制成，加青灰或黑烟子可以调深浅	细墁地面砖棱挂灰、砖石砌体勾缝、防水工程舱缝	
	麻刀油灰	油灰内掺麻刀，用木棒砸匀，油灰∶麻刀＝100∶（3～5）	叠石勾缝、石活防水勾缝	
	纸筋灰	草纸用水焖成纸浆，放入煮浆灰内搅匀，灰∶纸筋＝100∶6	室内抹灰面层、堆塑花活面层	厚度宜为1～2mm
	砖面灰	碎砖研磨后加入灰膏，砖面∶灰膏＝3∶7或7∶3（根据砖色确定）	干摆、丝缝墙面打点刷浆，捉节夹垄做法的布瓦屋面刷浆	可掺入胶黏剂
	血料灰	血料稀释后掺入灰浆中，灰∶血料＝100∶7	水工建筑的砌筑，如：桥梁、驳岸	血料用新鲜猪血，以石灰水点浆，随点随搅拌至适当稠度，静置冷却后过滤形成
	江米灰	月白灰掺入麻刀和江米汁和白矾水，灰∶麻刀∶江米∶白矾＝100∶4∶0.75∶0.5	琉璃花饰砌筑、琉璃瓦捉节夹垄	黄琉璃活应将采用红灰（白灰∶红土＝1∶0.6或白灰∶氧化铁红＝1∶0.065）
	滑秸灰	泼灰∶滑秸＝100∶4，滑秸长度5～6cm，用石灰烧软	地方建筑墙面抹灰	
	棉花灰	石灰膏掺入细棉花绒，调匀，灰∶棉花＝100∶3	壁画抹灰的面层	厚度不宜超过2mm
	蒲棒灰	煮浆灰内掺入蒲绒，调匀，灰∶蒲绒＝100∶3	壁画抹灰的面层	厚度宜为1～2mm
	砂灰	用石灰膏掺入细砂搅拌均匀而成，灰∶砂＝3∶1	墙面底层抹灰、中层抹灰，也可用于面层	
	锯末灰	泼灰、煮浆灰内加入锯末调制均匀，锯末∶白灰＝1∶1.5（体积比）	民间墙面抹灰	锯末灰调匀后应放置几天，等锯末烧软后再用
砌筑用泥	掺灰泥	泼灰与黄土搅拌均匀后加水调制而成，泼灰∶黄土＝3∶7或4∶6或5∶5（体积比）	苫瓦、墁地、碎砖墙砌筑	
	滑秸泥	在掺灰泥中加入滑秸（麦余）调制而成，掺灰泥∶滑秸＝5∶1（体积比）	苫泥背、壁画抹饰	滑秸应经石灰水烧软再使用
	麻刀泥	在掺灰泥中加入麻刀，灰∶麻刀＝100∶6	苫泥背、壁画抹饰	
	棉花泥	好黏土掺入适量细砂，加水调匀后，掺入细棉花绒，土∶棉花绒＝100∶3	壁画抹饰面层	厚度不宜超过2mm

注：表中未注明"体积比"的均为"重量比"。

（2）砌筑用浆　砌筑用浆详见表3-6。

表3-6　砌筑用浆

砌筑用浆	配合比及制作要点	主要用途	说明
生石灰浆	生石灰加水调制而成	砖砌体灌浆、石活灌浆、内墙面刷浆、宪瓦沾浆	用于刷浆，生石灰应过箩，并应掺胶黏剂
熟石灰浆	泼灰加水搅拌而成	砌筑灌浆、墁地坐浆、干槎瓦坐浆、内墙刷浆	用于刷浆，泼灰应过箩，并应掺胶黏剂
月白浆	白灰加青灰和水调制而成，白灰∶青灰＝10∶1（浅），白灰∶青灰＝4∶1（深）	墙面刷浆、黑活屋面刷浆提色	用于墙面刷浆，泼灰应过箩，并应掺胶黏剂
桃花浆	白灰与好黏土加水调制而成，白灰∶好黏土＝3∶7或4∶6（体积比）	砖、石砌体灌浆	
江米浆	生石灰浆内兑入江米浆和白矾水，灰∶江米∶白矾＝100∶0.3∶0.33	重要的砖石砌体灌浆	生石灰浆不过淋
青浆	青灰加水调制而成	墙面刷浆提色、青灰背、黑活屋面眉子当沟赶轧时刷浆	青浆调制好后应过细筛
烟子浆	黑烟子用胶水搅成膏状，再加水稀释成浆	筒瓦屋面绞脖，眉子、当沟刷浆提色	可掺入适量的青浆
红土浆	头红土加水搅拌成浆后，兑入江米汁和白矾水，头红土∶江米∶白矾＝100∶7.5∶5.0	抹饰红灰时表面赶轧刷浆	现常用氧化铁红兑水加胶制作
包金土浆	包金土加水搅拌成浆后，兑入江米汁和白矾水，包金土∶江米∶白矾＝100∶7.5∶5.0	抹饰黄灰时表面赶轧刷浆	现常用地板黄加生石灰水，再加胶制作
砖面水	细砖面经研磨后加水调制而成	旧墙面打点刷浆、黑活屋面新作刷浆	可加入少量的月白浆
白矾水	白矾加水形成	壁画抹灰面层处理、小式石活铁件固定	用于石活铁件固定时应较稠
黑矾水	黑烟子用酒或胶水化开后与黑矾加水混合（黑烟子∶黑矾＝10∶1），后倒入红木水内煮熬至深黑色	金砖墁地钻生泼墨	应趁热使用
绿矾水	绿矾加水形成	庙宇黄色墙面刷浆	

第二节　古建筑墙体概述

一、古建筑墙体的作用

古建筑墙体广泛应用于建筑室内外不同位置处，其作用主要有以下几种。

（1）承载作用　主要应用于砖木混合结构的房屋中，常见做法为：后檐墙不设木柱，屋架荷载由前部木构架和后檐墙共同承担，或者整个建筑均不设木柱，屋盖和楼盖重量直接搁置在砖墙上。

（2）围护与分隔空间　主要应用于传统木构架结构的房屋中。房屋主体结构为抬梁式或穿斗式木构架。外墙为围护结构，在隔绝自然风霜雨雪等的侵袭，防止温度变化、太阳辐射、声音干扰等方面起着相当重要的作用。内墙为分隔结构，通常将室内或分成左、中、右三部分，形成"一堂二内"的基本格局，也有少数建筑除了左右划分外，还进行前后划分，在建筑内部形成前堂后寝的格局。

（3）防火作用　古建筑墙体材料多为砖、土坯、石等，其防火性能远高于木材，在古代城市建筑中，尤其是沿着商业街道两侧，建筑相互毗邻建设，为了防止发生火灾后火势蔓延，常常将相邻两幢建筑的边墙高出屋顶设置，形成防火山墙。另外在古代凡有藏书要求的建筑，也常常采用砖石结构来替代木结构，也是利用了砖石结构良好的防火性能。还有一些大型的建筑群，如北京故宫，由于两侧的庑廊过长，在庑廊中部还设置了厚度达3米多的墙体专门用作防火墙。

（4）装饰作用　古建筑墙体多采用清水做法，在墙体砌筑中有着严格的工艺要求，不同的墙面表现出不同的艺术效果。干摆墙墙面浑若天成，宛如一个整体，俗称"一块玉儿"。丝缝墙，灰面白缝，缝若细丝。还有的墙面青砖描黑缝，对比鲜明，常用于园林中的墙体。除此之外，古建筑墙面所用砖石具有较好的雕刻性能，精美的砖石雕刻镶嵌于窗槛、廊心、墀头、博缝等部位，不但起到装饰美化的作用，而且在赋予建筑人文内涵方面也发挥了积极作用。

（5）界定空间　古建筑墙体应用于室外，常常用来界定用地边界，如院墙、围墙、花栏墙等。

（6）拦土作用　砖石砌体常应用于地形有高差变化之处，形成挡土墙，俗称驳岸。

（7）安全防御作用　古建筑墙体扩大建设可形成城墙、寨墙、长城等，是防御性构筑物的集中体现，在古代战争中，起着重要的防御作用。

二、古建筑墙体类型

古建筑墙体广泛应用于城墙，单体建筑屋身，群体建筑的院墙，地形有高差的边缘部位，构筑物与树木、花卉等外围保护范围等。

1. 单体古建筑中的墙体类型

有山墙、檐墙、槛墙、扇面墙（后金墙）、隔断墙等类型。

（1）山墙　它是位于建筑物两端位置的围护墙，因建筑的形式不同有不同的做法和名称，屋顶为硬山称为硬山山墙，屋顶为悬山称为悬山山墙，依此类推还有庑殿与歇山山墙。在硬山建筑中若山墙伸出屋顶，当毗邻的建筑发生火灾时能有效地阻隔火势蔓延的，又称为封火山墙。

（2）檐墙　它是位于檐檩之下，柱与柱之间的围护墙。在后檐位置为后檐墙，在前檐位置为前檐墙。在官式做法中，前檐部位一般不设置前檐墙，多为槛墙与槅扇门窗。而在北方民居建筑中，则前后檐墙都有。

（3）槛墙　位于建筑前檐或后檐位置，在槛窗踏板之下的墙体。

（4）扇面墙　又称金内扇面墙，主要指前后檐方向上、金柱之间的墙体。

（5）隔断墙　又称架山、夹山，砌于前后檐柱之间与山墙平行的内墙。

古建筑房屋中的各类墙体详见图3-3。

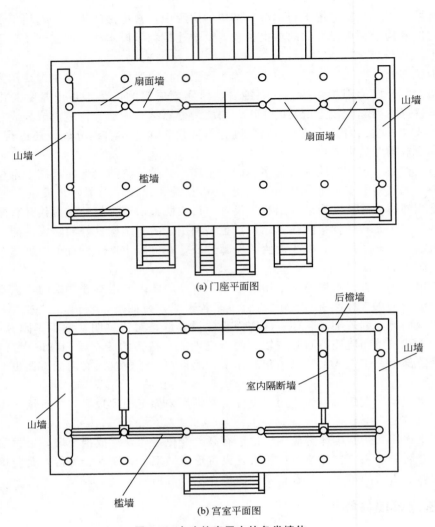

(a) 门座平面图

(b) 宫室平面图

图 3-3　古建筑房屋中的各类墙体

2. 古建筑墙体的材料类型

（1）单一材料墙体　有砖墙、石墙、土墙（分为筑土墙和土坯墙）、木墙。

（2）复合材料墙体　有砖土混合墙（俗称内生外熟、金包土）、竹木夹泥墙。

3. 古建筑独立墙体（院墙、围墙等）的形式类型

（1）平面形式　有直墙、曲墙（罗圈墙）、八字墙、折线形墙。

（2）立面形式　有云墙、花墙、迭落墙、爬山墙、罗汉墙。

① 云墙，常用于园林建筑之中，墙体顶部作波浪形起伏变化。

② 花墙，俗称"花墙子"，墙体上用瓦或砖摆砌成透空图案，常见位置有两种，一种位于墙体顶部，另一种位于墙身。采用花墙做法既可节省建材，又能起到装饰美观的作用。

③ 迭落墙与爬山墙，用于有地形起伏变化的山地建筑群中，若墙顶部断开，沿迭落高差作参差错落状称为迭落墙，若墙顶不断开，随地势上升称为爬山墙。

④ 罗汉墙，墙体在剖面上呈规律性凸凹变化，常见于近代民居的门楼墙腿砌体。

墙体立面形式详见图 3-4。

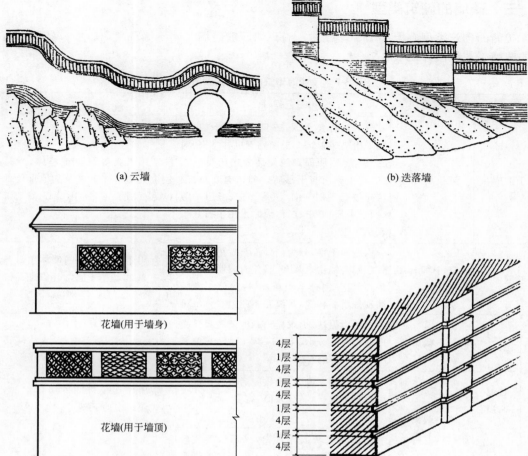

(a) 云墙   (b) 迭落墙

花墙(用于墙身)

花墙(用于墙顶)

(c) 花墙   (d) 罗汉墙

4层
1层
4层
1层
4层
1层
4层
1层
4层

图 3-4　墙体立面形式

4. 古建筑墙体的功能类型

有院墙、影壁、挡土墙与迎水墙、女儿墙与护身墙、城墙、宇墙、夹壁墙、金刚墙等。

① 院墙，也称围墙，标志着古建筑群范围的界墙。

② 影壁，又称照壁或照墙，一种作为大门屏障的墙壁，装饰性极强。

③ 挡土墙，在地形有高差处，用于挡土的墙体。

④ 迎水墙，在河流、池沼水侧，用于挡水的墙体。

⑤ 女儿墙，是砌筑在平台屋顶、高台或城墙上比较矮小的墙体。

⑥ 护身墙，在有高差处临空侧设置的具有护身栏杆功能的矮墙。

⑦ 城墙，是城市、军事寨堡边界的护卫用墙。

⑧ 宇墙，是用来划分界限和区域的矮墙。常用于庙宇门前、祭坛四周、陵寝建筑中宝城的区域界定。

⑨ 夹壁墙，即双层墙，墙体中空作为暗室或暗道。

⑩ 金刚墙，凡是处于隐蔽位置的砖砌体均可称为金刚墙，如：博缝砖背后的砖砌体；台基陡板石后的砖砌体，陵寝建筑中用土掩埋的墙体等。

三、砖墙的砌筑类型

砖墙的砌筑类型有干摆墙、丝缝墙、淌白墙、糙砖墙、碎砖墙及琉璃砖墙。各种砌筑类型的砖墙工艺做法详见表 3-7。

表 3-7　砖墙的砌筑类型及其工艺做法

砌筑类型		用砖特征	工艺做法	用途
干摆墙		五扒皮砖	分为内外皮干摆，或只在外皮干摆，背里采用糙砖砌筑。干摆砌筑也称"磨砖对缝"做法，露明面砌筑用砖要求经过五扒皮，背里砌筑与干摆砖之间留有浆口，砌筑时按照一层一灌，三层一抹，五层一蹾（搁置半天）要求进行，灌浆采用生石灰浆或桃花浆	常用于高等级建筑墙体，或是比较讲究的墙体下碱及其他重要部位（墀头、梢子、砖檐、影壁心、廊心等）
丝缝墙		膀子面砖或五扒皮砖	构造同干摆，分为内外皮与背里。砖与砖之间要铺垫老浆灰，操作时露明侧挂灰条，背里一侧打爪子灰，然后灌浆。丝缝墙砌好后要耕缝，灰缝宽不超过 2～3mm	常用于比较讲究的墙体上身与干摆下碱相组合，也常用于砖檐、梢子、影壁心、廊心等部位
淌白墙	淌白丝缝	淌白截头砖	细淌白做法，力求做出丝缝墙效果。采用老浆灰砌筑，墙砌好后要耕缝，灰缝较细，宽度不超过 2～3mm	常用作比较讲究的墙体上身，或小式建筑中的下碱
	普通淌白	淌白截头砖、淌白拉面砖	采用月白灰砌筑，墙砌完后可以耕缝也可以打点缝子，砖缝较厚，宽度一般为 4～6mm	
	淌白描缝		采用老浆灰或深月白灰砌筑，砖缝较厚，宽度一般为 4～6mm。砌完后要用黑烟子浆描缝	
糙砖墙	带刀缝	糙砖	采用深月白灰或石灰膏砌筑，先在砖上挂灰条，然后灌浆。灰缝较大，一般为 5～8mm	小式建筑中上身一般做法
	糙砌		又称草砌，满铺灰浆砌筑，不需勾缝。灰缝一般为 8～10mm	用于普通砌筑，多为加抹灰面的砌法
碎砖墙		半砖或规格不一的砖	采用掺灰泥满铺灰浆砌筑	用于填馅或碎砌抹灰
琉璃砖墙		琉璃砖	露明部分采用琉璃砖，背里采用糙砖砌筑，露明部分砌筑采用素灰，但勾缝黄琉璃采用红麻刀灰，绿琉璃采用深月白麻刀灰。灌浆加固多采用白灰浆或桃花浆，也可采用江米浆	用于高等级的琉璃构筑物，高等级建筑的墙体下碱、槛墙及其他重要部位（博缝、梢子、小红山、影壁心、廊心等）

四、各种砌筑类型的组合与使用

古建筑墙体砌筑既可以选择一种砌筑类型，也可以根据建筑的等级及不同部位的要求选择两种或者三种砌筑类型进行组合。

1. 在选择古建筑墙体的砌筑类型时应考虑的因素

（1）应注意建筑群中的主次关系　在一组建筑群中，中轴线上的建筑、正房、大门、二门、影壁等为主，耳房、厢房、倒座、后罩房次之，院墙、围墙等再次之。应根据建筑的主次关系合理确定各建筑的砌筑方式。

（2）应注意单一建筑各部位的主次关系　在单一建筑中，墙体下碱、槛墙、廊心墙、砖檐、梢子、博缝等主要部位应选择较高等级的砌筑方法。墙体上身、四角、整砖过河山尖、倒花碱等次要部位，应选择不高于主要部位的砌筑方法，上身中间部位既可以与上身及四角做法相同，也可以与下碱做法相同，还可以采用低等级砌筑方法，如糙砖抹灰。

（3）应注意砖的品种、规格的主次与等级　具体选择原则如下。

重要的宫殿、庙宇建筑：可选择金砖、琉璃砖、城砖；

普通宫殿及大式建筑：可选择城砖、方砖及大停泥等其他各种砖；

讲究的小式建筑：可选择城砖、方砖、小停泥等；

一般建筑：可选择方砖、开条砖、四丁砖、碎砖等。

各类砖通过不同规格和加工的粗细程度来适应于不同的砌筑类型。

2. 各种砌筑类型的组合与使用

各种砌筑类型的组合与使用详见表 3-8。

表 3-8　各种砌筑类型的组合与使用

砌筑类型的组合方式		适用范围
单一组合	全琉璃砌筑	花门、影壁、塔、牌楼等构筑物及建筑小品
	干摆到顶	宫殿、王府中的讲究做法
	丝缝落地缝	大、小式建筑中很讲究的做法
	淌白落地缝	大式建筑中的次要做法，小式建筑中较好做法
	（糙砖）带刀缝	大式建筑中的次要做法，小式建筑中一般做法
双类型组合	琉璃-糙砖抹灰	宫殿、庙宇
	干摆-糙砖抹灰	宫殿、庙宇
	干摆-丝缝	大、小式建筑中很讲究的做法
	干摆-淌白	大、小式建筑中讲究的做法
	丝缝-淌白	大、小式建筑中讲究的做法
	淌白-糙砖抹灰	大式建筑中的次要做法，小式建筑中较好做法
	淌白-带刀缝	小式建筑中较好做法
	淌白-碎砖抹灰	小式建筑中较好做法
	糙砖-碎砖抹灰	大、小式建筑中的一般做法
三类型组合	琉璃-干摆-糙砖抹灰	宫殿建筑中主体建筑
	石活-琉璃-糙砖抹灰	宫殿建筑中主体建筑
	石活-干摆-糙砖抹灰	宫殿、庙宇
	干摆-丝缝-糙砖抹灰	大、小式建筑中比较讲究的做法
	干摆-丝缝-淌白	大、小式建筑中讲究的做法
	干摆-淌白-糙砖抹灰	大、小式建筑中讲究的做法

五、砖的摆置、组砌方式

1. 砖的摆置方式

砖的摆置方式有卧砖，陡板砖，甃（zhòu）砖、线道砖、叠涩等几种。卧砖，砖大面朝上平放，长身面露明，是古建筑墙体砌筑中最常见的摆放方式；陡板砖，砖立放，陡板面露明，这种摆放方式多见于南方建筑与民居中；甃砖，砖立放，丁头面露明，多见于台阶、台明、南方建筑墙身、窗台等部分；线道砖，砖摆放时，从外皮向内层层收进，多见于城墙；叠涩，砖摆放时，从里皮向外层层挑出，使用不多，见于无量殿。砖的摆置方式详见图 3-5。

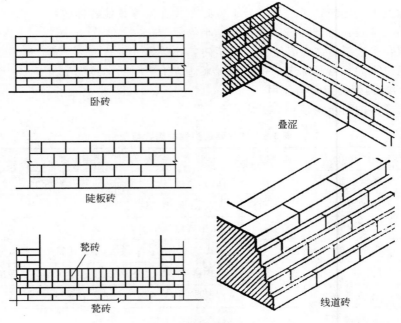

卧砖

叠涩

陡板砖

甃砖

甃砖

线道砖

图 3-5　砖的摆置方式

2. 古建筑砖墙的构造方式（北方官式）

古建筑砖墙按照构造方式可以分为细砌墙面和糙砌墙面两种。细砌墙面由墙面和衬里两个部分组成，糙砌墙面则不分墙面和衬里。

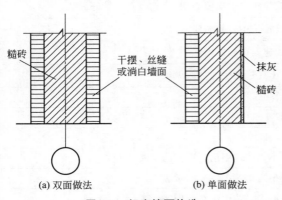

糙砖

干摆、丝缝或淌白墙面

抹灰

糙砖

(a) 双面做法　　(b) 单面做法

图 3-6　细砌墙面构造

（1）细砌墙面构造方式　细砌墙面可分为单面做法和双面做法两种，一般的建筑墙体为单面做法，高等级建筑墙体的下碱部位、院墙等多为双面做法。细砌墙面的厚度一般为一个砖宽。衬里，又称衬里墙，其厚度一般为所用砖长的 1/4、2/4、3/4、4/4、…、8/4…细砌墙面构造详见图 3-6。

（2）古建筑墙体厚度的确定

① 细砌墙面如果为单面做法，用墙体总厚度减去外墙细砌墙面所用砖的宽度即为衬里墙的初步厚度。

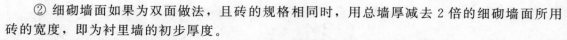

② 细砌墙面如果为双面做法，且砖的规格相同时，用总墙厚减去 2 倍的细砌墙面所用砖的宽度，即为衬里墙的初步厚度。

③ 细砌墙面如果为双面做法，但砖的规格不同时，要分别确定各自砖的宽度，用总墙厚减去里外细砌墙面所用砖的宽度之和，即为衬里墙的初步厚度。

④ 衬里墙的最终厚度是按照衬里墙所用砖长的 1/4、2/4、3/4、4/4、…、8/4…对比衬里墙的厚度确定的，且宜大不宜小。

【例题 3-1】 某古建筑山墙，已知山柱径为 330mm，其下碱部位按照法式计算，里包金为 0.5 倍山柱径加两寸，外包金为 1.5 倍的山柱径，下碱部位里外皮均为干摆，采用小停泥砖，衬里采用机制红砖。小停泥设计参考尺寸为 280mm×140mm×60mm，试确定山墙下碱的厚度。

【解】 ① 根据《工程做法则例》中的规定计算

其计算厚度为：$T_0 = 1.5D + 0.5D + 60 = 1.5 \times 330 + 0.5 \times 330 + 60 = 720$(mm)。

② 衬里墙厚度调整

衬里墙的厚度应该为 1/4 机制红砖砖长的整倍数，故而反推计算 $(720 - 140 \times 2)/(1/4 \times 240) = 7.33$，取整倍数 8，则衬里墙尺寸为 $8 \times (1/4 \times 240) = 480$(mm)

③ 山墙下碱调整后的厚度为：$T_1 = 140 \times 2 + 480 = 760$(mm)。

（注释：T_0 为法式计算厚度，T_1 为调整后的厚度）

3. 普通墙面的组砌方式

组砌是指砖在砌体中的排列，古建筑墙面多为清水，组砌时既要考虑到墙体的整体性，还要考虑墙面美观。为了保证墙面的整体性，关键是做好上下皮的错缝搭接以及内外皮与背里填馅的拉结。

在砖墙的砌筑中，把砖的长身方向垂直于墙面砌筑的砖叫丁砖，把砖的长身方向平行于墙面砌筑的叫顺砖，上下皮之间的水平灰缝称为横缝，左右两块砖之间的垂直缝称为竖缝。古建筑墙面常用的组砌方式有十字缝、一顺一丁式、三顺一丁式、五顺一丁、落落丁（全丁式）、多层一丁（多层顺砖，一层丁砖）。

① 十字缝做法，又称"全顺式"，同皮砖全部采用顺砖砌筑，上下层要错缝搭接，所得砖缝呈十字形，这种做法的优点是节省砖材、墙面统一，缺点是内外皮与背里填馅部分的拉结不好。

② 一顺一丁，又称"梅花丁"，是明代建筑墙体砌筑常用的手法，其特点是，同一层内顺砖和丁砖交替出现，这种做法的优点是墙体拉结性较好，但是比较费砖。

③ 三顺一丁，又称"三七缝"，同皮三块顺砖与一块丁砖相间排列，是清代建筑墙体砌筑常用的手法，这种形式的墙体兼有十字缝和一顺一丁的优点，墙面效果比较完整，墙体的拉结性也较好。

④ 五顺一丁，是五块顺砖与一块丁砖相间排列，墙面效果比较完整，墙体拉结性能低于三顺一丁，较少使用。

⑤ 落落丁，又称"全丁式"，一般仅用于糙砖墙。这种摆法见于城墙或重要的宫殿、王府院墙中。

⑥ 多层一丁，是指先砌几层顺砖，再砌一层丁砖的做法。这种做法多见于地方建筑之中。

古建筑青砖墙面常见的组砌方式详见图 3-7。

4. 江南墙体组砌方式

江南墙体组砌方式可分为实滚、花滚、空斗三种。

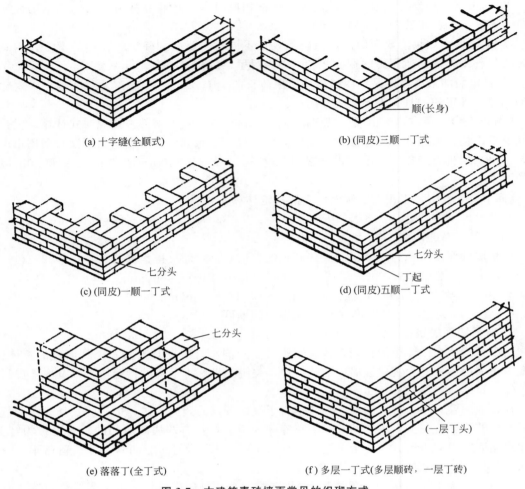

图 3-7　古建筑青砖墙面常见的组砌方式

（1）实滚墙　《营造法原》中列举出三种：一是实滚扁砌式，相当于北方的卧砖砌筑，平砖顺面向外，砖块平砌上下错缝；二是实滚式，江南称为"玉带墙"，平砖顺砌与侧砖丁砌间隔，上下错缝；三是实滚芦菲片式，又称席纹式，墙面外观如编织席纹，采用平砖顺砌与侧砖丁砌间隔，每层砌法相反。

（2）花滚墙　为实滚墙与空斗墙相结合的砌筑方式，由一皮或几皮卧砖、陡砖、侧砖丁砌（又称斗砖）围合成空腔，内部填以灰砂及碎砖形成。

（3）空斗墙　砌法分有眠空斗墙和无眠空斗墙两种。侧砌的砖称斗砖，平砌的砖称眠砖。有眠空斗墙是每隔1~3皮斗砖砌一皮眠砖，分别称为一眠一斗、一眠二斗、一眠三斗。无眠空斗墙只砌斗砖而无眠砖，所以又称全斗墙。传统的空斗墙多用特制的薄砖，砌成有眠空斗形式。有的还在中空部分填充碎砖、炉渣、泥土或草泥等以改善热工性能。

江南墙体组砌方式详见图3-8。

六、古建筑砖墙勾缝

1. 墙面灰缝的形式

古建筑墙面灰缝有平缝、凸缝、凹缝三种形式。凸缝又称鼓缝，砖墙凸缝常做成圆线，

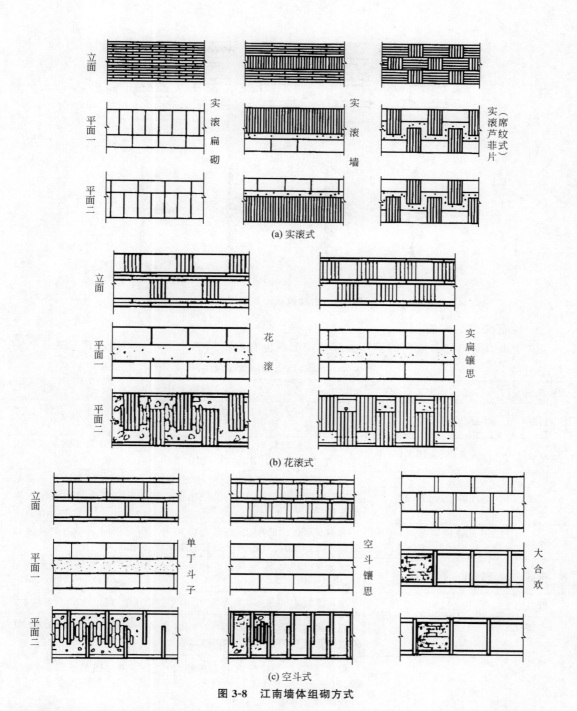

(a) 实滚式

(b) 花滚式

(c) 空斗式

图 3-8 江南墙体组砌方式

石材砌体的鼓缝则有带子缝、荞麦棱、泥鳅背等形式。凹缝又称洼缝，又分为平凹、圆洼、八子缝。墙面灰缝形式详见图 3-9。

2. 灰缝的色调

古建筑灰缝的色调处理有两种形式：一种是采用相近处理方法，如普通墙面灰缝色调多与砖墙一致，使用灰色调的深月白灰或老浆灰，琉璃砌筑的灰缝根据琉璃的颜色而定，黄琉璃应使用红灰，绿色和其他琉璃墙体使用深月白灰或老浆灰；另一种采用对比的处理方法，如青砖黑缝，青砖白缝。

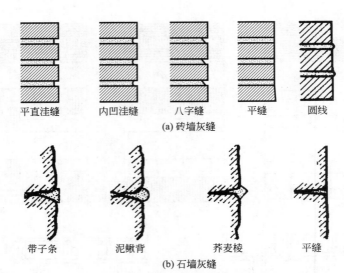

图 3-9　古建筑墙面灰缝形式

3. 墙面勾缝的方法

古建筑墙面勾缝与墙面的砌筑类型及构造部位有着密切的关系，具体做法详见表 3-9。

表 3-9　古建筑墙面勾缝具体做法

勾缝方法		适用墙面类型	具体做法
耕缝		丝缝、淌白丝缝	用平尺板对齐灰缝贴在墙面上，用铁溜子在灰缝上耕压出缝子来。耕压出的缝应平直，灰缝处应被挤密实
打点缝子		普通淌白、琉璃砌体	用瓦刀顺砖缝镂划，形成缝子，然后用溜子将麻刀灰或锯末灰喂进砖缝，喂平或稍低于墙面，最后用短毛刷子沾清水刷缝
划缝		糙砖墙、普通淌白	利用砖缝内的原有灰浆勾缝，又称原浆勾缝，划缝前用较硬的灰浆将缝隙中的空虚之处塞实，然后用前端稍尖的木棍顺着砖缝划出圆洼缝来
弥缝		用于墙体局部，如砖檐、梢子	为不显示砖缝的做法，在砖缝中采用与砖色相同或相近的灰浆将缝弥住，然后用与砖色相同的色浆涂刷表面
串缝		糙砖墙、石墙	墙体灰缝较大，采用月白或白麻刀灰分次将砖缝填平或使其稍洼，串轧光顺
鼓缝		石墙	把灰缝做成"带子条""荞麦棱""圆线"等，缝子的颜色与墙面反差较大
描缝	抹灰墙面	抹青灰做假缝	先抹出青灰墙面，然后用竹片或薄金属片沿平板尺划出细缝。其特点是远观有类似于丝缝墙的效果
		抹白灰刷烟子浆镂缝	简称"镂活"，先抹好白麻刀灰墙面，然后刷一层黑烟子浆，等浆干后，用錾子等工具镂出白色线条与图案花卉，根据凸面虚实关系，还可镂出灰色线条
		抹白灰描黑缝	先用白麻刀灰或浅月白麻刀灰抹好墙面，按砖的排列形式分出砖格，再用小排刷沾烟子浆或青浆顺平尺板描出假砖缝

🌊 第三节　古建筑山墙构造

山墙是位于建筑物两端位置的围护墙体。唐宋时期，山墙多为土坯墙面，为了保护山墙不受风吹雨淋，屋顶多为悬山、庑殿、歇山。明清以来，随着砖材在墙体中的广泛应用，各类建筑的山墙变为以硬山为主。

一、庑殿、歇山山墙构造

庑殿与歇山建筑在两山部位均有屋檐向外挑出，山墙构造基本相同。

1. 山墙的砌筑范围

庑殿与歇山建筑山墙的砌筑范围从台明上皮至山面檐柱额枋下皮。

2. 构造特征

（1）立面组成　墙体分为三段，分别为下碱、上身、签尖。

（2）构造做法　庑殿、歇山等级较高，山墙砌筑组合可以选择干摆到顶、干摆-丝缝组合、丝缝落地缝、干摆（丝缝）-淌白组合、干摆（丝缝）-糙砖抹红灰（黄灰）组合、琉璃-糙砖抹红灰组合等。

（3）各部分比例权衡　具体如下。

① 下碱，也称群肩、下肩，高度为 1/3 檐柱高；厚度，大式建筑外包金为 1.5～1.8 倍山柱径，里包金为 0.5 山柱径加 2 寸，小式建筑外包金为 1.5 山柱径，里包金为 0.5 山柱径加 1.5 寸或花碱尺寸。在墙体里皮与柱子相交的部位，常将墙体砍成八字状露出柱子，称为柱门。柱门最宽处等于柱径。

② 上身，砌筑标准一般比下碱降低一个等级，厚度比下碱向内退进一个距离，称为退花碱，宽度为 6～8mm。山墙上身一般有正升，整砖露明正升为 3/1000～5/1000，抹灰做法正升为 5/1000～7/1000。

③ 签尖，分为有拔檐的签尖做法和无拔檐的签尖做法。在有拔檐的签尖做法中，该部位由一层拔檐砖和签尖两部分组成。签尖高度约同外包金，做成斜面。

在庑殿、歇山墙体的砌筑中经常包括石活，常见的有（龟背）角柱石、压面石、腰线石、上身角柱石、签尖石等。

歇山山墙构造详见图 3-10。

二、悬山山墙构造

悬山建筑山墙有三种构造形式。

① 露明梁架式山墙，墙体砌至两山梁柁底部，梁以上露明，山花、象眼处的空当用木板或陡砖封堵。

② 五花山墙，墙体沿着排山柱、梁架、瓜柱砌成阶梯状。

③ 整体式山墙，墙体一直砌到椽子、望板下面。

第①、②种构造做法与庑殿、歇山山墙相似，第③种做法与硬山建筑相似。

悬山山墙构造形式详见图 3-11。

三、硬山山墙构造

硬山山墙在各类山墙做法中，构造最为复杂。

1. 硬山山墙外立面

（1）外立面的形式　硬山山墙外立面由下碱、上身、山尖、砖博缝四个部分组成。

（2）外立面各部分比例权衡

① 下碱，高度为 3/10 檐柱高，采用本建筑最高等级做法，并常带有石活，如角柱石、压面石、腰线石。另外在下碱柱根部位，应设置透风砖，以排除柱内潮气。

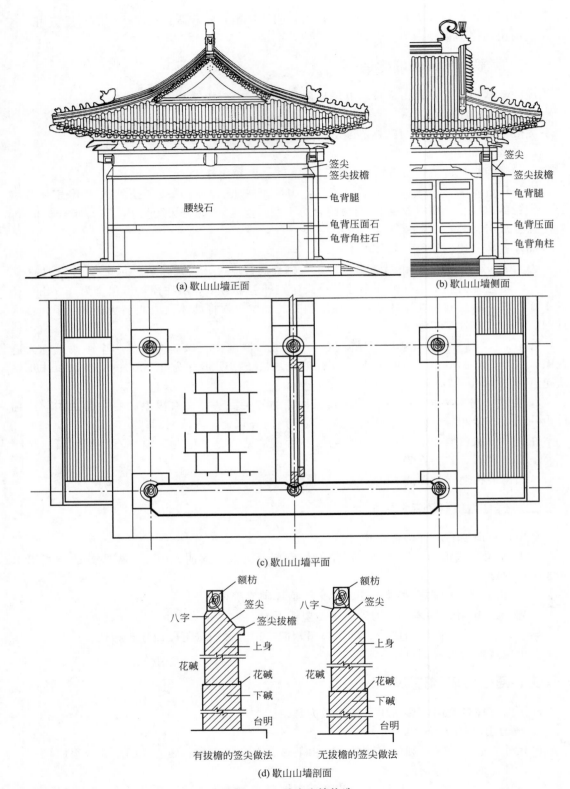

(a) 歇山山墙正面

(b) 歇山山墙侧面

(c) 歇山山墙平面

有拔檐的签尖做法　　无拔檐的签尖做法

(d) 歇山山墙剖面

图 3-10　歇山山墙构造

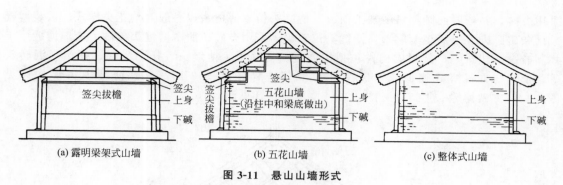

(a) 露明梁架式山墙　　(b) 五花山墙　　(c) 整体式山墙

图 3-11　悬山山墙形式

② 上身，从下碱（腰线石）上皮至以挑檐（石）上皮为界。上身应退花碱 8～10mm，并采用比下碱低一个等级或相同的砌筑方法，硬山山墙上身形式主要有：整砖上身、抹灰上身和带墙心上身，带墙心的上身又分为撞头墙式、五进五出式、圈三套五式三种情况，详见图 3-12。

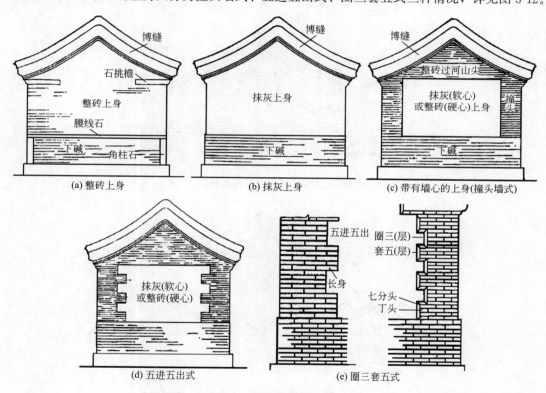

(a) 整砖上身　　(b) 抹灰上身　　(c) 带有墙心的上身(撞头墙式)

(d) 五进五出式　　(e) 圈三套五式

图 3-12　硬山建筑上身形式

③ 山尖，有整砖露明或糙砖抹灰两种砌筑形式，一般与上身做法相统一。整砖露明并采用三顺一丁砌法时，要求"座山丁"（在山尖对准正脊的位置应隔一层砌筑一块丁砖）。

④ 砖博缝，砖博缝由拔檐和博缝两部分组成。

拔檐，每层突出墙面 1 寸左右，多重叠两层，拦截雨水免于直淌墙面。

博缝，按照材料分有琉璃博缝、方砖博缝和散装博缝三种，除此之外，在北方民居中还有一种三才博缝。由方砖截成二分之一形成，用尺四方砖截取者为大三才博缝，用尺二方砖截取者为小三才博缝。按照形式有尖山式和圆山式两种。

方砖博缝由山尖、博缝长身、博缝头三部分组成，山尖部分要砍制异形砖，中间博缝板采用方砖，并依屋面倾斜角度加工而成，博缝头仿木博缝头，一般为菊花头样式。散装博缝采用条砖卧砌五层甚至七层，在博缝头位置仍需采用方砖仿照木博缝头砍制。琉璃博缝用于规制较高的建筑中，其组成构件包括尖博缝、博缝板、博缝头、托山半混、托山半混转头等，形式与方砖博缝相似。方砖博缝与散装博缝详见图3-13，方砖博缝山尖形式详见图3-14，方砖博缝头形式详见图3-15，博缝分位详见图3-16。

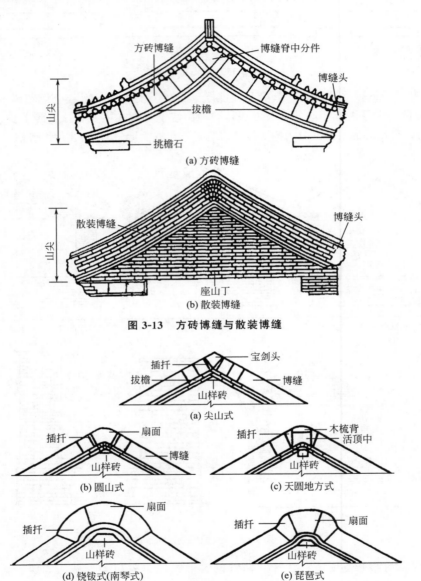

图 3-13　方砖博缝与散装博缝

图 3-14　方砖博缝山尖形式

2. 硬山山墙内立面

硬山山墙内立面由廊墙（廊心墙）和室内墙面组成。

（1）廊墙（廊心墙）　硬山、悬山前出廊建筑中，位于檐柱与金柱之间的山墙称为廊墙，廊墙内表面部分若做成"落膛墙心"装饰的，称为廊心墙。

① 廊墙形式有廊心墙式、素墙式和门洞式，详见图3-17。

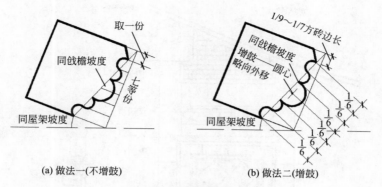

(a) 做法一(不增鼓)　　　　(b) 做法二(增鼓)

图 3-15　方砖博缝头形式

注：花头部分斜长为 1，每一段枭混弧线各占 1/6

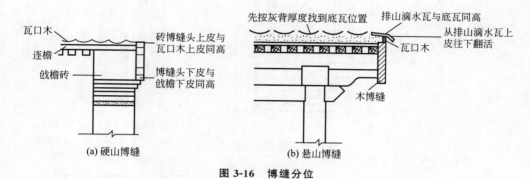

(a) 硬山博缝　　　　　　　　(b) 悬山博缝

图 3-16　博缝分位

（图 3-17 廊墙的形式 部分）

瓜角
中心花
（a）廊心墙式

上身抹灰
（b）素墙式

穿插当砖雕
灯笼框
立八字筒子板
吉门
（c）门洞式

图 3-17　廊墙的形式

② 廊心墙各部分组成。廊心墙是廊墙高等级的表现形式，由下碱、落膛墙心、穿插当、山花象眼四个部分组成，详见图 3-18。落膛墙心是廊心墙主要的装饰部分，由内至外依次为砖心、线枋子（小边框）、大边框、顶头小脊子。砖心形式多样，常见的有斜砌方砖心、斜砌条砖心、拐子锦、人字纹、龟背锦、八卦锦等图案样式。廊心墙方砖心图案样式详见图 3-19。

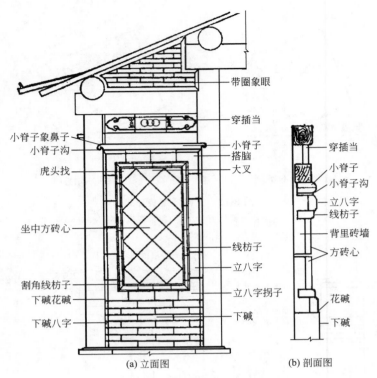

图 3-18　廊心墙各部分名称

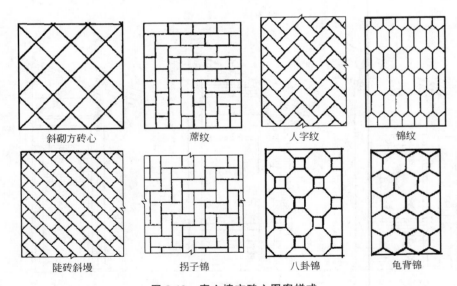

图 3-19　廊心墙方砖心图案样式

注：若采用斜砌方砖心，砖心的尺寸应符合 $n×1.414×$ 方砖心边长（n 表示个数），即为对角线的倍数

（2）室内墙面

① 室内墙面组成。硬山山墙室内墙面自下而上由下碱、上身（囚门子）、山花象眼三部分组成。

② 各组成部分构造做法具体如下。

a. 下碱按照檐柱高的 3/10 定高，里皮靠近柱子位置要求砍柱门。

b. 上身从下碱直至梁枋底部，若山墙处采用了排山中柱，山中柱与老檐柱（金柱）之间的山墙里皮称为"囚门子"。囚门子可以采用落膛心做法，也可以采用普通抹灰做法。

c. 山花象眼。硬、悬山山墙室内立面在梁柁以上时，瓜柱之间的矩形空当叫做山花，瓜柱与椽望之间的三角形空当叫象眼。山花象眼常见做法有丝缝墙做法、抹青灰镂假砖缝（仿丝缝）、抹白灰刷烟子浆镂出图案花纹及抹白灰绘制壁画等做法。

硬山山墙内立面详见图 3-20。

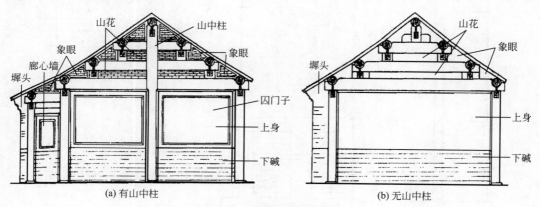

图 3-20　硬山山墙内立面

3. 硬山山墙端面——墀头

（1）墀头的概念　南方称为垛头、腿子、马头，是指古建筑山墙两端檐柱以外的墙体做法。庑殿、歇山、悬山建筑中，山墙无墀头。硬山建筑中，若前后檐部屋顶向外出檐（即采用老檐出做法），则有墀头构造，反之则无。

（2）墀头构造　在明清官式做法中，墀头由下碱、上身、盘头梢子三部分组成。

墀头下碱高度与山墙相同，一般为檐柱高度的 3/10，砌筑方法也与山墙相同，如山墙下碱采用干摆砌筑，墀头也为干摆。此外，墀头下碱还可以采用角柱石和压面石进行加强。墀头正身厚度为山墙外包金另加墀头咬中的尺寸（约 1 寸），墀头下碱的外口从台明边缘向内退出一个小台阶尺寸，大式不小于 4 寸或 6/10～8/10 檐柱径，小式不小于 2 寸或 3/10～6/10 檐柱径。

墀头上身部位除了退花碱外，按照视觉要求，还应做出仰面升，一般取上身高度的 3/1000～5/1000。盘头梢子是用砖逐层向前挑出形成，具体由挑檐、盘头、戗檐砖三个小的构造部分组成。为支撑出挑，在盘头的下部加砌的石条或木枋，称为挑檐石或挑檐木。

盘头是由山面的两层博缝拔檐自山前转至正面形成的，因形如古代妇女盘头而得名。戗檐砖以博缝头下皮为起点斜砌至连檐，方砖面上带有各类雕刻，是官式墀头重点装饰的部位。官式硬山建筑墀头详见图 3-21。

墀头的地方做法较为多样，晋陕民居中，墀头墙由下肩、墙身（垫花活）和挑檐三部分组成。下肩构造做法与北京官式建筑相似，厚度与山墙相同，墀头前沿从阶条石向后退出一个小台阶尺寸；墙身后退花碱，在墙身与挑檐相交部位一般垫有石活，题材各异、雕饰精美，形成整个墀头最为精彩的部位。上部做法简练，仅从石材花活的外缘向屋顶连檐部位做了一个弧形连接，形成挑檐。晋南民居中墀头做法举例详见图 3-22。

江南墀头构造也分为三个部分，下部为勒脚、中部为墙身，上部为垛头。垛头正身厚度与山墙相同，下部勒脚外口与阶沿外边缘平齐，垛头的高度约为廊柱檐口高的 15%。

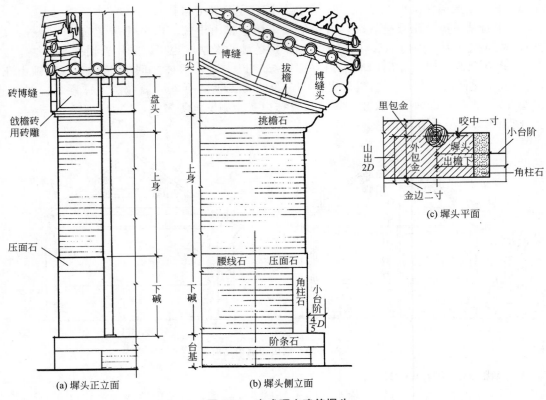

(a) 墀头正立面　　(b) 墀头侧立面

(c) 墀头平面

图 3-21　官式硬山建筑墀头

垛头做法分为混水及细清水砖，混水做法常以纸筋灰粉出线脚，并依线脚勾勒黑线或作绘画；细清水砖做法一般在砖体上做砖细雕刻。垛头的排砖砌筑方式依其上层挑出部分的形式和雕刻要求可分为飞砖式、纹头式、吞金式、朝板式、壶细口式、书卷式 6 种，详见图 3-23。

4. 硬山山墙细部构造

（1）退花碱　花碱又称下肩花碱、花碱，指古建筑墙体上身比下碱退进的部分。花碱尺寸干摆丝缝为 6～8mm，糙砖为 8～10mm。

（2）柱门　古建筑墙体里皮（里包金）靠柱子的地方，要求将墙体砍成六方（六方是指砍砖角度为 60°）八字形状，露出柱子，称为柱门。砍柱门是为了排除柱子内部的水汽，防止柱子糟朽。

（3）柱子掰升　又称"侧脚"，古建筑外围的柱子的柱脚通常要向外侧移出一定的尺寸，使外檐柱子的柱头略向内侧倾斜，这种做法叫侧脚。侧脚使构架不易产生拔榫，以增加构架的稳定性。

（4）升　即倾斜，古建筑中墙面向墙体轴线方向倾斜为正升，向远离轴线的方向倾斜为倒升。古建筑山墙体的外墙皮一般都要求有正升，升可以调整视觉上的错觉。

（5）墙体里皮与梁架相交处的处理　与大梁相交处应采用砍八字的处理方式。

5. 江南封火山墙

（1）概念　封火山墙，是一种屋顶与山墙的组合形式，多见于江南。其特征是山墙高出屋顶，这样可以有效防止火灾蔓延，故得该名。

封火山墙是硬山山墙的一种变异，广泛应用于南方建筑和城市沿街建筑之中，除了能起

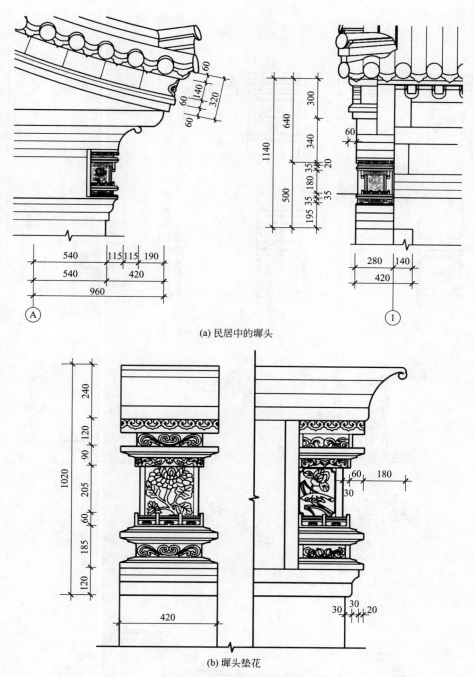

(a) 民居中的墀头

(b) 墀头垫花

图 3-22　晋南民居中墀头做法

到防火防盗的作用，还能起到很好的装饰效果。

（2）封火山墙的形式　封火山墙常见的形式有一字式、八字式、如意式、五岳朝天式、五滴水式、观音兜式、拱背式、组合式等，详见图 3-24。其中，观音兜式多见于徽派建筑，硬山屋脊自金桁起做曲线至顶，类似佛像中观音菩萨所戴的帽子式样，又似猫舒展身躯或发怒时的神态。五山屏风墙（又称五滴水式），以前后墀头墙进深分作五分半，中间屏风占1.5 份，其余各占 1 份形成。观音兜与五山屏风墙构造详见图 3-25。

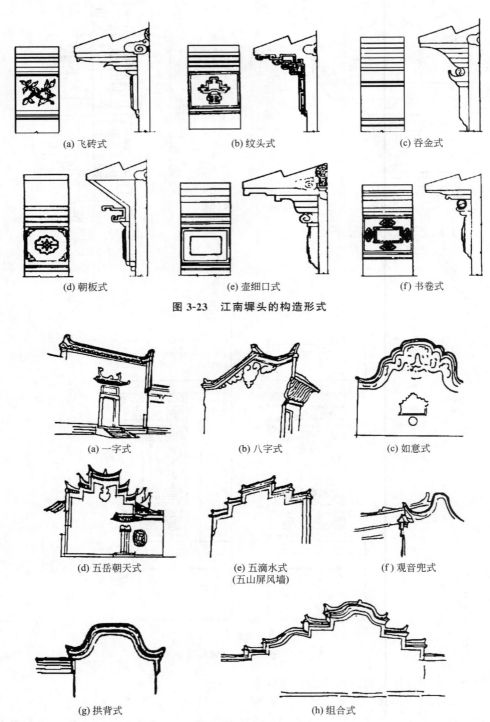

(a) 飞砖式　　　　　　　(b) 纹头式　　　　　　　(c) 吞金式

(d) 朝板式　　　　　　　(e) 壶细口式　　　　　　(f) 书卷式

图 3-23　江南墀头的构造形式

(a) 一字式　　　　　　　(b) 八字式　　　　　　　(c) 如意式

(d) 五岳朝天式　　　　　(e) 五滴水式　　　　　　(f) 观音兜式
　　　　　　　　　　　　（五山屏风墙）

(g) 拱背式　　　　　　　　　　　　(h) 组合式

图 3-24　封火山墙形式

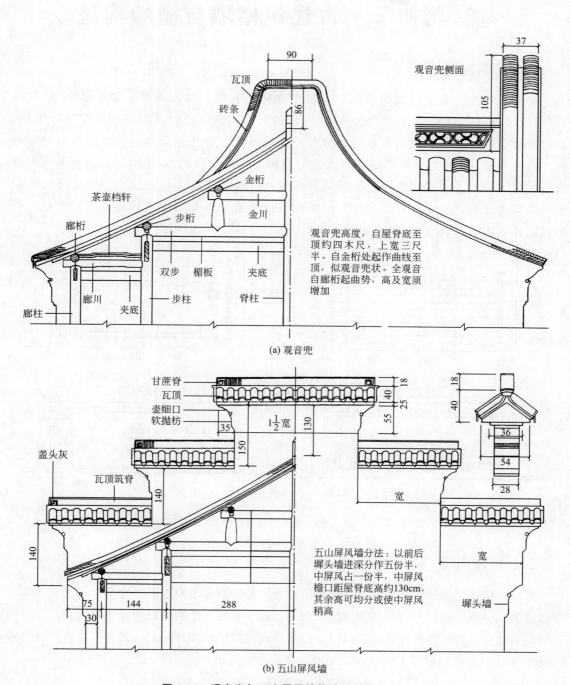

观音兜侧面

观音兜高度，自屋脊底至顶约四木尺，上宽三尺半。自金桁处起作曲线至顶，似观音兜状。全观音自廊桁起曲势，高及宽须增加

(a) 观音兜

五山屏风墙分法：以前后墀头墙进深分作五份半，中屏风占一份半，中屏风檐口距屋脊底高约130cm，其余高可均分或使中屏风稍高

(b) 五山屏风墙

图 3-25　观音兜与五山屏风墙构造（单位：cm）

第四节 古建筑槛墙与檐墙构造

一、槛墙构造

槛墙为窗槛之下至地面的矮墙，一般不作抹灰处理。槛墙高度一般取 3/10 檐柱高（即与山墙下碱高度相同）。净房（厕所）等需要私密性防护的建筑槛墙应加高。书房、花房或柱子较高时，槛墙高度可适当降低。槛墙厚度，里外包金相等，以柱中为对称轴线，内外各按 0.5 倍柱径加 1.5 寸（大式）或加 1.0 寸（小式），槛墙饰面应该采用本建筑最讲究的做法，常见的槛墙有干摆或丝缝做法、普通方砖心做法、中心四岔方砖心做法、海棠池做法。另外在宫廷建筑与寺庙建筑中还有琉璃槛墙、石材槛墙等。常见的槛墙做法详见图 3-26。

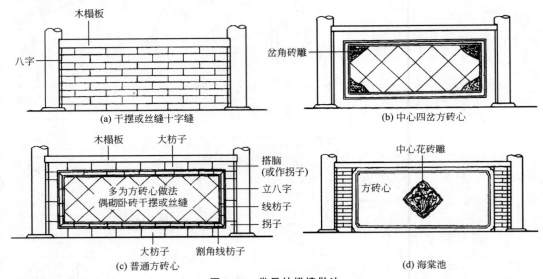

图 3-26 常见的槛墙做法

二、檐墙构造

檐墙为檐柱之间的墙体，有前、后檐墙之分。前檐墙多出现于民居建筑中，官式建筑中常被槛窗及槛墙代替。后檐墙的使用比较普遍，除了少数过厅式建筑和园林建筑外，大部分建筑均有此墙。后檐墙按照其构造可以分为老檐出和封护檐两种形式。二者在构造上的差异详见表 3-10。檐墙构造详见图 3-27，檐墙细部构造详见图 3-28。

表 3-10 老檐出和封护檐构造比较

比较项目	老檐出	封护檐
得名	檐椽向外出挑,伸出墙体之外	檐椽不出挑,包裹在墙体之内,又称哑巴檐
适用范围	1. 带有墀头（垛头）的硬山建筑 2. 五花山墙式悬山建筑 3. 挡风板（砖）式悬山建筑	1. 不带有墀头（垛头）的硬山建筑 2. 山墙砌至椽望的整体式悬山建筑

比较项目		老檐出	封护檐
构造做法	下碱	1. 高度同山墙,约 3/10 檐柱高 2. 按照砖厚与灰缝核层数,要求为单数 3. 厚度:外包金,大式,0.5 檐柱径加(2/3~1)柱径,小式,0.5 檐柱径加 $\left(\dfrac{1}{2}\sim\dfrac{2}{3}\right)$ 柱径;里包金,大式,0.5 檐柱径加 2 寸,小式,0.5 檐柱径加 1.5 寸 4. 采用本建筑高等级的做法 5. 在下碱柱根部位,应设置透风砖	
	上身	1. 形式有整砖上身、抹灰上身等做法 2. 上身应退花碱 3. 上身可设或不设窗户,设窗户应做窗套	1. 形式有整砖上身、抹灰上身、软心四角硬等做法 2. 上身应退花碱,软心四角硬等做法,接近砖檐处设倒花碱 3. 不设窗户
	签尖	签尖堆顶至额枋下皮,可采用馒头顶、宝盒顶、道僧帽、抹灰八字、蓑衣顶等形式	—
	砖檐	—	有鸡嗉檐、菱角檐、抽屉檐、冰盘檐等形式

注:檐墙外墙面一般不砍柱门,在柱根对应位置留出透风,内墙面要砍柱门。

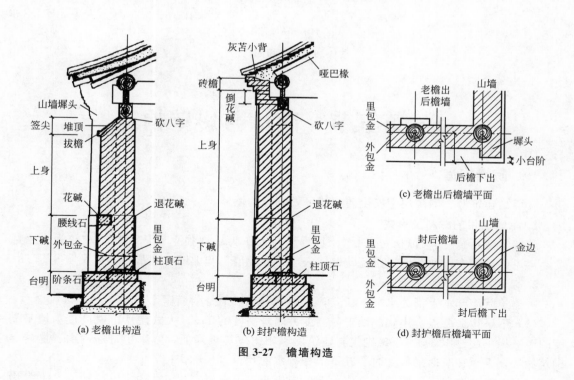

图 3-27 檐墙构造

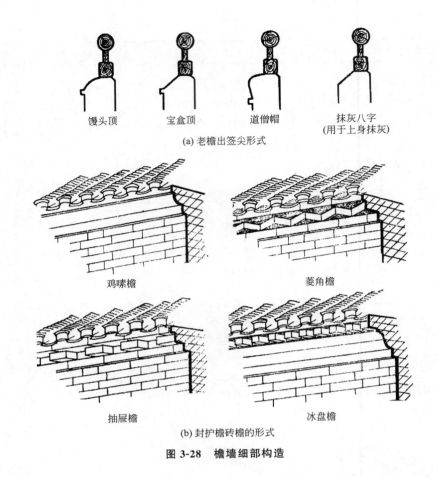

| 馒头顶 | 宝盒顶 | 道僧帽 | 抹灰八字
(用于上身抹灰) |

(a) 老檐出签尖形式

| 鸡嗉檐 | 菱角檐 |

| 抽屉檐 | 冰盘檐 |

(b) 封护檐砖檐的形式

图 3-28　檐墙细部构造

第五节　院墙与影壁构造

一、院墙构造

院墙是建筑群、宅院用于安全防卫或区域划分的墙体。

1. 院墙使用的材料及形式

院墙常使用砖材、石材、土、木、竹等材料。作为小型独立砌体，其形式较为自由活泼，常见的形式有普通院墙、砖瓦花墙、云墙、罗圈墙、爬山墙、迭落墙、罗汉墙等。

2. 院墙构造

古建筑院墙基本上都为水平三段式，分别为下碱、上身、墙帽。

（1）下碱构造要点　小式院墙下碱高度为墙身高度的 1/3，大式院墙下碱高度为墙身高度的 1/3 但不超过 1.5m。下碱砌筑与建筑山墙相比应等级降低，常采用普通淌白、糙砖等砌筑做法。下碱在院落最低处时要在下部做排水的孔道（俗称沟门）。

（2）上身构造要点　院墙上身应比下碱向内收进退花碱，尺寸为 0.6～1.5mm。上身做法应较下碱粗糙，也可一样。

院墙墙身多设有什锦门窗。洞门样式有长方形与八边形洞门、瓶形洞门、梅花形与圆形洞门。什锦窗样式有镶嵌式什锦窗、夹樘什锦窗、单层漏窗、洞窗等。

什锦门窗的样式详见图3-29，什锦窗构造详见图3-30。

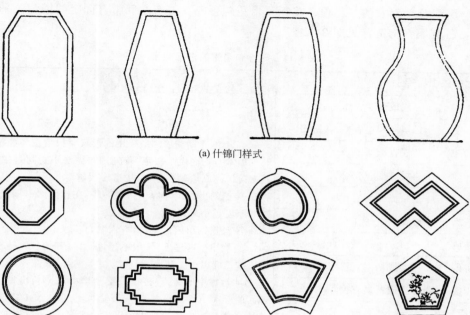

(a) 什锦门样式

(b) 什锦窗样式

图 3-29　什锦门窗的样式

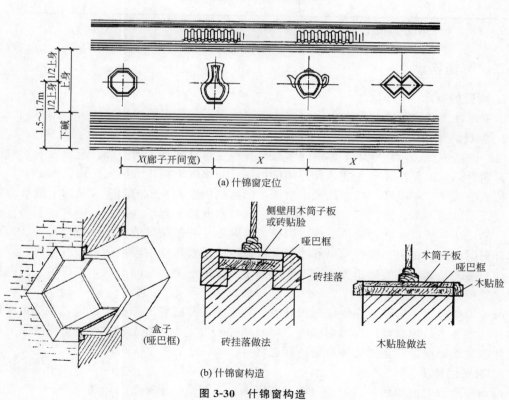

(a) 什锦窗定位

(b) 什锦窗构造

图 3-30　什锦窗构造

（3）墙帽构造要点　墙帽部分由砖檐和墙帽组成，常见的砖檐种类有直檐、鸡嗉檐、菱角檐、锁链檐（瓦檐）、砖瓦檐、冰盘檐等，常见的墙帽种类有宝盒顶、馒头顶、眉子顶、兀脊顶、鹰不落、蓑衣顶、瓦顶、花瓦顶、花砖顶等。二者之间常有固定的搭配关系，详见表 3-11，各类墙帽构造详见图 3-31。

表 3-11　砖檐和墙帽的搭配关系

墙帽形式		砖檐形式	说明
宝盒顶		一层或两层直檐	1. 院墙的砖檐和墙帽所采用的形式要根据主体建筑的形式及院墙本身的高度来决定，首先用料做法不得超过主体建筑，其次院墙越高墙帽也越大，构造层次越多 2. 砖檐的出檐尺寸应尽量多一些，在相同的出檐尺寸下，层数和厚度越小越好 3. 冰盘檐的出檐以"方出方入"为宜 4. 直檐出檐应适度，一般不超过砖厚，其他各类砖檐的头层檐出檐长度以 1/2 砖厚为宜 5. 冰盘檐中的枭砖、砖椽及菱角檐中的菱角出檐应明显多于其他层次 6. 各类砖檐中的盖板出檐以少出为宜（小于头层檐）
馒头顶		一层或两层直檐、锁链檐	
假眉子顶		两层直檐	
真眉子顶		两层直檐、鸡嗉檐	
蓑衣顶		菱角檐或两层直檐	
鹰不落		砖瓦檐	
兀脊顶		一层方砖或城砖直檐	
花瓦顶		一层或两层直檐	
花砖顶		一层或两层直檐	
瓦顶	黑活瓦顶	无砖椽冰盘檐	
	琉璃瓦顶	带砖椽冰盘檐	
		带雕刻冰盘檐	

注：方出方入是指冰盘檐总出檐尺寸能接近砖的总厚度。

二、影壁构造

1. 影壁的概念

影壁也称照壁、萧墙，是在大门内或外所建的起屏障作用的单独墙体。

2. 影壁的作用

（1）遮蔽视线、阻挡寒风　影壁的本意是要挡住自己或外人的身影，避免外人的偷窥和打扰，同时影壁的存在在寒冷的冬天还能御挡院外的寒气，挡住大风向院内直灌。

（2）聚人气、避鬼邪　按古代风水学说，门前的影壁和院内的影壁，是为了使气流绕影壁而行，聚气则不散。清代蒋平阶（字大鸿）在《水龙经·自然水法歌》中有"直来直去损人丁"的说法，所以在此种情形下建立影壁能够起挡住冲煞杀气的作用。另外古人认为影壁能够升聚院内人气，阻挡院外的鬼邪之气，所以院门设置影壁可以挡住它们的伤害。

（3）装饰功能　从装饰角度而言影壁增加了大门的气势、空间层次，形成了大门内或门外的视觉中心。

（4）等级标志　影壁装饰华丽与否反映了院主人的家庭状况和社会地位，在等级森严的封建社会中并不是家家可以设置影壁的。据西周礼制规定，只有王家宫殿、诸侯宅第、寺庙建筑才能建筑影壁，它是地位和身份的标志之一。

3. 影壁的种类

（1）按照影壁使用的材料划分　有青砖影壁、石影壁、木影壁、琉璃影壁。

（2）按照影壁使用的位置与平面形式划分　有座山影壁、一字影壁、八字影壁、撇山影

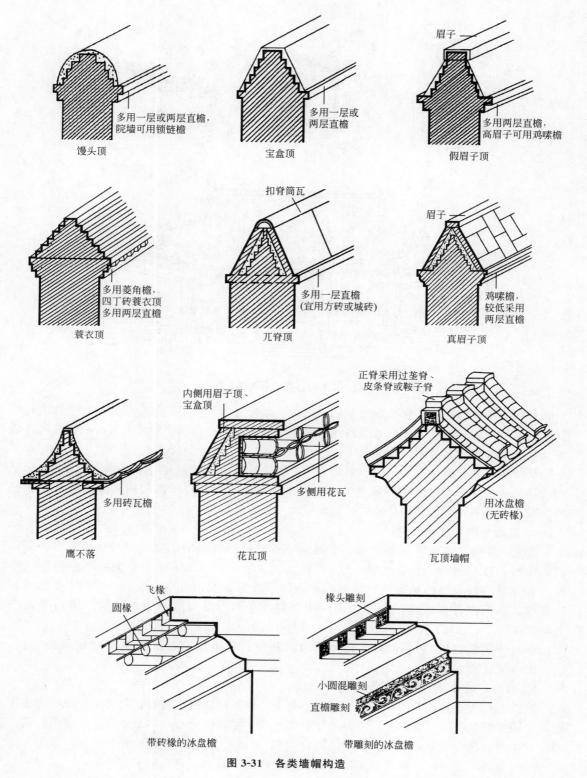

馒头顶
多用一层或两层直檐，院墙可用锁链檐

宝盒顶
多用一层或两层直檐

假眉子顶
眉子
多用两层直檐，高眉子可用鸡嗉檐

蓑衣顶
多用菱角檐，四丁砖蓑衣顶多用两层直檐

兀脊顶
扣脊筒瓦
多用一层直檐（宜用方砖或城砖）

真眉子顶
眉子
鸡嗉檐，较低采用两层直檐

鹰不落
多用砖瓦檐

花瓦顶
内侧用眉子顶、宝盒顶
多侧用花瓦

瓦顶墙帽
正脊采用过垄脊、皮条脊或鞍子脊
用冰盘檐（无砖椽）

带砖椽的冰盘檐
飞椽
圆椽

带雕刻的冰盘檐
椽头雕刻
小圆混雕刻
直檐雕刻

图 3-31　各类墙帽构造

壁，详见图 3-32。

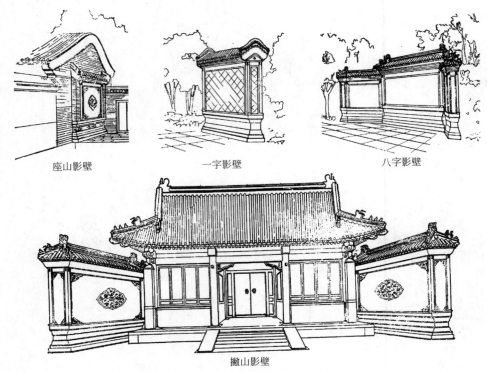

座山影壁	一字影壁	八字影壁

撇山影壁

图 3-32　影壁的种类

平面为一字形的独立影壁称为一字影壁；平面为一字和八字形结合的独立影壁称为八字影壁；出现在建筑山墙外表面的镶嵌式影壁称为座山影壁；出现于门屋两侧，从山墙向外延伸呈八字形的影壁称为撇山影壁。

从使用位置分析，大门内的影壁多为独立影壁或座山影壁；大门外的影壁多为一字影壁和八字影壁；位于大门两侧的影壁为撇山影壁和雁翅影壁；位于墙门两侧院墙上的为影壁墙，位于园林中作为屏障遮挡景观的影壁多为一字影壁。

4. 普通一字影壁构造

普通一字影壁是最常见的影壁。普通一字影壁按照影壁的长度可以分为小型：10m 以内；中型：15~20m；大型：20~30m；特大型：30~50m。还可以分为单影壁和连三影壁。九龙壁为特大型的单影壁（著名的有大同、故宫、北海九龙壁），连三影壁多出现在寺庙建筑山门之外，多为三开间，屋顶中央高两边低（如：五台山普化寺、南山寺山门外影壁）。

普通一字影壁常用的屋顶形式有硬山、悬山、庑殿和歇山。影壁构造详见表 3-12，图 3-33~图 3-35。

5. 影壁心设计

影壁心有软心和硬心两种。软心做法：将壁心抹灰做成白色素面，周边采用花纹图案压边，中间饰以字牌或图案，在高等级的琉璃影壁中，常常将壁心整体采用红土浆刷色，四角和中央采用琉璃砖雕装饰（即采用中心四岔构图）。硬心做法：普通做法中壁心多采用方砖或斧刃砖磨砖对缝贴面，高等级做法则在壁心中心及四角再嵌以砖雕装饰。

方砖影壁心是最为常用的影壁心形式之一，在具体设计时应注意以下几点。

表 3-12　普通一字影壁构造

壁顶	硬山	悬山	庑殿或歇山	注释
壁座构造	1. 多为青砖台座，同墙体下碱做法，多采用十字缝，可以有石活，如角柱石、压面石、腰线石 2. 少数采用石基座或砖石须弥座基座	1. 多为须弥座基座，材料上有砖、石、琉璃须弥座。少数采用带雕刻的砖石须弥座 2. 须弥座分为三个部分，束腰以上、束腰、束腰以下，各约占台座总高的 1/3	悬山	1. 基座的高度约占 1/3 墙身高，若影壁墙身过高时应适当降低比例 2. 墙身高指土衬石上皮至额枋上皮。影壁额枋的高度取值以不超过大门额枋为准。上身墙厚一般为 1/5～1/4 墙身高 3. 影壁屋顶做法与建筑屋顶相同，但是瓦件尺寸较小。琉璃瓦多用 8、9 样瓦，青瓦、筒瓦多选用 3、10 号
壁身构造	1. 一般由影壁心和撞头墙两部分组成 2. 影壁心标准做法为：方砖心，周施线枋子，上部设箍头枋，左右立砖柱子 3. 影壁心也有糙砖抹红灰、中心四岔等做法	1. 无撞头墙，壁身以方砖心或中心四岔做法为主。砖仿木作，影壁心上施箍头枋，左右立砖柱子 2. 有撞头墙，做法同硬山影壁	同悬山无撞头墙做法	
壁顶构造	1. 砖檐多为带砖椽的冰盘檐 2. 两山与硬山山墙相似，由小红山、拔檐、砖博缝组成	1. 箍头枋以上做砖垫板、砖檩、砖椽望 2. 两山向外伸出燕尾枋，山面砖仿木作，砍制梁柁及柁头、瓜柱，并砍制砖博缝	1. 檐部与两山均做冰盘檐 2. 檐部在额枋之上设置砖垫板、斗栱、挑檐枋、桁、砖椽望。转角设置角科斗栱、搭交桁、宝瓶、角梁、椽飞等	

① 方砖规格的选用，大式建筑多用尺四和尺七方砖，设计参考尺寸为 450mm×450mm×60mm、500mm×500mm×60mm、550mm×550mm×60mm，小式建筑多用尺二方砖，设计参考尺寸为 300mm×300mm×60mm、350mm×350mm×60mm、400mm×400mm×60mm。

② 方砖影壁心的形式。方砖影壁心形式有三种：一种为四角为 1/2 方砖对角斜长，俗称虎头找；另一种为四角为方砖对角斜长，俗称大叉；还有一种为两种混用的方式，即上部采用虎头找，下部采用大叉。方砖心形式详见图 3-36。

③ 方砖心的总高与总宽。方砖心应以每块方砖的斜长为模数，总高与总宽多为 n 倍的方砖斜长。

④ 方砖心一般为干摆做法，两边有撞头墙时，撞头墙一般为丝缝做法。

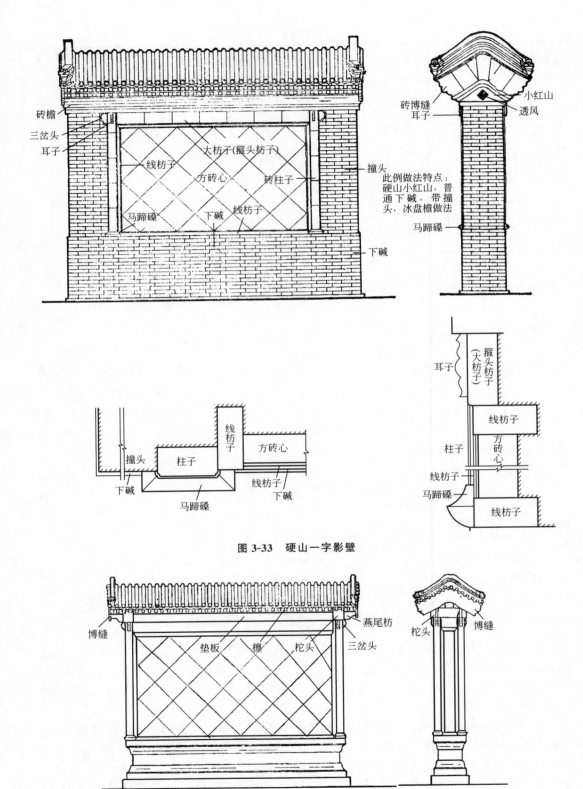

砖檐
三岔头
耳子
线枋子
大枋子(箍头枋子)
方砖心
砖柱子
马蹄磉
下碱

砖博缝
耳子
小红山
透风
撞头
此例做法特点：
硬山小红山，普
通下碱，带撞
头，冰盘檐做法
马蹄磉

线枋子
柱子
方砖心
线枋子
撞头
下碱
马蹄磉
下碱

箍头枋子
(大枋子)
耳子
柱子
线枋子
方砖心
线枋子
马蹄磉
线枋子

图 3-33　硬山一字影壁

博缝
垫板
檩
柁头
燕尾枋
三岔头
柁头
博缝

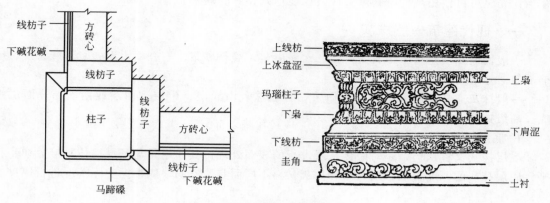

图 3-34　悬山一字影壁

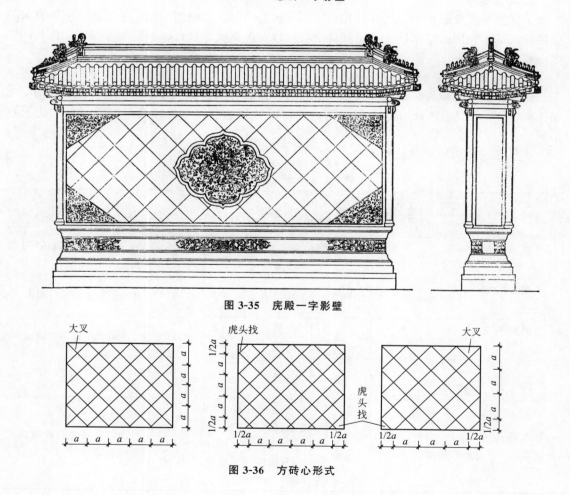

图 3-35　庑殿一字影壁

图 3-36　方砖心形式

第六节　墙体抹灰

在我国古代并没有使用水泥材料，墙面抹灰技术较低，常采用石灰和泥等材料来完成。

在当代完全可以使用现代材料来替代，也能达到较好的效果。

一、现代建筑一般抹灰

一般饰面抹灰是指采用石灰砂浆、水泥砂浆、混合砂浆、聚合物水泥砂浆、麻刀灰、纸筋灰等对建筑物的面层抹灰罩面。

一般抹灰通常采用分层的构造做法，普通抹灰由底层、中层、面层或由底层、面层组成；高级抹灰由底层、数层中层和面层组成。

1. 底层抹灰

底层抹灰又称刮糙，是对墙体基层进行的表面处理，其作用是与基层墙体粘接兼初步找平。底层抹灰的厚度根据基层材料和抹灰材料不同而有所不同，应根据实际情况进行厚度的设计。

2. 中层抹灰

中层抹灰主要起找平、结合、弥补底层抹灰的干缩、裂缝的作用。中层抹灰所用材料与底层抹灰基本相同。根据设计和质量要求，可以一次抹成，也可以分层操作。中层抹灰的厚度一般为5～9mm。

3. 面层抹灰

面层抹灰又称罩面，面层抹灰主要起装饰作用，要求表面平整、无裂纹、颜色均匀，面层抹灰厚度一般为2～8mm。由于建筑内外墙面所处的环境不同，面层材料及做法也有所不同。

一般抹灰饰面做法详见表3-13。

表3-13　一般抹灰饰面做法

抹灰名称	底层		面层		应用范围
	材料	厚度/mm	材料	厚度/mm	
混合砂浆抹灰	1:1:6水泥石灰砂浆	12	1:1:6水泥石灰砂浆	8	一般民用建筑内、外墙面
水泥砂浆抹灰	1:3水泥砂浆	12	1:2.5水泥砂浆	8	一般民用建筑外墙面
纸筋麻刀灰抹灰	1:3石灰砂浆	13	纸筋灰或麻刀灰玻璃丝	2	一般民用建筑内墙面
石膏灰罩面	(1:2)～(1:3)麻刀灰砂浆	13	石膏灰	2～3	高级装修的室内顶棚和墙面抹灰的罩面
膨胀珍珠岩灰浆罩面	(1:2)～(1:3)麻刀灰砂浆	13	水泥:石灰膏:膨胀珍珠岩=100:(10～20):(3～5)(质量比)的膨胀珍珠岩浆	2	保温隔热要求较高的建筑内墙面

二、古建筑抹灰

古建筑常用的抹灰做法有：靠骨灰、泥底灰、滑秸泥、壁画抹灰、纸筋灰等。通常也采用分层的构造做法。

1. 靠骨灰

直接在砖墙表面抹 2～3 层麻刀灰的工艺做法。其施工操作过程为：基层处理——打底灰——罩面灰——赶轧刷浆。

① 基层处理，主要有润湿墙面，墙面填补，高等级抹灰中在砖缝处钉麻处理等。

② 打底灰，大麻刀灰 100：4。

③ 罩面灰，大麻刀灰 100：3，普通建筑底灰层和罩面灰层总厚度不超过 1.5cm，宫殿建筑不低于 2cm，面灰除了大麻刀灰外还可以采用月白麻刀灰、葡萄灰（红麻刀灰）、黄灰。可视墙面颜色要求而定。

④ 赶轧刷浆，即刷一次浆用铁抹子将抹灰墙面反复轧抹，可以使表面密实度和光洁度提高。表面刷浆种类有：青浆、红土浆（氧化铁粉）、土黄浆等。

2. 泥底灰

泥底灰是指用素泥或掺灰泥打底，麻刀灰罩面的一种抹灰，多用于小式建筑或民居建筑上。

3. 滑秸泥

滑秸泥俗称抹大泥，是底层与面层均采用滑秸泥的一种抹灰。滑秸泥是用素泥或掺灰泥内加麦秸拌和而成。打底层用泥以麦秆为主，罩面层用泥以麦壳为主，表面赶轧出亮后，可以根据需要刷不同的色浆。滑秸泥做法多用于民居和地方建筑。

4. 壁画抹灰

（1）山西永乐宫元代壁画做法

① 基层为土坯墙，壁画分三层；

② 底层采用短麦秸泥 25 厚，黄土：麦秸＝100：3.8；

③ 中层采用碎麦秸泥 4 厚，黄土：麦秸＝100：3.3，每隔 1.5m 左右，下竹钉缠麻；

④ 面层采用砂泥 2 厚，细砂：黄土：纸筋＝100：50：（5～6），面层采用砂泥，表面产生的裂缝较少，有利于壁画的保存。

（2）清代壁画做法

① 基层为砖墙，壁画分两至三层；

② 打底层，可采用滑秸泥和掺灰泥，也可采用麻刀灰；

③ 罩面层，分为泥层做法和灰层做法两种。泥层做法，面层可以采用麻刀泥和棉花泥。麻刀泥，沙黄土：白灰：麻刀＝150：100：（5～6）；棉花泥，黏土：棉花绒＝100：3，泥层面层厚度不超过 2mm，表面必须涂刷白矾水，防泥底返色。灰层做法，面层可以采用蒲棒灰、棉花灰和麻刀灰。蒲棒灰，灰膏：蒲绒＝100：3；棉花灰，灰膏：棉花绒＝100：3；麻刀灰，灰：麻刀＝100：3。灰层做法面层厚度不超过 2mm，表面不用涂刷白矾水。

5. 纸筋灰

纸筋灰是古建筑室内常用的面层抹灰方法，可采用现代方法代替，具体做法如下。

底层：13 厚 1：3 石灰砂浆。

面层：2 厚纸筋灰［灰膏：纸筋＝100：（5～6）］罩面。

6. 抹灰做缝

抹灰做缝有抹青灰做假缝、抹白灰刷烟子浆镂缝、抹白灰描黑缝三种，其做法详见表 3-14。

表 3-14　抹灰做缝做法

做法名称	做法详解
抹青灰做假缝	又称假缝仿丝缝,它是先抹出青灰墙面,待干至六七成时,用竹片或薄金属片,按规定尺寸沿平尺划出灰缝槽
抹白灰刷烟子浆镂缝	又称"镂活""软活",它是先抹好白麻刀灰,再用排笔刷上一层黑烟子浆,待浆干后用金属片等坚硬物镂出白色线条花纹图案
抹白灰描黑缝	又称"抹白描黑",它是先用白麻刀灰或浅月白麻刀灰抹好墙面,用毛笔沾烟子浆按砖的排缝形式,沿平尺描出假砖缝

第四章

古建筑木构架构造

第一节　古建筑木构架用材

一、传统建筑常用木材的种类及特性

1. 木材的一般分类

（1）**木材树种按树叶形态区分**　可以分为阔叶树和针叶树两大类。阔叶树材质一般都较为坚硬，加工难度大，且资源较少，常用于结构特殊部位和小木作工程中。针叶树树干高大挺拔，纹理平直，材质均匀，多数质软加工容易，且资源相对丰富，是古建筑工程主要用材。

（2）**按照材质的软硬程度区分**　可以分为软木和硬木。一般情况下软木的木纹顺直，具有良好的结构性能，耐久性也较好；硬木的木纹交织，开裂程度小。木构架制作时多选用软木，装修、室内陈设宜选择硬木。

（3）**以木材的色泽区分**　可分为白木与红木两类。常见木材大多属于白木类。红木则是深红色或黑色的木材，如：紫檀、鸡翅木等，且大都属于进口木材，主要使用于高档装修与室内陈设。

2. 木材的优缺点

（1）**优点**　木材易于加工，而且抗弯、抗拉、抗压强度相对均较高；有绝缘、隔音、吸音、吸能、耐冲击的作用；有吸收紫外线、反射红外线的作用；有良好的触觉特性、调湿特性；有较好的色泽与纹理，装饰效果好；是可再生的绿色环保资源。

（2）**缺点**　木材变异性大，易于干缩湿胀，其制品不稳定；容易腐朽、虫蛀及燃烧；常因具有一些天然缺陷，如木节、髓心、斜纹、裂缝等而影响使用。

3. 木作工程常用的树种及特性

木作工程常用的树种及特性详见表4-1。

表4-1　木作工程常用的树种及特性一览表

树种	别名	主要产地	特性	主要用途
红松	果松、海松、东北松	长白山、小兴安岭	边材浅黄褐色，心材淡玫瑰色，年轮均匀，材质较软，纹理直，干燥性良好，不易翘曲、开裂，耐久性强，易加工	屋架、檩条、门窗
鳞松	鱼鳞云杉、鱼鳞松、白松	东北	树皮灰褐色至暗棕色，多呈鱼鳞状剥层。木材浅驼色略带黄白色。质轻，纹理直，结构细而均匀，易干燥，易加工	门窗、地板
樟子松	蒙古赤松、海拉尔松	大兴安岭	边材黄白色，心材浅黄褐色。较红松略硬，纹理直，结构中等，耐久性强	
马尾松	本松、松树、宁国松	长江以南	外皮深红褐色微灰，内皮枣红色微黄。材质中硬，纹理直斜不均，结构中至粗，不耐腐	门窗、椽条、地板等
落叶松	黄花松	东北	树皮暗灰色，内皮淡肉红色。材质硬，耐磨、耐腐蚀性强，干燥慢，干燥过程中易裂	檩条、地板、木桩

树种	别名	主要产地	特性	主要用途
臭冷杉	臭松、白松	东北、河北、山西	树皮暗灰色,材色淡黄色略带褐色。质轻,纹理直,结构略粗,易干燥,易加工	
杉木	建杉、广杉、西杉、杭杉、徽杉、东湖木、西湖木	长江流域以南	树皮暗灰色,内皮红褐色。纹理直顺而均匀,结构中等或粗,易干燥,不翘裂,易加工,耐腐蚀性强	屋架、檩条、椽子、望板、地板、门窗
柏木	柏树、垂丝柏、璎珞柏	中南、西南、浙江、安徽	树皮暗红褐色,边材黄褐色,心材淡橘黄色。材质致密,年轮不明显,木材有光泽,纹理直或斜,结构细,干燥易裂,耐久	门窗、细木装饰
香樟	樟木、乌樟、小叶樟	长江以南	皮黄褐色略带灰,质软。边材黄褐色至灰褐色,心材红褐色。结构细,易加工。干燥后不易变形,耐久性强	弯椽、木雕、家具、细木装修
柚木		广东、台湾、云南等地	材黄褐色有光泽,花纹美丽,材直,性能稳定,硬度中等,易加工,耐磨损,不易变形	家具
水曲柳		东北	树皮灰白色,肉皮淡黄色,干后浅驼色。材质光滑,花纹美丽,结构中等。不易干燥,易翘裂,耐腐蚀性强	扶手、地板等
楸木	核桃楸	东北	干燥不易翘曲,用于小木作。皮暗灰褐色,边材较窄,灰白色带褐,心材淡灰褐色稍带紫	少用
板栗	栗木	华中、华东、中南	树皮灰色,边材浅灰褐色,心材浅栗褐色。材质硬,纹理直,结构粗,耐久性强	承重梁、梁垫、地板、扶手等
麻栎	橡树、青冈、栎树	北起辽宁,南至广东	树皮暗灰色,内皮米黄色,边材暗褐色,心材红褐色至暗红褐色。材质坚硬,纹理直或斜,结构粗,耐磨	枋材、地板、扶手等
柞木	蒙古栎、柞栎、柞树	东北	外皮黑褐色,内皮灰褐色,边材淡黄白色带褐,心材暗褐色微黄。质坚,直纹或斜纹,结构致密耐磨。不易锯解,切面光滑	少用
青冈栎	铁槠、青栲	长江以南	外皮深灰色,内皮似菊花状,木材呈灰褐色至红褐色。质硬纹直,结构中等,耐腐蚀性强,不易加工。切削面光滑	少用
色木	槭树、枫树	东北、华北、安徽	树皮灰褐色,内皮淡浅橙色,木材淡红褐色,常呈现灰褐色斑点或条纹。纹理直,结构细,耐磨	家具、细木装饰
桦木	白桦	东北	树皮粉白色,老龄时灰白色呈片状剥落;内皮肉红色,材色呈黄白色略带褐。纹理直,结构细,易干燥,不翘裂,切削面光滑,不耐磨	承重梁、梁垫

二、木材常见的缺陷和各类木构件对材质的要求

1. 木材常见的缺陷

（1）木节　木节分为活节、死节。凡是树节与周围木材全部紧密相连、质地坚硬、构造正常的称为活节。木节与周围木材脱离或部分脱离，质地或硬或软，局部开始腐朽者称为死节。死节最后往往会脱落而形成空洞。死节会削弱木构件的受力面积，应有条件地使用。

（2）裂纹　木材的裂纹分为轮裂和径裂。轮裂是指环木材年轮方向的裂缝，开裂原因多为受到外力砍斫，对构件的使用有严重影响。一般应有条件地使用或不使用。径裂是指沿着木纹方向的裂缝，是由于木材在干燥过程中收缩不均形成的。木材的树种、材质及干燥方法对裂缝的幅度均有影响。在木构架制作中对径裂有严格的限制。

（3）斜纹　木材中由于纤维排列不正常而出现的斜纹理称为斜纹。原木扭曲、原木大头和小头直径不一，加工时下锯方法不正确都会造成斜纹。斜纹会降低木构件的强度和增加变形程度。

（4）腐朽　由于受细菌侵蚀而使木材强度和颜色均发生变化。木材腐朽部位一般会变得松软易碎。浅层表面的腐朽会影响构件的强度，重点部位的腐朽，例如榫卯位置，则会影响构件正常工作，甚至造成构架的危险性。木构件选择时不得使用腐朽变质的木材。

（5）木材含水率　木材含水率在纤维饱和点以内，其强度与含水率成反比，即含水率越高，木材的强度越低，木材的变形也越大。

（6）虫害　新砍伐的树木、枯木以及腐朽木易遭受昆虫、蚁类蛀蚀而造成损伤。

（7）髓心　树干是由树皮、形成层、木质部（包括边材和心材）和髓心组成。髓心位于树干的中心，含水率高、组织松软、强度低，易干裂腐朽。

（8）钝棱　是指在整边锯材中残留的原木表面的部分，即锯材材边未着锯的部分，是木材在加工过程中形成的缺陷。钝棱减少了材面的实际尺寸，木材难以按要求使用，改锯则增加废材量。

2. 古建筑中各类木构件对材质的要求

古建筑中各类木构件对材质的要求应符合表 4-2 的规定。

表 4-2　各类木构件对材质的要求

构件类别	木材缺陷							
	腐朽	木节	斜纹	虫蛀	裂缝	髓心	含水率	钝棱（花斑）
柱类构件	不允许	在构件任何面任何150mm长度上，所有木节尺寸的总和不得大于所在面宽的2/5	斜率不得大于12%	允许表层有轻微虫眼	裂缝深度径裂不大于直径的1/3；轮裂不允许，榫卯处不允许	不限	不大于25%	露明不大于周长的1/12，隐蔽不大于周长1/10，露明每根不多于1处
梁类构件	不允许	在构件受压区任何150mm长度内，所有木节尺寸的总和不得大于所在面宽2/5；在构件受拉区任何150mm长度内，所有木节尺寸的总和不得大于所在面宽1/3	斜率不得大于8%	不允许	裂缝深度径裂不得大于材宽（或直径）的1/3；榫卯处不允许	不限	不大于25%	不大于面宽的1/10，或周长的1/12，每根不多于1处

第四章 古建筑木构架构造

构件类别	木材缺陷							
	腐朽	木节	斜纹	虫蛀	裂缝	髓心	含水率	钝棱(花斑)
枋类构件	不允许	在构件任何面任何150mm长度内,所有木节尺寸的总和不得大于所在面宽的1/3,死节面积不得大于截面积的1/20,节点榫卯处不允许	斜率不得大于8%	不允许	榫卯处不允许;其他处外部裂缝径裂深度不得大于材料宽度的1/3;轮裂不允许	不限	不大于25%	不大于面宽的1/10,每根不多于1处
板类构件	不允许	在构件任何面任何150mm长度上,所有木节尺寸的总和不得大于所在面宽的1/3,榫卯处及其附近不允许	斜率不得大于8%	不允许	外部裂缝深度不得大于板厚的1/4;轮裂不允许,榫卯处及其附近不允许	不限	不大于18%	二正面不允许,一正一反的反面不大于板厚的1/4
桁檩类构件	不允许	在任何150mm长度内,所有活节的总和不得大于所测部位周长的1/3;单个木节的直径不得大于桁(檩)直径的1/6,死节不允许。榫卯处及其附近不允许	斜率不得大于8%	不允许	榫卯处不允许,其他处裂缝深度不得大于桁(檩)径的1/4,轮裂不允许	不限	不大于20%	不大于周长的1/12,每根允许1处
椽类构件	不允许	死节不允许。活节不得大于所在面宽(直径)的1/3	斜率不得大于8%,用香樟等木纹交织的材种制作,弯椽斜率不限	不允许	裂缝深度不大于椽厚(直径)的1/4;轮裂不允许	不限	不大于18%	不大于面宽的1/10
斗栱类构件 各类斗栱	不允许	在构件任何一面任何150mm长度内,所有木节尺寸的总和不得大于所在面宽的1/4;死节不允许	不大于8%,用香樟等木纹交织的材种制作,斜率不限	不允许	不允许	不允许	不大于18%	不允许
斗栱类构件 大斗(座斗)	不允许	在构件任何一面任何150mm长度内,所有木节尺寸的总和不得大于所在面宽的1/2;死节不允许	不大于8%,用香樟等木纹交织的材种制作,斜率不限	不允许	不允许	不允许	不大于18%	不允许

中国古建筑构造技术

构件类别	木材缺陷							
	腐朽	木节	斜纹	虫蛀	裂缝	髓心	含水率	钝棱（花斑）
斗栱类构件 各类昂	不允许	在构件任何一面任何150mm长度内，所有木节尺寸的总和不得大于所在面宽的1/4；死节不允许，榫卯及其附近不允许	不大于8%，用香樟等木纹交织的材种制作，斜率不限	不允许	不允许	不允许	不大于18%	不允许
斗栱类构件 牌条、外拽枋、高连机、正心枋	不允许	在构件任何一面任何150mm长度内，所有木节尺寸的总和不得大于所在面宽的2/5；死节不允许，榫卯及其附近不允许	不大于8%	不允许	不允许	不允许	不大于18%	不大于面宽的1/10

注：此表摘自《古建筑修建工程施工与验收规范》（JGJ 159—2008）。

第二节　木构架的类型及其构件组成

一、宋《营造法式》时期的木构架类型及其构件组成

1. 宋《营造法式》时期的木构架类型

宋《营造法式》时期木构架的类型主要有三种，即殿堂（阁）型构架、厅堂（阁）型构架及柱梁作构架三种。

（1）殿堂（阁）型构架　为高级殿宇所用构架，其主要特点如下。

① 全部构架按水平方向分为柱网层、铺作层、屋架层，自下而上，逐层搭设而成。

② 柱网层由殿身檐柱和殿身内柱组成，殿身檐柱与殿身内柱同高，各柱头之间以阑额连接，柱脚之间以地栿连接。

③ 铺作层由搁置在柱头之上的层层斗栱铺作组成，铺作之间由柱头方、明乳栿等拉结，形成坚固的水平箍，起到保持构架整体稳定和均匀传递荷载的作用，斗栱的结构机能在这里得到充分发挥。

④ 屋架层由层层草栿、矮柱、蜀柱架立，各个槫缝与柱网层的柱缝可以对准，也允许错位。

⑤ 殿堂（阁）型构架的平面均为长方形，并定型为分心槽、单槽、双槽、金箱斗底槽，后三种平面中均可作副阶周匝。

⑥ 殿堂型构架只需叠加柱网层和铺作层，即可形成殿阁型构架。

宋殿堂（阁）型构架详见图 4-1。

（2）厅堂（阁）型构架　厅堂（阁）型构架与殿堂（阁）型构架的主要区别如下。

第四章　古建筑木构架构造

图 4-1　宋殿堂（阁）型构架

1—飞子；2—檐椽；3—橑檐方；4—斗；5—拱；6—华拱；7—下昂；8—栌斗；9—罗汉方；10—柱头方；11—遮椽板；12—栱眼壁；13—阑额；14—由额；
15—檐柱；16—内柱；17—柱櫍；18—柱础；19—牛脊槫；20—压槽方；21—平槫；22—脊槫；23—襻间；24—蜀柱；25—驼峰；26—平梁；27—平梁；28—四椽栿；
29—六椽栿；30—八椽栿；31—平棊方；32—托脚；33—乳栿（明栿月梁）；34—四椽明栿（月梁）；35—平棊方；36—平棊；37—殿阁照壁板；
38—障日版（牙头护缝造）；39—门额；40—四斜毬文格子门；41—地栿；42—副阶檐柱；43—副阶乳栿（明栿月梁）；
44—副阶乳栿（草栿）；45—峻脚椽；46—望板；47—须弥座；48—叉手

121

① 厅堂（阁）型构架为梁架分缝的做法，它由长短不同的梁柱组成一组梁架，两缝梁架用槫、襻间连接成间，每座房屋的开间数理论上不受限制，只要相应地增加梁架的缝数即可。

② 厅堂（阁）型构架内外柱不同高，内柱高于外柱。

③ 厅堂（阁）型构架没有规定定型的平面，各缝梁架只要椽长、椽数、步架相等，内柱的位置、数量和梁栿的长度可以不同，可以适应减柱、移柱等灵活的柱网布置。

④ 厅堂（阁）型构架中，斗栱分散于外檐和室内柱梁节点，斗栱的结构机能衰退。

⑤ 厅堂（阁）型做法与殿堂（阁）型相比，大大简化，但结构的整体性有一定提高，并逐渐演化为明清抬梁式构架。

宋厅堂（阁）型构架详见图4-2。

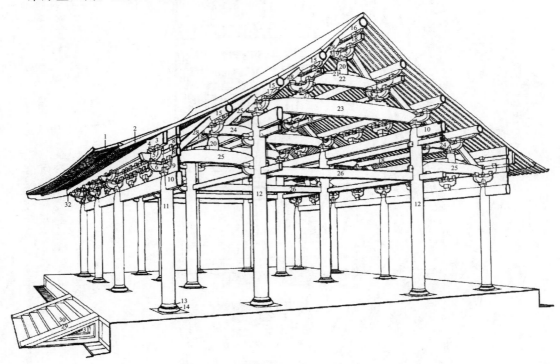

图4-2　宋厅堂（阁）型构架

1—飞子；2—檐椽；3—橑檐方；4—斗；5—栱；6—华栱；7—栌斗；8—柱头方；9—栱眼壁板；10—阑额；
11—檐柱；12—内柱；13—柱櫍；14—柱础；15—平槫；16—脊槫；17—替木；18—襻间；
19—丁华抹颏栱；20—蜀柱；21—合楷；22—平梁；23—四椽栿；24—剳牵；25—乳栿；
26—顺栿串；27—驼峰；28—叉手、托脚；29—副子；30—踏；31—象眼；32—生头木

（3）柱梁作构架　构架仅用梁柱搭交，通常不使用铺作，或只使用"单只斗替"一类的简易斗栱。常用于民居和官式建筑次要房屋。

2. 宋《营造法式》时期的大木构架的构件组成

（1）柱子

① 宋《营造法式》中提到的柱子类型有：副阶檐柱、殿身檐柱、殿身内柱等。副阶檐柱是位于建筑外廊（宋称为副阶）的柱子。当古建筑为重檐时，支撑上层屋檐的柱子称为殿身檐柱。殿身内柱是位于建筑室内的柱子。

② 宋《营造法式》时期柱子的构造特征。

a. 柱径尺寸。殿阁建筑 42～45 分，厅堂 36 分，余屋 21～30 分，蜀柱 22.5 分，除了副阶廊柱外，同一幢建筑中，落地柱子的用材（直径）相同。而副阶檐柱的用材要比殿身檐柱降低一等。

【例题 4-1】 某仿宋建筑，平面形制为双槽副阶周匝，已知殿身构架采用四等材，副阶用材低于殿身一等，试求殿身柱子和副阶檐柱的直径尺寸。

【解】 殿身柱子直径可取上限为 45 份，用材为四等材，故每一份尺寸为 0.48 寸；副阶柱子直径可取下限 42 份，用材低一等，即五等材，每一份尺寸为 0.44 寸。

殿身柱子直径为：0.48×45×31.2＝673.9(mm)，实际工程可取 670mm。

副阶檐柱直径为：0.44×42×31.2＝576.6(mm)，实际工程可取 580mm。

b. 柱子的生起与梭柱做法。

柱子的生起：外檐柱子自当心间的平柱向两侧角柱渐次增高的做法称为生起。生起的做法为，当心间柱高不动，依次次间、梢间、尽间，每间升高 2 寸。

梭柱是指将柱子沿高度范围分成三段，中段取直（或中下段取直），上下两段（或上段）通过做卷杀，使柱子的外形呈梭状的做法。

柱子生起与梭柱做法在明清已不见。生起的做法详见图 4-3，梭柱的做法详见图 4-4。

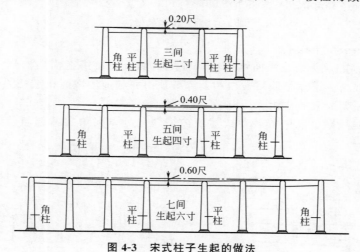

图 4-3　宋式柱子生起的做法

c. 侧脚。为使柱子有较好的稳定感，宋代建筑规定外檐柱向内倾斜柱高的 10‰，山面柱向内倾斜 8‰，而角檐柱则沿 45°线向内倾斜 13‰，这种做法称侧脚。该做法一直沿用至明清时期。

（2）梁栿　梁栿是木构架建筑中承受屋顶重量的主要水平构件，一般沿进深方向叠搭于柱上。宋代称为栿，明清称梁。

① 梁栿种类

a. 劄牵。在宋式建筑中，檐柱与内柱之间，长度为一椽平长，起联系作用的短梁称为劄牵。劄牵的梁尾如插入柱身，梁头搭在柱头铺作上称为出跳劄牵；如梁头搭在驼峰之上称为不出跳劄牵。

b. 乳栿。在宋式建筑中，置于前后檐柱与内柱之间长达两椽平长的梁称为乳栿，梁首置于铺作之上，梁尾一般插入内柱柱身，但也有两端都在铺作之上的情形。

c. 平梁。位于梁构架体系最上一层，长度为两椽平长，梁背正中立蜀柱。

d. 檐栿。除了劄牵、乳栿、平梁之外的横向梁栿，按照上部的椽架数，分为三椽栿、

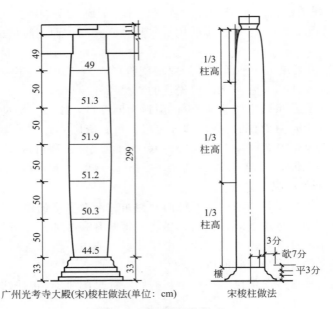

广州光孝寺大殿(宋)梭柱做法(单位：cm)　　　宋梭柱做法

图 4-4　宋式梭柱的做法

四椽栿、五椽栿……至十椽栿。

e. 丁栿。梁栿的一头搭在山面铺作或檐柱上，而另一端搭在横向檐栿上，与横向檐栿成"丁"字状，故名。丁栿是四阿殿顶和九脊殿顶山面与前后坡面相汇处的必需构件，在结构上起承托山面屋架荷载的作用。

f. 抹角栿。是庑殿、歇山等转角式建筑内檐转角处，在角梁下部与角梁正交，上承角

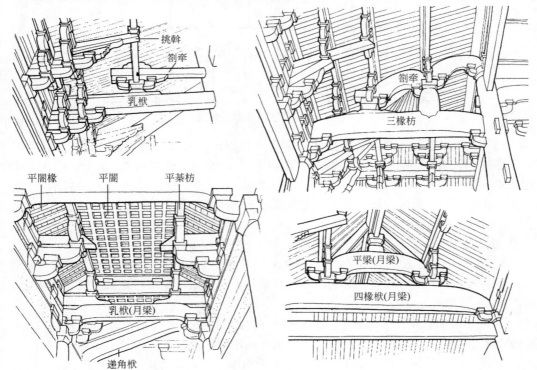

图 4-5　宋代梁栿类构件形式

梁后尾的 45°斜向梁。

g. 递角栿。亦称递角梁。房屋转角结构中，搭在转角檐柱（角柱）和转角金柱之上，水平置放的 45°斜梁。其作用是将里外角柱连接在一起，并将上部荷载向下传递。

宋代梁栿类构件形式详见图 4-5。

② 明栿与草栿。宋代梁架根据其是否外露分为明栿和草栿两种。

a. 草栿。安装于平棊、平闇、藻井之上，未经过艺术加工的、实际上负荷屋顶质量的大梁。

b. 明栿。露在平棊、平闇之下，由下面仰视可以看得见的梁栿。厅堂型构架中，常采用彻上明造，构架多为明栿。在殿堂型构架中，暴露在平棊、平闇天花之下的梁栿为明栿。明栿经过艺术加工后称为月梁，得名于梁背两端呈弧线，梁底略向上凹，形如新月。月梁只承担平棊或平闇的重量。宋代明栿（月梁）构造做法详见图 4-6。

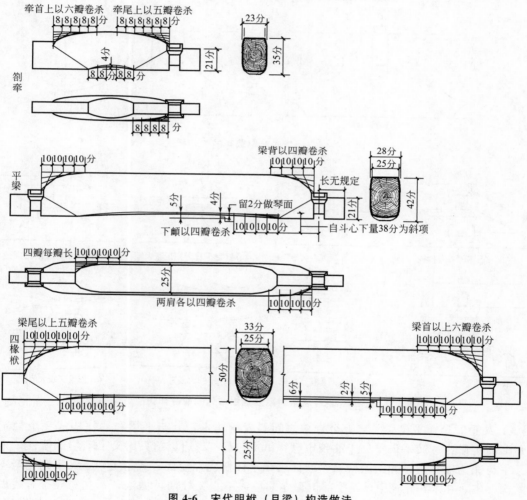

图 4-6　宋代明栿（月梁）构造做法

③ 梁上构件

a. 蜀柱（侏儒柱）。是在木结构梁栿之上承托上层构件的矮柱。最常见的是在平梁之上设置蜀柱承托脊槫，也有在檐栿之上设置蜀柱承托上层平梁的现象。

b. 襻间。与上部槫平行的枋材称为襻间，其两头一般插入蜀柱或驼峰之上。襻间起横向联系的作用，以加强建筑结构的整体性。

c. 驼峰。位于下层梁栿之上，上层梁头之下的受力构件。功能类似于于清代柁墩和瓜柱。驼峰常和斗栱或斗配合使用，也有与蜀柱配合的。斗或柱坐落在驼峰上，能适当地将节点荷载均匀分布于其下的梁栿上。在《营造法式》中载有的驼峰有四种，分别为毡笠驼峰、掐瓣驼峰、两瓣鹰嘴驼峰、三瓣鹰嘴驼峰。但在实际应用中，驼峰的样式并不限于这四种，《营造法式》中载有的驼峰样式详见图4-7，现存唐宋时期建筑中常见的驼峰样式详见图4-8。

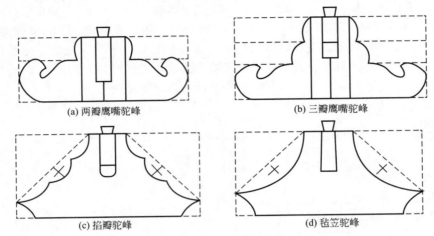

(a) 两瓣鹰嘴驼峰　　　　　　　　　　(b) 三瓣鹰嘴驼峰

(c) 掐瓣驼峰　　　　　　　　　　　　(d) 毡笠驼峰

图4-7　《营造法式》中载有的驼峰样式

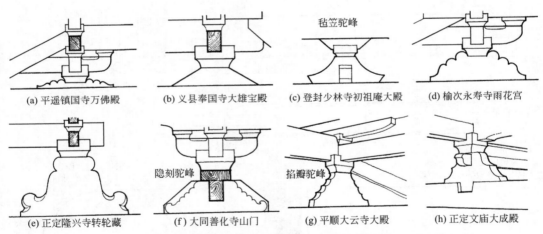

毡笠驼峰

(a) 平遥镇国寺万佛殿　(b) 义县奉国寺大雄宝殿　(c) 登封少林寺初祖庵大殿　(d) 榆次永寿寺雨花宫

隐刻驼峰　　　　掐瓣驼峰

(e) 正定隆兴寺转轮藏　(f) 大同善化寺山门　(g) 平顺大云寺大殿　(h) 正定文庙大成殿

图4-8　现存唐宋时期建筑中常见的驼峰样式

d. 叉手。是在平梁梁头之上至脊槫之间斜置的枋木，其与平梁和蜀柱构成一个稳定的三角形结构形式。叉手最早见于北魏宁懋（mào）石室。唐以前只用叉手不用侏儒柱，宋代则叉手与侏儒柱并用，元明两代叉手断面远小于侏儒柱，清代官式建筑中，叉手则完全不见于木构架中。在宋式建筑中，叉手部位有立蜀柱或不立蜀柱两种做法，不立蜀柱是唐代做法的延续，由于叉手要承担脊槫部位的全部荷载，所以木材断面较大。当采用立蜀柱的做法时，竖向荷载则主要由蜀柱传递给下部梁栿，叉手的主要功能则变为稳定蜀柱和分担部分荷载。

e. 托脚。是位于上、中、下平槫之间，由下层梁头向上斜托上一平槫的枋木。托脚为斜撑的一种，在构架中起着支持固定槫木和改善构件受力状况的作用。托脚的使用情况与叉手相似，多见于唐至元代建筑中，明清极少见。

蜀柱、叉手与托脚详见图4-9。

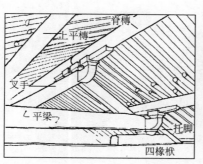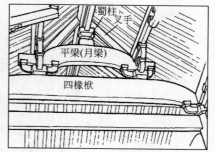

图 4-9　蜀柱、叉手与托脚

f. 合楷。是平梁等梁栿上部，蜀柱柱脚之下横设的楷头形木构件，用以稳固柱身并分散柱底对梁栿上表面产生的集中荷载。合楷出现于五代时期的蜀柱柱脚，宋代通行的合楷多为楷头形，朴实无华，缺少装饰。元明以后匠师常利用合楷两侧看面饰以雕刻，形成具有装饰意义的雕花合楷。合楷详见图 4-10。

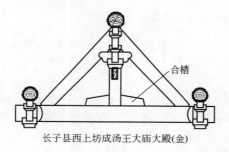

长子县西上坊成汤王大庙大殿(金)　　　高平崇明寺中佛殿(宋)

图 4-10　合楷

（3）角梁　又称阳马，庑殿与歇山建筑中，在屋顶转角处 45°线上所用的斜梁。

① 大角梁与子角梁❶。位于四阿顶或九脊殿翼角部位，前端架于檐檩方或檐栿之上，后端架于下平栿的角梁。子角梁是指安于大角梁前部背上，伸出大角梁外至飞檐头的较小的角梁。根据《营造法式·大木作制度二》造角梁之制规定：大角梁，"自下平栿至下架檐头"，子角梁长度"随飞檐头外至小连檐下，斜至柱心"。郭黛姮认为：子角梁尾"斜至柱心"，指到檐柱中心。

② 续角梁与隐角梁

a. 续角梁。在四阿顶建筑中随大角梁后尾至脊栿还需要将角梁延续下去，续角梁就是自下平栿至脊栿，每两栿之间的角梁。其作用是承托戗脊（清称垂脊）重量及相邻正侧两坡屋面的椽尾。

b. 隐角梁。为了使大角梁与续角梁背的折线交成一条优美的曲线轮廓，往往需要在子角梁尾与续角梁之间再加一根联系枋木，此即为隐角梁（根据《营造法式·大木作制度二》造角梁之制规定：隐角梁，"其长度随架之广，自下平栿至子角梁尾"）。在四阿顶建筑中，隐角梁可以与续角梁合做成一个构件，又称续子角梁。在九脊殿建筑中，由于大角梁多为平置构件，需要专设续角梁来联系子角梁与续角梁。宋式角梁的构造形式详见图 4-11。

（4）阑额　额，汉唐时称楣，木构房屋中用于柱列之上的联系构件，承托斗拱和面阔方向的梁架，以增强柱网的稳定性。隋唐之前，楣多压在柱顶之上，隋唐时期，楣开始应用于

---

❶ 子角梁在宋代称为"子角梁"，至清代称为"仔角梁"。

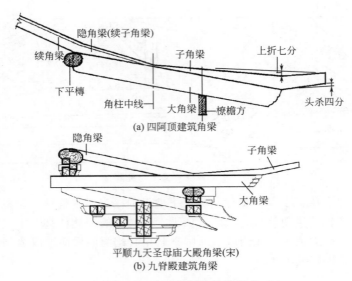

图 4-11　宋式角梁的构造形式

柱间并形成双层结构，宋代称上层为阑额，下层为由额。在额上平放的厚木板另称为普拍枋，而将隋以前楣压在柱头上的旧做法称为檐额。

① 阑额与由额

a. 阑额是位于柱头部位的纵向联系枋木。其上表皮与柱头平齐，通过做榫插于柱头卯眼。

b. 由额是位于阑额之下的又一联系枋木。在重檐建筑中由额主要出现在重檐建筑的殿身檐柱上，在副阶檐柱上通常只有阑额而无由额。

宋《营造法式》中阑额、由额构造做法示意详见图 4-12。

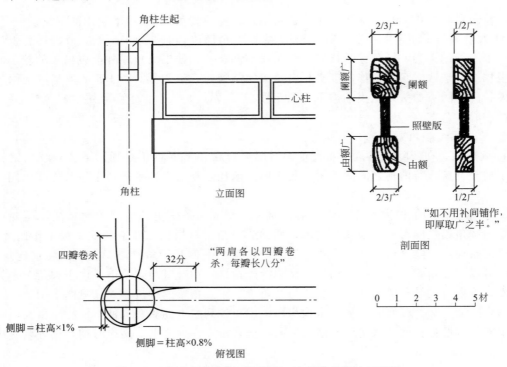

图 4-12　宋《营造法式》中阑额、由额构造做法示意图

② 檐额与内额

a. 檐额。一种特殊的阑额，是用于檐下柱间的大阑额，特征大致为：位于柱头之上，两头出柱，中间横贯整个柱间，其尺寸要大于阑额，其上可以直接承斗栱或梁架。

b. 内额，即安装于内柱柱头之间的阑额。

③ 普拍枋与绰幕枋

a. 普拍枋。普拍枋是柱头阑额之上平放的枋木，与阑额呈"T"字形断面，多用于有斗栱铺作的情形。普拍枋最早见于西安兴教寺玄奘塔上，最早木构实物见于山西省平顺大云院弥陀殿（公元 940 年），宋《营造法式》中仅规定平座之上施普拍枋；较早使用普拍枋的古建筑实物有还有应县木塔（辽）、晋祠圣母殿（北宋）等。普拍枋从宋代发展至清代的平板枋，其断面形式发生了很大变化，在宋代，普拍枋宽度大于阑额，与阑额形成 T 字形组合断面，到了清代，平板枋宽度小于额枋，呈凸字状。普拍枋发展变化详见图 4-13（b）。

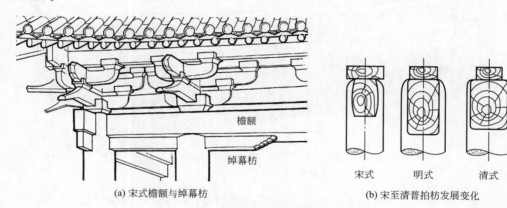

(a) 宋式檐额与绰幕枋
檐额
绰幕枋

(b) 宋至清普拍枋发展变化
宋式　明式　清式

图 4-13　宋式檐额与绰幕枋

b. 绰幕枋。位于檐额之下的枋木，从建筑的梢间或尽间伸向次间或当心间，伸出柱外的部分做成楷头或三瓣头。就其位置和大小而言，类似于清代的小额枋。但是"出柱"做成相对的楷头或三瓣头，又类似于清式的雀替。宋式檐额与绰幕枋详见图 4-13（a）。

④ 门额与窗额。门额与窗额是安装于阑额之下、柱子之间的枋木。在门上部称为门额，在窗户上部的称为窗额。

⑤ 地栿。用于柱脚之间的联系枋木，起着稳定构架、加强建筑整体性的作用。明清时期已不见。地栿广加材二分至三分，厚取广三分之二，至角出柱一材。

（5）槫、椽、替木

① 槫。在《营造法式》中提到有"栋、桁、榑、檩"等多种称呼，是木构架中承载椽子并联系横向梁架的纵向木构件，根据所处的位置分为脊槫、上平槫、中平槫、下平槫、牛背槫、檐槫、橑风槫等。槫子的截面均呈圆形，槫径规定为：殿阁，一材一栔或两材；厅堂，一材三分至一材一栔；余屋，一材一分或一材二分。橑风槫（橑檐方）是檐椽出挑位置处的支撑，北方常用圆形木料，称橑风槫，南方常做成梯形状木枋，称橑檐方。

② 椽。椽子是构成古建筑屋盖结构的重要构件，其两端搭置在两槫之上，上部再铺望板（望砖）等，形成屋面基层。宋《营造法式》中只有飞子而无其他椽子名称。

在宋《营造法式》中，椽子的长度对于确定梁栿长度和房屋的进深起着重要的作用。无论房屋大小，每架椽的水平长度都在规定的尺寸之内，具体为：厅堂型建筑椽平长（水平投影长）一般不大于 6 尺，殿阁型建筑椽平长为 6.5～7.5 尺。椽径具体规定为：九间至十一间殿，椽径 10 分；五间至七间殿，椽径 9～10 分；三至五间殿、七间厅堂，椽径 8～9 分；三间殿或五间厅堂，椽径 8 分；小三间殿或大三间厅堂，椽径 7～8 分；亭榭、小厅堂，椽径 7 分；小殿、小亭榭，椽径 6～7 分。

（6）其他构件

① 攀间。也称攀间枋，是附加在槫下斗栱之间起纵向联系的构件，高度与所连接栱件的高厚相同。每间设置一根，隔间上下交替设置，详见图 4-14。

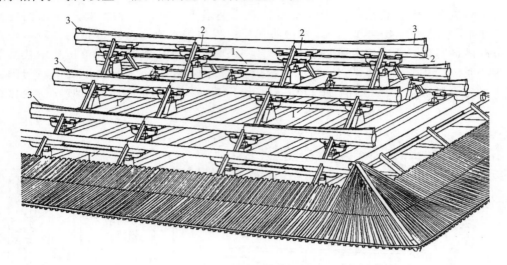

图 4-14　攀间、替木、生头木
1—攀间；2—替木；3—生头木

② 替木。替木是位于槫缝下、跳头上承托各槫的长条形构件，以增强构件连接处的强度，并起到缩短跨距的作用。替木有单斗上用替木、令栱上用替木、重栱上用替木等多种形式，详见图 4-15，其构造尺寸具体为：厚 10 分，高 12 分，用在单栱之上的长度为 96 分，用在令栱之上的长度为 104 分，用在重栱上的长度为 126 分。替木两端，下杀 4 分（为三瓣卷杀，每瓣长 4 分），上留 8 分。若在檩槫出际位置，长度与槫平齐，在外侧端部不再做卷杀。在斗栱上的替木，如果补间铺作距离接近时，替木可以相连制作。替木构造形式详见图 4-15。

③ 生头木。位于槫两端上皮的一根三角形木构件，长随次间或梢间斜杀向里，使屋顶两头微微翘起，形成中部低，两端高的圆和曲线。这种做法始于南北朝后期，盛行于唐宋，至明清仅保留在翼角部位，详见图 4-14。

二、明、清时期的木构架类型及其构件组成

1. 明、清时期的木构架类型

明清时期木构架类型主要有抬梁式木构架、穿斗式木构架、干阑式木构架和井干式构架。

（1）抬梁式木构架　又称叠梁式木构架，即在屋基之上立柱，沿房屋进深方向在柱顶架梁，梁上安置短柱，柱上再置短梁，按步架逐层缩短，直至屋脊，然后在梁头架檩，檩上布椽，面阔方向以枋连接。在明清木构架中，抬梁式木构架应用最为广泛，多用于官式建筑和北方民间建筑。

（2）穿斗式木构架　又称立贴式，是先用穿枋把柱子串联起来，形成一榀榀的房架，檩

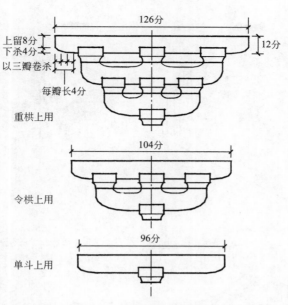

图 4-15　替木构造形式

条直接搁置在柱子上，沿檩的方向，再用斗枋把房架与柱子串联起来，由此形成一个整体框架。这种构架形式多用于江西、湖南、四川等南方地区，而且常常与抬梁式混合使用，如抬梁式用于中跨，穿斗式用于山面，发挥各自的优势。

（3）干阑式木构架　又称为"悬虚构屋"。先在地面上打木桩，桩间架梁枋形成稳定的柱网底架，上铺木地板，构成房屋木构基架，再在其上架立房屋木构架，上部房屋构架可以是抬梁式也可以是穿斗式。干阑式木构架多用于我国西南少数民族地区的民居。

（4）井干式构架　采用原木横置，层层叠压形成井壁状木构墙壁和三角形山墙，在山墙之上直接架檩布椽。井干式构架多用于东北和西南多木地区的民居。

明清建筑木构架详见图 4-16。

2. 抬梁式木构架的构件组成

抬梁式木构架由柱类、梁类、枋类、檩椽类等构件组成。

（1）柱类构件　柱子是承托整个建筑物屋顶及上部梁架的竖向承重构件，按照其是否落地可以分为落地柱和不落地柱，还有一些专设柱子，在建筑中起着不同的作用，现分述如下。

① 落地柱。常见的有檐柱、金柱（外围金柱、里围金柱）、中柱、山柱、角柱等名称。檐柱为古建筑最外围檐檩之下安装的柱子；在檐柱以内的称为金柱，若金柱有两排，距离檐柱较近的称为外围金柱，距离檐柱较远的称为里围金柱，在小式建筑中，也将檐柱以内的单排金柱叫老檐出。在建筑进深方向上，正脊所对的位置出现的柱子称为中柱，也称脊柱；在山墙内的柱子称为山柱；在周围廊建筑平面中位于角部的柱子称为角柱。落地柱在平面中的位置详见图 4-17。

② 不落地柱。常见的不落地柱有童柱、瓜柱、柁墩、雷公柱、垂莲柱。童柱多出现在重檐建筑中，若重檐建筑上檐柱不落地，落在下层梁架上则称为童柱；瓜柱与柁墩均为立在梁架上的短柱，若构件高度小于其横向长度称为柁墩，反之为瓜柱。不同位置的瓜柱名称不同，分别又有金瓜柱、脊瓜柱、交金瓜柱等。雷公柱多出现在庑殿建筑与攒尖建筑中，在庑殿建筑中，雷公柱出现在正脊端部正吻之下的太平梁上。在攒尖建筑中，雷公柱出现在斗尖之下，有悬垂和落脚于太平梁上两种形式。垂莲柱多用于垂花门上，因为檐柱不落地悬垂于半空，悬垂的端部多做成莲蕾装饰而得名。

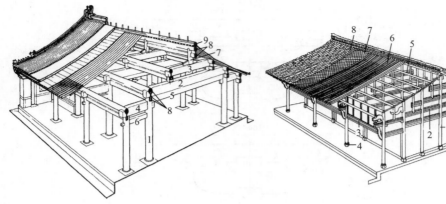

(a) 抬梁式木构架	(b) 穿斗式木构架
1—柱子；2—五架梁；3—三架梁；4—抱头梁；5—随梁枋； 6—穿插枋；7—脊瓜柱；8—檩三件；9—扶脊木	1—柱子；2—穿枋；3—斗枋；4—柱础；5—檩条； 6—椽子；7—竹篾基层；8—屋面瓦

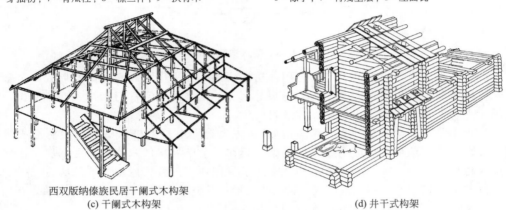

西双版纳傣族民居干阑式木构架

(c) 干阑式木构架　　　　　　　　　(d) 井干式构架

图 4-16　明清建筑木构架示意图

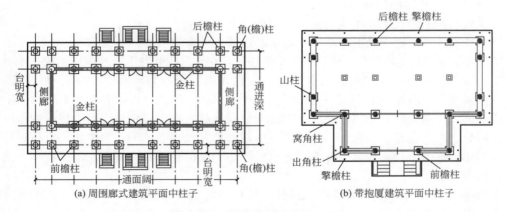

(a) 周围廊式建筑平面中柱子　　　　　　(b) 带抱厦建筑平面中柱子

图 4-17　落地柱在平面中的位置

③ 特殊柱子。在楼阁建筑中用一根中柱贯通上下两层或多层的通柱称为永定柱；当建筑物出檐较大，立置于檐柱前面，用于承托檐头荷载的辅助性柱子称为擎檐柱（擎檐柱无抢头梁、穿插枋，但柱顶常托有一根枋木，枋木上承托檐椽）；在古建筑维修中，由于翼角出檐较大，为支撑翼角而在老角梁下加设的柱子称为戗柱；在木牌坊、独立木门的木柱两侧加

设的斜撑称为斜撑柱。

（2）梁类构件

① 按照所承檩桁或步架数目可以分为步梁与架梁两个类别。步梁有单步梁、双步梁、三步梁，其梁中至中长度分别为一步架、二步架、三步架。架梁有三架梁、四架梁……直至七架梁。所谓架数即梁上部所承的檩条的数量，如五架梁，就是指梁上承托有 5 根檩木。在清官式做法中，步梁最多为三步，架梁最多为七架。

② 按照在建筑中的位置划分有桃尖梁（抱头梁）、顺梁、抹角梁、趴梁（顺趴梁，长、短趴梁）、角梁（老角梁、仔角梁）、由戗、递角梁、承重梁、天花梁等。

在檐柱与老檐柱或金柱之间的短梁称为抱头梁（在带斗栱的大式建筑中称为桃尖梁）；在建筑梢间柱间安置的与建筑面阔方向一致的梁称为顺梁；两端安置在梁或檩桁之上，而不落在柱头之上的梁称为趴梁，在攒尖建筑木构架中，趴梁一般分为两层，做正交叠放，下面安置在檐檩之上的为长趴梁，其上的为短趴梁；在建筑转角部位，与面阔成 45°夹角方向上安置的梁称为抹角梁；在建筑转角部位，位于角檐柱与金柱之间，沿 45°方向斜置的梁称为递角梁；在建筑转角处沿 45°斜置伸出柱外的梁称为角梁，在两层角梁的下层为老角梁，上层为仔角梁；在仔角梁后，沿垂脊（戗脊）方向向上安放的斜梁称为由戗；在楼阁建筑中，承托上层楼板的进深梁称为承重梁；用以承托井口天花的梁称为天花梁。

（3）枋类构件　枋为安置在檐柱金柱、瓜柱等柱头或柱身之间，以及斗栱与斗栱之间，起水平拉结作用的矩形断面木构件。按枋所处的位置，在檐柱与檐柱之间连接的枋称为檐枋；较大的建筑有两层檐枋，上层断面较大称为大额枋，下层面积较小称为小额枋；在大额枋之上用来承托斗栱的枋称为平板枋；在各类檩桁之下平行安置于瓜柱之间的枋木称为脊枋、上金枋、中金枋……沿建筑进深方向，在大型五架梁或七架梁之下安放的枋木称为随梁枋；在斗栱组件中，随梁枋一般紧贴着五（七）架梁，若柱子过高时，为了加强柱子的稳定性，将随梁枋下移一定的距离，则称为跨空枋，在跨空枋和五（七）架梁之间常安置隔架科斗栱，楼房建筑中，楼板下部用于柱间面阔方向的联系枋木称为间枋联系两组斗栱还有正心枋、内外拽枋、挑檐枋等；在天花藻井装饰中还有井口枋、天花枋；在重檐建筑尚有承椽枋、围脊枋等。

（4）檩椽类构件　檩为安置在梁架间支撑椽子及屋面板的圆木构件，在小式建筑中称为檩，在带斗栱的大式建筑中称为桁，按其所在位置分为脊檩（桁）、金檩（桁）、檐檩（正心桁）、挑檐檩（桁）。椽子为安置在檩上与之正交密排的木构件，承托望板及其以上的屋面重量。椽子依据位置自上而下依次为脑椽、花架椽、檐椽、飞椽。

清式梁架分件图详见图 4-18。

三、江南木构架的类型及构件组成

1. 江南木构架类型及建筑类型划分

（1）江南木构架类型　江南木构架类型主要有抬梁式和穿斗式两种。

① 所谓抬梁式结构是指长度在两界以上的梁，在其两端各设一柱，顶在梁底面，使得建筑内部柱的数量减少，空间增大。

② 穿斗式构架是指每一界设一落地柱，沿进深方向，柱与柱之间用穿、水平枋、夹底等水平构件穿固，使之形成一个整体。穿斗式结构广泛应用于山区，在平原地区多用于硬山边贴部位。

（2）建筑类型　按照《营造法原》所述，江南建筑类型主要有三类，即殿庭类、厅堂类、普通房舍。

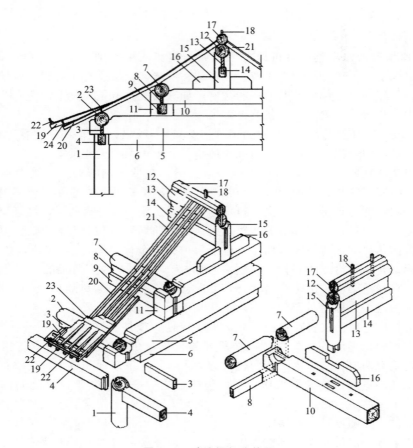

图 4-18 清式梁架分件图

1—檐柱；2—檐檩；3—檐垫板；4—檐枋；5—五架梁；6—随梁枋；7—金檩；
8—金垫板；9—金枋；10—三架梁；11—柁墩；12—脊檩；13—脊垫板；14—脊枋；
15—脊瓜柱；16—角背；17—扶脊木（用六角形或八角形）；18—脊桩；19—飞椽；
20—檐椽；21—脑椽；22—瓦口与连檐；23—望板与里口木；24—小连檐与闸挡板

① 殿庭类建筑，一般为寺庙建筑和皇家建筑群中规模、体量最大，位置最重要的建筑。该类建筑通常设有斗栱，大多为歇山屋顶。

② 厅堂类建筑，广泛使用于江南民居、园林中的主要建筑。按照其梁类构件做法的不同可以分为"厅"和"堂"两种，厅的梁断面为方形，堂的梁断面为圆形。厅堂类建筑屋顶多为歇山或硬山，室内多使用轩架。

③ 普通房舍，除了殿庭类、厅堂类以外的建筑。

江南木构架特征，是以四界大梁为主体，房屋六界进深，则前后各加一步廊川，房屋七界进深，前部加廊川，后部加双步梁，房屋八界进深，前后各加双步梁。若界深继续增加，则改以六界大梁。

2. 江南木构架木构件组成

（1）几个重要名词

① 贴式屋架。江南古建筑中，对一列包括柱、梁、枋等组成的一组木结构排架称为一贴。根据所处的位置不同分为正贴、次贴、边贴。设在中间位置则称为正贴，设置在正贴两侧的称之为次贴，设置在建筑左右两端的则称之为边贴。

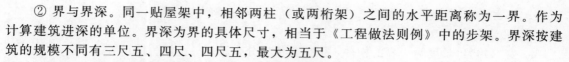

② 界与界深。同一贴屋架中，相邻两柱（或两桁架）之间的水平距离称为一界。作为计算建筑进深的单位。界深为界的具体尺寸，相当于《工程做法则例》中的步架。界深按建筑的规模不同有三尺五、四尺、四尺五，最大为五尺。

《营造法原》采用鲁班尺作为营造尺，1鲁班尺＝27.50cm。

③ 轩。是江南建筑中，在屋面下增设一道弯弧形顶棚，以增加室内高爽典雅之气氛的一种顶棚装饰。轩从位置上分有前轩、后轩、满轩、廊轩；从顶棚形式上分有茶壶档轩、弓形轩、船篷轩、菱角轩、鹤颈轩、一枝香轩等；从高度上分有抬头轩、磕头轩等。

轩的形式详见图4-19。

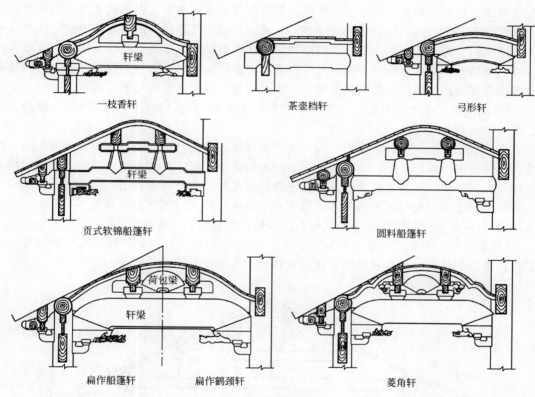

图4-19 轩的形式

（2）江南木构架主要构件名称

① 柱类构件。柱子沿进深方向从前往后排列，其位置名称分别为廊柱、步柱、金柱、脊柱、后金柱、后步柱、后廊柱。前后檐第一排柱称为廊柱，廊柱往内一至二界位置为步柱，有轩步柱、前步柱、后步柱之分。通常步柱顶端搁置四界大梁。

a. 金柱，通常在正贴屋架中不设置落地金柱，只有当内四界不设大梁而采用攒金梁时才在正贴使用金柱，相当于北方的钻金柱，当硬山做法边贴屋架用五柱落地构造形式时，设有前后金柱。

b. 脊柱，位于房屋屋脊位置，使用情况有三种：一是硬山建筑边贴，边贴木构架由于脊柱的使用，能增强山墙的稳定性；二是房屋沿进深1/2处设置墙体和大门，因为落地脊柱的存在，便于将军门的安装；三是房屋需按功能区分为左、中、右三部分，并以墙的形式进行分隔的建筑，如划分为中部的堂屋和两侧的居室、厨房的格局。

c. 童柱，为不落地的矮柱的统称，童柱的名称随其所处的位置而命名，有脊童柱、金童柱、川童柱等。

② 梁类构件

a. 穿（川）：长度为一界的构件，依据其位置分为廊川、金川、眉川等。

b. 梁分为大梁（界梁）、步梁等。大梁，又称柁梁，一般指长度在四界以上的梁，主要有四界梁、五界梁、六界梁；攒金梁，长度为三界，在建筑不设大梁（四界梁）的情况下，在建筑中间位置设置的梁类构件；步梁，主要指三步梁（也称三界梁）、双步梁；山界梁，位于山脊中部，长度为两界的梁。

③ 枋类构件。主要包括以下构件：廊枋，位于廊柱顶部的矩形断面构件；步枋，位于步柱顶部的矩形断面构件；随梁枋，大梁、步梁下部设置的枋子，在江南建筑中，随梁枋与梁之间常留有一定距离，枋背常安装斗栱，斗栱面与梁底面相接，使梁与斗栱枋既能连成一体，又能共同发挥作用；夹底，位于边贴构架，在梁类构件下部设置的枋类构件，以增强边贴屋架的整体性；水平枋，是与廊界平齐，设置在边贴屋架之下的枋类构件。水平枋的设置目的是使得围绕建筑周围的枋类构件形成一道水平箍，以加强木构架的整体性。

④ 桁类构件。主要有脊桁、金桁（上、中、下金桁）、步桁（上、下步桁）、廊桁、梓桁、轩桁等构件。

脊桁、金桁（上、中、下金桁）与清北方官式做法中的脊檩，上、中、下金檩相同。位于步柱上部的檩桁称为步桁，位于廊柱之上的檩桁称为廊桁，位于挑檐枋之上，承托檐椽出挑的檩桁称为梓桁。在各类轩顶中，承托上部轩顶构件的檩桁称为轩桁。

在江南做法中，桁与桁下部的连机构成一个整体，形成桁两件的组合。

⑤ 椽类构件。按照位置分为头停椽、花架椽、出檐椽、飞椽等。

⑥ 轩类构件。主要有轩梁（四界、三界、一界）、荷包梁、月梁，轩童柱，轩椽等，对这些构件要求制作精良，用材精细。江南木构架主要构件名称详见图4-20。

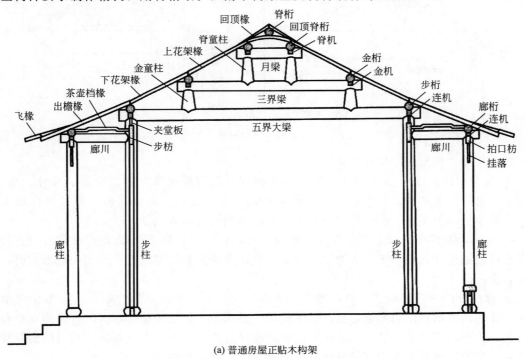

(a) 普通房屋正贴木构架

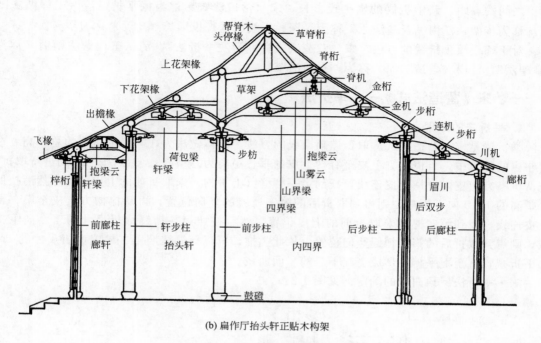

(b) 扁作厅抬头轩正贴木构架

图 4-20　江南木构架主要构件名称

第三节　木构架——屋顶曲线的形成

　　我国传统建筑屋顶曲线包含檐口曲线、屋面曲线和屋脊曲线。

　　檐口曲线，是由于檐柱逐间向两边升起的结果。为了使角部升得更高，除了使用由昂和仔角梁外，还在檐檩端部垫以生头木，形成往上翘的形状，古称翘角。在汉代石建筑及明器中，未见建筑檐口有呈曲线的，屋角也没有起翘，北魏时期宁懋石室（公元 529 年）和北齐义慈惠石柱（公元 567~570 年）上的小屋檐口虽然平齐，但屋角已有起翘的表示。唐代佛光寺大殿有很明显的檐口曲线，宋代建筑檐口曲线与唐代类似，在宋《营造法式》中更有详细阐述。元代屋顶檐口又逐渐恢复平直，仅在翼角部位才有起翘，这种形态一直持续到明清。

　　屋面曲线，包括纵向曲线和横向曲线。战国《周礼·冬官考工记》载："上尊而宇卑，则吐水疾而溜远"。汉代班固《西都赋》："上反宇以盖戴，激日景而纳光"，表明我国建筑的屋面很早就已经呈曲线了。从唐代南禅寺大殿来看，唐代屋架举高较低，可知早期建筑的屋面曲线一般较为平缓，宋以后举架渐增，则屋面横向曲线也更陡。此外在唐宋时期，由于在建筑梢间的槫上安置了生头木，所以屋面依檩槫的纵向轴线向两端翘起，它与屋面横向曲线相配合，使屋面略呈一双曲面。这种纵向弯曲起翘的做法在明清已不见。

　　屋脊曲线，即在古建筑屋脊部位，呈现出中间低、两边高的曲线状态。此现象在汉代建筑及墓葬明器中已有发现。在唐宋及元代建筑中，由于脊槫端部置生头木，故正脊起翘更为生动。明清时期则又恢复了平直状态。

　　古建筑的屋顶曲线（此处指的是横向曲线）是由若干根折线组成，每根折线长就是屋顶两槫之间的斜距。其中折线的水平投影长，宋《营造法式》称为椽平长，清《工程做法则例》称为步架，江南《营造法原》称为界深；折线的垂直投影长（高度）称为举高。

对于确定屋顶折线的方法，宋《营造法式》称为"举折法"，清《工程做法则例》称为"举架法"，江南《营造法原》称为"提栈法"。

一、宋《营造法式》——举折法

1. 举折法的原理

举折法是宋《营造法式》取得屋顶曲线的方法，具体做法为，先确定房屋的总举高（在有斗栱的建筑中，自橑檐方上皮至脊槫上皮的垂直距离为总举高）。然后按照规则进行取折，先从橑檐方上皮向脊槫上皮连线，找到第一槫缝（上平槫）未取折前的上皮位置，然后按照总举高的1/10向下折减，则得到取折后的第一槫缝的竖向位置，再从橑檐方上皮至第一槫上皮连线，找到第二槫缝未取折前的上皮位置，然后按照第一槫缝取折尺寸的1/2向下折减，则得到取折后的第二槫缝竖向位置，依此类推，第三槫缝按照第二槫缝取折尺寸的1/2向下折减，直至下平槫，形成上陡下缓的屋面曲线。

宋·举折法屋顶曲线的确定详见图4-21。

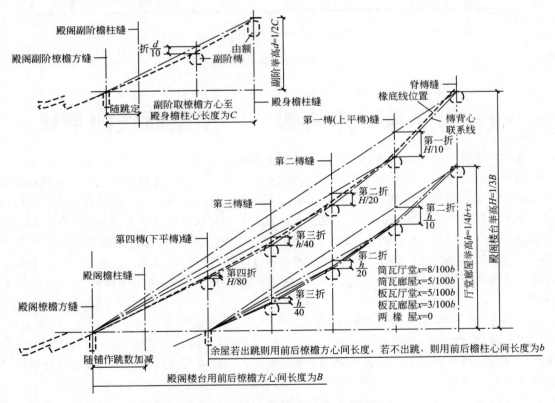

图4-21 宋·举折法屋顶曲线的确定

2. 房屋总举高的确定

房屋总举高指的是从橑檐方上皮至脊槫上皮之间的垂直距离。依建筑类型不同，总举高的计算方法也不相同。

（1）殿阁型构架

138

$$H = 1/3B = 33.3\%B$$

（2）筒瓦厅堂

$$h = 1/4b(1+8\%) = 27\%b$$

（3）筒瓦廊屋及板瓦厅堂

$$h = 1/4b(1+5\%) = 26.25\%b$$

（4）板瓦廊屋

$$h = 1/4b(1+3\%) = 25.75\%b$$

（5）副阶或缠腰

$$d = 1/2C = 50\%C$$

式中　B——殿阁楼台建筑有斗栱并出跳，前后橑檐方之间的水平距离；

　　　b——厅堂型与余屋建筑有斗栱并出跳，前后橑檐方之间的水平距离，或柱梁作（不出跳），前后檐柱中心线之间的水平距离；

　　　C——副阶橑檐方与殿身檐柱中心线之间的距离。

从上述各式可以看出，建筑的等级越高，屋面总举高所占房屋进深的比例越大，屋面也越陡。

3. 房屋取折之法

即折屋之法，是指屋顶在每缝平槫位置所发生的转折。《营造法式·大木作制作二》中规定："以举高尺丈每尺折1寸，每架自上递减之半为法，如架道不均，即约度远近随宜加减。"这句话是说，房屋取折可分为以下两种情况。

（1）步架均匀的情况　除了檐椽平长外，其余各步椽平长相同，从橑檐方上皮向脊槫上皮取直线，在上平槫位置，下折1/10举高，再从橑檐方上皮向上平槫上皮取直线，在中平槫位置，下折1/20举高，依次为1/40、1/80直至檐部。

（2）架道不均的情况　若檐椽平长及其余各步椽平长均不相同，可根据具体情况作变通使用，但应采用"保证上部坡度陡峻，下部坡度平缓"的原则。

二、清《工程做法则例》——举架法

在清代木构架中，将两檩（桁）之间的水平距离称为"步架"，两檩（桁）之间的垂直距离称为"举高"，举高与步架之间的比值称为举。

1. 步架的确定

清制步架，依不同的位置有不同的名称，自檐步始，依次为金步、脊步。房屋进深较大时，金步架又可细分为下金步、中金步和上金步。清式建筑中一般廊步架最大，其余各步架多是相等的。大式带斗栱建筑，一步架的距离多为22斗口（相当于2攒斗栱），不带斗栱的大式建筑，廊步按照檐柱高的0.4倍定深，其余各部架按照廊步架的0.8倍计算；小式建筑，廊步为5倍的檐柱径，其余各步按照廊步的0.8倍计算；卷棚建筑，顶步架取2～3倍的檩径，金、脊步取4倍的檩径（不带斗栱的建筑，应遵循廊步架≥其余步架的规律，步架间距宜以0.1尺为最小度量尺寸。）

2. 举架法

举架是通过檩桁的举高与步架的比例关系来处理屋面曲线的计算方法，一般五举即举高是步架的5/10，七举即举高是步架的7/10，九举即举高是步架的9/10，中间可以插入六五举、七五举、八举等。举架的多少依建筑的规模、等级和檩桁的多少而定。清《工程做法则例》中有关举架具体规定详见表4-3。

表 4-3　清式举架规则

建筑规模等级	举架多少/次数	举架规则	注释
五檩小式	2	檐步五举、脊步七举	在很多地方做法中，举架取值较低，如在山西民居中檐步架多为三五举～四举，金步六举、脊步鲜有超过七举的。设计中应根据地域特点灵活应用
七檩小式	3	檐步五举、金步六五举、脊步八举	
七檩大式	3	檐步五举、金步七举、脊步九举	
九檩大式	4	檐步五举、下金步六五举、上金步七五举、脊步九举	
十一檩大式	5	檐步五举、下金步六举、中金步六五举、上金步七五举、脊步九举	

以举架法来确定屋面曲线，首先根据建筑的规模等级规定举架的多少，然后从檐檩（正心桁）向上推算，分别算出每一步架的举高，进而算出建筑屋顶的总举高。清·举架法屋顶曲线的确定详见图 4-22。

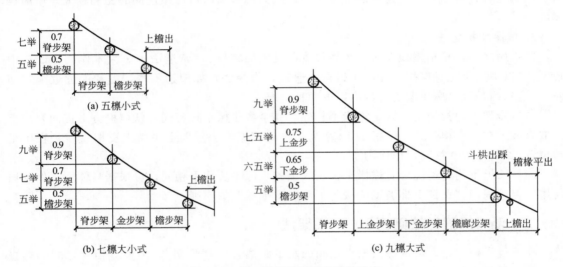

图 4-22　清·举架法屋顶曲线的确定

三、江南《营造法原》——提栈法

1. 提栈法的原理

提栈法是江南建筑形成屋顶曲线的法则，从廊桁至脊桁，以界深为基础，以算值为标准，逐次向上抬高的做法。

2. 提栈公式

提栈＝界深×算值

（1）起算　按照界深的 1/10 取值，界深三尺五寸，则起算值为 0.35，称为 3.5 算，界深四尺，则起算值为 0.4，称为 4 算，界深五尺以上，一律按 5 算计算。

（2）提栈口诀　六界民房用两个，厅房圆堂用前轩。七界提栈用三个，殿宇八界用四个。依照界深即是算，厅堂殿宇递加深。

（3）六界民房用两个　六界民房是指有前廊、内四界、后廊的结构，从步柱桁到脊桁按照级差为 1 算确定算数，使用提栈 2 个，如 3.5 起算，脊桁用 4.5 算，中间可加入 4 算。如

4算起，脊桁用5算，中间可加入4.5算。

（4）七界提栈用三个 七界民房是指有前廊、内四界、后双步廊的结构，前半坡用提栈三个，如从4算起，则金桁为5算，脊桁为6算。如从4.5算起，则金桁为5.5算，脊桁为6.5算。

3. 提栈法确定屋顶曲线的方法

江南提栈法与清《工程做法则例》确定屋面曲线的方法相似，均自廊桁推算至脊桁，最后才能确定屋顶的总高度。不同之处有以下几点：

一是起算不同，提栈法起算以界深为标准，按照界深的1/10计算（特例是当界深超过五尺的仍按照五尺起算）；

二是算值普遍要低于《工程做法则例》中的举高，北方官式建筑中第一个举架值为五举，其后依次有六、六五、七、七五直至九举。而提栈法以三算半为起算之初值，其后依次为四、四算半、五、五算半、六、六算半、七算，除了亭榭类建筑外鲜有建筑脊部超过七算。

江南·提栈法屋顶曲线的确定详见图4-23。

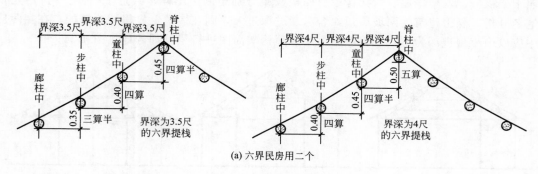

(a) 六界民房用二个

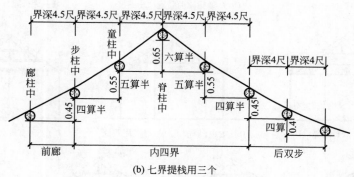

(b) 七界提栈用三个

图4-23 江南·提栈法屋顶曲线的确定

🌀 第四节　硬山、悬山木构架

硬山建筑的特征是：屋面仅有前后两坡，左右两侧山墙与屋面边缘相交，并将山部一缝檩木梁架外侧全部封砌在山墙内，山面裸露向上，显得质朴刚硬，故名硬山。悬山建筑结构与硬山基本相同，只是山面檩木向外伸出山墙或山面梁架以外一段距离，这样，屋面就有一部分悬挑于山墙或山面梁架之外，故称"悬山"或"挑山"，其挑出部分称为"出梢"。

硬山、悬山建筑广泛应用于民居建筑中的正房、厢房、大门、倒座房等；宫殿建筑中的附属用房；寺庙建筑中的正殿、配殿、附属用房等。悬山建筑出现早于硬山，等级也高于硬山。

硬山和悬山建筑是古建筑中最普通的形式，其构架组合形式是古建筑中最基本的构架组合形式，其他如庑殿、歇山等，它们的正身部分构架组成与硬山构架基本相同。

一、硬山、悬山建筑构架简图

硬山与悬山建筑结构基本相同，对其构架的构件组成，唐宋制式（简称宋制）、明清制式（清制）和江南《营造法原》制式略有不同，现分述如下。

1. 宋制木构架结构简图

《营造法式》中所列构架类型主要有殿堂型、厅堂型和柱梁作三种。殿堂型木构架主要应用于四阿顶和九脊殿（歇山），厅堂型构架主要应用于厦两头（歇山）与悬山建筑。对于厅堂型构架，根据房屋的进深大小，内柱多少而产生了许多变化。《营造法式》卷三十一中按照十架椽屋、八架椽屋、六架椽屋及四架椽屋分别绘制了图样，共达19种之多。但是根据笔者分析，悬山建筑为两坡屋顶，若房屋进深过大，则在造型上显得屋顶笨拙，在实际应用中应以中小型进深为主，现将四～八架椽屋构架简图进行了整理，详见图4-24。

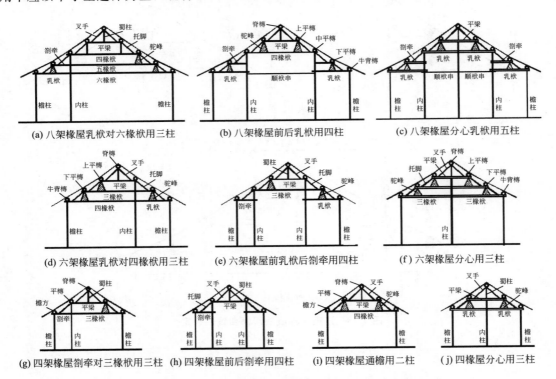

图 4-24　《营造法式》中厅堂型构架简图（四～八架椽屋）

绘制宋制木构架简图应注意以下三点：

① 宋制木构架中无卷棚构架形式；

② 房屋沿进深方向，槫椽以脊槫为中心前后对称，梁架和柱子却不一定对称，柱子数量的多少根据室内空间的需要进行调度；

③ 构架简图中应注意宋制时期在梁架上采用驼峰及攀间铺作承载上层梁架的现象，另外叉手与托脚也是宋式构架中的典型特征。

2. 清制木构架结构简图

清制硬山与悬山建筑排架基本相同，根据屋顶是否起脊，又细分为尖山式、圆山式（卷棚）两种。

（1）尖山式硬山、悬山构架 尖山式构架常见的形式有五檩无廊式、五檩前出廊式、五檩中柱式、六檩前出廊式、七檩前后廊式、七檩中柱式、九檩前后廊式、九檩前后双步梁式等，详见图 4-25。

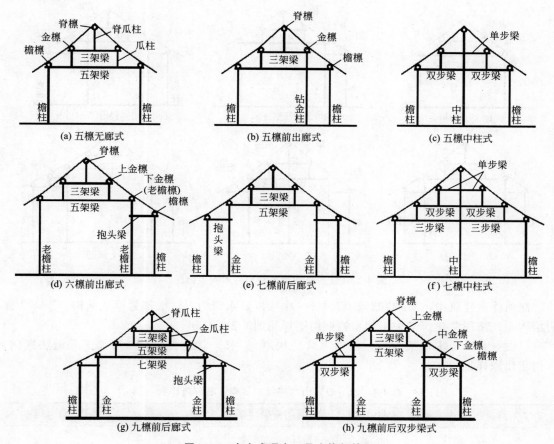

图 4-25 尖山式硬山、悬山构架简图

（2）圆山式（卷棚）硬山、悬山构架 圆山式构架常见的形式有四檩卷棚式、六檩卷棚式、八檩前后廊卷式棚，详见图 4-26。

图 4-26 圆山式（卷棚）硬山、悬山构架简图

3. 江南带廊轩的硬、悬山建筑构架简图

江南地区的房屋根据规模大小、使用性质的不同，可以分为平房、厅堂、殿庭三种。平房与厅堂多采用悬山与硬山，殿庭多采用歇山与四合舍式（庑殿）。平房结构简单，规模较小，为普通居住之所。厅堂结构较繁，颇具装饰，多带有廊轩和内轩，为富裕之家居住应酬之所或为私人宗祠祭祀之所。

江南普通房屋中，进深梁长一般不超过四界，当房屋进深再增加时则在四界梁的基础上增加廊川和双步梁。江南普通房屋常用的木构架简图详见图4-27。

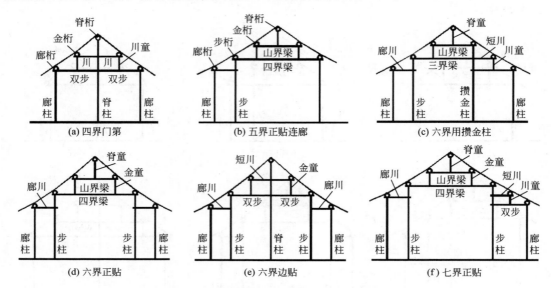

图 4-27　江南普通房屋常用的木构架简图

江南厅堂建筑中，多带有廊轩和内轩。构架以复水椽为界，上部为草架结构，下部为露明结构。江南厅堂建筑常采用的木构架简图详见图4-28。

以硬（悬）山木构架为例，江南《营造法原》、宋《营造法式》与清《工程做法则例》木构架比较详见表4-4。

表 4-4　硬（悬）山木构架主要构件名称对比表

构件类别	宋《营造法式》木构件	清《工程做法则例》木构件	江南《营造法原》木构件
柱类	檐柱	檐柱	廊柱
	内柱	金柱（外围金柱、里围金柱）	步柱、金柱（攒金柱）
	蜀柱	瓜柱、柁墩	童柱
梁类	平梁、三椽栿～十椽栿	架梁（三架～七架梁）	月梁、三界～五界梁
	劄牵、乳栿	抱头梁（桃尖梁）、步梁	廊川、双步、三步
檩桁	脊槫、平槫、牛背槫、橑风槫	脊檩、金檩、檐檩、脊桁、金桁、正心桁、挑檐桁	脊桁、金桁、步桁、廊桁、梓桁
椽子	檐椽、飞子	脑椽、花架椽、檐椽、飞椽	头停椽、花架椽、出檐椽、飞椽、复水椽
枋木	阑额、檐额、由额、地栿	额枋、大额枋、小额枋	廊枋、步枋
	攀间、顺栿串	脊枋、金枋、檐枋	脊机、金机、连机

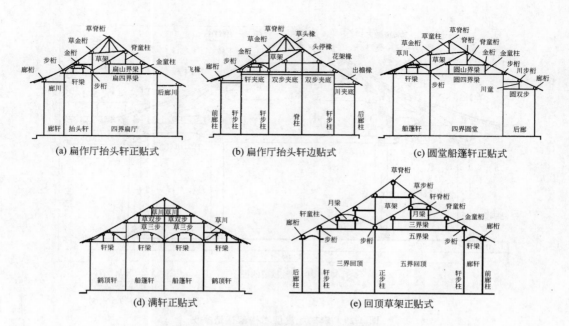

图4-28　江南厅堂建筑常采用的木构架简图

注：1. 抬头轩是指轩梁与大梁平齐的做法；

2. 满轩即整个房屋沿进深都装饰轩顶；

3. 回顶即室内呈卷棚顶状。

二、硬山、悬山建筑木构架构造

1. 宋式厅堂型木构架构造

以《营造法式》大木作制订图样四十六："八架椽屋前后乳栿用四柱"为例进行解析，详见图4-29。"八架椽屋前后乳栿用四柱"构架是以四椽栿为基础，前后各加一乳栿形成的。沿进深方向共有四排柱子，分别为前檐柱、内柱、内柱和后檐柱。在檐柱和内柱之间柱头部位架设乳栿，栿首通过四铺作斗栱与柱子连接，栿尾插入内柱之中并向外出头。按照《营造法式》的规定，厅堂型构架，乳栿广42分，厚28分。

在内柱之间架设四椽栿，四椽栿广50分，厚33分。四椽栿上设铺作架设平梁。在宋式厅堂型构架中，梁栿两端一般通过一组简单的斗栱铺作和托脚构件联合将檩槫托起，斗栱铺作以受力为主。托脚构件在早期（唐代）也用来受力，后演化为用来固定檩槫位置，使其不向外滚动，以免偏离受力轴线。檩槫由槫和槫下攀间组成，二者之间设有攀间斗栱联络。平梁上承蜀柱、叉手，三者形成稳定的三角形结构，用来支撑脊槫，平梁广35分，厚23分。

在"八架椽屋前后乳栿用四柱"构架中，由于内柱较高，为了保证柱网的稳定性，在四椽栿下另加设了顺栿串（类似于清式随梁枋），在相同的高度位置处，沿面阔方向架设了内额。二者主要起联系作用，构架断面尺寸不大。

2. 清式七檩前后廊式硬、悬山木构造

七檩前后廊式木构架是以五架梁长为基础，前后各加一廊步架形成的，分为大式与小式，大式构架设有随梁枋、角背、飞椽，小式则没有。

七檩前后廊式木构架，沿进深方向共有四排柱子，分别为前檐柱、前金柱（老檐柱）、后金柱、后檐柱。在檐柱和金柱之间柱头部位架设抱头梁，梁下设穿插枋。在金柱之间架设五架梁，梁下设随梁枋，梁上立瓜柱，瓜柱之上架设三架梁，然后再立脊瓜柱，柱顶直接承

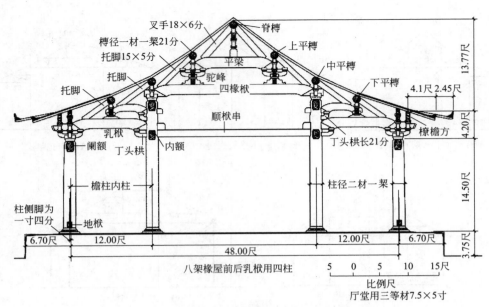

叉手18×6分
脊槫
上平槫
槫径一材一栔21分
平梁
托脚15×5分
驼峰
中平槫
托脚
四椽栿
托脚
下平槫
顺栿串
4.1尺 2.45尺
乳栿
丁头栱长21分
檐檩方
阑额
丁头栱
内额
檐柱内柱
柱径二材一栔
柱侧脚为
一寸四分
地栿
6.70尺 12.00尺 12.00尺 6.70尺 3.75尺
48.00尺
八架椽屋前后乳栿用四柱

13.77尺
4.20尺
14.50尺

5 0 5 10 15尺
比例尺
厅堂用三等材7.5×5寸

图 4-29 宋式厅堂型木构架构造举例

托脊檩，为了保证脊瓜柱的稳定性，在瓜柱下部设有角背构件。沿面阔方向，在梁头架设檩条，檩条与其下部构件檩垫板、檩枋叠加在一起，称为"檩三件"；檩上架设椽子，从上而下依次为脑椽、花架椽、檐椽、飞椽。椽子上铺设望板。

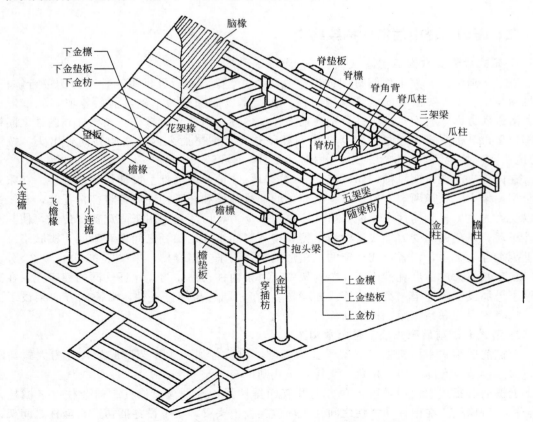

脑椽
下金檩
下金垫板
下金枋
脊垫板
脊檩
脊角背
脊瓜柱
三架梁
望板
花架椽
瓜柱
檐椽
脊枋
五架梁
大连檐
随梁枋
飞檐椽
檐檩
金柱
檐柱
小连檐
檐垫板
抱头梁
金柱
上金檩
穿插枋
上金垫板
上金枋

图 4-30 七檩前后廊式硬（悬）山建筑木构架轴测图

在两山部位，为了加强山墙部位的受力性能，在正对脊檩的位置增加了山中柱，使得五架梁中分成两段，形成两根双步梁。三架梁变成两根单步梁。

七檩前后廊式硬（悬）山建筑木构架轴测图详见图 4-30，七檩前后廊式硬（悬）山建筑正身构架与两山构架图详见图 4-31，七檩前后廊式硬（悬）山建筑平面图与构架俯视图详见图 4-32。

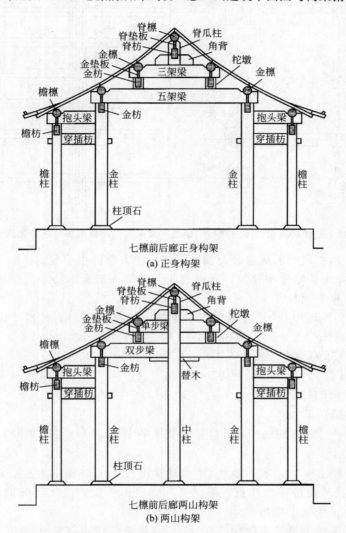

图 4-31　七檩前后廊式硬（悬）山建筑正身构架与两山构架图

三、硬山与悬山建筑细部构造

1. 上檐出与回水

上檐出是指屋檐向外伸出的距离，从檐柱中心线算至飞椽外皮。下檐出是指台基自檐柱中心线向外伸出的距离。在古建筑中上檐出要大于下檐出，二者之间的尺寸之差称为回水。回水的作用主要是保证屋檐的雨水要滴落在台明以外的距离。

（1）宋制上檐出的确定　宋《营造法式》根据椽子的直径来确定檐部椽平出尺寸。

椽平出＝檐椽平出＋飞子平出，其中檐椽平出＝8～9 倍椽径，飞子平出＝0.6 檐椽平出。上檐出尺寸与有无斗栱相关；无斗栱时，上檐出＝椽平出；有斗栱时，上檐出＝斗栱出

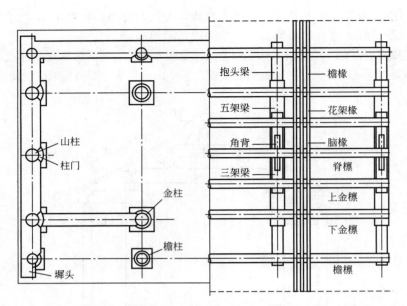

图 4-32　七檩前后廊式硬（悬）山建筑平面图与构架俯视图（后檐为老檐出）

跳＋椽平出。宋制出檐尺寸的规定普遍偏大，遗物中大部分小于规定。

【例题 4-2】　某宋代殿堂型建筑，面阔七间，进深八架椽，已知其椽径为 9 分，建筑采用四等材，试求其椽平出尺寸。

【解】　① 檐椽平出尺寸为：建筑采用四等材每分为 0.48 寸。檐椽平出按照 9 倍的椽径计算，得 $0.48 \times 9 \times 9 \times 31.2 = 1213$(mm)，工程设计中可取 1200mm。

② 飞子平出尺寸为檐椽平出的 6/10，得 $0.6 \times 1200 = 720$(mm)。

③ 椽平出尺寸为：$1200 + 720 = 1920$(mm)。

（2）清制上檐出的确定

① 有斗栱的建筑

上檐出＝斗栱出踩＋21 斗口（其中檐椽平出 14 斗口，飞椽平出 7 斗口）

② 无斗栱建筑

上檐出＝3/10 檐柱高（其中檐椽平出占 2/3，飞椽平出占 1/3）

【例题 4-3】　某清代带斗栱建筑，面阔 7 间，进深 9 架，已知其外檐斗栱为 7 踩斗栱，建筑采用六等材，试求其上檐出尺寸。

【解】　大式带斗栱的建筑上檐出等于 21 斗口加上斗栱出踩尺寸之和。7 踩斗栱的出踩尺寸为：3×3 斗口＝9 斗口，另根据已知条件，六等材的斗口尺寸为 3.5 寸。

上檐出尺寸为：$(21 + 9) \times 3.5 \times 32 = 3360$(mm)。

【例题 4-4】　某清代小式建筑，面阔 3 间，进深 5 架，已知其外檐柱高为 9.6 尺，试求其上檐出尺寸。

【解】　小式建筑上檐出尺寸为檐柱高度的 3/10。则本案例中，上檐出＝$9.6 \times 3/10 \times 320 \approx 922$（mm），工程设计中可取 930mm。

这里还有一点需要注意，无论是宋制还是清制，上檐出尺寸最长不得超过檐步架，即称"檐不过步"，以免产生檐口倾覆的现象。

清制上檐出的确定详见图 4-33。

（3）《营造法原》的规定　计算如下：

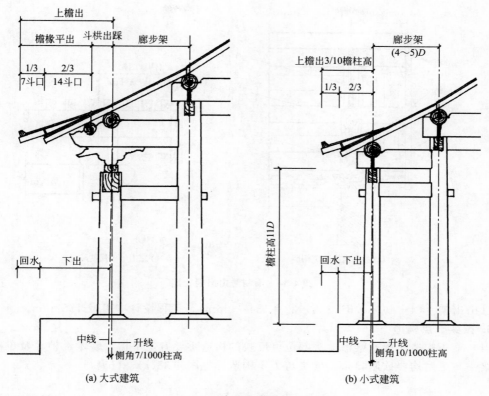

图 4-33　清制上檐出的确定
D—檐柱径

上檐出＝出檐椽平出＋飞椽平出，其中出檐椽斜长≈1/2 界深，飞椽斜长≈1/4 界深

2. 悬山出梢

（1）悬山出梢　悬山出梢是悬山建筑与硬山建筑的主要区别。在悬山建筑中，将建筑两梢间的檩木同时向山墙外（木构架外）伸出一段距离，形成山面出檐的做法，其作用是防止雨水冲刷墙身。

（2）博缝板与燕尾枋　为了保护悬挑在外部的各檩檩头免受风吹雨淋，在各梢檩端头钉上人字形的木板，称为博缝板。同时在悬挑部位的梢檩下部，增加"燕尾枋"一根，以起到加固和美观的作用。清制悬山出梢构造详见图 4-34。

（3）悬山出梢的规定

① 宋《营造法式》规定。宋《营造法式》中将悬山出梢称为"出际"，具体尺寸为：两椽屋，出 2 尺至 2.5 尺；四椽屋，出 3 尺至 3.5 尺；六椽屋，出 3.5 尺至 4 尺；八～十椽屋，出 4.5 尺至 5 尺。

从中可以看出两山出际与房屋的进深和体量有关系。

② 清《工程做法则例》规定：从山柱中心线向外出四椽四档或从山柱中心线向外出上檐出尺寸。

【例题 4-5】　某清代大式带斗栱建筑，悬山屋顶，已知该建筑采用六等材，试求其悬山出梢尺寸。

【解】　悬山出梢尺寸可以按照四椽四档来进行计算，清代建筑一般椽径与椽当尺寸相等。带斗栱大式建筑的椽径为 1.5 斗口，六等材的斗口尺寸为 3.5 寸。则

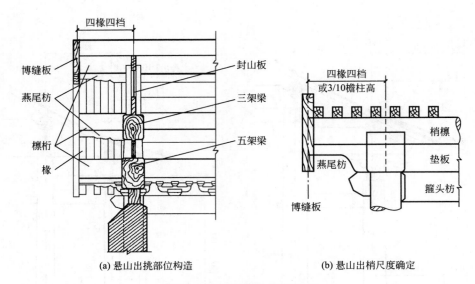

(a) 悬山出挑部位构造　　　　　　　(b) 悬山出梢尺度确定

图 4-34　清制悬山出梢构造

悬山出梢＝(4＋4)×1.5×3.5×32＝1344（mm）。工程设计中可取 1350mm。

3. 梁架节点构造

（1）梁头构造　宋制梁栿端头部位可反映的构造主要有：平槫、替木、栌斗及令栱等构件，梁头与梁尾均要砍制卷杀，梁头与梁尾构造详见图 4-35(a)、(b)。

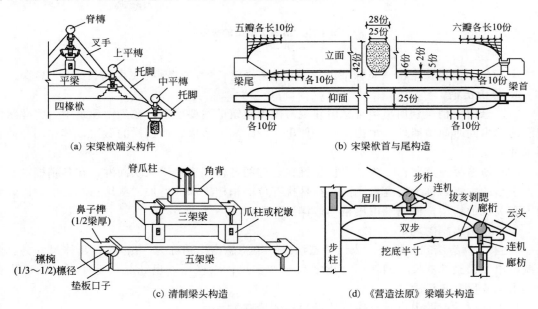

(a) 宋梁栿端头构件　　　　　(b) 宋梁栿首与尾构造

(c) 清制梁头构造　　　　　(d)《营造法原》梁端头构造

图 4-35　梁端构造

清制在梁头部位处可反映的构造主要有：檩、檩垫板、檩下枋及对应的檩椀、垫板插口、鼻子榫。檩椀是为了安放檩条，防止檩条滚动的构造，在古建筑木作中要求檩椀的深度不得大于 1/2 檩径，不得小于 1/3 檩径。梁头两侧檩椀之间必须有鼻子榫，榫宽为梁头宽度的 1/2。清制梁端头构造详见图 4-35(c)。

江南《营造法原》梁头部位构造接近宋《营造法式》，详见图 4-35(d)。

（2）清制顶部梁架构造　详见图4-36。

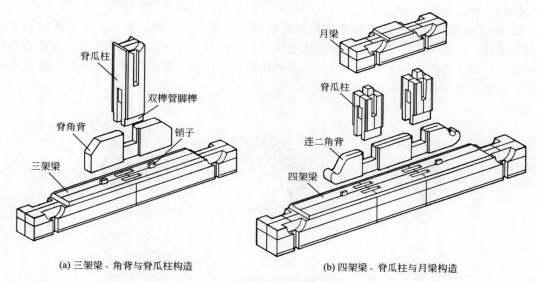

（a）三架梁、角背与脊瓜柱构造　　　　（b）四架梁、脊瓜柱与月梁构造

图4-36　清制顶部梁架构造

根据屋顶形态的不同，硬（悬）山建筑顶部梁架构造也不相同，尖山式梁架，顶部采用三架梁立单脊瓜柱的做法，脊瓜柱与梁背之间采用双榫连接，脊瓜柱上端要直接承接脊檩，所以上部要砍出檩椀，并留出小鼻子（约为脊瓜柱厚的1/4），两侧檩椀之下还应砍出脊垫板和脊枋的插接凹槽。另外由于脊瓜柱较高，为了保证脊瓜柱的稳定性，在瓜柱的根部采用了角背作为加强。尖山式梁架顶部构造详见图4-36（a）。

卷棚构架顶部采用四架梁，梁背上载置双脊瓜柱以支顶上层月梁。四架梁上承四根檩木，梁长2金步架加顶部架1份，外加2份梁头为全长。金步架长一般为4倍的檩径，顶步架长2～3倍檩径。卷棚构架顶部构造详见图4-36（b）。

（3）木基层构造　木基层一般由椽子与望板组成。

① 屋面布椽。椽子有圆形断面和方形断面之分，在我国黄河以北地区多为圆椽，而在江南建筑中多为方椽。淮河与黄河、渭河与汉水之间的广大区域内，室内用椽则二者兼有。飞椽无论南北，皆为方椽。

宋《营造法式》中对椽子的排布规定如下。首先要求椽当坐中，若有补间铺作，则椽当与耍头中心线相对，若建筑周围都出檐，出檐部位也要考虑椽子的排布。椽子的疏密按照两椽中至中来排布，具体为：殿阁，椽子中至中为9～9.5寸；副阶，椽子中至中为8.5～9寸；厅堂，椽子中至中为8～8.5寸；廊库屋，椽子中至中为7.5～8寸；

【例题4-6】　某宋代建筑，面阔5间，进深四架椽，当心间面阔为15尺，构架为厅堂型，采用五等材，试求当心间布椽的数量。

【解】　当心间布椽的数量，15/0.85＝17.64（根），取18根（古建筑布椽当要求椽当坐中时，椽子应取偶数，且宜大不宜小）。

清代建筑中，椽子的排布有"一椽一档"和"一椽一档半"两种，"一椽一档"即椽径与椽当之比为1∶1，即相邻两椽径中至中为2倍椽径。"一椽一档半"即椽径与椽当之比为1∶1.5，即相邻两椽径中至中为2.5倍椽径。每一开间布置的檐（飞）椽数量为开间宽除以2倍的椽径或2.5倍的椽径，也应取与计算所得数值最接近的偶数。

【例题4-7】　某清代建筑，面阔5间，进深5架，明间面阔为1丈2尺，椽径为90mm，试求明间布椽的数量。

【解】 明间布椽的数量为 $(12×320)/(90×2)＝21.33$（根），取 22 根。

② 椽子的搭接构造。椽子搭置在相邻的两根檩条之上，一般位置椽子上下搭接的方法有斜搭掌式、乱搭头式、交掌（墩掌）式和椽花连接四种。脊檩位置椽子搭接，有扶脊木时或椽花时，在构件两侧剔凿椽窝，以承椽子的尾部。无扶脊木和椽花时，采用合掌式或乱搭头式。椽子的搭接构造详见图 4-37。

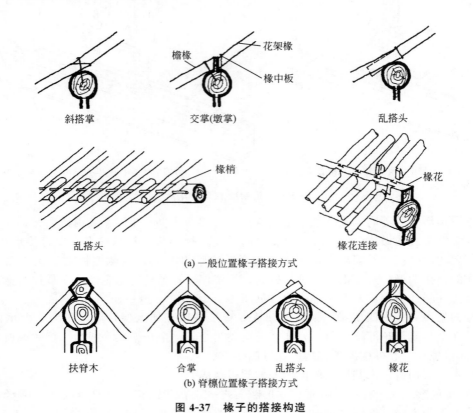

(a) 一般位置椽子搭接方式

(b) 脊檩位置椽子搭接方式

图 4-37　椽子的搭接构造

③ 望板构造。清官式建筑中，椽子上部钉有望板。望板可分为横望板和顺望板。横望板一般为 0.3 斗口（大式）或 1/5 椽径（小式），顺望板一般为 0.5 斗口（大式）或1/3椽径（小式）。

第五节　庑殿建筑木构架

庑殿建筑又称四阿顶、四注顶、五脊殿、吴殿。其屋顶为四坡顶，两山做成斜坡面，与前后坡屋面成45°相交，形成四面排水的形式。庑殿建筑是中国古代建筑中形制最老、等级最高、做法最讲究、单体规模最为宏大的建筑。我国现存的几个早期木构架建筑包括五台山佛光寺大殿（唐，面阔 7 间，进深八架椽，34m×17.66m）；山西大同华严寺大雄宝殿（辽金，面阔 9 间，进深 5 间，53.9m×27.5m）、辽宁义县奉国寺大雄宝殿（辽，面阔 9 间，进深 5 间，48.2m×25.13m）。现存最大的两座古代木构架建筑，北京长陵陵恩殿（明，面阔 9 间，进深 5 间，66.64m×29.3m）、北京故宫太和殿（清，面阔 11 间，进深 5 间，

60.08m×33.33m）均为庑殿建筑。

一、庑殿建筑平面柱网布置

庑殿建筑在形式上有单檐与重檐之分，在功能上有门庑、宫殿以及祭祀性建筑之分。形式与功能不同，对平面柱网及木构架的要求也不同。

1. 唐宋时期庑殿建筑平面柱网布置

在唐宋时期，庑殿建筑多采用殿堂型构架。根据宋《营造法式》的记述，殿堂型构架规定为四种平面模式，分别为分心槽、单槽、双槽、金箱斗底槽，其中后三种柱网平面还可加副阶周匝。分心槽平面多用于门庑建筑，副阶周匝平面多用于重檐建筑。

（1）分心槽　在殿内中部加一列纵向内柱，形成槽缝，将殿内空间等分为前后两部分，其柱网形状如日字形。

（2）单槽　自前（或后）檐柱柱列向内推进一间处（跨度为二椽平长）加一排纵向内柱，上承阑额，形成内槽槽缝，与山面檐柱交圈后，将殿内空间分成一宽一窄两个空间单元。其柱网形状也如日字形。

（3）双槽　自前后檐柱柱列各向内推进一间处（跨度为二椽平长）加二排纵向内柱，上承阑额，形成内槽槽缝，各与山面柱交圈，将殿内空间分成中间（内槽）宽、前后（外槽）窄的三个空间单元。其柱网形状如目字形。

（4）金箱斗底槽　在宽五间深四间以上的殿内，距正面、山面檐柱柱列各退入一间处分别加纵、横向柱列，形成一圈内柱和其上的内槽槽缝，将殿内空间划分为中心敞厅和四周回廊两大部分，其柱网形状如回字形。

唐宋时期庑殿建筑平面柱网布置详见图 4-38。

2. 明清时期庑殿建筑平面柱网布置

明清时期庑殿常见的柱网排列形式有三排无廊中柱式柱网、四排多列柱网、六排多列柱网与减柱造式柱网。

（1）三排无廊中柱式柱网　常用于小型房屋和大门，面阔多三、五间。

（2）四排多列柱网　常用于单檐庑殿，面阔多七、九间。

（3）六排多列柱网　相当于在四排多列柱网的基础上加周围廊，常用于重檐庑殿，面阔多九、十一间。

（4）减柱造式柱网　为了增加室内空间，将室内一部分金柱去掉，加长横梁的跨度，但外围檐柱不变化。

明清时期庑殿建筑平面柱网布置图详见图 4-39。

二、庑殿建筑木构架

庑殿建筑木构架由两部分组成：正身构架及山面转角构架。正身构架是构成和支承前后坡屋面的主要骨架，其构造与硬山、悬山建筑的正身构架基本相同。山面转角构架是形成庑殿建筑造型特征的主要部分，构造复杂，是设计与施工中考虑的重点。

1. 正身构架构造

（1）宋《营造法式》中庑殿建筑正身构架　在《营造法式》中庑殿建筑多采用殿堂型构架，其正身构架构造沿高度划分为三层。

① 柱网层。典型特征是殿身檐柱和内柱同高，若出现副阶，副阶柱高为殿身檐柱高度的 1/2，用材比殿身檐柱降低一等。各柱通过上部的阑额和沿进深方向的顺栿串纵横联系成

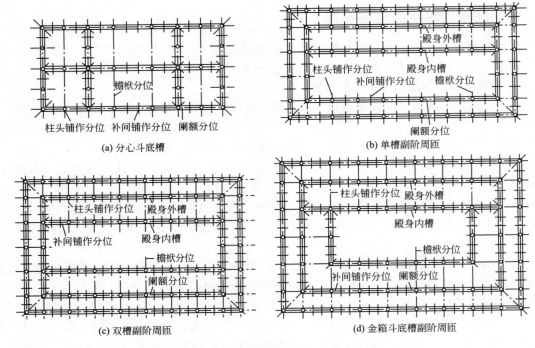

(a) 分心斗底槽

(b) 单槽副阶周匝

(c) 双槽副阶周匝

(d) 金箱斗底槽副阶周匝

图 4-38　唐宋时期庑殿建筑平面柱网布置图

注：副阶，即廊。副阶周匝就是在建筑主体构架周圈加廊的做法。在唐宋时期，副阶周匝常出现在重檐建筑中。

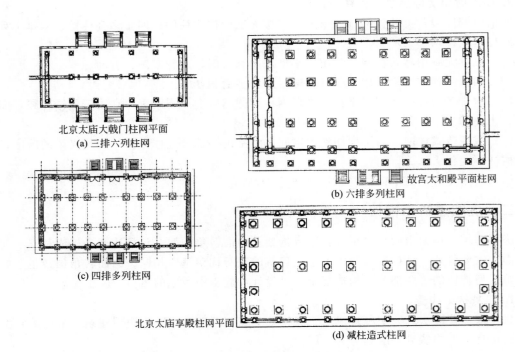

北京太庙大戟门柱网平面

(a) 三排六列柱网

故宫太和殿平面柱网

(b) 六排多列柱网

(c) 四排多列柱网

北京太庙享殿柱网平面

(d) 减柱造式柱网

图 4-39　明清时期庑殿建筑平面柱网布置图

整体，在柱脚部位还采用地栿加强。

② 铺作层。在柱网层之上为铺作层，外檐铺作之间通过柱头枋、罗汉枋等枋木联系成一环形箍，外檐铺作和内檐铺作之间通过明栿（乳栿、三椽栿、四椽栿）等构件联系成整体。明栿在殿堂型构架中还起着支撑上部天花（平棊）的作用。

③ 屋架层。以平棊天花为界限，在柱网层之上则为层层叠置的草栿屋架层，草栿因在视线内不可及，所以没有经过艺术加工，其断面为3∶2的长矩形。梁栿的数量与殿身的进深有关，若进深十架椽，则需用5根草栿，若进深为八架椽，则需用4根草栿。梁栿两端设槫，为了保证槫的稳定性，在槫一侧设置托脚。在正对正脊的部位，为了支撑脊槫，设置了蜀柱和叉手，也有少数建筑只设置了叉手，而没有蜀柱，如五台山佛光寺大殿。

殿堂型木构架构造详见图4-40和图4-41。

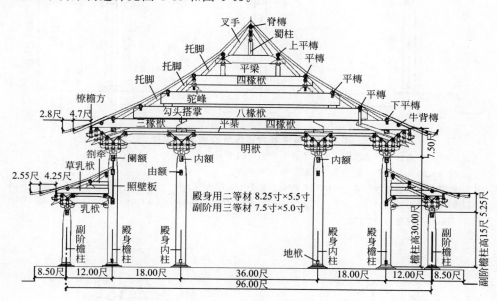

图4-40　殿堂等七铺作（副阶五铺作）双槽草架侧样

注：1. 该图选自宋《营造法式》大木作制度图样三十五。

2. 殿身七间副阶周匝各两椽。

3. 殿身用二等材，副阶用三等材。

4. 殿身各间面阔相等，各用补间铺作两朵，每朵中一中为6.0尺。

5. 殿身进深十架椽，每架水平距离＝7.20尺，进深72尺等分为四。

6. 副阶各间间广均随殿身，但转角间面阔同副阶，进深等于12尺。

7. 副阶周匝用椽每架水平长6.0尺。

（2）明清时期庑殿建筑正身构架

① 明清时期常见的庑殿建筑横排架简图详见图4-42。

庑殿建筑构架进深多在5架至11架之间，主要有五（七）檩中柱式、七（九）檩前后廊式和多檩横梁组合式等几种。五（七）檩中柱式用于门庑，由中柱将构架划分为对称的两部分，中柱两侧分别采用三步梁或双步梁。七（九）檩前后廊式多用于单檐庑殿建筑，是在五架梁或七架梁的基础上前后加檐廊形成。多檩横梁组合式多用于重檐庑殿建筑，由于房屋进深过大，采用七架梁和前后步梁形成的组合式构架。

在清式建筑中，进深梁最长只能做到七架，若房屋进深再增加则通过前后加步梁来解

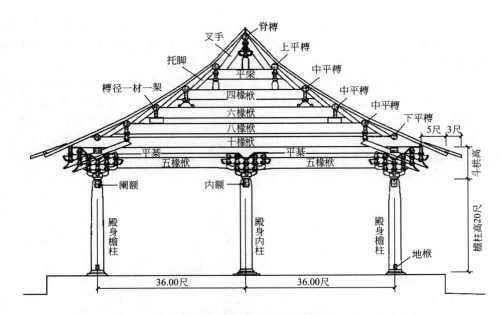

图 4-41 殿堂等六铺作分心槽草架侧样

注：1. 该图选自宋《营造法式》大木作制度图样四十一。

2. 殿身九间，无副阶，殿身用一等材，每份为 6 分。

3. 殿身各间面阔相等，各用补间铺作两朵，每朵中—中为 6.0 尺。

4. 殿身进深十架椽，每架水平距离为 7.20 尺，进深四间，每间 18.00 尺。

5. 当心间平柱高为 20 尺

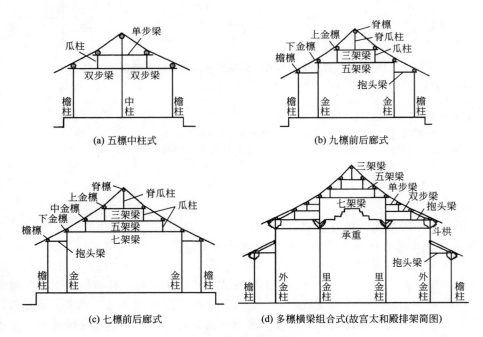

图 4-42 庑殿建筑横排架简图

决，一般房屋进深最大不能超过 11 架。故宫太和殿为特例，做到了 13 架。

② 九檩庑殿建筑正身构架，详见图 4-43。

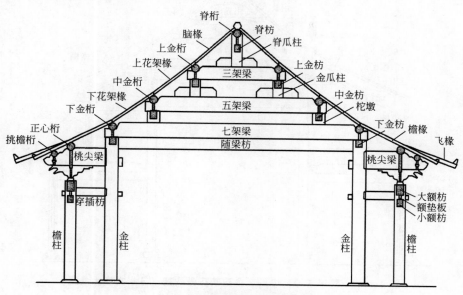

图 4-43 九檩庑殿建筑正身构架

屋顶荷载由桁木（脊桁、上金桁、中金桁、下金桁、正心桁）作为承托构件，通过瓜柱（脊瓜柱、金瓜柱、柁墩）将荷载传递到架梁（三架梁、五架梁、七架梁、桃尖梁）上，并落脚于檐柱和金柱承重。在面阔方向上由枋木（脊枋、上金枋、中金枋、下金枋、大额枋、小额枋等）连接成整体。

（3）江南《营造法原》中庑殿建筑正身构架　在江南《营造法原》中庑殿建筑称为"四合舍"。建筑的进深从六界到十二界，普通殿庭常作内四界，前后加廊川。较深的房屋，作内六界，前后或为双步，或为廊川。较大的建筑也有采用内六界，前后双步，在双步之外再加廊川。《营造法原》中四合舍建筑正身构架详见图 4-44。

2. 山面与转角构架构造

山面与转角构架是形成庑殿建筑造型的关键。

庑殿建筑为四坡屋面，前后两坡屋面的檩桁是沿面宽方向排列的，搭置在进深方向的梁架上。山面的檩桁是沿进深方向排列的，它们与梁架平行不具备搭置在梁上的条件。为了解决山面檩桁的搭置问题，在古建筑中常采用在檩桁搭交位置下部设置顺梁或顺趴梁的方法。"顺梁"，是指与面阔方向相同，而做法与对应的梁架相同，其外端搭设在山面檐柱之上，里端插入金柱柱身。如果在山面梁头下没有柱子支承，就不能采用顺梁法，而改用"顺趴梁法"。趴梁法，主要是指其搭置位置，两端或一端趴搭在檩桁或梁上，由檩桁支撑而非搭在柱上由柱子支承。趴梁和顺梁的上下位置正好相反，顺梁在檩桁下，梁头做成桁椀承接檩桁。而趴梁是扣搭在檩桁上，在外端做出假梁头样式。

在庑殿建筑中，顺梁与趴梁常常是结合起来使用的，在庑殿建筑山面有檐柱承接的情况下，山面最下面第一层梁一般采用顺梁，在顺梁之上承接山面檐檩（正心桁）和下金檩（桁），在下金檩（桁）之上则采用趴梁法，趴梁之上承中金檩（桁）……如此逐架而上，直到脊部。

在转角处，从下金瓜柱起向下设老角梁和子角梁，向上逐架架设由戗，直到与脊檩

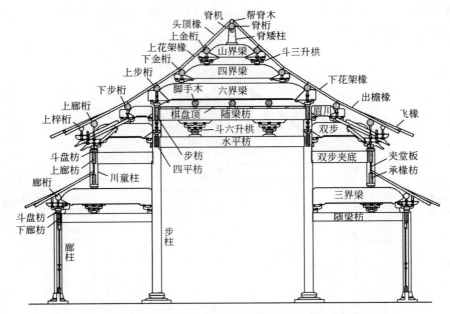

图 4-44 《营造法原》中四合舍建筑正身构架（苏州文庙大成殿）

（桁）相交为止。角梁和由戗起连接各层搭交檩桁和合缝的作用，也是屋面垂脊瓦作下的承力构件。

庑殿建筑山面与转角构架详见图 4-45。

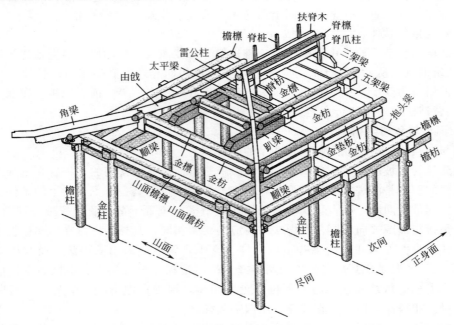

图 4-45 庑殿建筑山面与转角构架示意

上述形成庑殿建筑山面转角构架的方法称为顺（趴）梁法。此外还有递角梁和抹角梁做法。采用递角梁做法的条件是，有角金柱或脊檩端部支承有落地通柱。如果庑殿建筑采用递角梁法，在角檐柱和脊檩下部的落地通柱之间架设沿 45°方向的水平斜梁，在梁上立瓜柱来支承山面金檩形成。此时的递角梁形式类似于半面排山梁架，但长度随角延伸，古人常运用"方五斜七"的口诀来估算它的长度。抹角梁是在正侧檐檩之上与正侧面各成45°、与角梁成90°的方向安置水平斜梁，其在屋架平面图中如斜抹屋角，故名。抹角梁的中轴线要通过搭交金檩的轴线交点，在其上安放交金瓜柱以承搭交金檩，这样向上反复叠架形成。庑殿建筑转角结构采用趴梁、抹角梁、递角梁的比较详见图4-46。

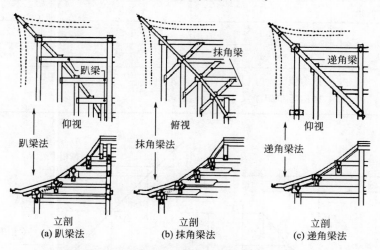

图4-46 庑殿建筑转角结构采用趴梁、抹角梁、递角梁的比较

3. 庑殿建筑的推山法则

如果庑殿山面与檐面各对应步架尺寸相等（坡度相同），那么屋面相交处的垂脊就是一条与两面檐口各成45°的直线。但实际建筑中，尤其是明清时期，庑殿建筑的垂脊投影线为一条弯曲线，这是因为在实际设计中庑殿建筑都做了推山处理。

所谓推山，就是指将庑殿建筑两山坡屋面向外推出，从而使得正脊加长、垂脊形状弯曲、两山坡面变陡的做法。

（1）清制推山做法

① 当檐、金、脊各步架相同时。《营造算例》原文："（庑殿推山）除檐步方角不推外，自金步至脊步，每步递减一成。如七檩每山三步，各五尺，除第一步方角不推外，第二步按一成推，计五寸，再按一成推，计四寸五分，净计四尺零五分。"

解释：庑殿推山、檐步要保证角梁所在的"方角"位置和两侧檐口的交圈，不进行推山，所以庑殿推山，第一步不推。第二步，在金步位置，按照一成推，即所推尺寸为该步架尺寸的1/10，金步长五尺，则推山尺寸为5寸，步架所余净尺寸为4.5尺。第三步，在脊步位置，再按照一成推，即推山尺寸仍为该步架尺寸1/10，但由于第一步的推出，该步架尺寸变为4.5尺，所以第三步推出尺寸为4寸五分。脊步架推山后的净尺寸剩余四尺五分。

推山的计算详见表4-5和表4-6及图4-47。

表4-5 《营造算例》中庑殿推山计算（等步架）

步架	推山前步架尺寸	推山后步架尺寸	推山尺寸
檐步	5尺	5尺	0寸
金步	5尺	5−0.5＝4.5尺	5寸
脊步	5尺	4.5−0.45＝4.05尺	4.5寸

表 4-6　庑殿推山公式推导

步架	推山前步架尺寸	推山后步架尺寸	推山尺寸
檐步	x	x	不推
下金步(x_1)	x	$0.9x$	$1/10x$
中金步(x_2)	x	0.9^2x	$0.9/10x$
上金步(x_3)	x	0.9^3x	$0.9^2/10x$
脊步(x_4)	x	0.9^4x	$0.9^3/10x$
规律	推山值 $\Delta=0.1$ 步距(前一个步架) 推山后步架净尺寸 $x_n=0.9^nx$		

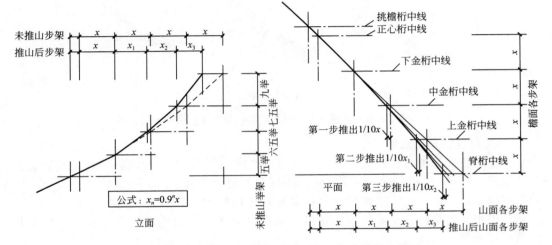

图 4-47　檐、金、脊各步架相同情况下的庑殿推山简图

② 当檐、金、脊各步架不同时。《营造算例》原文："如九檩，每山四步，第一步六尺，第二步五尺，第三步四尺，第四步三尺。除第一步方角不推外，第二步按一成推，计五寸，净四尺五寸，连第三步第四步亦各随五寸。再第三步，除随第二步推五寸，余三尺五寸外，再按一成推，计三寸五分，净计步架三尺一寸五分；第四步又随推三寸五分，余二尺一寸五分，再按一成推，计二寸一分五厘，净计步架一尺九寸三分五厘。"

原文解释详见表 4-7。

表 4-7　《营造算例》中庑殿推山计算（不等步架）

步架	推山前步架尺寸	推山后步架尺寸	推山尺寸
檐步	6 尺	6 尺	0 寸
上金步	5 尺	4.5 尺	5 寸
下金步	4 尺	$4-0.5-0.35=3.15$ 尺	$(4-0.5)/10=0.35$ 尺，即 3.5 寸
脊步	3 尺	$3-0.5-0.35-0.215=1.935$ 尺	$(3-0.5-0.35)/10=0.215$ 尺，即 2.15 寸

当檐、金、脊各步架不同时，庑殿推山详见图 4-48。

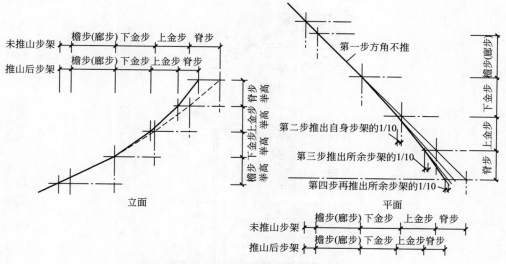

图 4-48　檐、金、脊各步架不同时庑殿推山

庑殿建筑推山与不推山的梁架平面比较详见图 4-49。

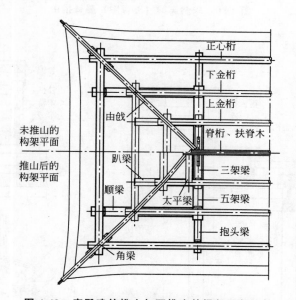

图 4-49　庑殿建筑推山与不推山的梁架平面比较

（2）宋制推山做法　《营造法式》卷五造角梁之制中述："凡造四阿殿阁……如八椽五间至十椽七间，并两头增出脊槫各三尺（随所加脊槫尽处，别施角梁一重，俗谓之吴殿，亦曰五脊殿）"。即指庑殿建筑在八椽五间至十椽七间，直接由脊槫两端向外推出 3 尺，如图 4-50 所示，随所增加的距离，去掉原续角梁位置，另施加一副续角梁，即形成吴殿（五脊殿）山面结构。

（3）清制庑殿建筑山面构造　清制庑殿建筑推山后由于正脊加长，脊檩（桁）从梁架向外出挑，在脊檩（桁）端部增设太平梁、雷公柱以承檩（桁）。

庑殿山面纵剖面图详见图 4-51(a)。雷公柱与太平梁构造详见图 4-51(b)。

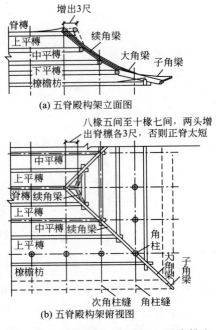

增出3尺

脊槫
上平槫
中平槫
下平槫
椽檐枋
续角梁
大角梁
子角梁

(a) 五脊殿构架立面图

八椽五间至十椽七间，两头增
出脊槫各3尺，否则正脊太短

中平槫
上平槫
脊槫　续角梁
上平槫
中平槫　续角梁
上平槫
椽檐枋
角柱
子角梁
大角梁

次角柱缝　角柱缝

(b) 五脊殿构架俯视图

图 4-50　宋制吴殿（五脊殿）屋脊推山

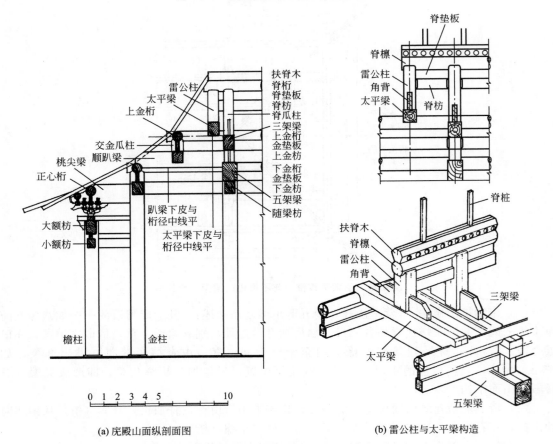

扶脊木
脊桁
脊垫板
脊枋
脊瓜柱
三架梁
上金桁
金垫板
上金枋
下金桁
下金垫板
下金枋
五架梁
随梁枋

雷公柱
太平梁
上金桁
交金瓜柱
顺趴梁
桃尖梁
正心桁
大额枋
小额枋
趴梁下皮与
桁径中线平
太平梁下皮与
桁径中线平

檐柱　金柱

0 1 2 3 4 5　　　10

(a) 庑殿山面纵剖面图

脊垫板
脊槫
雷公柱
角背
太平梁
脊枋

脊桩
扶脊木
脊槫
雷公柱
角背
三架梁
太平梁
五架梁

(b) 雷公柱与太平梁构造

图 4-51　庑殿建筑纵剖与雷公柱、太平梁构造

第六节　歇山建筑木构架

歇山又称厦两头（宋代非殿阁型歇山，相对于悬山的不厦两头的称呼）、九脊殿（即屋顶有九条脊）、汉殿（汉朝宫殿中喜用的形式）、曹殿（造型绚丽，以北齐曹仲达的优美画风比拟）。从形象上看歇山是庑殿建筑与悬山建筑的有机结合，如果以建筑的下金檩为界将歇山屋面分为上下两段，上段具有悬山建筑的形象和特征，如分为前后两坡，梢间檩木向山面出挑，在檩木端部安装博缝板等；下段则具有庑殿建筑特征，如屋面有四坡，山面两坡与檐面两坡相交成四条脊等。

历史上遗留的著名的歇山建筑属于唐代的有四处，分别为山西省五台山南禅寺大殿（唐建中三年，782年），山西省芮城县的广仁王庙大殿（唐大和五年，831年），山西省平顺县的天台庵大殿（唐末天祐四年，907年），河北省正定县开元寺钟楼（唐乾宁五年，898年）。宋、辽、金时期的保留有多处，如福建省福州市华林寺大殿（北宋乾德二年公元，964年），天津市蓟州区独乐寺观音阁（辽统和二年，984年），浙江宁波保国寺大殿（宋大中祥符六年，1013），河北省正定县隆兴寺摩尼殿（宋仁宗元年，1052年），山西省太原市晋祠圣母殿（宋崇宁年间，1102年），河南省登封市少林寺初祖庵大殿（北宋宣和七年，1125年）等。明清时期重要的歇山建筑有北京故宫太和门（明永乐十八年，1420年）、山东曲阜孔庙大成殿（清雍正七年，1729年）等。

歇山建筑屋面挺拔、四角起翘轻盈，既有庑殿建筑雄浑大度的气势，也有攒尖建筑的俏丽活泼的风格，使用极为广泛，从皇家建筑到寺庙、园林，从大型建筑到小型亭榭，从单檐到重檐，到三滴水（三重檐）均有应用，是古建筑中最为多见、最富有变化情趣和艺术表现力的一种建筑形式。

一、歇山建筑平面柱网布置

1. 宋《营造法式》时期歇山建筑平面柱网布置

在宋《营造法式》时期，殿堂型歇山称为"九脊殿"，平面同庑殿建筑一样定型为分心槽、单槽、双槽、金箱斗底槽四种，详见本章第五节图4-38。非殿阁型歇山称为"厦两头"，多用于厅堂型建筑，柱网没有规定为定型的平面，与明清时期歇山建筑的平面柱网布置相似。

2. 明清时期歇山建筑平面柱网布置

在明清时期歇山建筑平面中，开间可以取1、3、5、7、9间，进深可以取1、2、3、4、5间。歇山建筑柱网布置有以下几种情形。

（1）无廊柱网　面阔1~3间，进深多为5架檩，小型殿堂、园林亭榭使用。

（2）带前廊柱网　面阔3~5间，进深多为5架檩，小型殿堂使用。

（3）前后廊柱网　面阔5~7间，进深7~9架檩，这种柱网布置构架前后对称，中型殿堂使用。

（4）周围廊式柱网　面阔5~9间，进深多为7~11架檩。这种柱网布置适应的等级最高，规模最大，既可用于单檐，也可用于重檐，多用于皇家建筑与大型寺庙建筑之中。

（5）带有中柱的柱网　面阔3~9间，进深多为5~7架檩（多为2间），常用于门庑建筑。

明清时期歇山建筑平面柱网布置详见图 4-52。

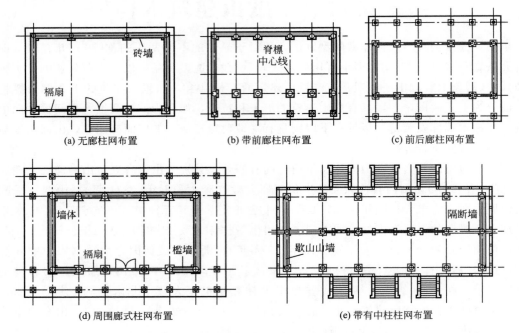

图 4-52　明清时期歇山建筑平面柱网布置

二、歇山建筑木构架

歇山建筑木构架分为正身构架和山面构架，正身构架与悬山、硬山构架相同，此处省略。详见本章第四节硬山、悬山建筑木构架相关内容。

山面构架是歇山建筑区别于其他建筑的重要部分，在歇山山面中有一根特有的构件称为踩步金，它位于山面距离檐檩（正心桁）一步架处，该构件正身似梁，两端似檩。正身上承梁架（如五架梁、三架梁等），外侧凿出椽窝以承山面檐椽椽尾，两端与前后檐金檩搭扣相交。踩步金兼有梁架与檩条双层作用，它功能特殊、地位重要，是形成歇山屋面的最重要的特殊构件。

歇山山面构架的形式和歇山建筑柱网布置有着紧密的联系，详见下述。

1. 周围廊式歇山山面构架处理——踩步梁法

周围廊式歇山平面柱网布置如图 4-52（d）所示，山面构造如图 4-53 所示。从图中可以看出周围廊式歇山建筑柱网分布，外围一圈为檐柱，里围一圈为金柱，在梢间位置正好有两根金柱处在踩步金所在的位置下方，使得踩步金的安置具备了与对应正身梁架相同的条件。从图中还可以看出，正身金柱柱头上承五架梁，梢间金柱柱头同样也支撑五架梁，二者在标高、尺度、比例权衡做法上几乎完全相同，仅有一点不同的是，梢间五架梁的外侧要承接山面檐椽的椽尾，需要剔凿椽窝。所以这根梁架改名为"踩步梁"。在踩步梁上面安置瓜柱承接它以上的梁架檩木，做法与正身梁架完全相同。

2. 前后廊式歇山山面构架处理——踩步金法

前后廊式歇山是指两山无廊、前后有廊的歇山建筑。它的柱网分布为外一圈为檐柱，里围仅正身部分有金柱，两梢间无金柱，这种柱网的歇山建筑，踩步金下面无柱子，只能采用顺梁或顺趴梁法来解决踩步金及其以上构架落脚的问题。

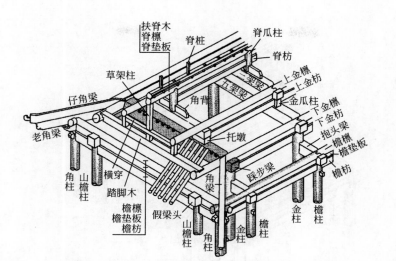

图 4-53 周围廊式歇山山面构造——踩步梁法

（1）顺梁法 顺梁安置方向平行于建筑的面阔方向，它外端搭置在山面檐柱之上，梁头上承接山面檐檩，内一端做榫插在金柱上，在梁背与踩步金轴线相交位置安装交金瓜柱或交金墩，支承踩步金。顺梁法适用于一些体量较大的歇山建筑，因为顺梁断面较大，梁身承载力较强。顺梁法构造示意详见图4-54。

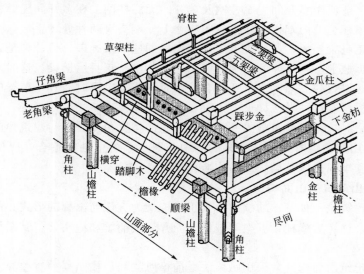

图 4-54 前后廊式歇山山面构造——顺梁法

（2）（顺）趴梁法 如果将承接踩步金的构件——顺梁的位置提高，则又变为另一种形式，如图4-55所示。该构件由于位置的提高，它的外端不是落在柱头而是扣在山面檐檩上，另一端由于位置提高到了金枋位置，做燕尾榫与金柱柱头结合。这种构造处理方法称为趴梁法。趴梁在此起着双重作用，它既是承接踩步金的梁架，又是梢间的金檩枋，故也称作"金枋带趴梁"。趴梁法适用于体量较小的歇山建筑，这是因为金枋带趴梁受权衡尺度限制，断面不能过大，在承受荷载方面远不及顺梁。

3. 无廊歇山山面构造处理

无廊歇山柱网分布仅有一圈檐柱，无金柱。遇到这种情况，可以采用趴梁法和抹角梁来

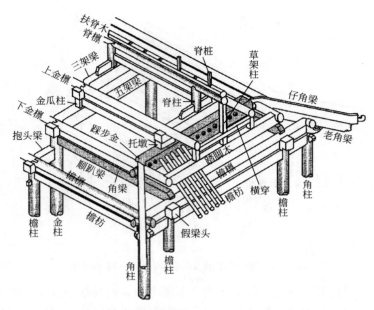

图 4-55　前后廊式歇山山面构造——趴梁法

处理。

（1）趴梁法　适应于多开间无廊柱网及单开间无廊柱网。在多开间无廊柱网中，其趴梁外端搁置在山面檐檩上，内端搁置在正身梁架之上。端头有两种处理手法：一种是趴梁内端端头直接搁置在正身梁架上，作为支承上部三架梁的柁墩来处理；另一种是趴梁内端端头做榫插接在柁墩或瓜柱上。在单开间无廊柱网中，因为没有正身屋架梁，这时采用垂直于面阔方向设置趴梁，此梁代替五架梁支承踩步金。此时踩步金也同时兼具三架梁的功能，上承脊瓜柱并支承山面檐椽。这种做法详见图 4-56(a)。

（2）抹角梁法　抹角梁是趴梁的一种，因为它的搭置角度分别与建筑物的面宽、进深成45°角而得名。采用抹角梁时要使抹角梁的老中与踩步金的中轴线重合，以保证踩步金与抹角梁结合的稳定和牢固。抹角梁法山面构造详见图 4-56(b)。

4. 带前廊歇山建筑的山面构造

带前廊歇山建筑是一种特殊的歇山，其正身构架为五檩前出廊的形式。前后三排柱网分别为前檐柱、钻金柱、后檐柱，五架梁被柱子断开变成插梁和抱头梁，其余构件与前述硬悬山建筑相同。

带前廊歇山建筑山面构造常采用趴梁法，前檐趴梁与后檐趴梁稍有差异。前檐所用的是"金枋带趴梁"，后檐所用的是一般趴梁。前檐趴梁外端做阶梯榫趴于山面檐檩之上，另一端做燕尾榫交于钻金柱柱头，并实际起着梢间金檩枋的作用。后檐趴梁外端做阶梯榫趴于山面檐檩之上，内端可直接搁置在梁背上作为正身梁架的柁墩。带前廊歇山建筑的构架处理详见图 4-57。

5. 卷棚式歇山构造

在外形上歇山建筑分为尖山式歇山和卷棚歇山两种。尖山式歇山屋面前后两坡交界处有正脊，在构架处理上，常使用五架梁、七架梁等单数梁架，在脊部位置为单脊檩，常在脊檩上置扶脊木、脊桩等构件，以便安装脑椽和正脊筒子等。卷棚歇山屋面前后两坡的瓦垄连成一体卷过屋面，在木构架处理上，有单脊檩卷棚和双脊檩卷棚之分，单脊檩卷棚，在构架处

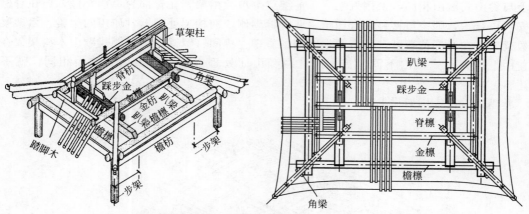

(a) 趴梁法山面构造(轴测图、构架俯视图、剖面图)

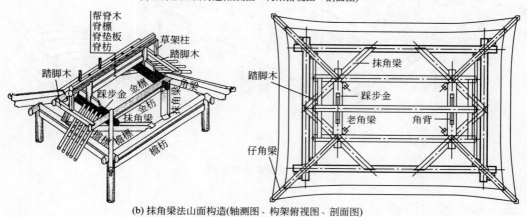

(b) 抹角梁法山面构造(轴测图、构架俯视图、剖面图)

图 4-56 无廊歇山山面构造

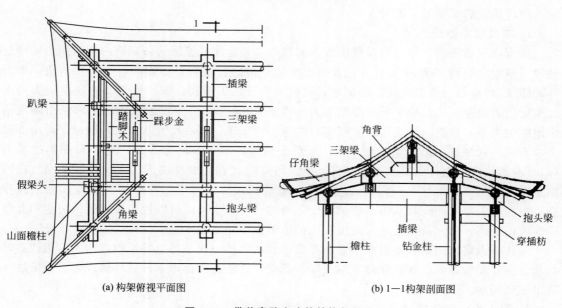

(a) 构架俯视平面图

(b) 1—1构架剖面图

图 4-57 带前廊歇山建筑的构架处理

理上与尖山式歇山相同，采用五架梁、七架梁等单数梁架，在脊部为单根脊檩，但在脊檩上不安装扶脊木，脑椽直接钉在脊檩上。双脊檩卷棚，在构架处理上常使用四架梁、六架梁等双数梁架，在脊部位置处，装有两根并列的脊檩，檩间钉罗锅椽。卷棚式歇山木构架仅在梁架使用上与尖山式歇山不同，其平面柱网和山面处理方法均与尖山式歇山相同，就不再赘述。

卷棚式歇山木构架详见图4-58。

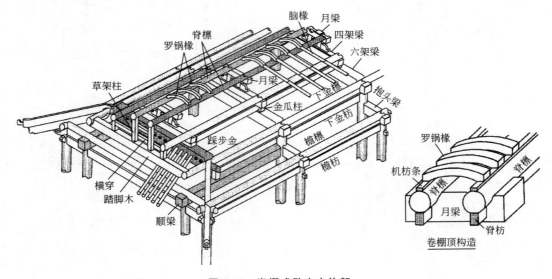

图 4-58　卷棚式歇山木构架

三、歇山收山构造

收山是指歇山建筑屋顶两侧山花自山面檐柱中线向内收进的做法。其目的是缩小屋顶体量，使建筑看起来不过于庞大。

1. 宋式收山做法规定

在宋《营造法式》中，论及歇山收山时提到"凡堂厅并厦两头造，则两梢间用角梁转过两椽（亭榭之类转一椽）"，并在论及两山出际之槫的长短时，提到"若殿阁转角造，即出际长随架"。根据《营造法式》的记述，我们大致可以了解到，宋代厅堂类建筑厦两头造山面檐椽的搭设范围为二椽平长（亭榭类为一椽平长），上部山面收山位置即上部悬山屋顶两山出际的大小，根据《营造法式》规定具体为：两椽屋，出2尺至2.5尺；四椽屋，出3尺至3.5尺；六椽屋，出3.5尺至4尺；八至十椽屋，出4.5尺至5尺。对于殿阁类建筑出际，《营造法式》交代太简而无法探究，大约可知是比普通厦两头造加大，长随架深。在两山丁栿之上随架立蜀柱——称为夹际柱子，来承托出际的槫子，约略相当于清式歇山踩步金。根据相关专家研究，从山面檐檩到出际槫端约为一步架，可以视为宋式厦两头造和九脊殿的收山距离。宋《营造法式》歇山收山构造示意图详见图4-59。

宋代歇山建筑山面较小而多不做山花板，为透空式山花，可以看见内部的木构架，在博缝板合尖处安装悬鱼，在出际槫木端头安装惹草，悬鱼惹草都用木板另外雕成，这种做法一直沿用到明清。

2. 清式收山做法规定

从唐宋到明清，歇山建筑的收山尺度大体上是由大变小的，相应的是正脊尺度由短变

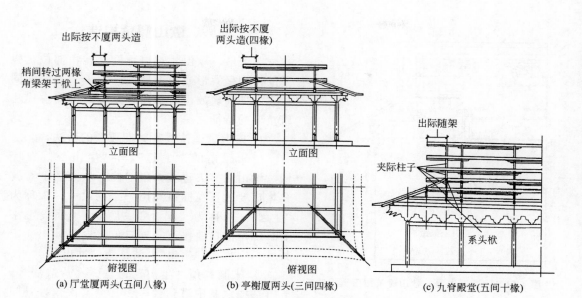

图 4-59 宋《营造法式》歇山收山构造示意

长，上部悬山顶部分体量由小变大。如五台山南禅寺大殿歇山山面收进 131cm，河北正定隆兴寺转轮藏殿收进 89cm，元代芮城永乐宫纯阳殿收进 39.5cm，北京智化寺大智殿收进 42cm（与元代接近）。清代规定歇山收山距离为 1 檩径（4.5 斗口），一般约为 30cm。

梁思成先生在《营造算例》中总结得出：清代歇山建筑收山的法则为歇山两山山花板的外皮位于山面正心桁（或檐檩）中心线向内收一桁径（或檩径）处。

清式歇山建筑山面以下金檩为界，上部近似于悬山，下部近似于庑殿。上部悬山部分，檩条从屋架向两山挑出，在檩端钉有博缝板作为防护，同时在博缝板内侧用山花板将整个山面封堵。为了支承上部的檩木出挑并固定山花板，在山面位置增设了草架梁柱，横向设置的木枋称为横穿，纵向设置的立柱称为草架柱，在山花板与屋面檐椽交界位置设置的梯形木枋称为踏脚木。清式歇山建筑山面构造详见图 4-60。

3. 江南《营造法原》中收山的做法

以《营造法原》为代表的吴中一带，称歇山建筑为"纱帽厅"建筑，称歇山两山坡面做法为拔落翼，其位置在建筑尽端开间之上。其做法是，在山面廊柱与步柱之间设置双步（相当于清制的顺梁）和眉川。在眉川端头架设步

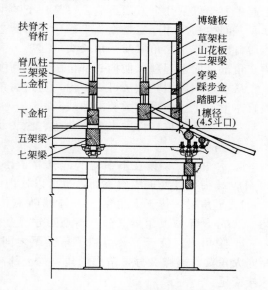

图 4-60 清式歇山建筑山面构造

桁（相当于清制的踩步金），步桁有两个作用，一个是支承脊童柱，另一个是作为出檐椽的后尾落脚点。脊桁从脊童柱向外伸出的距离可作为江南地区歇山收山的距离，约为 1/4 面阔。脊桁端头装钉博缝板，而山花板装钉在步桁之上的梁架之间。

《营造法原》歇山建筑拔落翼构造详见图 4-61。

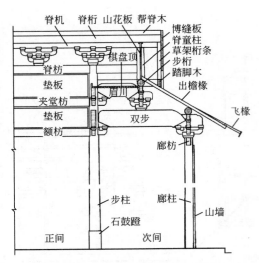

图 4-61　《营造法原》歇山建筑拔落翼构造

四、庑殿、歇山翼角构造

在庑殿、歇山建筑屋顶檐部转角部位，椽子的排列呈翼形或扇形展出并向上翘起，如同待飞的鸟翼，故得名翼角。翼角是中国古代建筑重要的特征之一。

1. 宋《营造法式》时期翼角的做法

（1）翼角的"生起"与"生出"　在庑殿、歇山及攒尖建筑翼角部位，从立面上看翼角檐口要比正身檐口高出一定的尺寸，宋称为"生起"，清称为"起翘"。从屋顶平面投影来看，翼角檐口要比正身檐口位置向外伸出一定尺寸；宋称为"生出"；清称为"冲出"。

① 宋制翼角"生出"做法。《营造法式》卷五造檐之制中讲到"……其檐自次角柱补间铺作心，椽头皆生出向外，渐至角梁：若一间生四寸，三间生五寸，五间生七寸（五间以上，约度随宜加减）。"

这段话意思是，以次角柱与角柱之间的补间铺作的中心线为起点，每根椽头逐渐向外生出，直到角梁端部，翼角椽的生出尺寸按照开间的多少而定，面阔一间，生出四寸；面阔三间，生出五寸；面阔五间，生出七寸；五间以上，要根据实际情况来定。

② 宋制翼角"生起"做法。宋《营造法式》虽未对翼角生起有明确的规定，但其翼角生起主要受以下几个方面影响：一是柱子的生起，自平柱叠进向角渐次生起……五间生高四寸，三间生高二寸；二是檐头生起，在两侧边榑榑背上加垫生头木，使檐头部位呈翘起状，然后钉椽；三是大角梁与子角梁头的起翘。大角梁与子角梁本身高度要大于椽子，同时子角梁在角部又向上起翘，使檐头部位的起翘高度增加。

从上述宋制翼角做法可以看出，通过翼角部位的生出和渐次生起，使得建筑檐口不那么僵直，形成了一条缓和柔美的曲线。

（2）翼角部位构件　主要有角梁、椽飞及其附属构件。

① 角梁

a. 大角梁：架设在下平榑下，橑檐方上，直至椽头。高度（广）为 28～30 分，厚 18～20 分，端头可以处理成斜杀面，也可以处理成三瓣卷头。

b. 子角梁：位于大角梁上，外端随飞檐头外至小连檐下，里端斜至柱心，子角梁广 18～20 分，厚减大角梁三分，头杀四分，上折深七分。

c. 隐角梁：位于下平榑到子角梁尾之间，安装于大角梁背，上下广（高）14～16 分，厚同大角梁，或减 2 分，凿去隐角梁的上部高 3 分，深一椽径，使其断面成"凸"字状，以承接椽尾。

宋制角梁部位构造详见图 4-62。

② 椽飞。椽飞包括翼角椽与飞子。宋翼角部位的椽飞，有两种排列方式，一种为平行排列，即翼角椽、飞子与正身椽、飞子方向一致，只是长度至角渐次缩短；另一种为放射排列，即翼角椽、飞与角梁的夹角从 45°逐渐减小至 2.5°。在现存实例中还有介于二者之间的铺设方法，如南禅寺大殿。宋制翼角部位椽飞的排列方式详见图 4-63。

③ 附属构件。附属构件包括生头木、飞魁（大连檐）、小连檐、燕额板等。大连檐是位

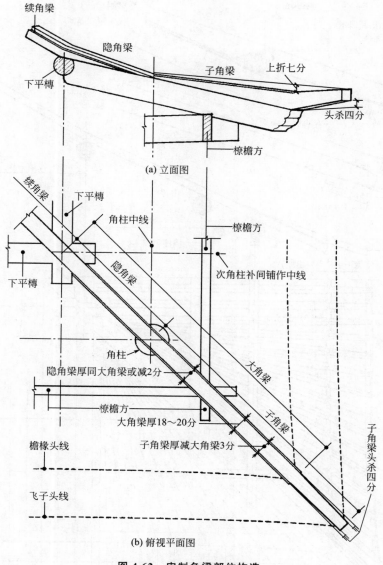

(a) 立面图

(b) 俯视平面图

图 4-62　宋制角梁部位构造

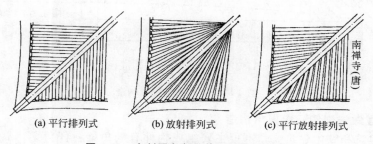

(a) 平行排列式　　　(b) 放射排列式　　　(c) 平行放射排列式

图 4-63　宋制翼角部位椽飞的排列方式

于檐椽椽头部位呈三角形的木构件，小连檐是位于飞子椽头部位呈三角形的木构件，在小连檐之上设有燕颔板，用来承托屋面板瓦。

宋制翼角部位构造详见图 4-64。

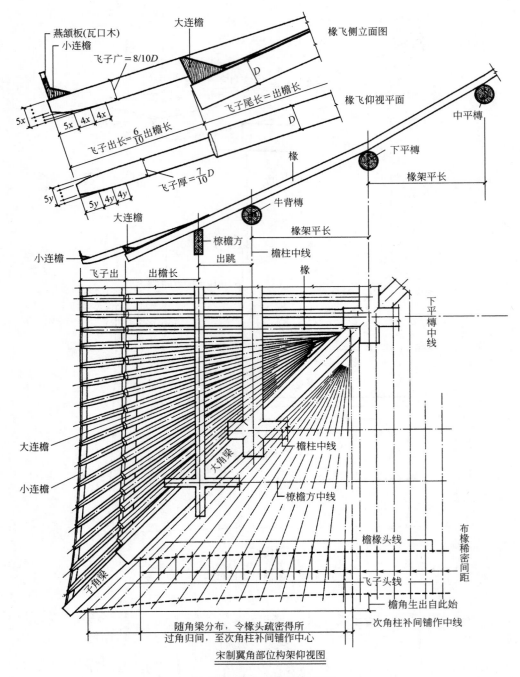

燕颔板(瓦口木)
小连檐
大连檐
椽飞侧立面图
飞子广 = 8/10D
D
飞子尾长 = 出檐长
椽飞仰视平面
中平槫
下平槫
椽架平长
飞子出长 = $\frac{6}{10}$ 出檐长
飞子厚 = $\frac{7}{10}D$
椽
大连檐
牛背槫
小连檐
椽檐方
出跳
椽架平长
檐柱中线
椽
下平槫中线
飞子出
出檐长
大连檐
小连檐
大角梁
檐柱中线
椽檐方中线
檐椽头线
布椽稀密间距
子角梁
飞子头线
檐角生出此始
随角梁分布，令椽头疏密得所
过角归间，至次角柱补间铺作中心
次角柱补间铺作中线
宋制翼角部位构架仰视图

图 4-64　宋制翼角部位构造

2. 清《工程做法则例》中翼角构造

清制庑殿建筑和歇山建筑翼角部位主要组成构件有老角梁、仔角梁、翼角椽、翘飞椽、枕头木以及大、小连檐等。

（1）翼角部位角梁的构造类型　角梁包括老角梁和仔角梁，老角梁是翼角部位的承重构件，其搁置在檐檩（桁）和金檩（桁）的搭交位置上，由内向外呈斜置状。仔角梁位于老角梁上部。根据老角梁与金檩（桁）的位置关系和受力方式的不同可分为三种，详见图 4-65。

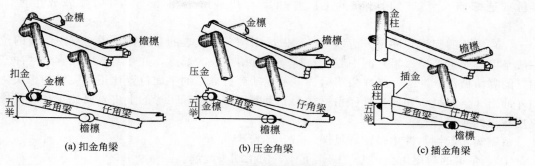

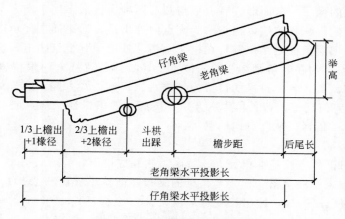

图4-65 翼角部位角梁的构造类型

（2）角梁的长度计算 在上述三种角梁的构造类型中，扣金角梁做法最为典型，现以扣金角梁为例来阐述角梁的计算，其他两种角梁可以参照进行。扣金角梁长度计算示意图详见图4-66。

图4-66 清制角梁长度计算示意

① 老角梁计算公式

老角梁长＝（檐步距＋斗栱出踩＋檐椽平出＋2椽径＋后尾榫长）×角斜系数

檐椽平出：2/3上檐出。

角斜系数：正方角为1.5；六方角为1.26；八方角为1.2。

后尾榫长：扣金做法按1.5檩径，插金与压金不再加出榫长。

老角梁断面尺寸：2倍椽径×3倍椽径（小式）；3斗口×4.5斗口（大式）。

② 仔角梁计算公式（不包括榫长）

仔角梁长＝（檐步距＋斗栱出踩＋上檐出＋3椽径）×角斜系数

角斜系数：正方角为1.5；六方角为1.26；八方角为1.2。

仔角梁断面尺寸：2倍椽径×3倍椽径（小式）；3斗口×4.5斗口（大式）。

① 扣金角梁。常用于重檐建筑上檐和一般的单檐建筑转角。其特征是老角梁前端搭在搭交檐檩之上，后端位置在搭交下金檩之下，与仔角梁一上一下将金檩扣搭在内。

② 压金角梁。常用于小型建筑，一步到顶的廊的转角及山西传统歇山做法中。其特征是老角梁前端搭在搭交檐檩之上，后端压在搭交下金檩之上，其上部的仔角梁后尾砍制呈楔形。仔角梁后尾的长度为端部出头长度的2.5～3倍。

③ 常用于重檐建筑的下檐转角。其特征是老角梁前端搭在搭交檐檩之上，后尾做

半榫或透榫插入金柱之内。在其上的仔角梁与扣金角梁相似，但后尾要做成半榫，插入金柱。

（3）翼角的起翘与冲出　清以《工程做法则例》为代表的官式建筑中，翼角起翘的位置一般是以搭交下金檩（桁）的中心线与檐口位置的交点为起点，并在实践中摸索出"冲三翘四"的翼角做法。冲三，指仔角梁梁头（不包括套兽榫）的平面位置比正身飞椽的椽头位置向外冲出 3 倍椽径。翘四，指仔角梁梁头上表面（第一根翘飞椽的上皮）要比正身飞椽椽头上皮高出约 4 倍椽径。

清制翼角起翘与冲出做法详见图 4-67。

① 老角梁的后尾由金桁上位调至下位，使梁端头起翘。

② 仔角梁端头未顺举折坡度线下斜，而是又抬起一个角度。

③ 角梁自身的尺寸大于檐椽与飞椽的尺寸。

综合以上三方面的因素，使得翼角部位向上翘起。

（4）清制翼角构造　翼角部位的构造主要是解决好各构件的搭设问题。

位于翼角部位的椽子的截面形式有方形与圆形两种，方形多用于南方与廊榭建筑。翼角椽按照正身檐椽长配料，其前端以枕头木为支点向外出挑，后尾插在仔角梁侧的椽槽中。椽槽的终点（最后一根翼角椽尾端位置）在搭交金桁"外由中"金盘线上，椽槽的起点（第一根翼角椽尾端位置），约在老角梁 2/3 长的位置上，具体位置从末一根位置按照 0.8 倍的椽径等距离依次向前派点。具体排椽的口诀为：方八、六五、八方四，即若翼角为方角，按照 0.8 倍椽径从终点向前赶排，若翼角为六方角，按照 0.5 倍椽径从终点向前赶排，若翼角为八方角，则按照 0.4 倍椽径从终点向前赶排。

① 翼角椽的特征

a. 翼角椽长与正身椽长基本相等，其后尾需砍制成楔形。

b. 翼角椽从最末一根至第一根，与角梁的夹角逐渐减小（$45° \sim 2.5°$）。

c. 由最末一根至第一根，冲出长度越来越大（$0 \sim 2$ 椽径）。

d. 第一根翼角椽的椽尾在角梁约 2/3 位置上，第二根、第三根……翼角椽椽尾按 0.8 倍的椽径等距离依次向后移，最末一根交于搭交金檩的外金盘线上。

e. 翼角椽的金盘平面与小连檐下皮重合，由于角部的起翘，小连檐为一曲线，所以翼角椽的金盘线有一定的撇向，在翼角椽头处为 1/3 椽径。

f. 翼角椽的端面与其长身轴线垂直。

g. 翼角椽的数量，规模小时取 7、9、11 根。规模大时取 13、15、17、19 根。北京故宫太和殿达 23 根。

② 翘飞椽与正身飞椽的区别

a. 由于仔角梁冲出，翘飞椽也随着冲出，不断加长（比正身飞椽长）。

b. 由于角梁翘起，翘飞椽也随之翘起，其上皮线为一条折线。

c. 正身飞椽椽头为方形，翘飞椽椽头随着起翘的连檐逐渐改变形状，呈不同的菱形（称为撇度）。

d. 各翘飞椽的扭脖（翘飞母）的角度随小连檐冲出曲线角度的变化而改变，而不是像正身飞椽那样与椽头平行。

翘飞椽制作时要注意长度、翘度、撇度、翘飞母扭度这四个因素都在发生变化。

翼角部位翘飞椽的特征详见图 4-68。

③ 其他联系构件

a. 枕头木：为将翼角椽逐根垫起，在挑檐桁和正心桁靠近角梁处安放的三角形木块，

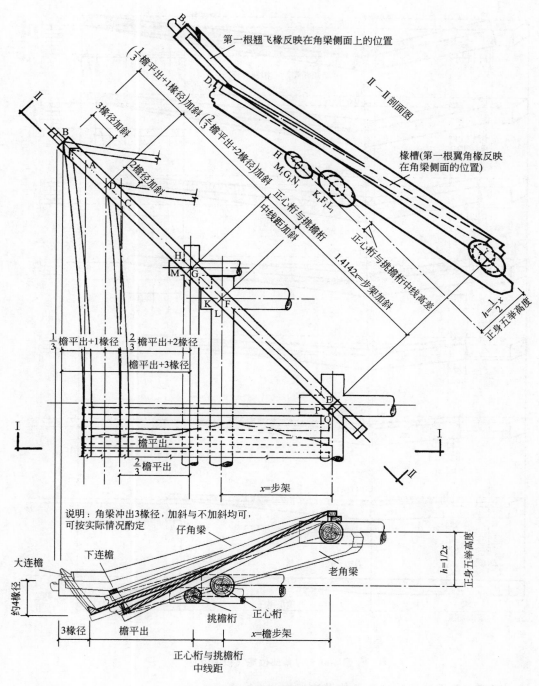

图 4-67 清制翼角起翘与冲出做法

枕头木上边需按照椽径挖出椽窝。

b. 大小连檐：大连檐是指横向钉在飞椽头上，将飞椽连成一个整体的梯形断面木料。连檐高与椽径相同，底宽为椽径的 1.1～1.2 倍。小连檐为钉在檐椽椽头上，将檐椽连成一个整体横向木板条，小连檐厚与望板相同，宽与椽径相同。

清制翼角部位的构造详见图 4-69。

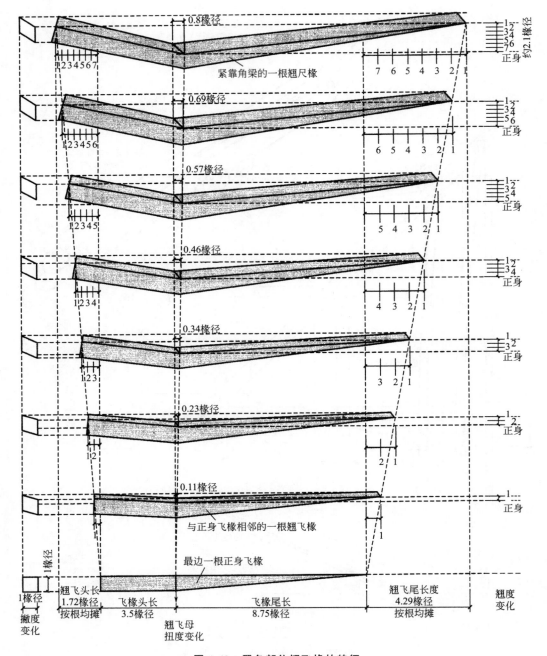

图 4-68　翼角部位翘飞椽的特征

3. 江南《营造法原》中翼角的做法

　　南方地区受当地自然环境和文化传统的影响，其翼角的做法与北方明显不同，在反映苏浙一带建筑做法书籍《营造法原》中将翼角做法称为"戗角"，戗角按照材料和构造的不同分为水戗发戗和嫩戗发戗两种，详见图 4-70。

　　（1）水戗发戗　又称老戗发戗，江南檐部做法之一，在檐口部位只设老戗（老角梁），角部在构造上基本不起翘，通过戗脊在角部的瓦作构件逐皮挑出弯起或兜转做卷叶状戗角。

　　（2）嫩戗发戗　在廊桁与步桁搭交处设老戗（老角梁），嫩戗斜立在老戗端部，二者之

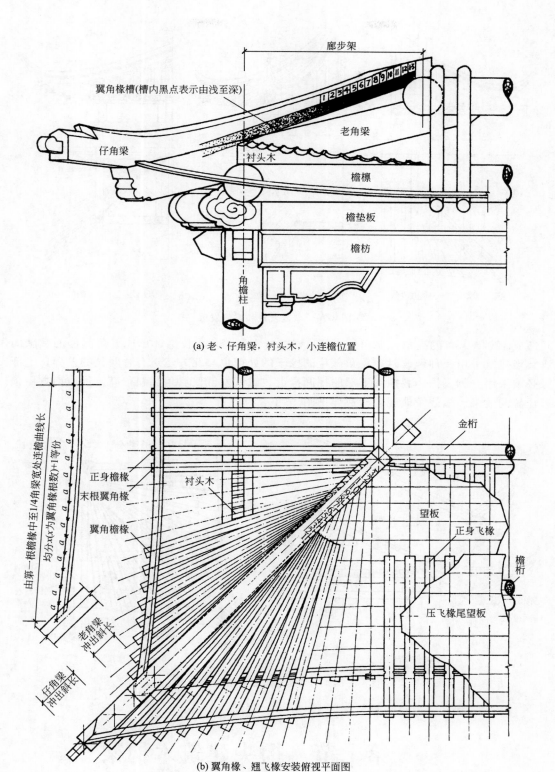

(a) 老、仔角梁，衬头木，小连檐位置

(b) 翼角椽、翘飞椽安装俯视平面图

图 4-69　清制翼角部位的构造

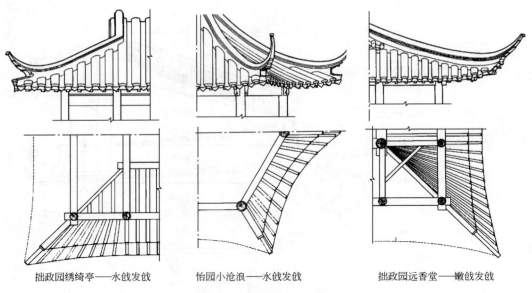

拙政园绣绮亭——水戗发戗　　怡园小沧浪——水戗发戗　　拙政园远香堂——嫩戗发戗

图 4-70　老戗发戗和嫩戗发戗

间形成 120°～130°的夹角，夹角处以箴（zhēn）木和菱角木拉结，形成翼角部位的起翘的做法。当建筑采用此种做法时，翼角部位的椽子的处理也与北方建筑有着明显的差异，上部飞椽必须采用立脚飞椽，斜插在下部的摔网椽上。嫩戗发戗使翼角起翘很高，形成南方屋顶体态轻盈的效果。嫩戗发戗戗角构造详见图 4-71。

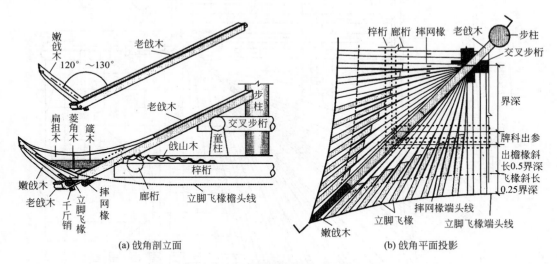

(a) 戗角剖立面　　　　　　　　　　(b) 戗角平面投影

图 4-71　嫩戗发戗戗角构造

🌀 第七节　攒尖建筑木构架

　　建筑物的屋面在顶部交汇于一点，形成尖顶，这种建筑叫攒尖建筑。攒尖建筑在古建筑中大量存在，广泛用于宫殿、坛庙、佛寺、道观、民居与风景园林建筑中，常常以殿、阁、楼、塔、亭等单体形态存在。典型代表有应县木塔（辽清宁二年，1056 年）；北京故宫中和殿（明永乐十八年，1420 年）；天坛祈年殿（明嘉靖二十四年，1545 年）；沈阳故宫大政殿（清，始建于 1625 年）；承德普陀宗乘之庙万法归一殿（清乾隆三十二年，1767 年）；颐和园佛香阁（清光绪年间，1891 年）等。

一、攒尖建筑的类型

1. 按照建筑平面形式划分

有单一型和复合型攒尖两种类型。

（1）单一型　有三边、四边、五边、六边、八边、十二边、异形（如扇形、非正多边形）等。

（2）复合型　有方胜亭、双环亭、双六角亭、十字亭等。

方胜亭又称套方亭，是两个正方亭沿对角线方向组合在一起形成的亭子。双环亭是将两个圆亭结合在一起的组合亭。双六角亭又称荟亭、六角套厅，由两个六边亭复合而成。十字亭是四方亭或八方亭四面加抱厦而形成。

攒尖建筑常见的平面形式见图 4-72。

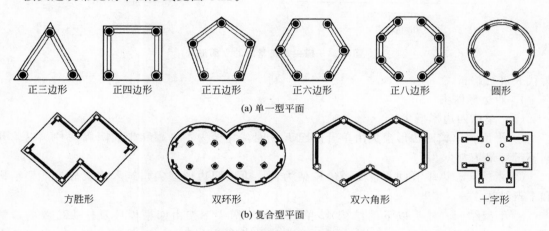

正三边形　　正四边形　　正五边形　　正六边形　　正八边形　　圆形

(a) 单一型平面

方胜形　　　　双环形　　　　双六角形　　　　十字形

(b) 复合型平面

图 4-72　攒尖建筑常见的平面形式

2. 按照建筑的立面形式划分

有单檐攒尖、重檐攒尖和楼阁型攒尖。

（1）单檐攒尖　只有一层屋檐。在风景园林建筑中，采用最为普遍。

（2）重檐攒尖　根据出檐的数目可以分成二重檐和三重檐。在重檐攒尖造型处理时，上下檐的形式可以相同，也可以不同。在不同檐处理中，天圆地方亭是最为常见的形式，即上重檐用圆形平面，下重檐使用方形平面。二重檐典型代表是北海公园五龙亭，三重檐典型代表为天坛祈年殿。

（3）楼阁型攒尖　楼阁型攒尖是指平面为正多边形（方形、六边形、八边形、十二边形），层数在 3 层以上的楼阁和木塔等。

攒尖建筑常见的立面形式详见图 4-73。

二、单一型攒尖建筑

由于攒尖建筑种类繁多，构架形式多样，单一型攒尖本书选取四边形、六边形、圆形作

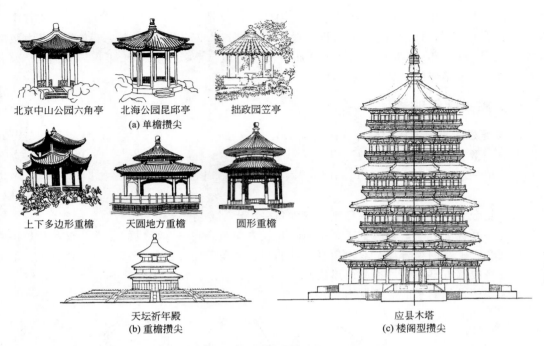

北京中山公园六角亭　　北海公园昆邱亭　　拙政园笠亭

(a) 单檐攒尖

上下多边形重檐　　天圆地方重檐　　圆形重檐

天坛祈年殿

(b) 重檐攒尖

应县木塔

(c) 楼阁型攒尖

图 4-73　攒尖建筑常见的立面形式

为代表进行解析。

1. 四边形攒尖

（1）单檐四边形攒尖

① 平面。单檐四边形攒尖由单开间至五开间，并分为不带廊和带周围廊两种。以单开间不带廊最为常见。

② 木构架。以单开间不带廊攒尖构架为例，单檐四边形攒尖建筑木构架分为下架结构和上架结构。

a. 下架结构（柱头以下的结构）。单檐四边形攒尖下架由四根檐柱及柱头位置的额枋（箍头枋）连接成整体框架，再在各柱头之上安放花梁头（角云）以承接檐檩，在花梁头之间填以垫板。另外在柱子额枋之下设倒挂楣子用以装饰，在接近柱脚位置设坐凳楣子或美人靠，以供人休息。

b. 上架结构。单檐四边形攒上架，从檐檩至顶，一般分为两步，因为金檩之下无立柱，为了找到金檩的落脚点，常采用以下两种方法。

Ⅰ. 抹角梁法，沿 45°方向安装抹角梁，要求梁中线通过搭交金檩轴线的交点，抹角梁上再安装金枋和金檩，再沿角分方向安装角梁，角梁之上四根由戗交汇于雷公柱。

Ⅱ. 长短趴梁法，沿进深方向施长趴梁，要求梁中线通过搭交金檩轴线的交点，再在长趴梁上施短趴梁，然后再在长短趴梁之上安装金檩和金枋。

单檐四边形攒尖构造详见图 4-74。

（2）重檐四边形攒尖

① 平面。重檐四边形攒尖平面由三开间至七开间，分为不带廊和带周围廊两种。以三开间最为常见，并分为双围柱平面和单围柱平面，详见图 4-75。多开间带周围廊的实例较少，现存实例如：承德普陀宗乘之庙万法归一殿，平面正方形，面阔进深均为七间，边长为 20m，高 22m，周围有回廊，单翘单昂斗栱，重檐四角攒尖顶。

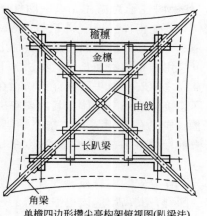

单檐四边形攒尖亭构架俯视图(趴梁法)

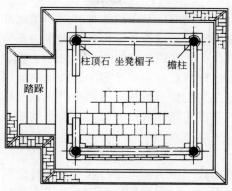

(b) 单檐四边形攒尖亭平面图

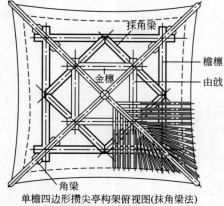

单檐四边形攒尖亭构架俯视图(抹角梁法)

(a) 构架俯视平面图

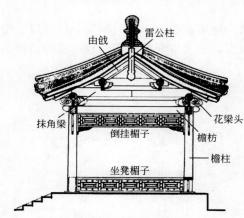

(c) 单檐四边形攒尖亭剖面图

图 4-74 单檐四边形攒尖构造

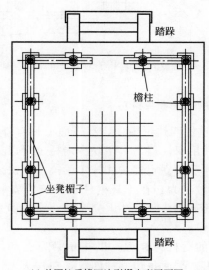

(a) 单围柱重檐四边形攒尖亭平面图

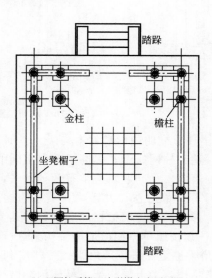

(b) 双围柱重檐四边形攒尖亭平面图

图 4-75 重檐四边形攒尖亭平面图

② 双围柱重檐四边形攒尖木构架。双围柱平面，外一圈柱子为檐柱，里一圈柱子既是下层的金柱，同时也是上层的檐柱。如果把外围的檐柱和其他构件去掉，剩下来就是一个单檐四边攒尖。所以双围柱重檐四边形攒尖就可以看作是一个拔高的单檐四边形攒尖加上一圈檐廊形成的。重檐四边攒尖上檐构造与单檐相同，可以采用抹角梁法和长短趴梁法。下层檐部首先要处理檐柱与金柱之间的连接。一般在檐柱与金柱之间安装抱头梁和穿插枋，在角檐柱和金柱之间也安装斜抱头梁和穿插枋，这样内外柱网连接成为一个整体。其次要解决檐椽和角梁的搭设问题。在抱头梁之上安置檐檩，解决了檐椽前边的搭设支点，按照举架高度，在金柱位置设置承椽枋，作为檐椽后尾的支点。角梁前端搭设在搭交檐檩交点后端插入金柱。

重檐四边形攒尖在承椽枋和上层檐柱之间空当部分，还要安装围脊板、围脊枋，空间较大时还设有亮窗。围脊板的作用是从里面遮挡下层檐的围脊，其高度应该根据围脊的尺度来确定。

双围柱重檐四边形攒尖因为金柱直通上檐支承上层屋顶，构造比较合理，但是平面中柱子比较多，影响空间的使用。双围柱重檐四边形攒尖构造详见图4-76。

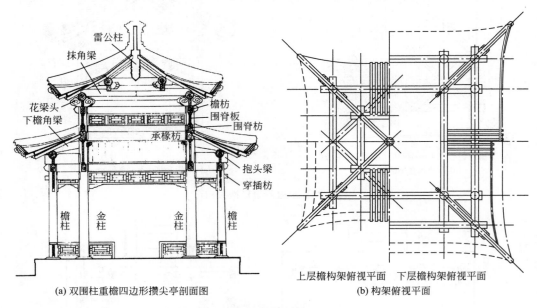

(a) 双围柱重檐四边形攒尖亭剖面图　　　　上层檐构架俯视平面　下层檐构架俯视平面
　　　　　　　　　　　　　　　　　　　　　　　　　　　(b) 构架俯视平面

图 4-76　双围柱重檐四边形攒尖构造

③ 单围柱重檐四边形攒尖木构架。单围柱重檐四边形攒尖，在平面上只有外一圈檐柱，没有金柱。这种柱网布置，提高了室内空间的利用率，但是由于缺少内柱，所以首先要解决上层檐柱的落脚支承问题。通常有两种做法，井字梁立童柱法和抹角梁挑童柱法。

a. 井字梁立童柱法。井字梁立童柱的构造做法为：在正身檐柱柱头位置安装井字梁和井字随梁，形成承接上层檐柱的底架，在其上安装墩斗，墩斗上立童柱，童柱即是"上层檐柱"，然后柱顶按照单檐四边形攒尖构架进行搭设。

b. 抹角梁挑童柱法。抹角梁挑童柱法利用的是杠杆原理，以抹角梁为支点，以下层角梁为挑杆来悬挑整个上层构架。具体构造做法为：平面每边立柱四颗，在柱头上端分别安装檐枋、箍头檐枋、角云、檐垫板、檐檩（为了增强下架的稳定性，下层檐最好采用通檩）。在下层檐的四角安装抹角梁。搭设下层角梁并由抹角梁中心线向外出挑（为保证稳定性，挑出长度不宜过大，宜为1/3下檐步架），角梁尾部做透榫插入四颗悬空柱（即上层檐柱），柱顶按照单檐四边形攒尖构架进行搭设。

单围柱重檐四边形攒尖木构架构造详见图4-77。

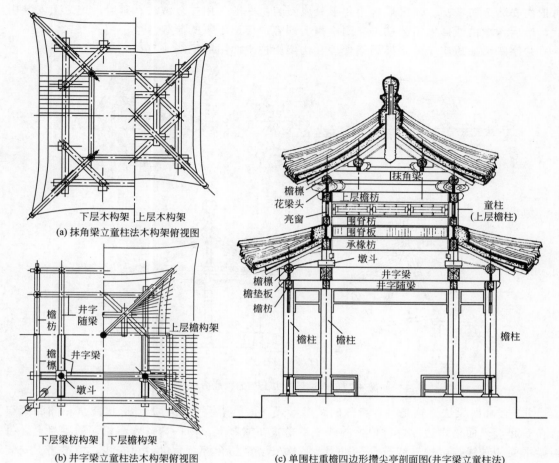

(a) 抹角梁立童柱法木构架俯视图

(b) 井字梁立童柱法木构架俯视图

(c) 单围柱重檐四边形攒尖亭剖面图(井字梁立童柱法)

图4-77　单围柱重檐四边形攒尖木构架构造

2. 六边形攒尖

（1）单檐六边形攒尖

① 平面。平面为正六边形，每边面阔尺寸由单开间至3开间不等，以单开间最为常见。

② 构架形式

a. 下架构造详见图4-78。单檐六边形攒尖下架结构与单檐四边形攒尖相似，由柱子、檐枋、角云、檐垫板、倒挂楣子及坐凳楣子等构件组成。

b. 上架构造。六边形攒尖上架的形成方法有以下几种。

Ⅰ. 井字趴梁法。在角云之上安装搭交檐檩，在檐檩之上，按金檩轴线位置确定趴梁的平面位置，通常是沿面宽方向的金檩轴线安置长趴梁，梁的两端搭置在檐檩上；在进深方向安置短趴梁，

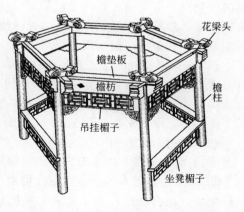

图4-78　单檐六边形攒尖下架构造示意图

梁两端搭置在长趴梁上。短趴梁的轴线，在平面上应通过搭交金檩轴线的交点，以保证搭交金檩的节点落在趴梁上。长短趴梁在檐檩上形成了承接上层构架的井字形梁架。在趴梁之上再依次安装金枋金檩。角梁顺各角角平分线安装，一般采用扣金做法。角梁后尾之上安装由戗，最后六根由戗插入雷公柱，共同承担上部宝顶传递下来的荷载。

井字趴梁法适应于二步架梁架处理，构架俯视平面图详见图 4-79(a)。

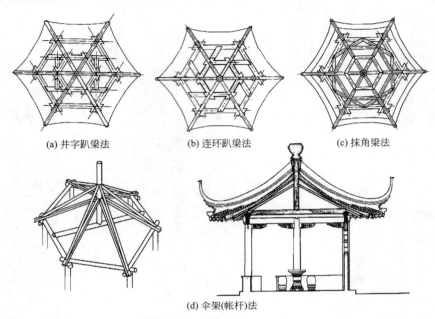

(a) 井字趴梁法   (b) 连环趴梁法   (c) 抹角梁法

(d) 伞架(帐杆)法

图 4-79　六边形攒尖上架的构成方法

Ⅱ. 连环趴梁法。这是一种特殊的趴梁形式，该趴梁由六根构造、形状完全相同的梁组合在一起，平面呈六边形，每根梁的外一端搭置在檐檩上，内一端搭置在相邻的梁身上，每根梁平面的轴线与金檩轴线重合。趴梁上依次安装金枋金檩。角梁各角安装，角梁之上安装由戗，六根由戗共同支撑雷公柱。

连环趴梁法适用于二步架梁架处理，构架平面俯视图详见图 4-79(b)。

Ⅲ. 抹角梁法。在建筑各角、檐檩之上施抹角梁。抹角梁的端部轴线与檐檩轴线中点相交，抹角梁轴线中点与下金檩轴线相交，在抹角梁上安装下金檩，在各角安装角梁，角梁前端向外悬挑，后端向上延伸交汇于雷公柱上。在下金檩与雷公柱之间，角梁上皮又安装了上金檩一道，然后再在屋顶布椽。这种做法借鉴了江南园林中亭子的处理方法，适用于三步架梁架处理。构架平面俯视图详见图 4-79(c)。

Ⅳ. 伞架（帐杆）法。多见于江南亭式建筑，老戗向外端挑出檐桁一定距离，里端插入灯心木（雷公柱）内，在角梁之背另立戗木后端也插入灯心木内，两根戗木与中间的灯心木形成类似伞架的结构。若亭子较大，灯心木下另设水平梁支承，支设水平梁后，须做天花遮挡上部构件。伞架法构造详见图 4-79(d)。

（2）重檐六边形攒尖

① 平面。重檐六边形攒尖分为双围柱平面和单围柱平面，详见图 4-80。

② 双围柱平面木构架。双围柱重檐六边形攒尖，平面由外一圈六根檐柱与内一圈六根金柱组成，由内金柱升高，直接支撑上层檐柱形成。这种构造做法与双围柱重檐四边攒尖构造原理相同，相当于在单檐六角攒尖的外面再加一层檐廊。

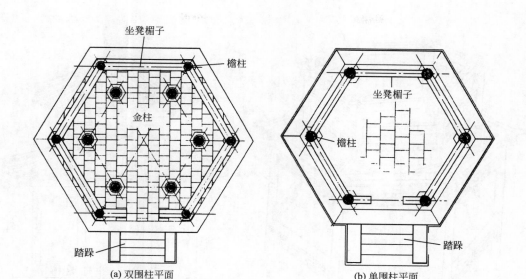

图 4-80　重檐六边形攒尖平面柱网布置

双围柱重檐六边形攒尖构造详见图 4-81。

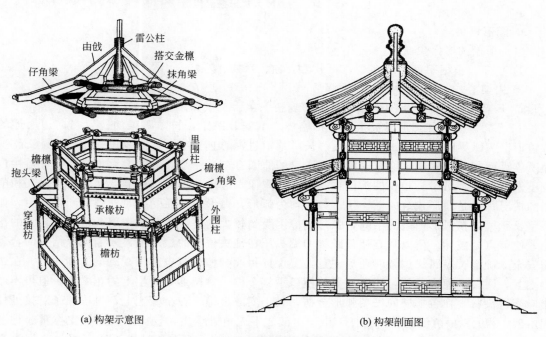

图 4-81　双围柱重檐六边形攒尖构造

③ 单围柱平面木构架。单围柱重檐六边攒尖，平面只有外围一圈檐柱，没有里围金柱。为了支撑上层檐柱常采用的方法为抹角梁挑童柱法，具体做法为：下架完成后，在角云和垫板之上安装搭交檐檩，在檐檩上安装抹角梁。下层檐的角梁以搭交檐檩和抹角梁为支点，分别向内外悬挑，内端角梁的后尾做透榫，穿入悬空柱下端的卯眼，悬挑上层檐柱。上层檐柱顶部上架做法与单檐攒尖相同。

单围柱重檐六边形攒尖构造详见图 4-82。

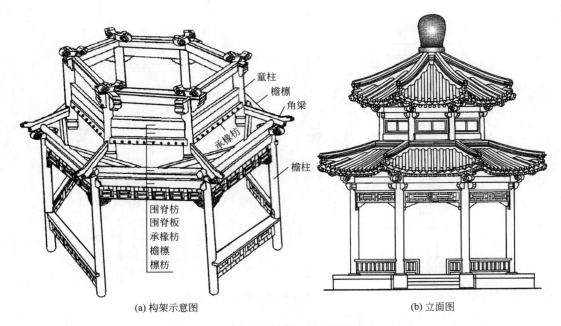

(a) 构架示意图	(b) 立面图

童柱
檐檩
角梁
承椽枋
檐柱
围脊枋
围脊板
承椽枋
檐檩
檩枋

图 4-82　单围柱重檐六边形攒尖构造

3. 圆形攒尖

（1）单檐圆形攒尖

① 平面。根据平面用柱多少，可分为五柱、六柱、八柱、十二柱圆亭。

② 构架形式

a. 下架。圆形攒尖下架由檐柱、弧形檐枋、角云及檐弧形垫板等构件组成。

b. 上架。以六柱圆形攒尖为例，在檐檩之上安装趴梁，长短趴梁的位置与前边所述的六边形攒尖趴梁的安放位置正好相反。长趴梁沿进深方向安装，大致在柱头位置的檐檩上，短趴梁沿面阔方向安装。这样安放长短趴梁的原因有二：一是圆形攒尖无角梁，檐檩搭接位置不做搭交榫，趴梁头扣在柱头位置，不会出现像六边攒尖那样三种节点互相矛盾、互相削弱的情况；二是圆形建筑的檩、枋、垫板均为弧形，弧形构件在受力时外侧易产生扭矩，如果将长趴梁放在弧形檩条的中间，弧形檐檩因受到较大的集中荷载的作用，将产生较大的扭矩，使节点处破坏。所以只有使长趴梁的端头压在柱头位置的檩子上，才能保证结构的合理与安全。确定长短趴梁位置时还应注意，要保证每段金檩的节点都压在趴梁的轴线上。在趴梁之上，两段金檩交接处，还要放置檩椀以承接金檩。檩椀形如檐柱上的花梁头，但可不做出麻叶云头状。在各檩椀间安装弧形金枋，其上安放金檩。在金檩之上，每段檩子对接处使用由戗1根，6根由戗支撑雷公柱。由于由戗之下无角梁续接，仅凭6根由戗支撑雷公柱及其上部的宝顶和瓦件还是不够，所以凡是圆形攒尖建筑，在雷公柱之下通常要加一根太平梁。六柱圆形攒尖木构架如图4-83所示。

（2）重檐圆形攒尖

① 平面。重檐圆形攒尖平面有以下两种形式。

a. 双围柱形式，分为里外两圈柱子，每圈柱子不应少于6根，多为8根、12根。

b. 内四柱形式，外圈柱子应为8颗或12颗，室内立四根金柱。

重檐圆形攒尖构架平面详见图4-84。

② 构架形式。重檐圆形攒尖建筑多采用双围柱平面，与四边形重檐攒尖相似，仍然可

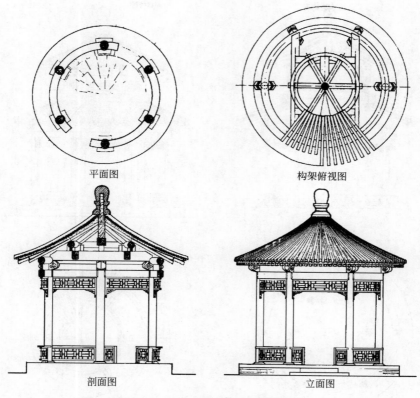

平面图　　　　　　　　　　构架俯视图

剖面图　　　　　　　　　　立面图

图 4-83　六柱圆形攒尖木构架构造

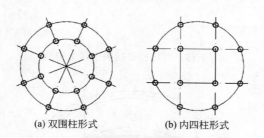

(a) 双围柱形式　　　　　　(b) 内四柱形式

图 4-84　重檐圆形攒尖构架平面简图

以看作单檐圆形攒尖外加一圈檐廊而成。

　　当重檐圆形攒尖采用内四柱形式时，为了找到上层檐柱的落脚点。先在檐柱与金柱之间搭设梁，该梁前端在外柱檐檩之上，后端做榫交于金柱。然后在梁之上搭设趴梁，要求趴梁的位置必须通过上层童柱中心。然后再在此趴梁上设置墩斗，立上层童柱，即形成了上层檐的檐柱，在柱顶按照单层圆形攒尖构架搭设即可。双围柱重檐圆形攒尖构造详见图 4-85。内四柱重檐圆形攒尖构架简图详见图 4-86。

　　（3）圆形攒尖建筑的构造特点

　　① 圆形攒尖的枋、檩、垫板均为弧形。

　　② 圆形攒尖木构架无角梁，但金步往上设有由戗，以便安装板椽并支撑雷公柱，圆形攒尖建筑屋面无屋脊。

　　③ 圆形攒尖建筑的檐步可安装单根椽子，但自金步以上，因椽子排列过密，只能做成

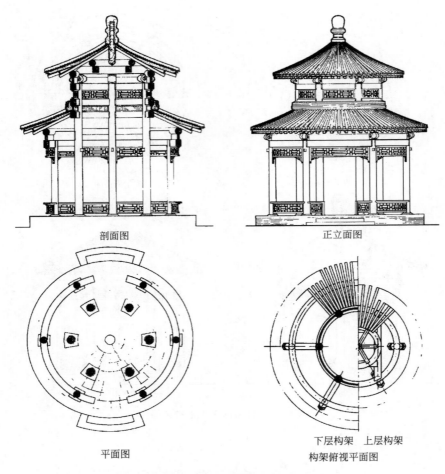

剖面图　　　　　　　　　　　　　正立面图

平面图

下层构架　上层构架
构架俯视平面图

图 4-85　双围柱重檐圆形攒尖构造

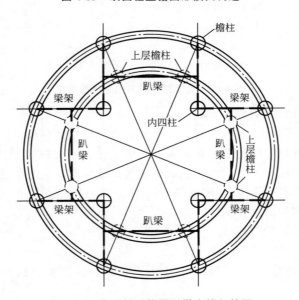

檐柱

上层檐柱

趴梁

梁架　　　　　　　　梁架

内四柱

趴梁　　　　　　　　趴梁
上层檐柱

梁架　　　　　　　　梁架

趴梁

图 4-86　内四柱重檐圆形攒尖构架简图

板椽或连瓣椽。

④ 圆形攒尖建筑的屋面为弧形屋面，不能使用横望板，必须使用顺望板。连檐瓦口也为弧形构件。

⑤ 圆形攒尖建筑的柱子不能过少，一般为 6 根，体量大时不能少于 8 根，柱网布置不及多边形攒尖建筑灵活。

⑥ 圆形攒尖建筑屋面呈"伞状"，屋面上无屋脊，并采用竹子瓦，瓦件下宽上窄。

三、复合型的攒尖建筑

常见的复合型攒尖建筑有方胜亭、双六角亭、双环亭、十字亭及天圆地方亭等。

1. 方胜亭

方胜亭又称套方亭，是由两个正方亭沿对角线方向组合在一起形成的组合亭。方胜亭基本上遵循正四边形攒尖的构造模式，一般采用抹角梁式梁架。共用抹角梁是方胜亭构造的关键，这根共用的抹角梁处在两座四角亭屋面交汇的位置，在其中点位置安装瓜柱，两座四角亭上部的 2 根由戗及 2 根凹角梁便交汇于此处。方胜亭平面与构架俯视图详见图 4-87。

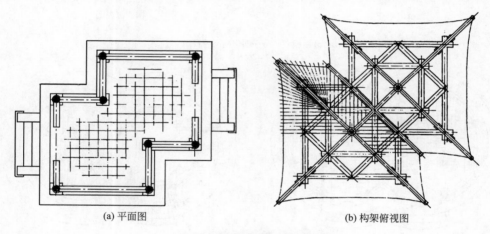

(a) 平面图   (b) 构架俯视图

图 4-87　方胜亭平面与构架俯视图

2. 双六角亭

双六角亭为两个正六边形以一个边作为公用边进行组合而成。其可采用一般六角攒尖亭的构造模式。双六角亭构架俯视平面图详见图 4-88。

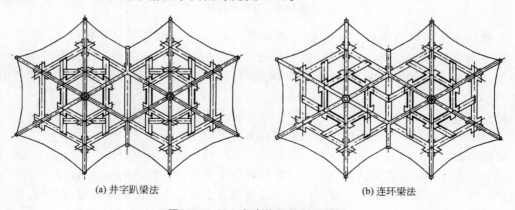

(a) 井字趴梁法   (b) 连环梁法

图 4-88　双六角亭构架俯视平面图

3. 双环亭

双环亭是由两个圆形攒尖结合在一起形成的组合亭。有单檐和重檐两种形式。单檐双环亭采用六柱或八柱圆亭的组合，两圆在平面上有两个共用交点，正好是相邻两根柱子的中心点，造成两亭共用两柱的平面形式，而两亭构架模式与单檐圆亭相同。单檐双环亭平面与构架俯视图详见图 4-89(a)。

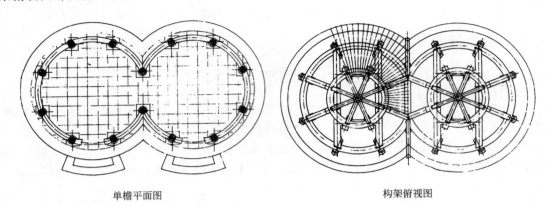

单檐平面图　　　　　　　　　　　构架俯视图

(a) 单檐双环亭平面与构架俯视图

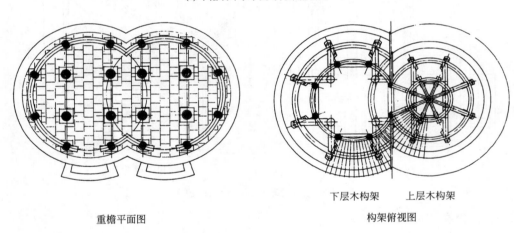

重檐平面图　　　　　　　　下层木构架　　上层木构架

　　　　　　　　　　　　　　　　构架俯视图

(b) 重檐双环亭平面与构架俯视图

图 4-89　双环亭构架

重檐双环亭采用内四柱平面组合。两圆的圆心均通过相邻内柱。在相邻内柱上部施梁，在梁架之间架设趴梁，然后在趴梁之上立上檐童柱，正好形成上层檐两座圆形攒尖公用檐柱。其余构架形式则与单檐双环亭相同。重檐双环亭平面与构架俯视图详见图 4-89(b)。

4. 天圆地方亭

天圆地方亭是指下层檐为四边形，上层檐为圆形的重檐亭。

天圆地方亭下层檐多为单开间或三开间，在下层檐檩或柱上安装井字梁，作为支承上层檐的骨架，并在井字梁内施抹角梁，抹角梁位置由上层圆形构架平面柱位而定。在抹角梁轴线中点正对下层角梁位置各安装童柱一根，然后在井字梁架上每面再安装童柱 2 根，则形成12柱圆亭的平面形式，在 12 根童柱上部再按照一般圆亭设置趴梁、抹角梁、金檩、由戗、雷公柱等。天圆地方亭构架简图详见图4-90。

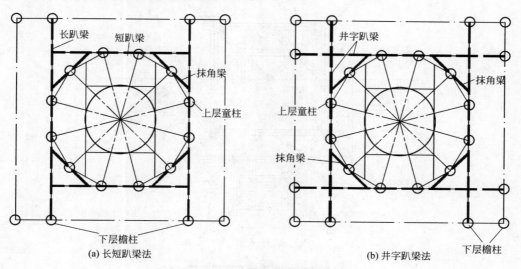

(a) 长短趴梁法

(b) 井字趴梁法

图 4-90　天圆地方亭构架简图

5. 十字亭

十字亭是由单体四方亭或八方亭，四面加抱厦所形成的组合亭，一般采用重檐构架形式。现以承德避暑山庄的水流云在亭为例介绍如下。

水流云在亭为一重檐四边形攒尖亭，下层檐每边面阔三间，明间向外突出一间形成抱厦。为了形成上层檐柱的支点，采用了抹角梁立童柱法。具体做法为：沿亭子下层的通面阔分为六步架，以亭子平面中心每边3步架，其中下檐1步架，上檐2步架，以一步架交点为轴线中心，沿45°设置抹角梁，在抹角梁中点立童柱，作为上层檐柱。上层檐柱在按照一般四边形攒尖的组合规律架设构架。

下檐四出抱厦构架为四檩卷棚歇山，与下檐各边明间共用一根檐檩，在檐檩上施趴梁支承踩步金。水流云在亭构架图详见图4-91。

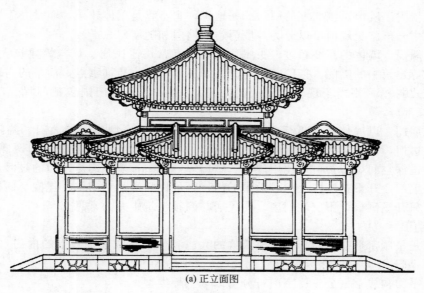

(a) 正立面图

图 4-91

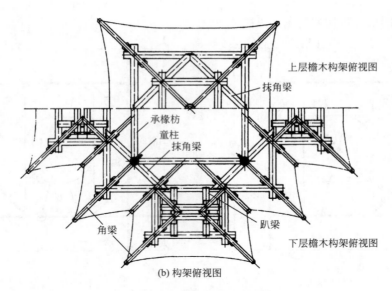

图 4-91 水流云在亭构架图

🌀 第八节 其他杂式建筑木构架

杂式建筑，泛指平面非长矩形，屋顶非庑殿、歇山、悬山、硬山的建筑。其使用范围非常广泛，除了攒尖建筑之外其他诸如：垂花门、游廊、牌楼、钟鼓方楼、戏台等均可称为杂式建筑。本节主要对垂花门、游廊及牌楼进行重点介绍。

一、古建筑中单体门的种类

古建筑单体门主要有墙门、屋宇门、牌坊门和台门四种。

1. 墙门

墙门是依附于院墙、围墙上的门。严格地讲，它不算是单体建筑，而是介于装修门与单体门之间的中介形态。墙门可以分为高墙门、低墙门和随墙门三类。

（1）高墙门　墙体的高度超过门头屋顶的高度，常用于民居、祠堂等建筑大门和宫殿、坛庙、寺观等建筑中的侧门、掖门、角门。高墙门以门头为装饰重点，简单的高墙门只挑出披檐或叠涩式封檐（相当于现代建筑中的雨篷），复杂的高墙门则包括门垛、门头枋（匾额）、屋顶三部分。

（2）低墙门　以墙体高度低于门楼为特征，主要用于小型住宅的大门、院门或大型宅第、寺庙的边门。由于门楼高于墙体，门楼可以做成独立形态。一般在墙门两侧砌出垛墙，形成一定的进深空间，屋顶可以使用硬山、歇山等，是一种墙门向屋宇门的过渡形态。

（3）随墙门　开设在墙体上比较简单的门，既可设门过梁、门框、连楹、门枕石、安装门扇，又可只开设洞口，不安装门扇。在民居与园林建筑中尤为常见。

2. 屋宇门

屋宇门是呈屋宇形态的门。一组建筑群的大门和位于建筑中轴线上的内门（包含二门）一般采用屋宇门。

（1）从平面构成上划分　屋宇门可分为以下三种类型。

① 垫门型（中＋两侧门屋）。平面沿面阔分为 3 段，中间设为通道，两侧布置房间，可

作门卫、杂役用房。

②戟门型（中分型）。平面前后檐完全敞开，中柱落地，大门槛框安装在中柱正对脊檩位置。常用于大型建筑组群作为戟门、仪门，在大型宅第中的大门也常采用这种门。

③山门型（门与殿混合）。山门型平面，明间设门可以通行，次间前后檐设墙封闭，门内空间不像戟门型那么敞开，其实质是门与殿的混合，既可通行作门，左右空间又可安放神像。常见于佛教寺庙中的山门、二山门（天王殿）。

（2）在民居中屋宇大门的划分　在北方民居中（如北京四合院和晋陕大院），常常依据大门门扇在平面中的位置划分为四类：

①广亮大门，大门门扇安装在中柱位置上，这类门的等级最高；

②金柱大门，大门门扇安装在金柱位置上，等级比广亮大门次一等；

③蛮子门，大门门扇安装于外檐柱位置上；

④如意门，在檐柱位置，用砖砌筑留出门洞口，在门洞口内安装门扇。

3. 牌坊门

广义的牌坊门可以分为衡门、棂星门和牌坊门（狭义）三种。

（1）衡门　它是一种由两根柱子架一根横梁构成的最简单、最原始的门。

（2）棂星门　棂星原作灵星，即天田星，为祈求丰年，汉高祖规定祭天先祭灵星。宋代则用祭天的礼仪来尊重孔子，后来又改灵星为棂星。棂星门是坛庙类建筑中轴线上的第一道门，在天坛、地方孔庙等建筑群中常出现。

（3）牌坊门（狭义）　是牌坊的一种，一些宫观寺庙以牌坊作为山门或用来标志地名的门洞式构筑物。

4. 台门

带有台座、台墩的门。台墩体量高大、厚重、坚实，有很强的防御功能，台体上开辟门洞、门道，少者一门洞，多者三门洞，最高形制为五道门洞。这种门主要用于城墙、宫墙，是单体门中等级最高的一种门式。

古建筑单体门的种类详见图 4-92。

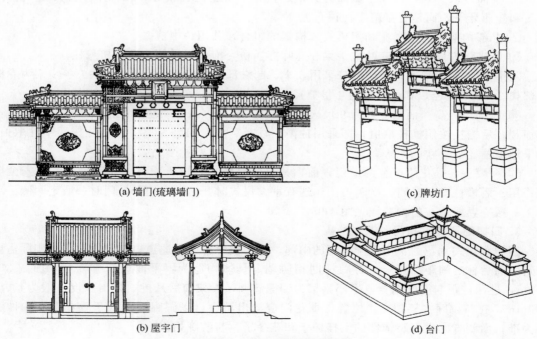

(a) 墙门(琉璃墙门)　　　　　　　　(c) 牌坊门

(b) 屋宇门　　　　　　　　(d) 台门

图 4-92　古建筑单体门的种类

二、垂花门

垂花门常用在中国古代宅院内或园林中，因其檐柱不落地，悬垂于屋檐之下，称为垂柱，垂柱端头常雕刻成莲蕾、垂珠等花饰，故称为垂花门。

垂花门种类很多，按照构架形式可划分为单排柱担梁式垂花门、一殿一卷式垂花门、四檩廊罩式垂花门、五（六）檩单卷式垂花门等。

1. 单排柱担梁式垂花门

俗称"二郎担山式"，平面设单排二柱或四柱，形成单间或三间门的形态，若为三间，则中央明间在宽度和高度上都要大于左右次间。据梁思成先生所著的《清工部〈工程做法则例〉图解》，三间式垂花门明间面阔 10 尺，中柱高 14 尺，柱径方 1 尺，次间面阔 6 尺，边柱高 11.2 尺，柱径与中柱相同。由于只有一排柱网，为了稳定构架，柱子上下部位均采用前后对称配置构件的方法。以中柱为对称轴线，在柱子下部设置滚墩石和壶瓶牙子；在柱子上部沿进深身方向设抱头梁横担前后，梁长各一步架，梁头承檩，檩上架椽，支承屋面；在抱头梁下设穿插枋，穿插枋头设大进小出榫，支承垂莲柱；沿进深方向设有装饰性花板和骑马雀替，沿面阔方向也设有装饰性摺柱花板，但雀替变为普通雀替。摺柱花板位于抱头梁与穿插枋之间，多为透雕花饰。雀替位于穿插枋和帘笼枋下，多为采地雕。垂莲柱悬于麻叶抱头梁下部，形式有"风摆柳""莲花瓣""素方头""四季花草"等样式。

单排柱担梁式垂花门构造详见图 4-93。

2. 一殿一卷式垂花门

一殿一卷式垂花门常见于北京四合院的二门，在园林、寺观中也较为常见。这种垂花门是由一个起脊悬山和一个卷棚悬山屋顶勾连搭接而成。构架可以看作是担梁式垂花门与四檩卷棚的前后组合，取消了内柱而成。一殿一卷垂花门构成示意图见图 4-94。

其基本构造特点如下。

① 平面设双排四柱，柱子截面为方形，构架本身稳定性较好，在柱子下部无需设置滚墩石和壶瓶牙子，而是直接落于柱顶石上。

② 上部构架为四檩卷棚和担梁式式构架的组合，共用一中檩。

③ 沿进深方向通设一麻叶抱头梁和麻叶穿插枋，抱头梁承檩，穿插枋悬柱。

④ 屋顶步架与举架，卷棚部分采用 5 举，起脊部分采用 7（6、6.5）举。各步架为卷棚顶部架 2～3 倍檩径，其余各步为 4 倍檩径。

⑤ 面阔与柱高。面阔一般为 9 尺～1 丈 5 寸，柱高（从台明至麻叶抱头梁底）取 0.9 倍的面阔，后檐柱按照檐柱取值，即采用柱高：柱径＝（13～14）：1。前檐柱按照中柱取值，即采用檐柱径加 2 寸。

⑥ 一殿一卷垂花门设有两道门，前檐柱安装棋盘门，白天通行，夜晚封闭，有安全防卫作用。后檐柱安装屏门，平时关闭，遇有重大仪式时开启，人们通过门时一般走两侧。

一殿一卷式垂花门构造详见图 4-95。

3. 四檩廊罩式垂花门

四檩廊罩式垂花门常出现于游廊的中部，作为横穿游廊的通道口。其面宽根据实际需要而定，前后柱之间距离要求与游廊柱网相协调。具体构造为：平面设双排四柱，面阔 3～3.3m，进深柱距与游廊同宽，上部梁架为四檩卷棚，梁架前后悬挑，挑出长度一般为 450～700mm，在与游廊构架相交接位置，垂花门应高出游廊，以游廊屋面低于垂花门两山博缝板为准；面阔方向设有装饰性的倒挂楣子和花牙子，与游廊相似。

四檩廊罩式垂花门构造详见图 4-96 和图 4-97。

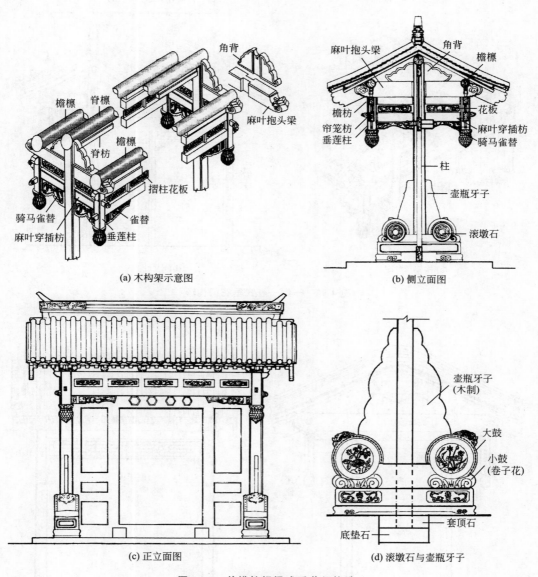

(a) 木构架示意图

(b) 侧立面图

(c) 正立面图

(d) 滚墩石与壶瓶牙子

图 4-93 单排柱担梁式垂花门构造

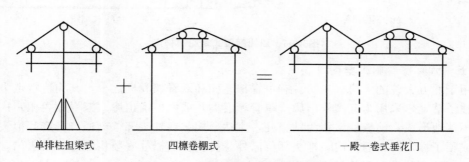

单排柱担梁式 ＋ 四檩卷棚式 ＝ 一殿一卷式垂花门

图 4-94 一殿一卷垂花门构成示意图

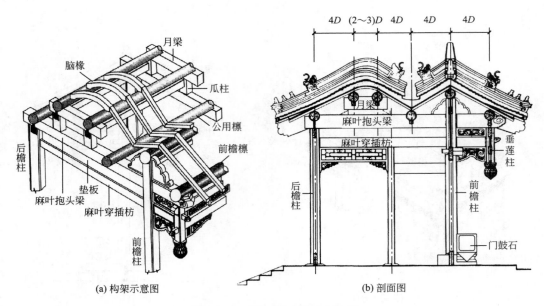

(a) 构架示意图　　　　　　　(b) 剖面图

图 4-95　一殿一卷式垂花门构造

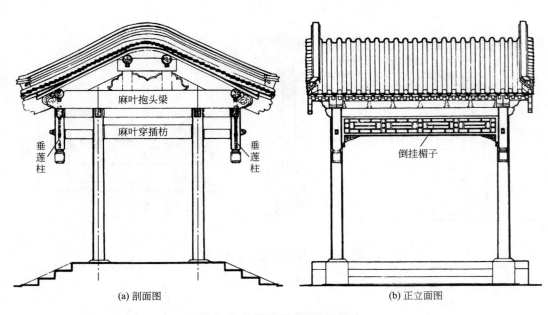

(a) 剖面图　　　　　　　　(b) 正立面图

图 4-96　四檩廊罩式垂花门构造

4. 五（六）檩卷棚式垂花门

常用于北方大院的大门、二门。有单脊檩卷棚和双脊檩卷棚之分，其构造特点为：平面有 4 颗柱子落地，采用为五檩前出廊（单脊檩卷棚）或六檩前出廊（双脊檩卷棚）构架，使前檐柱不落地形成；前檐柱又称为钻金柱，直达金檩，在柱头部位刻通口，麻叶抱头梁相应部位做成腰子榫，落在通口内，抱头部位向外悬挑。在前檐柱安装棋盘门或攒边门，后檐柱安装屏门，功能与垂花门相似。

五（六）檩卷棚式垂花门构造详见图 4-98 和图 4-99。

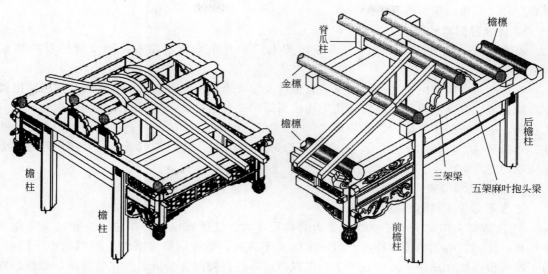

图 4-97　四檩廊罩式垂花门木构架示意图

图 4-98　五（六）檩卷棚式垂花门木
构架示意图

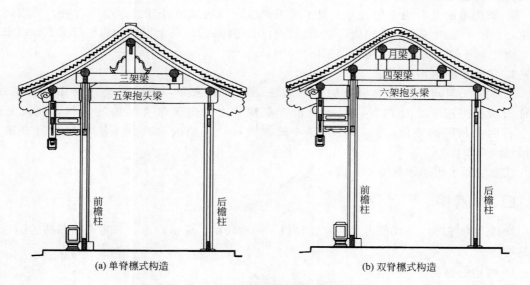

(a) 单脊檩式构造

(b) 双脊檩式构造

图 4-99　五（六）檩卷棚式垂花门构造

三、游廊

"廊"泛指屋檐下的过道、房屋内的通道或独立有顶的通道。游廊则是指独立有顶的通道。常见的游廊有抄手游廊、复廊、楼廊（飞廊）、桥廊、爬山廊、迭落廊等。从风格上也有唐宋、明清及江南之别。

抄手游廊，常出现在北方民居建筑的主庭院，沿主体建筑两侧设置，相对于庭院而言如同抄手状的独立连廊。复廊，从平面上看，廊被中部墙体分为左右两个通道，在墙体上设有漏窗，以保证视线的连通。复廊在江南园林中多有应用，用来分隔廊两侧的景观。楼廊又称飞廊，架设于两栋建筑之间，用以联系二层及二层以上功能房间所用。桥廊，又称廊桥，桥上立柱架设屋顶形成。爬山廊和迭落廊都是用于地势起伏地区的游廊，爬山廊屋顶不断开随地势上升，迭落廊屋顶断开呈阶梯状。

1. 普通游廊木构架

游廊建筑一般不设脊，常见的普通游廊木构架有单脊檩卷棚构架和双脊檩卷棚构架两种。

单脊檩卷棚构架由檐柱、三架梁、脊瓜柱及斜撑组成三角形桁架。双脊檩卷棚构架由檐柱、四架梁、脊瓜柱及月梁组成。构架均较为简单。普通游廊一般开间面阔控制在九尺至一丈左右，进深按照步距确定，脊步距 2～3 倍檩径，檐步距 4～5 倍檩径。檐柱可为方柱、圆柱、六边形柱，柱径 20～30cm，柱高控制约为 11 倍柱径，但以不低于 3m 为宜。普通游廊木构架构造详见图 4-100。

2. 迭落廊木构架

迭落廊与普通游廊的差异如下。

① 迭落廊木构架由水平连续式变为阶梯段落式。迭落廊以间为单位，按照标高变化水平错开，使相邻两间的檩木构件产生一定的水平高差。低跨间靠近高跨一端的檐檩、垫板、枋子端头做榫插在高跨一端的柱子上。进深方向，在高跨间安装插梁以代替顶梁，低跨的脊檩搭置在插梁上。高跨间靠近低跨一端的檩木，则搭置在梁架之上并向外跳出，形成悬山式结构，外端挂博缝板，檩子挑出部分下面附燕尾枋，檐枋的外端做箍头枋。

② 廊内地面及台明变化。为了便于游人登临，廊内地面处理成连续的台阶，并以间为单位，台阶两边砌筑水平式挡墙，使每间内台明式矮墙保证与上架檩木成平行关系，以求建筑立面协调一致。迭落廊木构架详见图 4-101。

3. 江南复廊木构架

复廊是江南园林中较为讲究的廊的做法。从剖面来看，每缝梁架需要用三根立柱，脊柱沿房屋进深 1/2 处设置，上承脊桁。在柱子之间砌筑带有漏窗的墙体，将廊划分为左右两个相等的空间。复廊的上部一般都做轩，简单的廊轩如茶壶档轩，复杂的可做船篷轩等。

江南复廊木构架详见图 4-102。

四、木牌楼

牌楼又称牌坊，是我国古代为宣扬礼教、标榜功德、荣宗耀祖、旌表贞烈而建的纪念性建筑物。

1. 牌楼的种类

（1）按照建造意图划分　有功德牌坊，为某人记功颂德；贞洁道德牌坊，多表彰节妇烈女；家族牌坊，标志家族某一成员科举成就，光宗耀祖之用；标志坊，多立于村镇入口与街道的起点与中段，作为空间段落的分隔之用。

（2）按照结构材料划分　有木牌楼、琉璃牌楼、石牌楼、水泥牌楼、铜制牌坊。

（3）按照结构形式划分　有柱出头式，柱不出头式两大类。

牌楼的木立柱高出牌楼中部檐楼，像树立的蜡烛立于两侧的称为柱出头式牌楼，又称冲天柱式木牌楼。牌楼的木立柱在檐楼之下，称为柱不出头式木牌楼。木牌楼依其开间数和屋顶檐楼数来命名，常见的有"一间二柱""三间四柱""五间六柱"等形式。顶上的楼数，则有一楼、三楼、五楼、七楼、九楼等形式。规模最大的是"五间六柱十一楼"。宫苑之内的牌楼，则大都是不出头式，而街道上的牌楼则大都是冲天式。

（4）按照空间（平面）形态划分　有单排柱式牌楼、双排柱式牌楼、三角柱式牌楼。

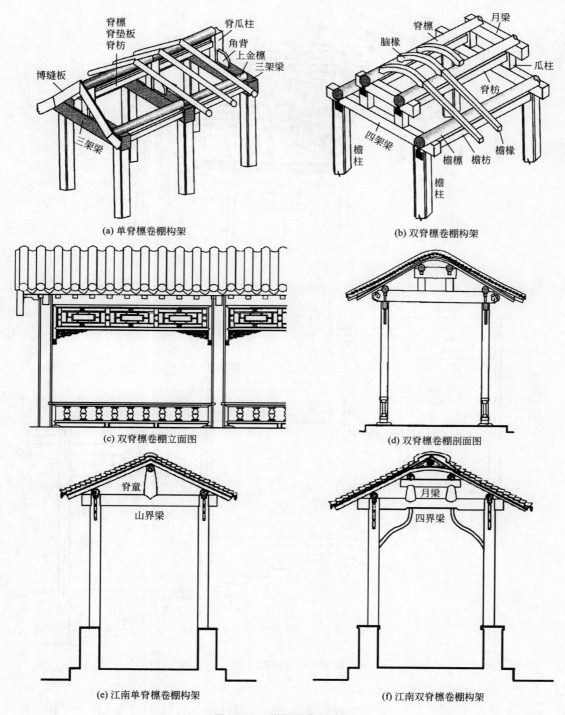

(a) 单脊檩卷棚构架

(b) 双脊檩卷棚构架

(c) 双脊檩卷棚立面图

(d) 双脊檩卷棚剖面图

(e) 江南单脊檩卷棚构架

(f) 江南双脊檩卷棚构架

图 4-100 普通游廊木构架

2. 柱出头式木牌楼

（1）常见的形式　柱出头式木牌楼的间数和屋顶檐楼数目存在有一一对应的关系，即为一间二柱一楼、三间四柱三楼、五间六柱五楼模式。柱出头式木牌楼形式详见图 4-103。

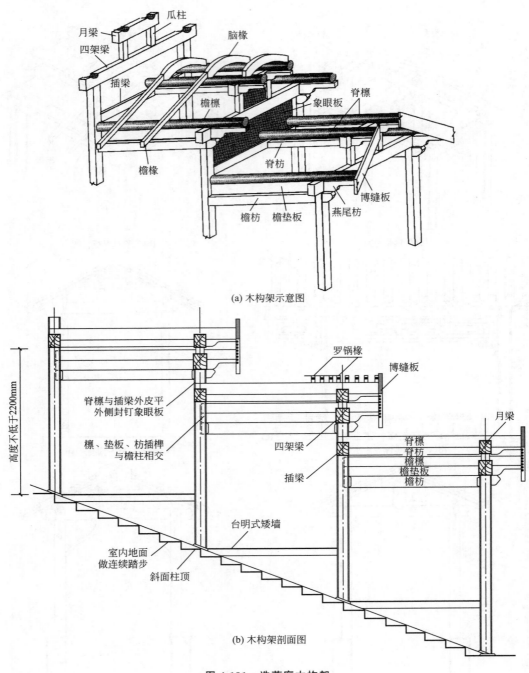

(a) 木构架示意图

(b) 木构架剖面图

图 4-101　迭落廊木构架

（2）基本构造

①落地柱与戗杆。落地柱是牌楼的承重柱，在最外侧称为边柱，其他称为中柱，柱径一般取 10 斗口，柱子截面可方可圆。柱高根据枋下通行高度及柱上各构件高度尺寸计算确定。落地柱的柱脚部位要协同夹杆石与厢杆石深埋于地下，埋置深度一般不小于夹杆石露明部分高度，并做套顶榫穿过柱顶石落在底垫石上。落地柱的柱头部位高耸出屋顶，在柱子端部要套置琉璃套筒，以保护柱顶。这个琉璃构件又称为冠云，冠云长度为 2～3 倍柱径，下

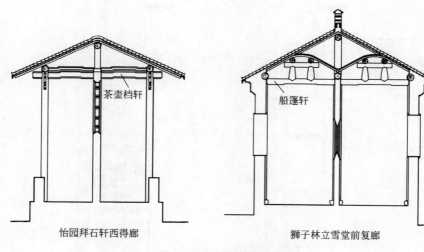

怡园拜石轩西得廊   狮子林立雪堂前复廊

图 4-102 江南复廊木构架

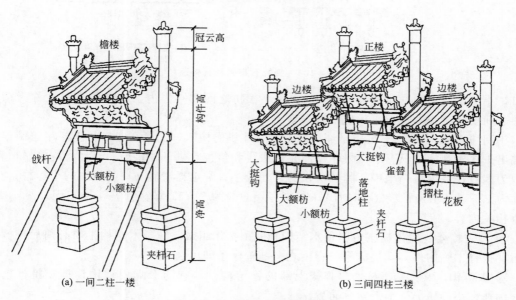

(a) 一间二柱一楼   (b) 三间四柱三楼

图 4-103 柱出头式木牌楼形式

皮与正脊吻兽的顶端平齐。

　　为了加强木柱的稳定性，每根柱子的前后位置，常斜放两根木杆或石杆支撑与柱子中上部，与木柱形成三角形受力框架，这根斜杆称为戗杆。戗杆与地面交接部位应砌筑礅墩并上置戗石或戗兽（作用相当于柱顶石）。

　　② 夹杆石与厢杆石。夹杆石和厢杆石是牌楼下部的石质构件，其作用有二：一是保证牌楼立柱的稳定性；二是保护柱脚避免受潮糟朽。为了节省石料并方便制作，常在两块夹杆石之间又安放两块石料，称为厢杆石。夹杆石分为露明和埋深两部分，埋深部分应不小于露明部分。夹杆石与厢杆石构造详见图 4-104。

　　③ 大小额枋与摺柱花板。额枋是两柱之间的联系性枋木，根据截面大小分为大额枋与小额枋。上部额枋在斗栱之下，要承接斗栱屋檐的重量，所用截面尺寸较大称为大额枋，下部额枋因承接重量较小，其截面尺寸也较小，称为小额枋。大额枋截面一般为 11 斗口 $\times$ 9

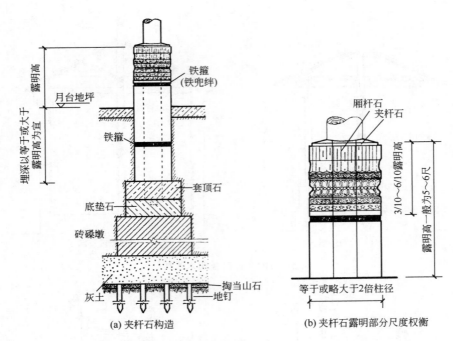

(a) 夹杆石构造　　　　　　　　　(b) 夹杆石露明部分尺度权衡

图 4-104　夹杆石与厢杆石构造

斗口，小额枋截面为 9 斗口×7 斗口。在大小额枋之间的空当内，设置的分隔柱称为摺柱，摺柱之间安装装饰性花板，花板多做雕刻。

④ 平板枋与斗栱。平板枋是额枋之上承托斗栱的枋木，上凿有卯口与坐斗用暗销连结。在柱出头式木牌楼中只有平身科斗栱而无柱头科和角科斗栱。斗栱前后对称，均施昂，斗栱攒数为偶数，要求空当坐中。牌楼斗栱的尺寸较小，常选择清制斗口等级中的十等材，斗口尺寸为 1.5 寸（4.8cm），斗栱的出踩数较多，一般为 7～11 踩。有关斗栱知识详见本书第六章相关内容。

⑤ 屋顶檐楼。屋顶檐楼由屋顶木结构和屋顶瓦作组成。屋顶木结构主要有前后挑檐桁、脊桁、扶脊木等构件，在挑檐桁与脊桁之上铺置椽条即可。

⑥ 大挺钩。又称霸王杠，是牌楼上部的稳定构件。它的上端用铁钩钩挂在挑檐桁上，下端钩挂在小额枋上，前后对称布置。

柱出头式木牌楼细部构造详见图 4-105。

3. 柱不出头式木牌楼

柱不出头式牌楼与柱出头式牌楼的不同点如下。

① 柱子在檐楼之下，无需出头，故不需要"冠云"等柱头保护构件。所有落地柱柱顶标高一致，其高度按照次间通行高度要求及上部横构件总高之和计算。

② 牌楼开间数与屋顶檐楼数量可以对应，也可以不对应。在柱不出头式牌楼中除了有一间二柱一楼、三间四柱三楼、五间六柱五楼外，还有一间两柱三楼、三间四柱七楼、五间六柱十一楼等形式，而在冲天柱式牌楼中则无。

③ 在三间四柱七楼以上牌楼中，将当心间的大额枋改为了龙门枋，并向两端延长至次间的约 1/4 处。

④ 明楼和次楼屋顶，由增加的高栱柱支承，高栱柱上面设单额枋，通过控制单额枋下皮标高来确定高栱柱的高度（单额枋下皮标高应与夹楼和边楼正脊上皮标高相

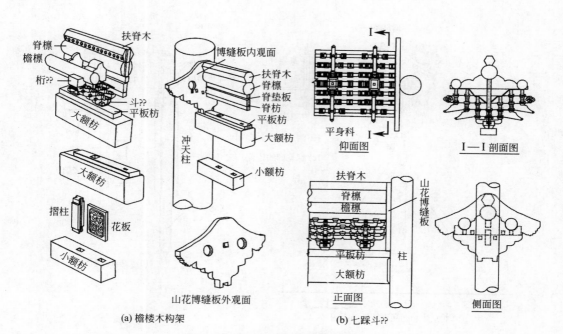

图 4-105　柱出头式木牌楼细部构造

同），高棋柱下端做透榫，穿过龙门枋或大额枋直达小额枋。上部做通天榫，穿过斗棋直至脊桁下皮。

⑤ 柱不出头式牌楼中斗棋除了平身科外尚有角科，牌楼角科较为复杂，相当于普通建筑角科的 2 倍体量。

⑥ 柱不出头式牌楼屋顶可以采用悬山、庑殿和歇山。而冲天柱式牌楼屋顶只能是悬山。

⑦ 柱不出头式牌楼中雀替可以采用普通雀替，也可以采用云墩雀替。

柱不出头式木牌楼构造详见图 4-106。

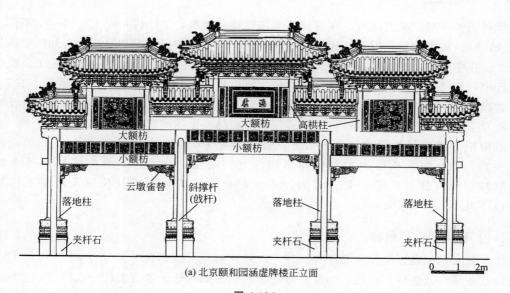

(a) 北京颐和园涵虚牌楼正立面

图 4-106

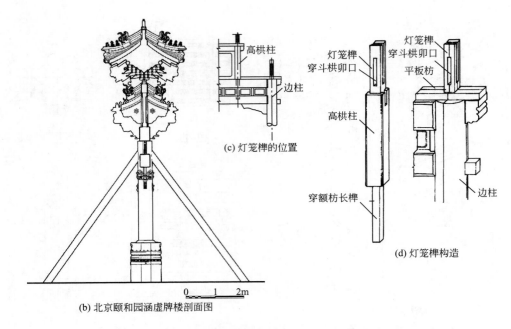

(c) 灯笼榫的位置

(d) 灯笼榫构造

(b) 北京颐和园涵虚牌楼剖面图

图4-106　柱不出头式木牌楼构造（北京颐和园涵虚牌楼）

第九节　古建筑木构架的结合工艺

古建筑木构架是由各式木构件在水平和竖向结合形成骨架，利用木材的受力特性，通过节点构造连接，使得古建筑具有"墙倒屋不塌"的特点。构件之间的结合方法，古代主要有榫卯结合、胶黏剂结合、钉结合、绑扎法、金属连接件连接法等，近代还有螺栓连接法等。

一、榫卯结合

榫卯是榫头与卯眼的统称，在古建筑木构件结合部位，工匠将一根木构件端头制作成突出形状，称为榫或榫头，同时在相对应的另一根木构件端部制作出与榫相契合的凹口称为卯或卯眼。在中国古代建筑中榫卯结构的应用很早，在距今5000～7000年前的浙江余姚河姆渡遗址中，就已发现了包括柱头榫、柱脚榫、梁头榫和企口等各种榫卯，详见图4-107。在宋《营造法式》中记载了对卯、鼓卯、螳螂头口及勾头搭掌等数种，详见图4-108。长期以来，随着工程技术人员的实践探索，创造了很多独具特色的榫卯工艺。

木构架的榫卯种类很多，形状各异，这些种类和形状的形成，不仅与榫卯的功能有直接关系，而且与木构件所处的位置、构件之间的组合角度、结合方式，以及木构件的安装顺序和安装方法等均有直接的关系。现根据清式榫卯所处位置及功能，将其划分为以下几类。

（一）柱类构件的榫卯

在古建大木中垂直构件主要是各类柱。古建柱可以分为落地柱和不落地的柱子两大类。落地柱包括檐柱、金柱、中柱、山柱、角柱等，不落地的柱子包括童柱、瓜柱、雷公柱、垂莲柱等，这些柱子都需要用榫卯来固定它们的位置。

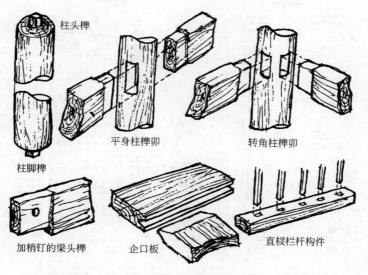

图 4-107 浙江余姚河姆渡遗址中的榫卯结构

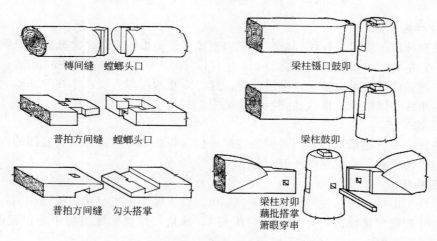

图 4-108 宋《营造法式》中榫卯举例

1. 管脚榫

即用来固定柱脚所使用的榫，其作用是防止柱脚位移。按照《古建筑修建工程质量检验评定标准》（北方地区）（CJJ 39—91）中规定，管脚榫的长度不应小于该端柱径的 1/4，不应大于该端柱径的 3/10，榫子的直径（或截面边长）与长度相同。管脚榫用于各类落地柱及童柱柱脚，用于落地柱时，在相应的柱顶石位置应凿出海眼，用于童柱时，在童柱下脚位置先安放一平斗盘（也称墩斗），斗上留有卯口。详见图 4-109(a)、（b）、（d）。

2. 套顶榫

套顶榫是一种特殊的管脚榫，其长短、径寸均大于一般的管脚榫，并穿透柱顶石直接落于底垫石上。其长短一般为柱子露明部分的 1/5～1/3，榫径为柱径的 1/2～4/5 不等，需酌情而定。套顶榫多用于长廊、凉亭、垂花门、牌楼等处。所起的作用是加强建筑物的稳定性，但由于套顶榫深埋地下，易于腐朽，所以埋入地下部分应做防腐处理。详见图 4-109(c)。

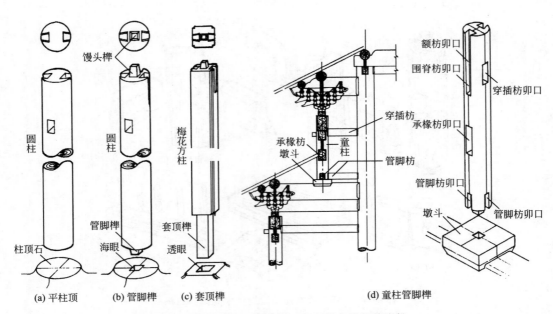

图 4-109　管脚榫、馒头榫、套顶榫、童柱管脚榫

3. 瓜柱柱脚半榫

瓜柱管脚榫用于各式瓜柱柱脚与各梁架的连接部位。瓜柱管脚榫常见的为双榫，榫厚为瓜柱宽的 1/6 左右（一般约为 8 分、25mm 左右），榫长 2～2.5 寸（60～80mm）。当瓜柱较高时，为了增强柱子的稳定性，常采用角背。这时瓜柱的根部需要在半榫的基础上做出盖口榫，以便与角背一同安装。瓜柱柱脚半榫详见图 4-110。

4. 馒头榫

用于各柱柱头（包括瓜柱）与各梁的连接部位，与之相对应的是梁头底部的海眼，馒头榫的尺寸与管脚榫相同，详见图 4-109(b)。

5. 柱头檩椀

用于中柱、山柱、脊瓜柱柱头与檩搭接部位。柱头檩椀形式与梁头檩椀相似，尺寸自檩下皮上返 1/4 檩径定檩椀高，并按此向两侧按 45°抹角，在檩椀底皮的中心位置做"鼻子"榫，"鼻子"榫尺寸高、宽同为 1/5 檩径。

（二）梁（柁）类构件的榫卯

1. 大进小出榫

用于抱头梁、桃尖梁、插金角梁、递角梁与柱子连接部位。榫头厚，圆柱径通常为 1/4 柱径或 1/3 梁厚，方柱通常为 1/4～3/10 柱径。榫头"大进"部分高按照梁全高，长至柱中；"小出"部分高按照梁高的 1/2，长按本身柱径（出头为半柱径）。大进小出榫构造详见图 4-111。

2. 半榫

用于抱头梁、桃尖梁、插金角梁、递角梁与柱子连接部位。榫头厚，圆柱径通常为 1/4 柱径或 1/3 梁厚，方柱通常为 1/4～3/10 柱径，榫头高按照梁全高，榫长至柱中。

3. 半榫压掌榫

用于山柱或中柱部位的梁架与柱子相交时，一般将榫高分为 2 分，将柱径分为三份，使一端的半榫上部长 1/3 柱径，下部长 2/3 柱径，使另一端半榫上部长 2/3 柱径，下部长 1/3

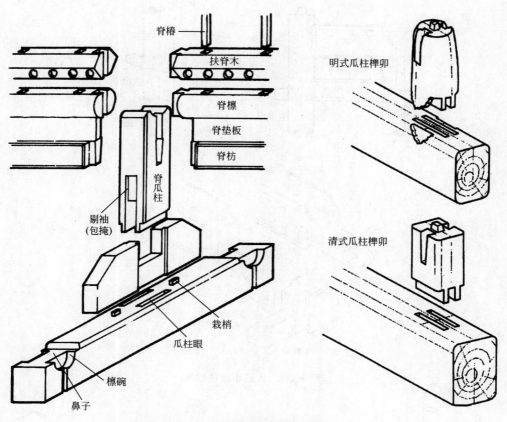

脊椿

扶脊木

脊檩

脊垫板

脊枋

脊瓜柱

剔袖
(包掩)

裁梢

瓜柱眼

檩碗

鼻子

明式瓜柱榫卯

清式瓜柱榫卯

图 4-110 瓜柱柱脚半榫构造

柱径。并且按照《古建筑修建工程质量检验评定标准》（北方地区）（CJJ 39—91）中规定，其下部所施辅助拉结构件雀替或替木必须是具有拉接作用的通雀替或通替木。半榫压掌榫构造详见图 4-112。

4. 檩椀与鼻子榫

用于各类梁架与檩、角梁与檩相交处。檩椀即放置檩桁的椀口，按照《古建筑修建工程质量检验评定标准》（北方地区）（CJJ 39—91）中规定，梁头檩椀的深度不得大于 1/2 檩径，不得小于 1/3 檩径，并且梁头檩椀之间必须有鼻子榫，一般位置处榫宽为梁头宽度的 1/2。承接梢檩的梁头做小鼻子榫，榫子高、宽不应小于檩径的 1/6，不应大于檩径的 1/5。

檩桁与角梁相交时，亦按照需要做出檩（桁）椀，在椀口处可以留出鼻子（又称闸口），也可以不留，檩桁与递角梁、角云等相交时，梁头做搭交椀，不留鼻子。檩椀与鼻子榫构造详见图 4-113。

5. 阶梯榫

多用于趴梁、抹角梁与檩桁相交处，长短趴梁相交处。

趴梁、抹角梁与檩桁相交处必须采用阶梯榫。阶梯榫一般做成三层，每层深入檩子不超过檩径的 1/4，榫长最长不超过檩中心线，并在阶梯榫的两侧做出约 1/4 梁宽的包掩。另外梁头外端必须压过檩中线，过中线的长度不得小于 15% 檩径。

短趴梁做榫搭置于长趴梁时，其搭置长度不小于 1/2 趴梁宽，相交处做法与上述略同，可不做包掩。阶梯榫构造详见图 4-114。

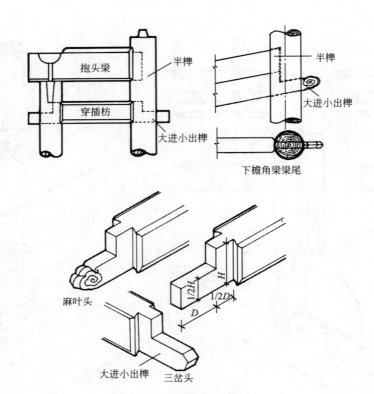

图 4-111　大进小出榫构造

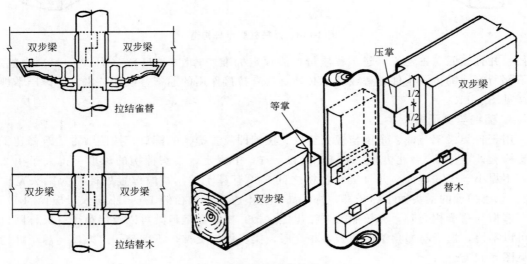

图 4-112　半榫压掌榫构造

（三）枋类构件的榫卯

1. 燕尾榫

　　也称半银锭榫，是檐枋、额枋、随梁枋、金枋、脊枋等水平构件与柱头相交部位所采用的榫。燕尾榫的形状为根部窄，端部宽，呈大头状，这种做法称为"放乍"，并且燕尾榫上面大，下面小，这种做法称为"收溜"。放乍是为了使榫卯拉结有力，收溜是为了在下落式安装时，愈落愈紧。

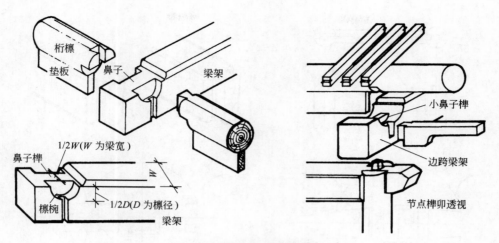

图 4-113　檩椀与鼻子榫构造

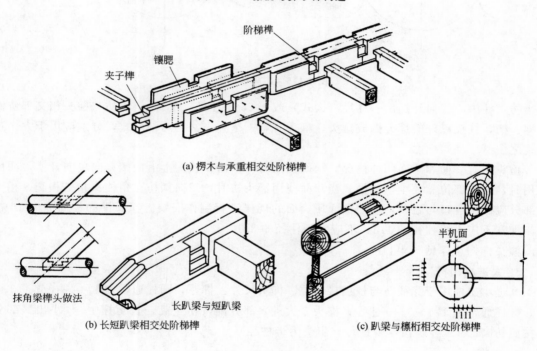

(a) 楞木与承重相交处阶梯榫

(b) 长短趴梁相交处阶梯榫

(c) 趴梁与檩桁相交处阶梯榫

图 4-114　阶梯榫构造

　　枋类构件制作时，燕尾榫长度不应小于对应柱径的 1/4、不应大于对应柱径的 3/10，榫子的截面最大宽度要求同长度。燕尾榫的"乍"和"溜"都应按照截面宽的 1/10 收分。

　　用于额枋、檐枋上的燕尾榫，又有带袖肩和不带袖肩两种做法，做袖肩是为了解决燕尾榫根部断面小，抗剪能力差而采用的一种补救措施，袖肩长度一般为 1/8 柱径，宽与榫的大头相等。

　　燕尾榫构造详见图 4-115。

2. 箍头榫

　　箍头榫为用于额（檐）枋与端柱或角柱结合处的特殊的榫卯构造。箍头榫的具体做法为

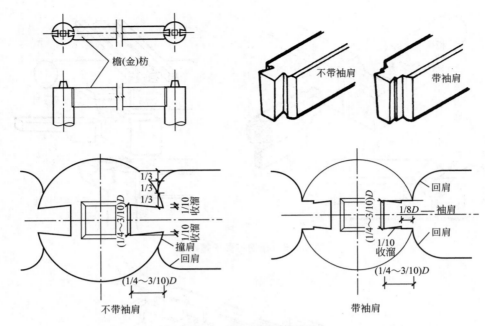

图 4-115　燕尾榫构造

将额枋由柱中心线向外加出一柱径（大式）或 1.25 倍柱径（小式），将枋与柱头相交部位做出榫、槽，柱皮以外的部分做成箍头。箍头有霸王拳和三岔头两种形式，分别应用于大小式建筑之中。

箍头枋有一面和两面两种情况。一面使用时，只需在柱头上沿面阔方向单向开槽，两面使用时，柱头部位需要十字开槽。当双面使用箍头枋时，双向额枋在角柱头扣搭相交，相交的部分应做出等口与盖口，按照山面压檐面的规律进行制作安装。箍头榫的榫高为 8/10 枋高，榫宽不应小于柱径的 1/4，不应大于柱径的 3/10。

箍头榫构造详见图 4-116。

3. 大进小出榫

大进小出榫用于穿插枋与柱连接部位。榫头尺寸：榫厚，圆柱通常为 1/4 柱径或 1/3 枋厚，方柱通常为 1/4～3/10 柱径；榫头"大进"部分高按枋全高，长至柱中；"小出"部分高按照枋高的 1/2，长按本身柱径（出头为半柱径）。

4. 半榫

半榫为用于承椽枋、围脊枋、间枋、棋枋等与柱子连接的部位。榫头厚，圆柱径通常为 1/4 柱径或 1/3 枋厚，方柱通常为 1/4～3/10 柱径，榫头高按照枋全高，榫长至柱中。

5. 十字刻半榫

十字刻半榫为搭交榫的一种。常用于平板枋（普拍枋）十字相交，刻口深为枋厚的 1/2，刻口宽考虑两边分别按构件自身宽的 1/10 做出"包掩"（袖榫），所余的 8/10 枋宽即为刻口的宽（长）。十字刻半榫构造详见图 4-117(a)。

（四）檩（桁）类构件的榫卯

1. 燕尾榫

用于檩与檩之间的连接。燕尾榫榫头上端头部宽为檩桁直径的 3/10，下端根部按头部

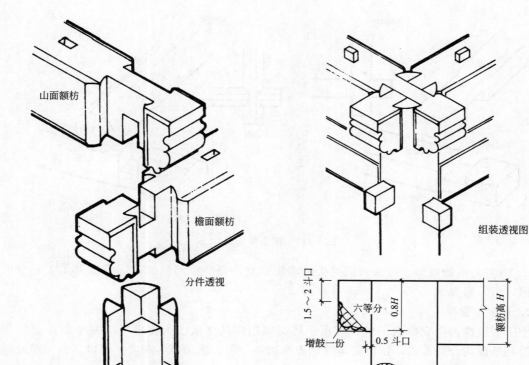

山面额枋

檐面额枋

分件透视

组装透视图

1.5～2斗口

六等分

增鼓一份

0.5斗口

0.8H

额枋高 H

柱径 D

霸王拳画法

(a) 双面箍头枋 (霸王拳)

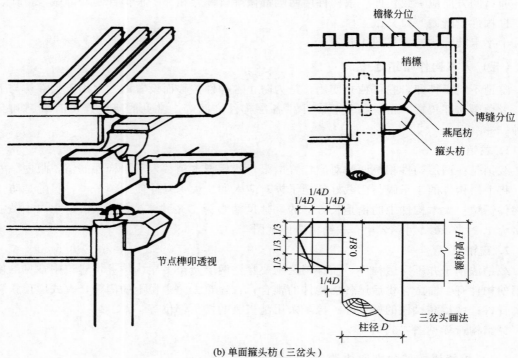

节点榫卯透视

檐椽分位

梢檩

博缝分位

燕尾枋

箍头枋

1/4D

1/4D 1/4D

1/3 1/3 1/3

0.8H

额枋高 H

1/4D

柱径 D

三岔头画法

(b) 单面箍头枋 (三岔头)

图 4-116 箍头榫构造

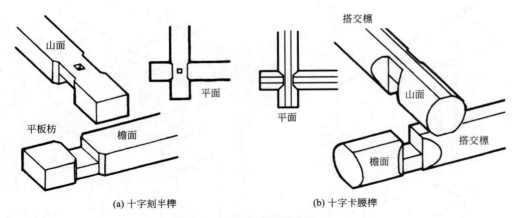

(a) 十字刻半榫　　　　　　　　　(b) 十字卡腰榫

图 4-117　搭交榫构造

宽的 1/10 各向两侧收乍。榫头长同榫头上端头部宽，榫高按部位的不同分别做梁头刻半榫或脊檩（桁）通榫。

2. 十字卡腰榫

十字卡腰榫为搭交榫的一种，常用于搭交檩桁。具体做法为将檩桁沿宽窄面均分四等份，沿高低面均分二等份，依所需角度刻去两边各一份，然后再各刻去上面或下面一半，然后扣搭相交。

十字卡腰榫常用于四边形、六边形或八边形建筑，用于四边形建筑时应时按照山面压檐面的原则刻口搭交，若用于六边形或八边形建筑，不存在山面压檐面的问题，同一根构件上，卯口的方向应一致，即一根构件的两端都做等口榫，相邻一根构件两端都做盖口榫。不能一根构件上既做等口又做盖口。

十字卡腰榫构造详见图 4-117（b）。

（五）大木构件暗销连接

暗销不同于榫卯，它可独立使用，是为防止木构件位移而设置的。常用于大额枋与平板枋、老角梁与仔角梁、桁檩与垫板、斗栱各层构件之间等。常见的暗销连接有载销和穿销两种。

1. 载销

载销是在两层构件相叠面的对应位置凿眼，然后把木销载入下层构件的销子眼内。安装时，将上层构件的销子眼与已载好的销子榫对应入卯。大木构件使用销子榫，目的是防止上下构件错位。大木构件中的销是长方形的，其尺寸多为 1.8 寸×0.8 寸×2.5 寸，斗栱中的销多为 1.2 寸×0.4 寸×2 寸。载销构造详见图 4-118。

2. 穿销

载销法销子并不穿透构件，而穿销法则要穿透两层乃至多层构件。古建筑中常见的使用穿销的构件有：溜金斗栱后尾各层构件的锁合；古建筑大门中槛上的门簪，大式屋顶扶脊木处的脊桩；牌楼高栱柱的柱下榫；椽子采用乱搭头的搭头部位等。

穿销构造详见图 4-119。

（六）板缝拼接处的榫卯构造

制作古建大木和部分装修构件，常常要用到较宽的木板，如博缝板、山花板、挂落板、

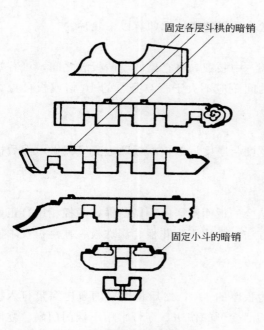

固定各层斗栱的暗销

固定小斗的暗销

(a) 斗栱各层间用暗销固定

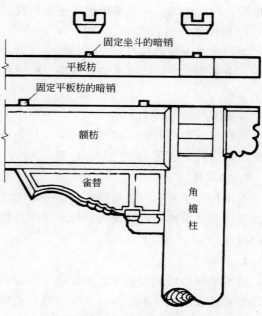

固定坐斗的暗销

平板枋

固定平板枋的暗销

额枋

雀替

角檐柱

(b) 额枋、平板枋及坐斗间用暗销

图 4-118　载销构造

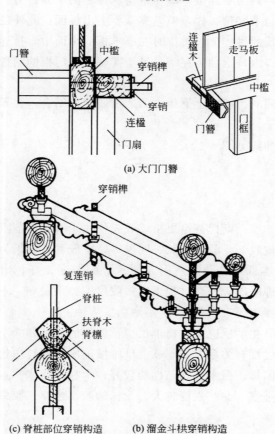

门簪　中槛　穿销榫　穿销　连楹　门扇

连楹木　走马板　中槛　门簪　门框

(a) 大门门簪

穿销榫

复莲销

脊桩　扶脊木　脊檩

(c) 脊桩部位穿销构造　　(b) 溜金斗栱穿销构造

图 4-119　穿销构造

木楼板、门扇板等。这就需要进行板缝拼接，常见的板缝拼接榫卯有以下几种。

1. 银锭榫（扣）

常用于博缝板和榻板。其形如银锭，两头大，中腰细。将它镶嵌于两板缝之间，可有效地防止由于年久开胶后拼板松散开裂。银锭榫的间距应不大于板自身厚的 10 倍或板自身宽的 1.2 倍。

2. 裁口（企口缝）

是将木板的小面按厚度裁掉一半，裁去的宽度与厚度近似，木板两边交错裁做，然后搭接使用，这种做法常用于立闸山花板。

3. 龙凤榫

将木板的小面居中裁出凹槽，另一块与之结合的板面则居中裁做凸榫，两板相结合正好凸凹相接。龙凤榫是古建筑板类最常用的拼接方法，常用于山花板、滴珠板、挂落板及木楼板的拼接。

4. 穿带

将拼粘好的板的反面剔出燕尾槽，槽深约为板厚的 1/3，然后将做好的燕尾穿带打入槽内，它可锁合诸板，不使开裂，并有防止板面凹凸变形的作用。穿带常用于板门门扇、立闸滴珠板、挂落板等。

穿带有三种做法：一种为平穿带，即穿带与木板表面平齐；另一种为明穿带，即穿带与抹头结合在一起，做法与平穿带一样，但是穿带要突出板面；此外还有一种叫抄手带，是一种暗穿带，多用在厚木板的拼接上，拼接时在厚木板的小面中心打透眼，将一头宽一头窄的木带相对插入凿透的卯口内，这种暗穿带常见于实榻大门门板的制作。

5. 压掌

多用于屋面望板之间的拼接，上下板之间通过斜切面结合。椽子与椽子相交处也常采用压掌做法。

常见的板缝拼接榫卯详见图 4-120。

二、胶黏剂结合

1. 胶结材料

古代的胶质多是动物胶。商代甚至更早，胶就使用于木结构节点的结合。制胶材料一般都是取自于动物，包括皮胶、骨胶、鱼胶、明胶等，皮胶和骨胶最为常用，习称为"水胶"。其次是鱼胶。动物胶成本低廉、调制使用方便、干状强度较好、熔点很低，为 18～22℃。这种胶受热融化，冷却即凝固，胶合过程很短；胶层的弹性很好，不易使刀具变钝。但大部分不耐水（遇水胶层就膨胀而失去弹性）、不耐菌虫腐蚀。

木材胶合的过程既有化学反应也有物理反应。胶合的强度和大小与胶的质量、木材的性质、含水率、胶缝的厚度都有关系。质地软、纤维散的木材如红白松、杉松等和质地较硬的木材如柞木、枣木、青冈栎、檀木等黏结性能较好；木材的含水率在 8%～10% 时，黏结强度最高；刨削面越光滑平整，黏结强度越大；涂抹的胶层愈厚，胶结强度愈低，最佳厚度值为 0.05～0.2mm。

2. 胶合工艺

（1）木材表面处理 首先要使木材的含水率控制在 8%～12%；木材表面要平整光洁，

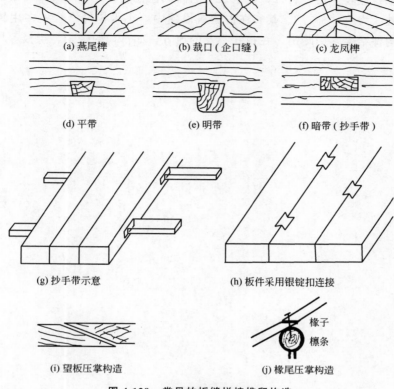

(a) 燕尾榫　　　　(b) 裁口（企口缝）　　　　(c) 龙凤榫

(d) 平带　　　　(e) 明带　　　　(f) 暗带（抄手带）

(g) 抄手带示意　　　　　　　(h) 板件采用银锭扣连接

(i) 望板压掌构造　　　　　　(j) 椽尾压掌构造

图 4-120　常见的板缝拼接榫卯构造

陈旧的和不干净的表面要经过刨削或用砂纸打磨；木材表面的木屑要用布擦或刷子刷净。如有必要可将木材表面进行脱脂处理，以增加黏结力。

（2）熬胶　熬胶的温度宜控制在 60～80℃为宜，水温过低，会延长溶胶的时间；水温过高，会使胶降低黏度。溶胶还要正确掌握胶液的稀稠程度。胶液的稀稠程度视胶结对象和环境温度而定。胶合木条或榫眼时，胶液要稠些，拼板或层压板的胶液要稀些。冬天熬制胶液要稀些，夏天熬制要稠些。

（3）凉置与陈放　用胶黏合木料时，将调好的胶均匀地涂在两个粘接面上，并使其在空气中静置一段时间，称作"凉置"。然后将其贴合，再静止存放一段时间，称为"陈放"。凉置和陈放可以使胶液易于扩散、渗透并使溶剂挥发，提高黏结力。

（4）黏结固化　在黏结固化过程中，可以适当地施加外力，以确保黏结面的密合，避免产生缝隙，促使胶液渗透。施加压力在陈放之后开始，到胶完全或基本固化后才能解除。

三、钉接

我国木作中使用钉子的历史相对较晚。春秋战国时期，我国冶铁技术的发展，促使金属钉在木作中的使用。据相关研究表明，铁钉最先使用于舟楫，最迟到战国晚期，建筑大木开始使用铁钉结合，并成为古建筑木作结合的必要手段之一。

除了金属钉外，古建筑还有木钉和竹钉的使用，其实木销的使用，实际上就是"大木钉"。这类钉一般先要用凿或钻做出小而深的卯眼，再用锤击入钉料。

　　古代的木工行业较少用金属钉，甚至技术的高低往往以有无金属钉来衡量，用钉者往往会受到蔑视而被认为是"外行"。其实在古建筑修建中，小木构件结合中多用竹、木钉，不用铁钉；大木构件结合多用暗销，在视线不及的地方，如古代的椽子、望板等均有钉结合的实例。

第五章

古建筑斗栱构造

斗栱是中国古建筑所特有一种结构构件，它位于建筑立柱和横梁交接处、枋檩间或梁架间，由层层交错叠置的斗形木构件（斗、升）、弓形木构件（栱、翘）及斜置的木构件（昂）等组成。

斗栱由早期出现的挑出、撑托、支顶等简单的构件，逐步发展成为"模数"的复杂结构系统，成了大型甚至小型重要建筑关键性的结构部分。它不仅是结构的需要，而且也是构成古建筑优秀艺术形象的重要组成部分，是研究中国古代建筑史、研究中国木结构发展、古建筑年代鉴定、古代建筑艺术等问题重要的依据之一。

第一节　斗栱的作用及其发展演变

一、斗栱的作用

1. 承上启下，传递荷载

斗栱位于柱顶、额枋与檩桁或梁架之间，首先要承受上部梁架重量并将其传递给柱子。这种结构功能在唐宋时期的殿堂型构架中表现得最为突出，殿堂型构架自下而上由柱网层、铺作层（斗栱）、草栿屋架层三层构成，铺作层处在柱网层与屋架层之间，是典型的受力与传力层。

2. 支撑屋檐、加大出挑、保护柱脚

中国古代建筑以土木为主要建筑材料，木材最大的缺陷之一就是容易受水的干湿影响发生糟朽，为了保证柱脚免受风吹雨淋，要求在建筑的檐部能够形成较大的出檐。在古建筑中，出檐的形成主要依靠檐椽与飞椽的出跳，但出跳长度是受材料的受弯强度与刚度限制的。斗栱在檐下的使用，通过自身的出跳或出踩，有效地增加了檐部出挑的总长度，对台明的墙脚、柱脚起到了更好的保护作用。

3. 缩短梁枋跨度，分散梁端剪力

斗栱构件本身是用各种横纵交叉的栱件层层累叠，并由下而上逐层扩展而成的。在柱梁交界处，由于扩大了支座，增添了支点，改善了节点构造，从而也有效地缩短了梁、槫（檩）构件的计算跨度，明显地减少了构件的弯矩应力和剪应力，提高了构件受弯和受剪性能。

4. 模数单位

从材分制和斗口制的来源来看，斗栱确实有着模数单位的作用。中国古代建筑在唐宋时期和明清时期形成两种成熟的模数制体系，即唐宋时期的"材分制"和明清时期的"斗口制"，二者均与斗栱有着密切的联系。尤其是清《工程做法则例》中表述得很清楚，一幢带斗栱的大式建筑，以平身科斗栱头翘的卯口作为1斗口，并以此卯口为模数进行建筑及构件的度量。

5. 等级标志

中国古代建筑在封建伦理的影响下，处处存在严格的等级制度，斗栱也不例外。宋《营造法式》中将建筑划分为殿堂、厅堂和余屋，其中余屋一般不能使用斗栱或只能使用简单的斗栱。材分制又将材分为八等，根据屋宇的规模大小而酌情使用。明清时期，斗栱的使用也十分严格，普通民房是不允许使用斗栱的，在大式带斗栱的建筑中，斗栱用材又划分为十一等，依据房屋规模大小、社会声望和社会地位高低等因素来选择。

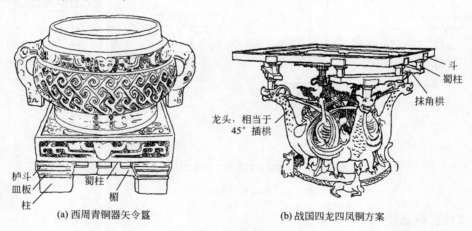

6. 提高建筑物的抗震能力

斗栱具有榫卯结合的"柔性构造"的特点（区别于混凝土结构梁柱刚性节点构造），在地震时能充分发挥"耗能节点"的减震效果。现存的天津蓟州区独乐寺观音阁、山西应县木塔等建筑，能经历多次大震不倒，这与它们的斗栱体系的处理不无关系。

7. 过渡连接与装饰作用

斗栱既具有优异的结构功能，同时又具有很好的装饰效果。首先在建筑形体处理上，外檐斗栱形成了墙身与屋顶之间的过渡层次，使二者的结合更为微妙。其次斗栱本身构件繁多，组合富有韵律，再加斗栱上的多样艺术处理方式，如雕刻、异型栱的使用，彩画的绘制使斗栱本身具有非常绚丽的装饰效果。

二、斗栱的发展演变

1. "斗栱"形象首先出现于西周

在洛阳出土的西周早期青铜器"矢令簋"的基座上出现了四个矮柱上承皿板、栌斗，中间连以横楣和蜀柱的形象，反映出房屋柱网及柱间联系构件的做法，推测在西周初期建筑柱子上可能已出现栌斗。

在河北平山县战国时期中山王墓中出土了一个四龙四凤铜方案，其四角分别出现栌斗、抹角栱和斗子蜀柱，可以据此了解早期的斗栱形象。

在河北平山县战国时期中山国灵寿古城遗址内出土的陶制斗栱中有栌斗、散斗等，大致反映出了早期斗栱组件中斗的形象。

斗栱早期形象见图5-1。

龙头，相当于45°插栱

斗
蜀柱

抹角栱

栌斗
皿板
柱
蜀柱
楣

(a) 西周青铜器矢令簋　　　　(b) 战国四龙四凤铜方案

图5-1　斗栱早期形象

斗栱的早期发展，当代有建筑考古学家结合考古中发现的擎檐柱遗迹现象，推测斗栱纵向栱（也称竖栱）的形成过程是：擎檐立柱——落地斜撑——腰撑（撑栱）——曲撑——插栱，这一檐结构由落地支承到悬挑支承的变革大约完成于西周晚期，最迟到战国时期又完成了插栱与横栱的组合，即形成最初的出跳斗栱的形式。除了上述推测外，开创建筑史学的前辈学者们结合对南方民居（川南、贵州、湘西民居等）挑檐形式的考察研究，认为斗栱中的纵向栱是由延长于檐柱以外的梁端或接续的挑檐横木下使用斜撑到曲撑再到插栱这样一条途径而来。然而以上说法都是一种推测，尚需进一步论证。

对于横栱的发展，一般认为脱胎于叫做"欂（bó）、枅（jī）、栌"一类的短枋木，这些横向构件横装于斗栱栌斗口子中，在构件的两端置散斗，就形成了一斗二升的平叠横栱，再将横栱改为弯曲上举的形式，就形成了栾栱。斗栱的早期发展示意图详见图5-2。

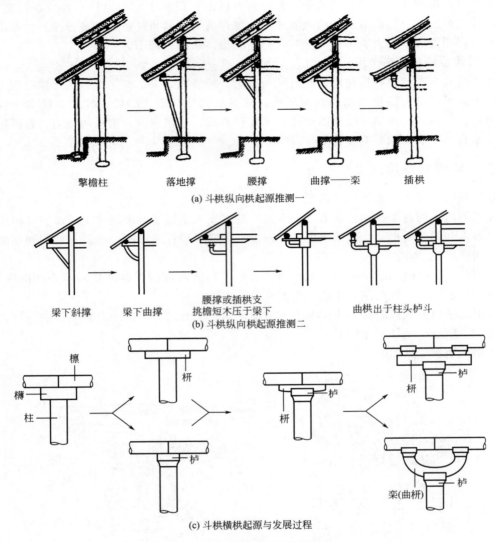

(a) 斗栱纵向栱起源推测一

(b) 斗栱纵向栱起源推测二

(c) 斗栱横栱起源与发展过程

图 5-2　斗栱的早期发展示意图

2. 汉代、南北朝斗栱的发展

（1）汉代斗栱的发展　汉代斗栱以承托柱梁和增大挑檐为主。在这一时期斗栱正处在积极的探索期，形成各种各样的斗栱形式。有最简单的柱头放置栌斗和柱头安放实拍栱的做法；有一斗二升、一斗二升加蜀柱的做法；有一斗三升的做法；有将栱做成曲栱和左右牵合形成交互曲栱（鸳鸯交首栱）的做法；有伸出挑梁，形成单栱出跳和重栱出跳的做法。

汉代斗栱形式详见图5-3。

（2）南北朝时期斗栱的发展　南北朝斗栱与汉代斗栱相比又有了进一步的发展，柱头铺作基本完善，柱头栌斗除了承托斗栱与额枋外，还承托内部的梁架；补间铺作尚处在探索中，出现了人字栱、人字栱与斗二升的组合，栱端卷杀逐步规矩，出现了"颛"卷杀和额枋的七朱八白。在南北朝的后期，斗栱中出现了斜向构件"昂"。

南北朝时期斗栱形式详见图5-4。

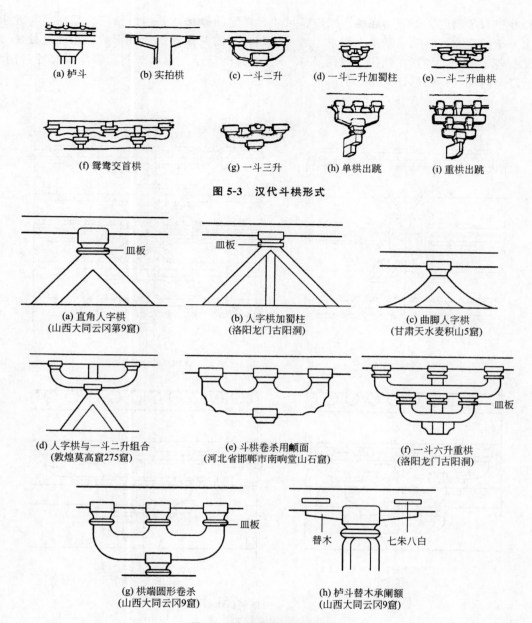

(a) 栌斗　　(b) 实拍栱　　(c) 一斗二升　　(d) 一斗二升加蜀柱　　(e) 一斗二升曲栱

(f) 鸳鸯交首栱　　(g) 一斗三升　　(h) 单栱出跳　　(i) 重栱出跳

图 5-3　汉代斗栱形式

(a) 直角人字栱
(山西大同云冈第9窟)

(b) 人字栱加蜀柱
(洛阳龙门古阳洞)

(c) 曲脚人字栱
(甘肃天水麦积山5窟)

(d) 人字栱与一斗二升组合
(敦煌莫高窟275窟)

(e) 斗栱卷杀用颤面
(河北省邯郸市南响堂山石窟)

(f) 一斗六升重栱
(洛阳龙门古阳洞)

(g) 栱端圆形卷杀
(山西大同云冈9窟)

(h) 栌斗替木承阑额
(山西大同云冈9窟)

图 5-4　南北朝时期斗栱形式

3. 隋、唐、五代时期

隋唐时期是斗栱发展的重要时期，斗栱铺作基本成熟，其特点是斗栱的承托和悬挑功能已臻完善，在外檐斗栱出跳中，下昂的杠杆结构机能充分发挥，斗栱的形制已经完备，形成了较为规范的斗栱系列，并呈现出"以材为祖"的现象。斗栱已经从孤立的节点托架联结成整体的水平框架，在殿堂型构架体系中发挥着重要的结构作用。同时斗栱在厅堂型构架中，外檐斗栱铺作延续着良好的结构机能的一面，在内檐铺作则出现整体性衰退和消失的一面。

4. 宋、辽、金、元时期

宋代，斗栱完全成熟，《营造法式》总结了以前的营造经验，并以规范的形式确定下来，使得斗栱有了制度、等级、名称、次序、尺寸、规定的做法，并得以推广。辽、金与北宋、南宋处于相互并行时期，基本上继承了唐代形制，并与两宋建筑相互影响，相通之处颇多，但又有若干变化，如：在铺作中使用了45°和60°斜栱斜昂。元承宋制，但斗栱尺寸日渐缩小。辽金时期斜栱斜昂详见图5-5。

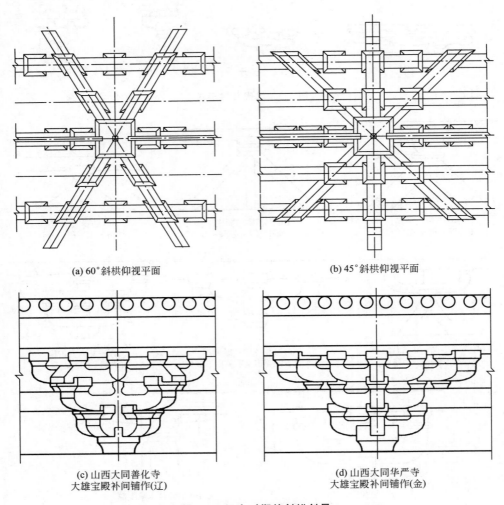

(a) 60°斜栱仰视平面

(b) 45°斜栱仰视平面

(c) 山西大同善化寺
大雄宝殿补间铺作(辽)

(d) 山西大同华严寺
大雄宝殿补间铺作(金)

图 5-5　辽金时期的斜栱斜昂

5. 明清时期

（1）明代　明代斗栱处于承上启下的一个阶段，其柱头铺作、转角铺作基本上继承了明代以前的做法。新的变化主要体现在以下三个方面：一是由下昂变为直昂，即昂身由斜向变为平行；二是在补间铺作中演化出一种新的斗栱——"溜金斗栱"（兼有平行的昂和斜行向上的昂的特点）；三是上昂作为结构构件消失，昂首演化为六分头，昂脚靴楔演化为菊花头，华头子至明代告终，淡出历史舞台。

（2）清代　清雍正十二年（公元1734年）《工程做法则例》问世，斗栱从名称、构造、外观、尺寸等方面有了较大的变化。主要名称变为柱头科、平身科、角科。平身科变化不大。柱头科上出现了桃尖梁，桃尖梁头较宽，以梁头宽度为准，其下的栱昂向上，渐次生宽。角科中出现了闹头昂，变化较大。

三、从唐宋到明清斗栱的变化规律

在梁思成先生所著的《清式营造则例》绪论中，对斗栱从唐宋到明清的发展做了精辟的论述。

1. 斗栱由大变小

斗栱整体尺度由大变小，唐宋时期，斗栱整个高度占柱身高度的 1/4～1/2，而明清时期，斗栱高度与柱身的比例为 1/9～1/5 左右。

2. 斗栱用材由雄壮到纤巧

唐佛光寺大殿，用材 30cm×20.5cm（大于宋一等材），宋代五开间殿堂建筑用材多为 24cm×18cm 左右（相当于宋二等材）。元代永乐宫重阳殿 5 开间用材为 18cm×12.5cm（相当于宋六等材），明代智化寺如来殿万佛阁 5 开间用材仅为 11.5cm×7.5cm（介于清制八等

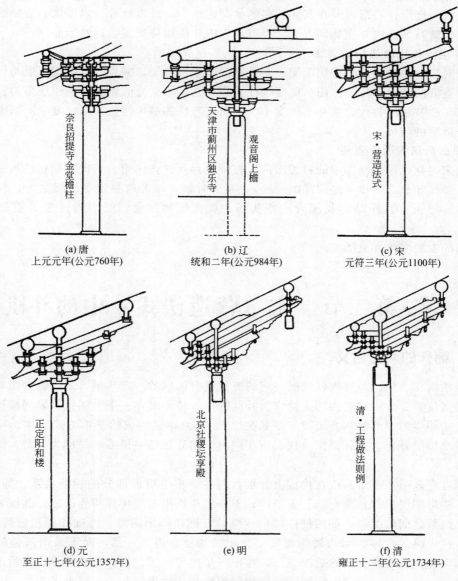

(a) 唐
上元元年(公元760年)

(b) 辽
统和二年(公元984年)

(c) 宋
元符三年(公元1100年)

(d) 元
至正十七年(公元1357年)

(e) 明

(f) 清
雍正十二年(公元1734年)

图 5-6　下昂的发展变化

材与九等材之间，低于宋代的八等材），清代故宫太和殿 11 开间用材仅为 12.6cm×9cm（介于清制七等材与八等材之间，低于宋代的八等材）。

3. 斗栱分布由疏朗到繁密

宋代补间铺作分为单补间和双补间，柱间最多 2 朵斗栱。而明清时期，平身多科斗栱数量大增，一攒斗栱与一攒斗栱紧密相连。如太和殿，明间平身科 8 攒，次、梢间为 5 攒，即便是廊间也有斗栱 3 攒。开间内攒数的增多，使构件的尺寸大大减小，斗栱由宏大、简洁有力的结构构件变成娇小无力、密密麻麻的装饰性构件。

4. 斗栱形象由简到繁

宋《营造法式》中，栱材的断面均为 3∶2 的矩形，至元明时期，栱材断面添加了平行四边形的形态。除此之外，在元明建筑中，明间补间铺作三向出栱和出昂的做法十分普遍，更增加了斗栱的繁密形象。宋《营造法式》中，斗栱有偷心造和计心造两种形式，虽然《营造法式》较为推崇计心造，但在实际留存的早期建筑中，外檐计心、内檐偷心造做法非常普遍，而在明清时期，内外檐基本上为计心造，一组斗栱构件繁多，远胜于前。

5. 斗栱的作用由结构而装饰

唐宋时期，斗栱的结构作用很明显，尤其是殿堂型构架，铺作层位于构架层与柱网层之间，起着重要的受力和传力作用。即便是厅堂型构架，梁架之间也通过铺作层传力。明清时期，室内斗栱被瓜柱替代，室外斗栱变小、变密，斗栱的结构性能衰退，复杂而繁密的构件成了外檐重要的装饰。

6. 昂由真结构而成假刻

在唐宋时期，昂是铺作中的斜置构件，在外檐起到杠杆作用。宋代时期在柱头铺作中已经出现了插昂和昂式华栱（是假昂的一种），明清时期，昂普遍叠置于栱翘之上，杠杆作用消失殆尽，与原有真昂结构相配合的华头子、靴楔等构件也由受力构件变为假刻构件或消失。

下昂的发展变化详见图 5-6。

第二节　宋《营造法式》中的斗栱

一、铺作的两层含义

一是指由斗、栱、昂等构件按照一定的方式组合而成的一组斗栱。宋代每一组斗栱称为一朵，根据位置又分别称之为柱头铺作、补间铺作、转角铺作、平坐铺作、攀间铺作等。

二是指斗栱的"层数相叠出跳的多寡次序"。一组斗栱构成的基本方式是栱、斗、昂等构件纵横交错层叠相垒，凡铺作自柱头栌斗向内、向外挑出一栱或一昂称为一跳，每增高一层为一铺。

铺作首先表明了一组斗栱在构成上的层数与斗、栱等组成部分的相叠关系。如四铺作，即一组斗栱由四层构件相叠而成；五铺作，即一组斗栱由五层构件相叠而成。其次表明了铺作数与出跳数之间的关系，如四铺作即出一跳，五铺作即出两跳，八铺作即出五跳。再次，规定了斗栱出跳的次序，如八铺作通常是先出二华栱，再施三昂，而不采用其他的组合方式，譬如不能先出一华栱，然后出三昂，再出一华栱等。因此铺作在表示栱、昂的出跳情况及其多寡时，又有了"次序"的限定。宋代铺作数与斗栱出跳的关系详见图 5-7。

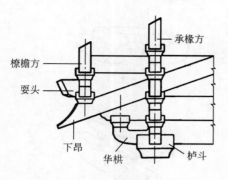

(a) 五铺作单抄单下昂(出两跳，五铺作)

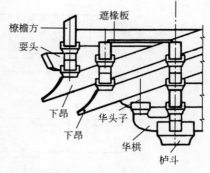

(b) 六铺作单抄双下昂(出三跳，六铺作)

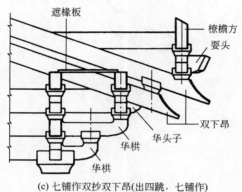

(c) 七铺作双抄双下昂(出四跳，七铺作)

(d) 八铺作双抄三下昂(出五跳，八铺作)

图 5-7 宋代铺作数与斗栱出跳的关系

铺作数＝出跳数＋3

二、宋式铺作的基本构件组成

宋式铺作由斗、栱、昂及其他附件组成。

1. 栱

宋式斗栱中用栱有华栱、泥道栱、瓜子栱、慢栱、令栱五种基本类型。

（1）华栱 也称抄栱、卷头、跳头。垂直于建筑面阔方向上、向内外出挑。华栱（广义）为主受力栱，按照其使用的位置又分为华栱（狭义）、骑槽檐栱、角华栱、丁头栱、虾须栱等。

华栱一般指头层华栱，为足材栱，长 72 分，宽 10 分，高 21 分，每头四瓣卷杀，每瓣长四分。二层及其以上的华栱称为骑槽檐栱，即骑在华栱上向檐口方向伸出的栱。骑槽檐栱的尺寸按所出跳数加长，每一跳伸出的长度不超过 30 分，最多出 5 跳，不超过 150 分。如果在转角铺作中，沿 45°方向上斜出的华栱称为角华栱。嵌于内柱柱身承托梁尾的半截华栱称为丁头栱，丁头栱长 33 分。里跳转角部位使用的半截华栱称为虾须栱（虾须栱与丁头栱相似，长度为半截华栱形制，与丁头栱不同之处：一、虾须栱只存在于里跳转角部位；二是虾须栱斜置于柱头或梁架内。现存实例不多，见于宁波保国寺大殿）。

华栱构造详见图 5-8(a)。

（2）横栱 横栱包括泥道栱、瓜子栱、慢栱、令栱。横栱是不出跳的栱。

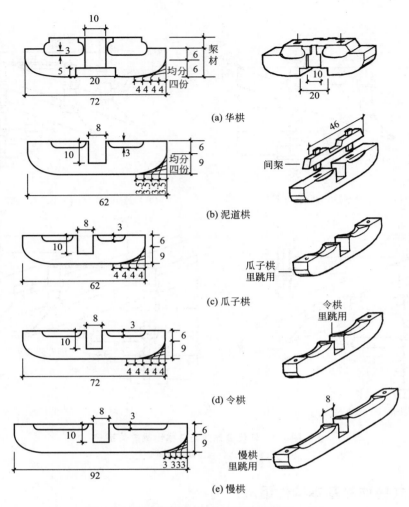

图 5-8　宋《营造法式》中各类栱（单位：分）

① 泥道栱。泥道栱是铺作中安装于栌斗内与华栱垂直相交的横栱，起支承和传递槽荷载的作用。由于唐宋时期的栱眼壁内部常用竹筋纵横编织，表面再用灰泥抹平，俗称泥道，所以将此处的横栱称为泥道栱。泥道栱长 62 分，栱头四瓣卷杀，每瓣长三分半。

② 瓜子栱。瓜子栱位于五铺作之上重栱造的令栱与泥道栱之间，横施于各跳跳头与昂头之上。瓜子栱长 62 分，栱头四瓣卷杀，每瓣长四分。

③ 慢栱。根据所在位置又分别称为泥道慢栱和瓜子慢栱，是位于泥道栱或瓜子栱之上的横栱。慢栱长 92 分，栱头四瓣卷杀，每瓣长三分。

④ 令栱。令栱安装于里外跳头之上，与耍头相交以及屋内梁架之下。长 72 分，栱头五瓣卷杀，每瓣长四分。

这些横栱在实际应用中，其形制、尺寸方面也有许多变化，如：柱头铺作里跳往往会遇到梁，就会出现骑栿栱和绞栿栱等变形的栱。骑栿栱和绞栿栱均为横栱，与瓜子栱和令栱相类同，但它与梁垂直相交，因此必须改变原有的榫卯开口，使其加大到能容纳梁的程度。凡是开口在栱身下部者为骑栿栱，开口在栱身上部者为绞栿栱。

泥道栱、瓜子栱、慢栱、令栱四种栱除了在极少数的情形，如"慢栱若骑栿至角，则用足材，令栱若里跳骑栿，则用足材"外，多数情况下都使用单材。

各类横栱构造详见图 5-8（b）～（e）。栱端卷杀构造详见图 5-9。栱在铺作中的分布详见图 5-10。

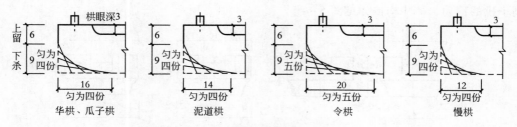

图 5-9　栱端卷杀构造（单位：分）

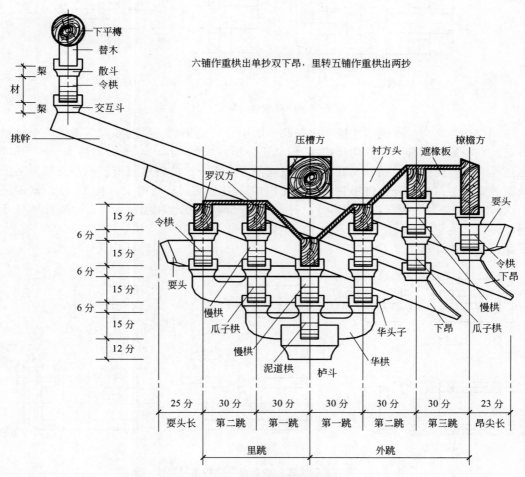

图 5-10　栱在铺作中的分布

2. 斗

宋式铺作中有栌斗、交互斗、齐心斗和散斗四种斗。

（1）栌斗　栌斗是用于铺作下部的大斗。形状上有方栌斗与圆栌斗之分；位置上有普通柱头栌斗和角柱柱头栌斗之分。

普通方形栌斗边长 32 分，用于角柱的柱头栌斗边长 36 分，若栌斗为圆形，则直径为

36分。所有栌斗的高度均为20分，其中上八分为"耳"，中间四分为"平"，下八分为"欹
（qi）"。栌斗一般为十字开口的四耳斗，当遇到无出跳的铺作时则变为两耳，顺身开口。如
在转角处，因需要容纳角华栱而减掉角部斗耳的一角。斗耳间必须做暗榫——隔口包耳，以
限制华栱的移动。栌斗构造详见图5-11。

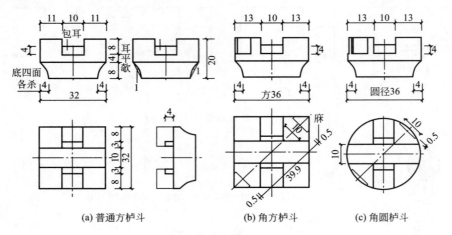

图 5-11　栌斗构造（单位：分）

（2）交互斗　交互斗是用于铺作出跳跳头的小斗，是华栱、昂端部与瓜子栱或令栱相交
的节点。它一般为四耳斗（双向开槽），但非正方形，长18分，宽16分，高10分。开口处
横施包耳。骑昂交互斗，须于斗底斜开卯口与昂身上宽下窄的磴口相衔。承昂交互斗则于斗
口处做斜面，与昂势吻合。位于室内梁下使用的称为交斗，尺寸增大，长24分，宽18分，
高10分，形式变为顺身开口的两耳斗，开口为16分。交互斗在承替木时，也做成顺身开口
的两耳斗。

交互斗构造详见图5-12（a）。

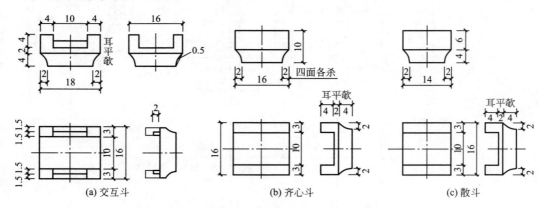

图 5-12　宋《营造法式》中各类斗的构造（单位：分）

（3）齐心斗　齐心斗是在铺作中横栱中心处的斗，为方形斗，边长16分，高10分。齐
心斗有四种形式，一为四耳斗，用于泥道栱、平坐出头木等处；二为三耳斗，用于铺作外跳
令栱之上，承檐枋与衬方头；三为两耳，是齐心斗的主要形式，用于檐下一般横栱的中心；
四为无耳，即平斗盘，其高6分，用于转角内外出跳的跳头。

齐心斗构造详见图5-12（b）。

（4）散斗　散斗是位于铺作横栱两端的斗。在偷心造时也用于华栱跳头。其长16分，

228

宽 14 分，高 10 分，顺身开口，两耳。在泥道栱使用时，须于一侧开榫口以容纳栱眼壁板。

散斗构造详见图 5-12(c)。斗在铺作中的分布详见图 5-13。

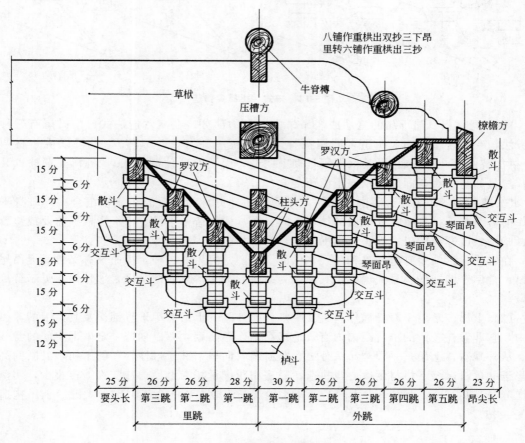

图 5-13　斗在铺作中的分布

3. 飞昂

昂是宋式铺作中的斜置构件。为了使出檐深远，而又不因斗栱层层挑出把檐口抬得过高，于是出现了用斜置的昂来支承檐口的结构形式。昂作为一种杠杆结构，以泥道栱、慢栱为支点，将昂头悬挑的屋顶重量用昂尾部的屋顶重量来平衡。

在《营造法式》中把昂分为下昂和上昂两大类。

（1）下昂　从橑檐方下直至室内下平槫底的斜向构件。下昂分为昂尖、昂尾、昂身三部分。

① 昂尖，亦称昂头，指昂前端伸出斗栱跳头中线以外的部分。昂头部分投影长 23 分。昂尖形式有凹面昂、批竹昂和琴面昂三种做法。凹面昂做法为，自承托昂的交互斗"外斜杀向下，留厚二分"为昂嘴，"昂面中凹二分，令凹势圆和"。在凹面昂嘴的基础上，于昂面"随凹加一分，讹杀至两棱"，即使昂尖的上表面成为双曲面，形如古琴面，故称琴面昂。批竹昂的做法为，"自斗外斜杀至尖者，其昂面平直"。此外还有一种昂尖形制，《营造法式》中未见记载，其形如批竹昂自斗外斜杀至尖，但昂面凸起又如琴面，可以称其为琴面批竹昂。

宋式斗栱昂尖构造详见图 5-14。

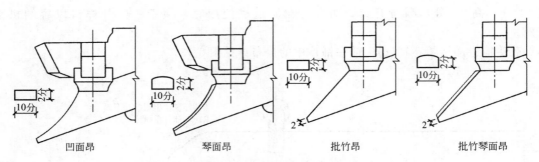

| 凹面昂 | 琴面昂 | 批竹昂 | 批竹琴面昂 |

图 5-14 宋式斗栱昂尖构造

② 昂尾，指真昂下昂的尾端或假昂昂尖以里的部分。在《营造法式》中昂尾有三种结构方法：一是若屋内彻上明造，即用挑幹，可以挑一斗（单斗只替），也可以挑一材两栔（令栱加替木）；二是如用平棊（即不是彻上明造，而是有了顶棚天花），自樽安蜀柱以叉昂尾；三是如当柱头，即以草栿或丁栿压之。

③ 昂身。飞昂头尾边跳中线之间，昂的中间部分称为昂身。在斗栱组合中，昂身平衡铺作前后荷载，是具有杠杆性质的结构区间。在具体构造中，昂身上下皆根据需要或垫置暗栔、暗销，或开设卯口、榫头与周围栱木、枋木相联系。

在宋式建筑中还有施插昂和昂式华栱的，它们是假昂的一种。插昂只有昂首而无昂尾的假昂，常用于四铺作。昂式华栱，其前端为昂头后端为华栱或是梁栿，这种做法见于晋祠圣母殿。

（2）上昂　常用于殿身铺作里跳及平坐外檐外跳。上昂适用于五铺作及其以上的斗栱组合中，它能够在较短的出跳距离内有效地提高铺作总高度，藉以创造一定内部空间的特殊构造。从外观看，上昂是一根"昂头外出、昂身斜收向里，并通过柱心"的木枋，其断面高宽相当于一单材，昂下栱材用偷心重栱造，昂底用靴楔承托。上昂构造实物遗存很少，实例见于江苏吴县甪（lù）直保圣寺大殿、苏州玄妙观三清殿、浙江金华天宁寺大殿。上昂构造详见图 5-15。

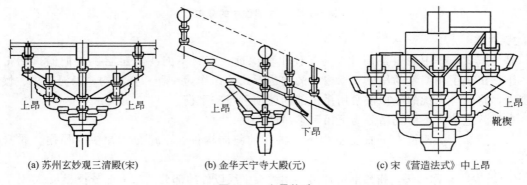

| (a) 苏州玄妙观三清殿(宋) | (b) 金华天宁寺大殿(元) | (c) 宋《营造法式》中上昂 |

图 5-15　上昂构造

4. 附属构件

（1）要头　要头又称爵头，是位于最上一层栱或昂上，与令栱相交而向外伸出的构件。按照《营造法式》规定，要头用木为足材，从跳头斗心向外伸出 25 分，自上棱向下斜杀 6 分，并在端头做出雀台，雀台自端头起量五分，向下斜杀两分，两面留心再各斜抹 5 分，下部随尖再出斜杀，向上 2 分，长 5 分。

（2）衬方头　衬方头是铺作出跳方向上最上一层枋木，落在要头背上，用以联系铺作前后各枋。衬方头用单材（宽 10 分、高 15 分），长度从橑檐方至昂背或平棊方。宋制要头与衬方头构造详见图 5-16。

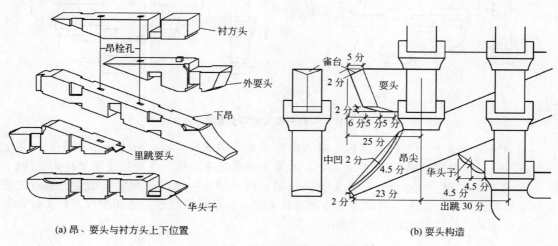

图 5-16　宋制要头与衬方头构造

（3）靴楔　靴楔用于上昂的下部以及下昂尾部昂底之下，是真昂昂底与下层华栱间的楔形垫木。《营造法式》规定的靴楔造型是"三卷瓣"，与清式菊花头相类似。

（4）华头子　华头子是下昂前部昂底垫置的楔形垫木，其本身是利用纵向栱身前端随昂的倾斜角度砍制而成，在制作时将前端一段需雕刻成花瓣，故称华头子。《营造法式》规定华头子的做法为"自斗口外长 9 分，将昂势尽处均分，刻作两卷瓣，每瓣 4 分。"

（5）枋木

① 压槽方，位于铺作正心柱头方之上，是与柱头方平行的通长方木。因其压在纵向柱网线或斗栱的分槽线上，故称压槽方。它主要用于殿堂铺作之上，起承托草栿的作用。

② 柱头方，是位于列柱中线泥道栱之上的枋木。在结构上起联系左右、沟通上下的作用。

③ 罗汉方，在铺作中凡是瓜子栱或瓜子慢栱承托的枋子统称为罗汉方，起加强横向连接的作用。

④ 橑檐方，是位于令栱之上，支承橑风槫（挑檐檩）的枋木。

三、宋《营造法式》中铺作的组合与分布

1. 铺作组合

根据一朵斗栱中所使用的构件类型来区分，铺作组合有四种基本类型，即单支造、卷头造、下昂造、上昂造。

（1）简单斗栱组合——单支造　单支造有如下五种形式。

① 单斗只替：就是在柱头只使用一个栌斗和一根替木就把柱、梁、槫三者结合起来，在北魏时期的云冈石窟中就已有应用。

② 单栱只替：在栌斗上施令栱，令栱上施替木上承檩槫的构造方式，《营造法式》规定多用于槫下单材襻间。

③ 重栱只替：在柱头栌斗上施重栱，栱上再施替木的构造方式，《营造法式》规定多用于槫下两材襻间。

单栱只替与重栱只替构造详见图 5-17。

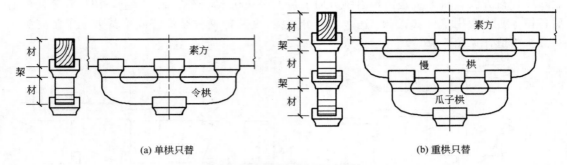

(a) 单栱只替　　　　　　　　　　　(b) 重栱只替

图 5-17　单栱只替与重栱只替构造

④ 把头绞项造：用于柱头部位，梁头向外伸出，做成麻叶头，柱上安装栌斗，栌斗上安装泥道栱（规格同令栱），在栱上安斗，承素方再承托牛脊槫，主要用于厅堂柱头铺作。

⑤ 斗口跳：用于柱头部位，把头绞项造梁头向外伸出一跳，并做成华栱头，栱端安装交互斗承托橑檐方，即为斗口跳。正心泥道栱上设斗，承柱头枋，主要用于厅堂柱头铺作。

把头绞项造与斗口跳构造详见图 5-18。

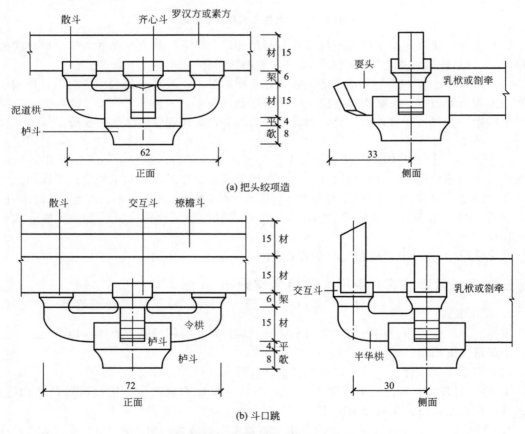

(a) 把头绞项造

(b) 斗口跳

图 5-18　把头绞项造与斗口跳构造（单位：分）

（2）复杂斗栱的组合

① 卷头造，由斗和栱组合，无昂。其常用于内檐铺作、平坐铺作，也可用于外檐铺作，铺作数从四铺作至八铺作。其构造详见图 5-19。

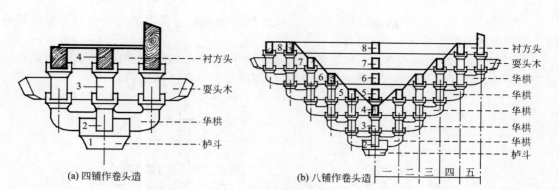

图 5-19 卷头造

② 下昂造，由斗、栱、下昂组合。其用于外檐铺作，由四铺作至八铺作。下昂造详见图 5-7。

③ 上昂造，由斗、栱、上昂组合。其适用于五铺作以上的内檐铺作及平坐铺作。上昂造详见图 5-15。

④ 插昂造，四铺作插昂至六铺作插昂均有实例。插昂造详见图 5-20。

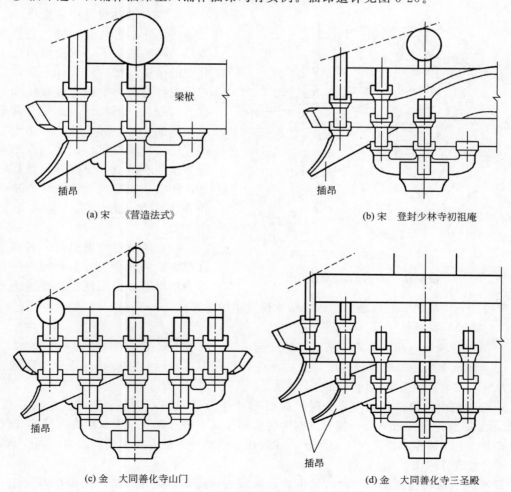

(a) 宋 《营造法式》　　　　　　　　(b) 宋 登封少林寺初祖庵

(c) 金 大同善化寺山门　　　　　　　(d) 金 大同善化寺三圣殿

图 5-20 插昂造

用直保圣寺天王殿（元，四铺作插昂），宋少林寺初祖庵、大同善化寺山门为五铺作插昂，大同善化寺三圣殿为六铺作插昂。

⑤ "假昂造"，也称"直昂造"，《营造法式》中未提及，在柱头铺作中，将华栱的外端做成假昂头，在晋祠圣母殿下檐、献殿的柱头铺作中均有出现，详见图5-21。

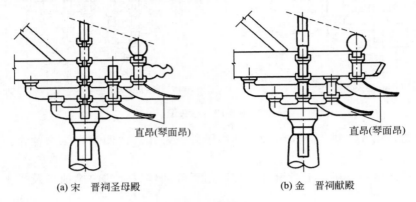

(a) 宋 晋祠圣母殿　　　　　(b) 金 晋祠献殿

图5-21　假昂造

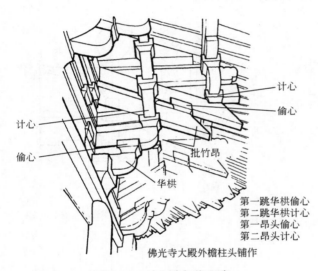

佛光寺大殿外檐柱头铺作

图5-22　计心造与偷心造

2. 铺作具体做法中的变化

（1）计心造与偷心造　若在华栱或昂出跳的跳头上，皆安放与之十字相交的横栱或枋，称为计心造，反之若不安放与之十字相交的横栱和枋则称为偷心造。虽然计心造是《营造法式》所推崇的一种形式，但由于早期铺作结构功能明显，而横栱在结构性能上基本不承重，主要作用是稳定铺作，所以早期建筑中完全计心造的铺作并不多见。计心造与偷心造详见图5-22。

（2）单栱造与重栱造　若在华栱或昂出跳的跳头上，只使用一层横栱称为单栱造，使用两层横栱称为重栱造。重栱计心造是唐宋时期最高等级的殿堂建筑中的主要做法。

（3）减铺与减跳

① 减铺即减层。从宋《营造法式》的规定来看，减铺主要在以下两种情形下发生。

a. 当建筑中所用铺作数较多时，外跳不变，里跳减铺，这样做一是考虑到里跳铺作的结构方便，二是可以避免室内空间过于零乱。

b. 当建筑中的铺作有主次之分时，次要的铺作内外减铺。如《营造法式》卷四规定："凡楼阁上层铺作，或减下层一铺。其副阶缠腰铺作，不得过殿身，或减殿身一铺。"即在楼阁建筑中，上层铺作不得超过下层铺作，或者比下层减少一铺。在重檐建筑中，副阶缠腰铺作不得超过殿身铺作。

② 减跳。减跳是减铺的一种特殊形式，即减去一层华栱或昂。减跳的现象常发生在补间铺作与转角铺作相近的位置处。在《营造法式》卷四"总铺作次序"一节中谈到"凡转角

铺作，须与补间铺作勿令相犯；或梢间近者，须连拱交隐；或于次角补间近角处从上减一跳。"即当建筑梢间转角铺作与补间铺作距离较近时，需要将横拱做成连拱交隐（即做成鸳鸯交首拱），或者是将次角补间铺作减少一跳。现存宋辽实例中，连拱交隐的情形比较多。

（4）列拱与连拱交隐

① 列拱，拱至转角出跳称为列拱。列拱的特点为一头为出跳的跳头，另一头为横拱构件。其形式有"泥道拱与华拱出跳相列""瓜子拱与小拱头出跳相列""慢拱与切几头相列。如角内足材下昂造，即与华头子出跳相列""令拱与瓜子拱出跳相列"等多种形式。在铺作组合中，每一种铺作在转角处皆会产生列拱，且铺作数越多列拱越复杂。

② 连拱交隐，梢间的补间铺作与转角铺作距离很近时，将两拱制作成一根通长的拱，并隐刻出拱头卷瓣。连拱交隐详见图 5-23。

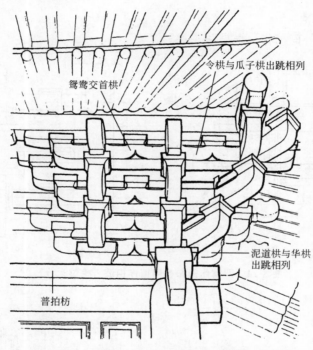

图 5-23　连拱交隐（鸳鸯交首拱）[原河北易县开元寺毗卢殿（辽）]

3. 铺作的分布

在斗拱发展史上，柱头铺作成熟较早，而补间铺作的出现相对较晚。在唐宋时期，由于铺作本身较大，结构功能明显，每间的补间铺作通常设置一至两朵。具体有以下三种情形。

① 当心间用补间铺作两朵（称为双补间），次间梢间各用一朵（称为单补间），各铺作均匀分布。

② 当心间、次间、梢间都采用双补间，则每个开间尺寸相同，铺作采用均匀分布。

③ 如果面阔方向各间的尺寸不一，当心间用补间铺作两朵，次间、梢间用补间铺作一朵，由于间广不均，铺作之间的间距不等，但是铺作的间距相差不得超过一尺。

根据陈明达的《营造法式大木作制度研究》，斗拱的间距与间广有着直接的关系，每两朵补间铺作之间的间距，即斗拱的标准中距为 125 分，但依据《营造法式》中指出，若间广不均，则每两朵铺作之间的间距，上下相差不得超过 1 尺，进而推出标准中距可以上下增减 25 分（此处是按照六等材进行推算，六等材 1 分为 0.4 寸，25 分即为一尺）。铺作分布与开间间广的关系详见表5-1。

表 5-1　铺作分布于房屋开间间广的关系　　　　单位：分

补间铺作数量	最大间广	标准间广	最小间广
双补间	450	375	300
单补间	300	250	200
单补间(45°或60°双向斗栱)	加50	45°,近似双补间采用375	减50
		60°,125×1.732＋125＝341.5	

四、宋式斗栱举例

1. 四铺作插昂构造

（1）四铺作插昂补间铺作　详见图5-24。

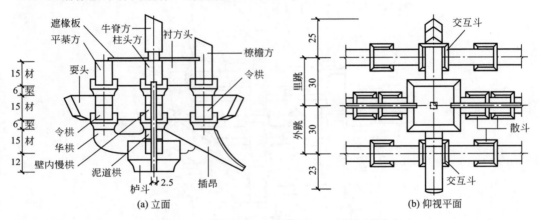

图 5-24　四铺作插昂补间铺作构造（单位：分）

（2）四铺作插昂柱头铺作　详见图5-25。

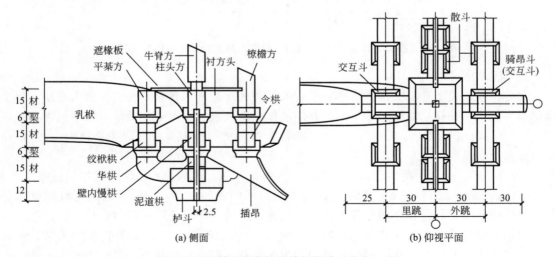

图 5-25　四铺作插昂柱头铺作构造（单位：分）

（3）四铺作插昂转角铺作　详见图5-26。

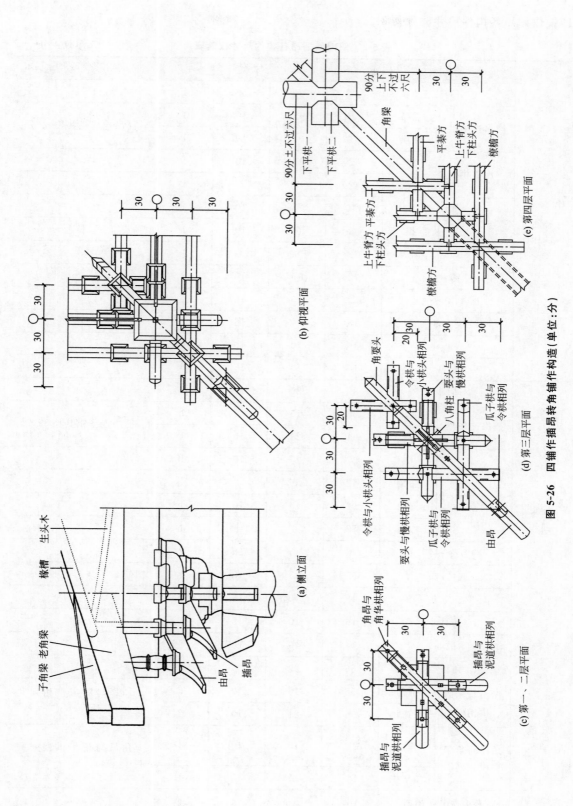

图 5-26 四铺作插昂转角铺作构造（单位：分）

(a) 侧立面

(b) 仰视平面

(c) 第一、二层平面

(d) 第三层平面

(e) 第四层平面

四铺作插昂各构件尺寸详见表 5-2。

表 5-2　四铺作插昂各构件尺寸权衡表　　　　　单位：分

铺作	构件名称		长	高	宽	件数	备注
补间铺作	栌斗		32	20	32	1	
	插昂连华栱	插昂	58	15	10	1	插昂连华栱共长 89 分
		华栱	61	21	10	1	
	泥道栱	栱	62	15	10	1	
		加栔	42	6	4	1	
	要头		110	21	10	1	
	慢栱	栱	92	15	10	1	
		加栔	72	6	4	1	
	令栱		72	15	10	2	
	衬方头		55.1	15	10	1	
	交互斗		18	10	16	2	
	齐心斗		16	10	16	2	
	散斗		14	10	16	8	
柱头铺作	栌斗		32	20	32	1	
	插昂连华栱	插昂	58	15	10	1	插昂连华栱共长 89 分
		华栱	61	21	10	1	
	泥道栱	栱	62	15	10	1	
		加栔	42	6	4	1	
	慢栱	栱	92	15	10	1	
		加栔	72	6	4	1	
	令栱		72	15	10	2	
	衬方头		55.1	15	10	1	
	交互斗		18	10	16	2	
	齐心斗		16	10	16	2	
	散斗		14	10	16	8	
转角铺作	角栌斗		36	20	36	1	
	插昂与泥道栱相列	插昂	58	15	10	2	插昂与泥道栱相列共长 84
		泥道栱	56	21	10	2	
	角昂与角华栱相列	角昂	平长 82.02	15	10	1	角昂与角华栱相列共长 123.34
		角华栱	84.77	21	10	1	
	要头与慢栱相列		101	21	10	2	

铺作	构件名称		长	高	宽	件数	备注
转角铺作	瓜子栱与令栱相列		97	15	10	2	
	令栱与小栱头相列		56	15	10	2	
	由昂与角要头相列	由昂	平长 115.22	15	10	1	由昂与角要头共长 194.76
		角要头	131.94	21	10	1	
	八角柱		24.14	51	24.14	1	
	平盘斗		16	6	16	4	
	交互斗		18	10	16	2	
	齐心斗		16	10	16	3	其中一个用在瓜子栱与令栱相列之上
	散斗		14	10	16	12	

2. 六铺作重栱出单抄双下昂里转五铺作重栱出两抄，并计心

（1）补间铺作构造　详见图 5-27。

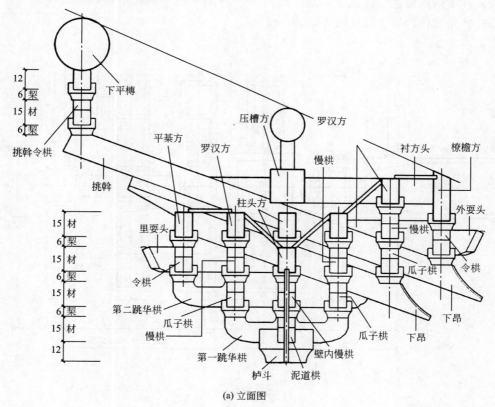

(a) 立面图

图 5-27

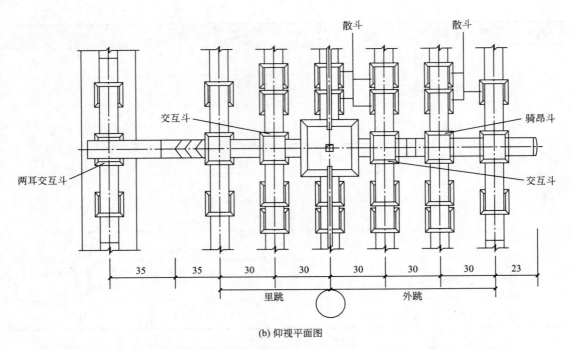

散斗　　散斗

交互斗

两耳交互斗

骑昂斗

交互斗

| 35 | 35 | 30 | 30 | 30 | 30 | 30 | 23 |

里跳　　　　　外跳

(b) 仰视平面图

图 5-27　六铺作重栱出单抄双下昂里转五铺作重栱出两抄，并计心补间铺作构造（单位：分）

（2）柱头铺作构造　详见图 5-28。
（3）转角铺作构造　详见图 5-29。

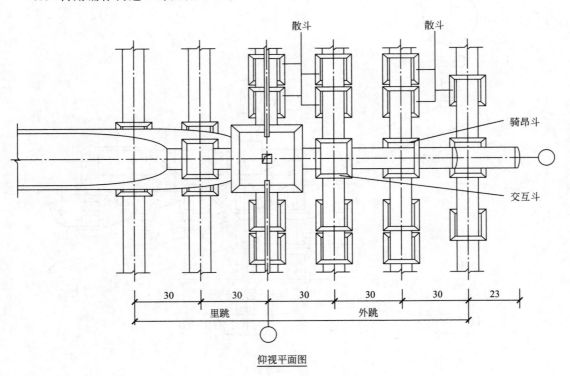

散斗　　　　散斗

骑昂斗

交互斗

| 30 | 30 | 30 | 30 | 30 | 23 |

里跳　　　　　外跳

仰视平面图

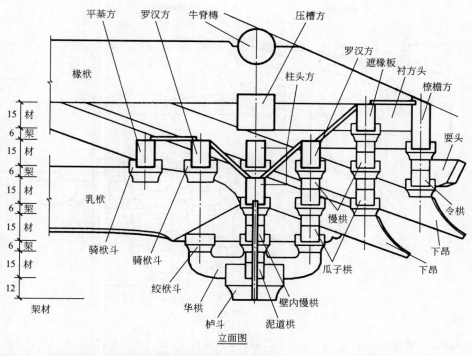

图 5-28　六铺作重栱出单抄双下昂里转五铺作重栱出两抄，并计心柱头铺作构造（单位：分）

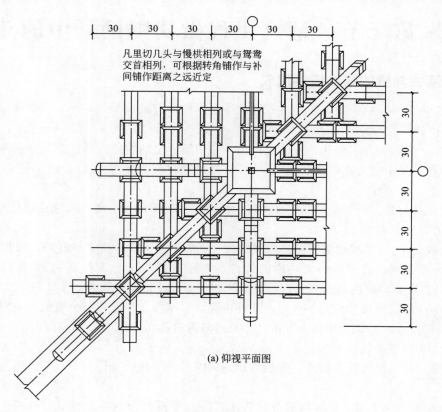

(a) 仰视平面图

图 5-29

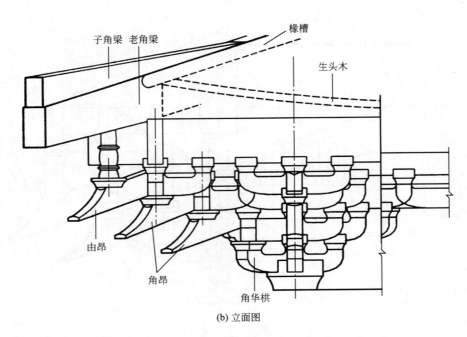

图 5-29 六铺作重栱出单抄双下昂里转五铺作重栱出两抄，并计心转角铺作构造（单位：分）

第三节 清《工程做法则例》中的斗栱

一、清式斗栱的基本构件组成

清式斗栱由斗、栱、翘、昂、升和附件等基本构件组成。

1. 斗、升

（1）斗 又称大斗、坐斗，是清代一组斗栱中第一层的构件。清代大斗分三种。

① 平身科大斗。长宽均为 3 斗口，用于头翘刻口尺寸为 1 斗口，用于正心瓜栱刻口 1.24 斗口。

② 柱头科大斗。长 4 斗口，宽 3 斗口，因为柱头科上承桃尖梁，头翘刻口尺寸加大为 2 斗口，正心瓜栱刻口 1.24 斗口。

③ 角科大斗。《工程做法则例》中规定为 3 斗口×3 斗口，与平身科同。根据潘德华著的《斗栱》中提到，由于角科大斗内的构件，正翘后带的正心瓜栱宽 1.24 斗口，斜翘宽 1.5 斗口，为了合理解决斜翘开口，需加大斗的长宽尺寸，而调整为 3.4 斗口×3.4 斗口。

所有斗件的高度尺寸均为 2 斗口。斗件由斗耳、斗腰、斗底三部分组成，分别为 0.8 斗口、0.4 斗口、0.8 斗口。斗底为方锥台，每边向内斜收 0.4 斗口。

清式大斗构造详见图 5-30。

（2）升 升是比大斗小的斗，安放在栱翘的两端。清代的升件有十八斗、槽升子和三才升三种。

① 十八斗。位于翘、昂两端的升称为十八斗。平身科十八斗尺寸为：1.8 斗口×1.48 斗口，在柱头科十八斗称为桶子十八斗，其长度尺寸一般比上承昂、翘每边增加 0.4 斗口。

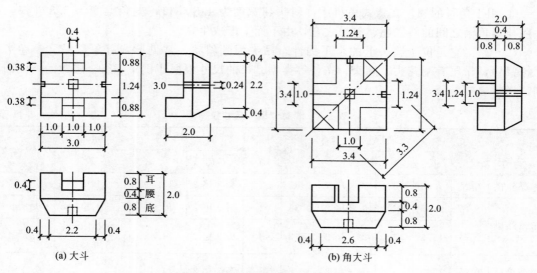

图 5-30　清式大斗构造（单位：斗口）

如单翘单昂五踩斗栱柱头科，单翘宽 2 斗口，单昂宽 3 斗口，桃尖梁厚 4 斗口。单翘桶子十八斗上承单昂，则十八斗长为单昂宽加出 0.8 斗口，为 3.8 斗口。单昂桶子十八斗上承桃尖梁，则十八斗尺寸为桃尖梁厚加出 0.8 斗口，为 4.8 斗口。

② 槽升子。位于正心瓜栱和万栱两端的升称为槽升子，因为升与垫栱板相交一侧要开槽。槽升子尺寸为 1.3 斗口×1.72 斗口。

③ 三才升。位于里外横栱两端的升称为三才升。三才升尺寸为 1.3 斗口×1.48 斗口。

所有升件，由升耳、腰、底三部分组成，分别为 0.4 斗口、0.2 斗口、0.4 斗口。斗底为方锥台，每边向内斜收 0.2 斗口。

清式斗栱各类升件构造详见图 5-31。

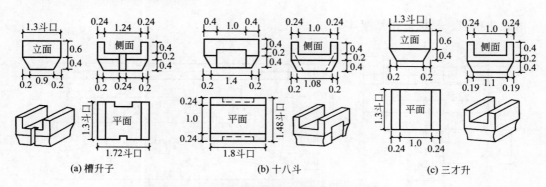

图 5-31　清式斗栱各类升件构造（单位：斗口）

2. 翘、昂

（1）翘　翘是一组斗栱中，沿纵深向外出挑的弓形构件。根据出挑的层数分为头翘、二翘、三翘、四翘。根据所处的位置有以下三种。

① 用于平身科的翘。头翘尺寸为 7.1 斗口×1 斗口×2 斗口（长×厚×高）；二翘尺寸为 13.1 斗口×1 斗口×2 斗口（比单翘两侧各增加 3 斗口）。

② 用于柱头科的翘。在清式柱头科中，翘宽度为 2 斗口。头翘尺寸为 7.1 斗口×2 斗口×2 斗口（长×厚×高），头翘与桃尖梁之间的二翘、昂之宽，由下而上渐次生宽。

③ 用于角科的翘。在清式角科中，斜头翘宽度为 1.5 斗口，老角梁宽为 2.8 斗口，斜头翘与老角梁之间的斜二翘、斜昂之宽，由下而上渐次生宽。

（2）昂　它是位于翘头上的水平构件。昂尖为倾斜状，常见形式有象鼻昂、云卷头昂（凤头昂），昂尾有菊花头、翘头、雀替等类型。昂的尺寸根据斗栱昂翘组合层数的不同而不同，详见表 5-3。

表 5-3　清制"昂"尺寸权衡表　　　　　　　　　　单位：斗口

名称		平身科			柱头科			角科		
		长	宽	高	长	宽	高	长	宽	高
单昂斗栱	单昂	9.85	1	头3尾2	9.85	2	头3尾2	13.79	1.5	头3尾2
重昂斗栱	头昂	9.85	1	头3尾2	9.85	2	头3尾2	13.79	1.5	头3尾2
	二昂	15.3	1	头3尾2	15.3	3	头3尾2	21.42	1.005+0.33倍角梁宽	头3尾2
单翘单昂	单昂	15.3	3	头3尾2	18.3	3	头3尾2	21.42	1.005+0.33倍角梁宽	头3尾2
单翘重昂	头昂	15.85	1	头3尾2	18.85	2.67	头3尾2	22.19	1.125+0.25倍角梁宽	头3尾2
	二昂	21.3	1	头3尾2	21.3	3.33	头3尾2	29.82	0.75+0.5倍角梁宽	头3尾2
重翘重昂	头昂	21.85	1	头3尾2	21.85	3	头3尾2	30.59	0.9+0.4倍角梁宽	头3尾2
	二昂	27.3	1	头3尾2	27.3	3.5	头3尾2	38.22	0.6+0.6倍角梁宽	头3尾2

翘和昂均为纵向出挑的木构件，在受力性能方面要高于横栱，所以其使用材高均为 2 斗口（足材）。

清式斗栱翘、昂构造详见图 5-32。

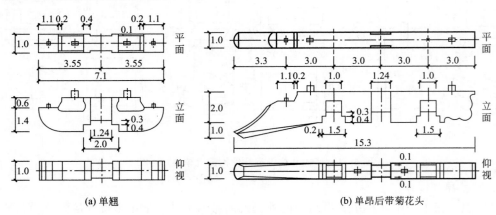

(a) 单翘　　　　　　　　　　(b) 单昂后带菊花头

图 5-32　清式斗栱翘、昂构造（单位：斗口）

3. 栱

栱为平行于面阔方向的弓形木构件，清按照其安装位置划分为正心横栱、内外拽栱、厢栱。

（1）正心横栱　它位于柱子中心上，有正心瓜栱和正心万栱之分。正心横栱均为足材栱。

瓜栱尺寸：6.2 斗口×1.24 斗口×2 斗口（长×厚×高）。

万栱尺寸：9.2 斗口×1.24 斗口×2 斗口（长×厚×高）。

（2）内外拽栱　它是位于斗栱内外拽架上的横栱，内外拽栱均为单材栱，分为单材瓜栱和单材万栱。

瓜栱尺寸：6.2 斗口×1 斗口×1.4 斗口（长×厚×高）。

万栱尺寸：9.2 斗口×1 斗口×1.4 斗口（长×厚×高）。

（3）厢栱　它为单材栱，用于内外拽架最上一层的横栱。尺寸为 7.2 斗口×1 斗口×1.4 斗口。

各类横栱构造详见图 5-33。

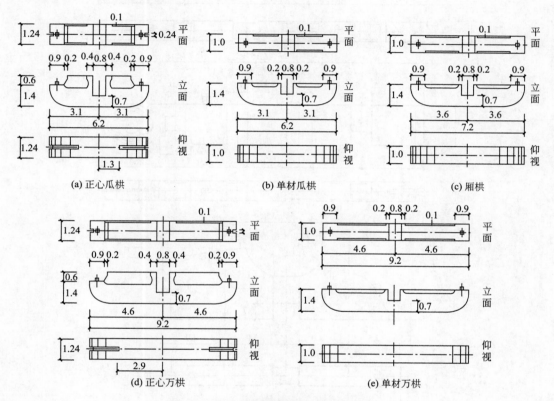

图 5-33　清式斗栱横栱构造（单位：斗口）

4. 斗栱附件

（1）要头木　其为平身科斗栱在昂之上的纵向联系构件，要头从厢栱中心线外出 3 斗口定位，端头砍制成蚂蚱头，后尾若在菊花头之上，砍制为六分头，若在翘头之上砍制为麻叶头。要头木为足材构件，断面尺寸为 1 斗口×2 斗口。

（2）撑头木　它是平身科斗栱最上一层的纵向联系构件，前部不出头，后部做成麻叶头。撑头木为足材构件，断面尺寸为 1 斗口×2 斗口。

（3）桁椀　它是斗栱与檩桁之间的垫木，按照檩桁的直径砍出椀口，一般挑檐桁直径 3 斗口，正心桁直径 4.5 斗口。

（4）斗栱枋　斗栱枋为斗栱之间的横向联系构件。在清式斗栱中有以下四种枋材。

① 正心枋，每层枋材 1.24 斗口×2 斗口，最上一层枋材需要按计算确定；

② 里外拽枋，枋材 1 斗口×2 斗口；

③ 挑檐枋，枋材 1 斗口×2 斗口；

④ 井口枋，枋材 1 斗口×3 斗口。

（5）盖斗板　将斗栱的上面进行遮盖，防止鸟雀做巢。厚度可以自定。

清式斗栱常见附件详见图 5-34。

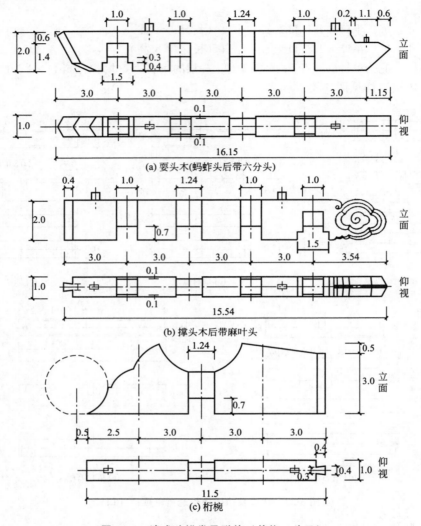

图 5-34　清式斗栱常见附件（单位：斗口）

二、清式斗栱分类

清式斗栱可以归纳为两种分法，一是按照斗栱所处的位置进行分类，分为外檐斗栱和内檐斗栱；二是按照斗栱是否出跳进行分类，分为出踩斗栱与不出踩斗栱。

1. 按照斗栱所处的位置进行分类

（1）外檐斗栱　外檐斗栱是指处在建筑物外檐檐口部位的斗栱。

① 按外檐斗栱所在位置划分

a. 柱头科，坐立在柱头之上的斗栱（宋称柱头铺作）；

b. 平身科，坐立在柱头斗栱之间、平板枋（或额枋）之上的斗栱（宋称补间铺作）；

c. 角科，坐立在角柱之上的斗栱（宋称转角铺作）。

② 按外檐斗栱的形态划分

a. 昂翘斗栱，常用于普通大式建筑外檐。由斗、栱、翘、昂等构件组成。昂翘斗栱有柱头科、平身科和角科三种。

b. 无昂斗栱，包括外檐品字斗栱和平坐斗栱，外檐品字斗栱由斗、栱、翘组成，不出昂，多用于小型殿屋。平坐斗栱常用于楼阁建筑外檐挑台下部，以柱中线为界，外侧只出翘不出昂，内侧不挑出或只挑出纵向的枋木构件。无昂斗栱有柱头科、平身科和角科三种。

c. 溜金斗栱，用于高级殿堂。外侧与昂翘斗栱相同，后尾撑头木随举斜起，从檐柱轴线位置溜至下金檩位置。有落金和挑金两种做法。尾部有金柱支撑的称为落金，无金柱支撑的称为挑金。

溜金斗栱有平身科和角科两种，无柱头科，柱头科仍为昂翘斗栱形式。

d. 牌楼斗栱，专门用于牌楼上的斗栱。它是一种以对称形式挑出的斗栱，可以是昂翘斗栱的形式，也可以是品字科斗栱的形式。斗栱用材较小，一般为 10 等材（斗口尺寸约 5cm），出踩数目较多，可达十一踩。牌楼斗栱有平身科和角科两种。

清式外檐斗栱的形态类型详见图 5-35。

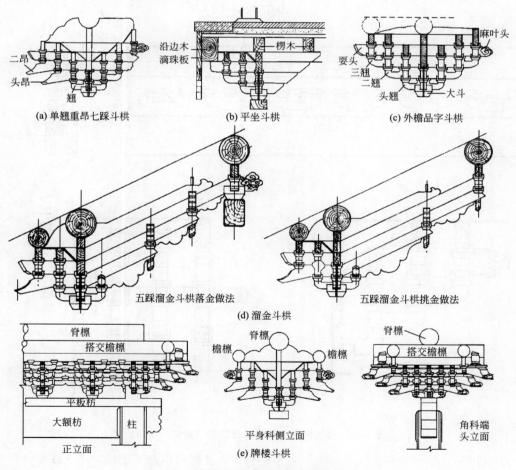

图 5-35　清式外檐斗栱的形态类型

（2）内檐斗栱　内檐斗栱是指处在内檐金柱轴线部位或室内梁架上架设的斗栱。

内檐斗栱有（内里）品字科、隔架科、藻井斗栱等，详见图 5-36。

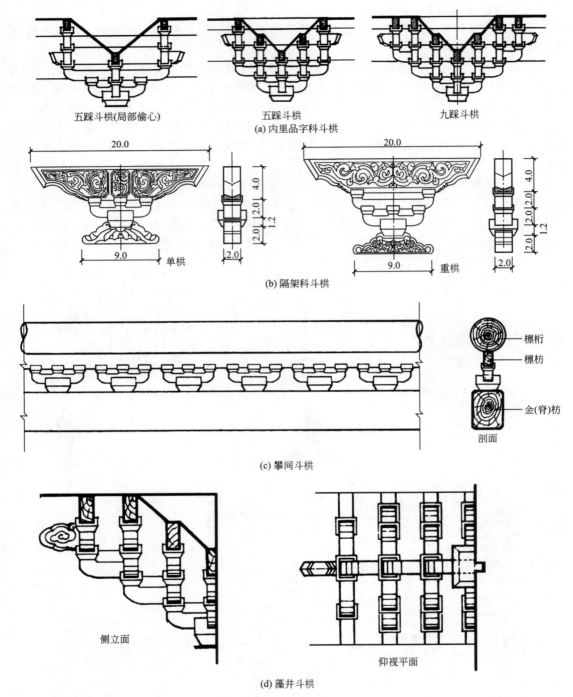

图 5-36　清代内檐斗栱的形态类型（单位：斗口）

　　①（内里）品字科斗栱。常用于殿内金柱柱顶，斗栱只出翘不出昂，从三踩至九踩，里外对称，左右对称，形如品字倒置故称品字科。内里品字科斗栱只有柱头科与平身科之分。

　　② 隔架科斗栱。在宫殿、庙宇建筑中，在梁与随梁之间安置的斗栱称为隔架斗栱，其

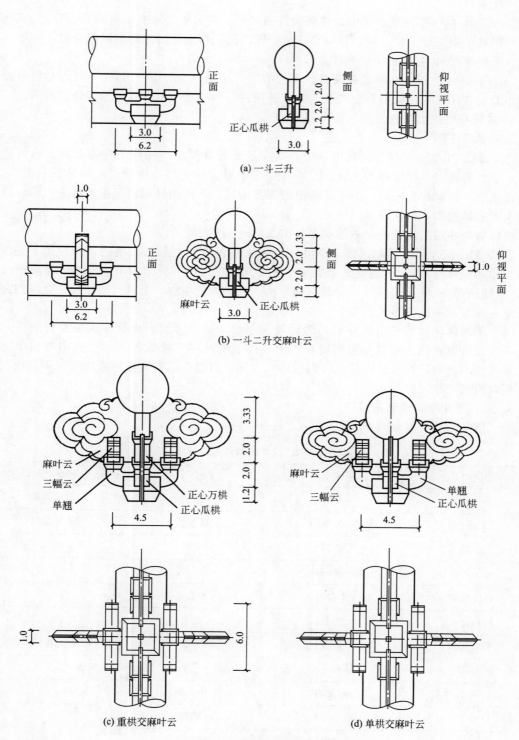

(a) 一斗三升

(b) 一斗二升交麻叶云

(c) 重栱交麻叶云

(d) 单栱交麻叶云

图 5-37　清制不出踩斗栱

作用是使随梁枋分担部分梁荷载。该构件一般处于天花板下，多做成一斗三升荷叶雀替或十字斗荷叶雀替。

③ 攀间斗栱。攀间是沿用宋式建筑构件的名词，在明清建筑中攀间相当于脊枋、金枋。攀间斗栱就是指安放于脊（金）枋与脊（金）檩之间，作为檩枋之间的隔架斗栱，多用一斗三升（单栱形式），有时也采用重栱形式。

④ 藻井斗栱。藻井斗栱是在藻井的下层方井、中层八角井及上层圆井内，安装半面尺度较小的组合斗栱，以取得较好的装饰效果。藻井斗栱属于小木作（内檐装修）范畴。

2. 按照斗栱挑出与否分类

（1）出踩斗栱

① 出踩。斗栱沿进深方向从坐斗中心线向里或向外挑出一翘或昂称为出踩。以一翘或一昂，里外各挑出一拽架称为三踩；三踩斗栱在面宽方向上列三排横栱（包括正心栱）；各向内外挑出二拽架称为五踩，面宽方向上列五排横栱；各向内外挑出三拽架称为七踩，面宽方向上列七排横栱；依次类推……

出踩数与斗栱挑出的拽架数的关系：出踩数＝2拽架数＋1。

② 清制出踩斗栱　清制出踩斗栱可分为斗口单昂斗栱（三踩）、单翘单昂斗栱（五踩）、斗口重昂斗栱（五踩）、单翘重昂斗栱（七踩）、单翘三昂斗栱（九踩）、重翘重昂斗栱（九踩）、重翘三昂斗栱（十一踩）、三踩单翘斗栱、五踩重翘斗栱、七踩三翘斗栱、九踩四翘斗栱、十一踩五翘斗栱等多种。

（2）不出踩斗栱　不出踩斗栱均为比较简单的斗栱，清制不出踩斗栱主要有一斗三升栱、一斗二升麻叶栱、单栱单翘麻叶栱、重栱单翘麻叶栱，详见图5-37。其中单栱单翘麻叶栱和重栱单翘麻叶栱虽然沿进深方向内外出一翘，但翘头不安装横栱或枋木，不形成支撑点，所以也属于不出踩斗栱。

3. 宋、清斗栱构件名称对照

宋、清斗栱构件名称对照详见表5-4。

表 5-4　宋、清斗栱构件名称对照

宋式名称	清式名称	宋式名称	清式名称
一朵	一攒	慢栱	单材万栱
X 铺作	X 踩	瓜子栱	单材瓜栱
出跳	出踩	令栱	厢栱
柱头铺作	柱头科	交互斗	十八斗
补间铺作	平身科	齐心斗	齐心斗
转角铺作	角科	散斗	槽升子、三才升
平坐铺作	平坐斗栱	下昂	昂
攀间铺作	攀间斗栱	上昂	—
—	隔架科	华头子	—
—	溜金斗栱	靴楔	—
—	牌楼斗栱	平斗盘	斗盘
出一跳四铺作	出一拽架三踩	耍头、爵头	蚂蚱头

宋式名称	清式名称	宋式名称	清式名称
五铺作	五踩	衬方头	撑头木
六铺作	七踩	遮椽板	盖斗板
七铺作	九踩	普拍枋	平板枋
八铺作	十一踩	栱眼壁	垫栱板
单抄单下昂	单翘单昂	橑檐方	挑檐桁
单抄双下昂	单翘重昂	柱头方	正心枋
栌斗（耳、平、欹）	大斗（斗耳、斗腰、斗底）	压槽方	—
华栱	头翘	罗汉方	拽枋
骑槽檐栱	二翘	平棊方	井口枋
泥道栱	正心瓜栱	平棊	井口天花
壁内慢栱	正心万栱	平闇	—

三、清式斗栱的计量单位和间距

清式一组斗栱称为一攒，一个开间内能安装多少斗栱，是按照攒数进行统计的。按照清制规定斗栱之间的距离，一般为 11 斗口，少数重檐建筑按照 12 斗口。如果按开间尺寸不能正好为 11 斗口的整倍数，也可均匀分布进行调整。

四、清式斗栱构造分析——以单翘单昂五踩斗栱为例

1. 单翘单昂平身科斗栱构造

单翘单昂平身科斗栱构造详见图 5-38。

2. 单翘单昂柱头科斗栱构造

单翘单昂柱头科斗栱构造详见图 5-39。

（1）柱头科斗栱与平身科斗栱的差异　柱头科斗栱位于梁架和柱头之间，由梁架传递的屋面荷载直接通过斗栱传递给柱子，所以柱头科斗栱较平身科斗栱有更好的承载作用，出跳方向构件的断面尺寸也较平身科大得多。

（2）柱头科斗栱构造

①斗栱分层构件描述：第一层坐斗尺寸为 4 斗口×3 斗口×2 斗口（宽×厚×高）；卯口为 2 斗口。

② 出跳方向构件尺寸的变化：第二层单翘尺寸，7.1（7.0）斗口×2 斗口×2 斗口（长×宽×高）；第三层单昂尺寸，18.3 斗口×3 斗口×（前 3 后 2）斗口，昂宽为 3 斗口，昂的后尾为雀替的形态；梁架层桃尖梁尺寸，以柱子轴线为界，桃尖部分尺寸为（出踩尺寸＋6 斗口）×4 斗口（长×厚），梁架部分尺寸为廊步架×6 斗口×8.7 斗口（长×厚×高）。

3. 单翘单昂角科斗栱构造

单翘单昂角科斗栱构造详见图 5-40。

（1）角科斗栱的复杂性　角科处在建筑转角部位，两个方向的构件 90°相交（或 120°

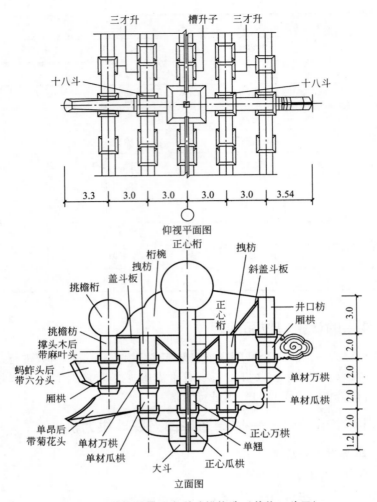

图 5-38　单翘单昂平身科斗栱构造（单位：斗口）

等）搭置在一起，同时还要沿角平分线挑出斜栱和斜昂，所以其构造要比平身科复杂很多。

（2）构件的特殊性（列栱）　由于位置的特殊性，前端为檐面的出挑构件，如翘、昂、要头，其后尾变成了山面的面宽构件，如正心瓜栱、万栱、正心枋。同样，在山面是出挑构件的翘和昂，后尾变成了檐面的栱和枋，这种现象称为列栱，即在角科斗栱中一头为出挑的跳头，一头为横栱的构件。

具体分析如下。

① 第一层为大斗，尺寸为 3.4 斗口×3.4 斗口×2 斗口，三向开口，开口尺寸分别为 1.24 斗口和 1.5 斗口。

② 正心方向构件如下：

第二层　搭角正头翘后带正心瓜栱；

第三层　搭角正头昂后带正心万栱；

第四层　搭角蚂蚱头后带正心枋；

第五层　搭角撑头木后带正心枋。

③ 斜向（45°方向）构件如下：

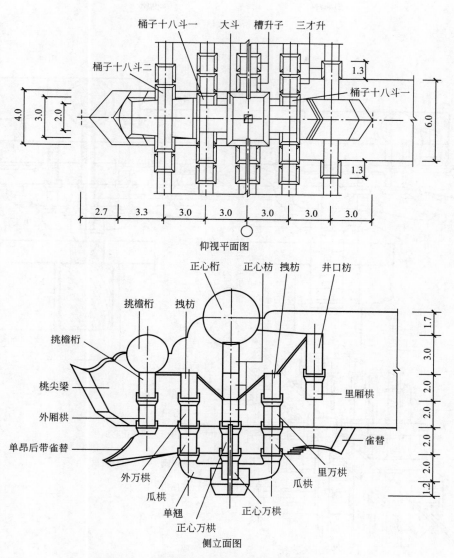

图 5-39 单翘单昂柱头科斗栱构造（单位：斗口）

第二层　斜头翘；

第三层　斜头昂后带菊花头；

第四层　斜由昂后带六分头（取代了耍头木，上置平斗盘与宝瓶）；

第五层　斜撑头木后带麻叶头；

第六层　斜桁椀。

④ 外拽方向构件如下：

第三层　搭角闹头昂后带单材瓜栱；

第四层　搭角蚂蚱头后带单材万栱；

第五层　搭角闹撑头木后带外拽枋。

⑤ 里拽方向构件如下：

第三层　连里头合角单材瓜栱；

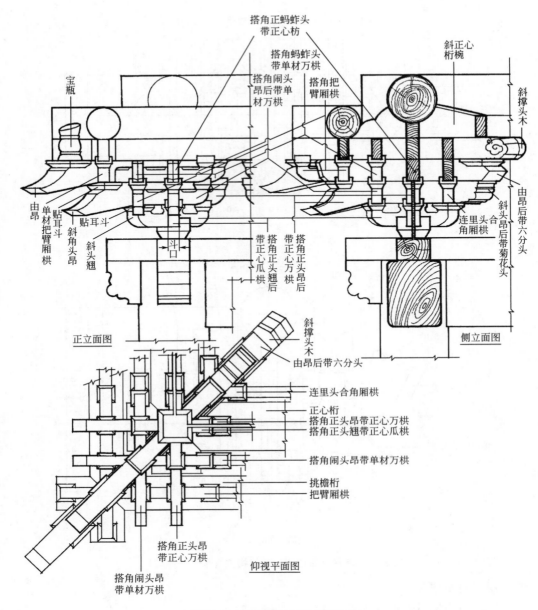

图 5-40　单翘单昂角科斗栱构造

第四层　连里头合角单材万栱。

⑥ 最外侧构件如下：

第四层　把臂厢栱；

第五层　挑檐枋相交出头。

4. 单翘单昂斗栱细部构造

单翘单昂斗栱细部构造详见图 5-41。

5. 单翘单昂各构件尺寸

单翘单昂各构件尺寸权衡表详见表 5-5。

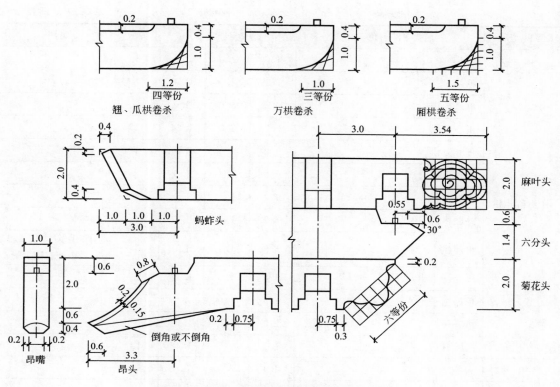

图 5-41　单翘单昂斗栱细部构造（单位：斗口）

表 5-5　单翘单昂各构件尺寸权衡表　　　　　单位：斗口

斗栱类别	构件名称	长	高	宽	件数	备注
平身科斗栱	大斗	3.0	2.0	3.0	1	
	单翘	7.1	2.0	1.0	1	
	单昂后带菊花头	15.3	2.0	1.0	1	
	蚂蚱头后带六分头	16.15	2.0	1.0	1	
	撑头木后带麻叶头	15.54	2.0	1.0	1	
	正心瓜栱	6.2	2.0	1.24	1	
	正心万栱	9.2	2.0	1.24	1	
	单材瓜栱	6.2	1.4	1.0	2	
	单材万栱	9.2	1.4	1.0	2	
	厢栱	7.2	1.4	1.0	2	
	桁椀	11.5	3.5	1.0	1	
	十八斗	1.8	1.0	1.48	4	
	槽升子	1.3	1.0	1.72	4	
	三才升	1.3	1.0	1.48	12	

斗栱类别		构件名称	长	高	宽	件数	备注
柱头科斗栱		大斗	4.0	2.0	3.0	1	
		单翘	7.1	2.0	2.0	1	
		单昂后带雀替	18.3	3.0	3.0	1	
		正心瓜栱	6.2	2.0	1.24	1	
		正心万栱	9.2	2.0	1.24	1	
		单材瓜栱	6.2	1.4	1.0	2	
		单材万栱	9.2	1.4	1.0	2	
		外厢栱	7.2	1.4	1.0	1	
		里厢栱	1.9	1.4	1.0	1	两栱头共长8.2斗口,中间有桃尖梁
		单翘桶子十八斗	3.8	1.0	1.48	2	
		单昂桶子十八斗	4.8	1.0	1.48	1	
		槽升子	1.3	1.0	1.72	4	
		三才升	1.3	1.0	1.48	12	
角科斗栱	第一层	大斗	3.4	2.0	3.4	1	
	第二层	斜头翘	10.46	2.0	1.5	1	
		搭角正翘后带正心瓜栱	6.65	2.0	1.24	2	
	第三层	斜昂后带菊花头	21.64	3.0	1.93	1	昂头高3.0,昂身高2.0
		搭角正昂后带正心万栱	13.9	3.0	1.24	2	
		搭角闹昂后带单材瓜栱	12.4	3.0	1.0	2	
		里连头合角单材瓜栱	3.1	1.4	1.0	2	
	第四层	由昂后带六分头	27.7	3.0	2.36	1	
		搭角正蚂蚱头后带正心枋	前长9.0	2.0	1.24	2	后长至平身科或柱头科
		搭角闹蚂蚱头后带单材万栱	13.6	2.0	1.0	2	
		搭角把臂厢栱	14.4	1.4	1.0	2	
		里连头合角单材万栱	4.6	1.4	1.0	2	或与平身科单材万栱连做
	第五层	斜撑头木后带麻叶头	21.26	2.0	2.36	1	
		搭角正撑头木后带正心枋	前长6.0	2.0	1.24	2	后长至平身科或柱头科
		搭角闹撑头木后带拽枋	前长6.0	2.0	1.0	2	后长至平身科或柱头科
		里连头合角厢栱	3.6	1.4	1.0	2	或与平身科厢栱连做

斗栱类别		构件名称	长	高	宽	件数	备注
角科斗栱	第六层	斜桁椀	15.56	3.5	2.36	1	
		搭角正桁椀后带正心枋	前长5.5	2.2	1.24	2	后长至平身科或柱头科
		斜头贴升耳	1.98	0.6	0.24	4	
		斜昂贴升耳	2.41	0.6	0.24	2	
		由昂贴升耳	2.84	0.6	0.24	4	
		十八斗	1.8	1.0	1.48	6	
		槽升子	1.3	1.0	1.72	4	
		三才升	1.3	1.0	1.48	14	

第四节 江南《营造法原》中的斗栱

《营造法原》中将斗栱称作牌科，主要分布在檐口柱头，是从木构架至屋面木基层的过渡性构件。

一、牌科斗栱的基本构件组成

1. 斗与升

斗，又称坐斗，形似斗形木块，有一字、丁字、十字开槽三种形式。在苏南建筑中，坐斗是确定斗栱尺寸的依据。通常厅堂类建筑坐斗尺寸为 7 寸×7 寸×5 寸，殿庭类建筑坐斗尺寸为 12 寸×12 寸×8 寸。其尺寸为坐斗尺寸减半；如坐斗采用 7 寸×7 寸×5 寸，则升尺寸为 3.5 寸×3.5 寸×2.5 寸。

升，形似斗而较斗小，置于栱或昂头之上，以承栱、昂、机等构件。

2. 栱

栱是设在斗卯口内的弓形构件，江南牌科中的栱构件无论与桁平行或垂直均称为栱。栱的每层高度均为坐斗之高，栱宽为栱高的 1/2。

牌科中栱的种类有以下几种。

（1）按照斗栱所处的位置划分

① 桁下栱。它是位于廊桁中心线下的栱，主要有斗三升栱和斗六升栱。

② 桁向栱。它是在廊桁中心线之外，与桁平行的栱。

③ 丁字栱与十字栱。该栱方向与桁垂直成丁字或十字。

④ 蒲鞋头。它常用于柱头牌科，是栱方向与桁垂直的半截十字栱（类似于宋铺作中的丁头栱）。

（2）按栱的虚实划分

① 亮栱。栱背与升底相平，两栱相叠或栱与连机相叠时，中间有空隙者称为亮栱。亮栱一般为单材栱。

② 实栱。栱位于柱头之上，为加强其承载能力，将栱料加高与下升腰相平，而于栱端锯出升位的称为实栱。实栱一般为足材栱。

③ 枫栱。枫栱是南方牌科中特殊的栱，用长方形带镂空雕刻的花木板，倾斜架于丁字栱、十字栱或凤头昂升之上，以代桁向栱。枫栱的做法类似于《营造法式》中的偷心造。

3. 昂

昂是与桁向栱垂直相交，栱头向下斜垂的木构件。江南昂头的形态有靴脚昂，属于延续宋式的做法，还有凤头昂、方头昂、卷珠昂这几种属于清代做法。

4. 斗栱附件

（1）鞋麻板　它是安装于两亮栱之间空当处（即栱眼）的镂空雕花板。

（2）垫栱板　又称行灶门，安装于两组斗栱之间空隙处的镂空雕花板。行灶门常用来衡量牌科间距的疏密程度，其顶端最小宽度为斗底之宽，最大距离为斗面之宽。

（3）云头　相当于北方官式做法中的要头木，是一组斗栱中最上一层出挑的木枋，前后雕刻成云头状。

（4）联系枋木

① 高连机。它在斗六升栱之上、廊桁之下的枋木，相当于北方官式做法中的柱头枋。

② 牌条。它是架于桁向栱之上的通长木条，相当于北方官式做法中的罗汉方或拽枋。

③ 连机或挂牙。它是架于昂头升上、梓桁之下的通长木条，相当于北方官式做法中的挑檐枋。

二、牌科斗栱的出参与分布

1. 牌科斗栱的出参

相当于斗栱出踩，牌科斗栱向里向外各出一跳称为三出参，依次为五出参、七出参……一般普通厅堂牌科不超过五出参。

2. 牌科斗栱的分布

以苏南地区为代表的江南牌科，规模一般不大，普通牌科每座距离为三尺（鲁班尺），牌科之间的行灶门可反映出牌科间距的疏密程度，根据《营造法原》中的规定，其顶端最小宽度为斗底之宽，最大距离为斗面之宽。设计中可根据实际情况酌情而定。

三、牌科的类型

依据坐斗开口方向及牌科的形状及位置划分为以下几类。

1. 桁间牌科

它是位于厅堂柱间廊桁下一斗三升及一斗六升牌科，平面呈一字状，前后无栱、昂构件伸出。桁间牌科构造详见图5-42。

2. 丁字牌科与十字牌科

（1）丁字牌科　坐斗丁字开口，栱仅向外出参，一般向外出两级（五出参）。

（2）十字牌科　坐斗十字开口，栱向内向外均出参，其中外出参用栱和昂，内出参仅用栱。

丁字牌科与十字牌科用于柱头，皆向外出十字栱，以承梁底，梁端向外伸长并收小减薄做云头或昂头。

丁字牌科与十字牌科用于转角，皆三面出参。转角处加斜栱、斜昂，最上级斜昂上置宝瓶。丁字牌科与十字牌科构造详见图5-43。

3. 琵琶科

它类似于北方官式做法中的溜金斗栱，中心线以外同丁字科或十字牌科，中心线以内昂尾延长做琵琶撑，撑下端架于十字栱之升口，填以三角形眉插子（靴楔），撑上端置斗三升

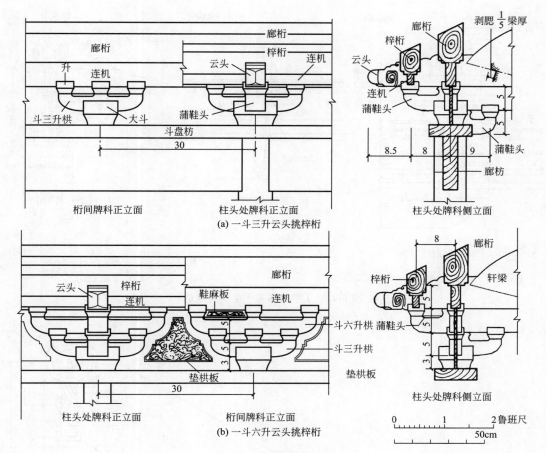

图 5-42　桁间牌科构造

栱承连机及步桁，贯以千金销。

琵琶科构造详见图 5-44。

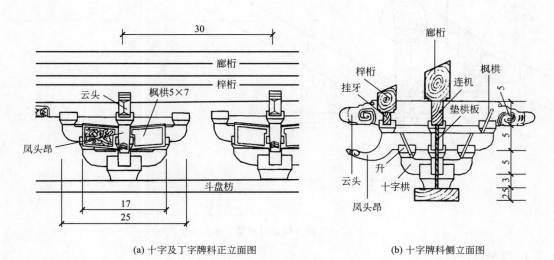

图 5-43

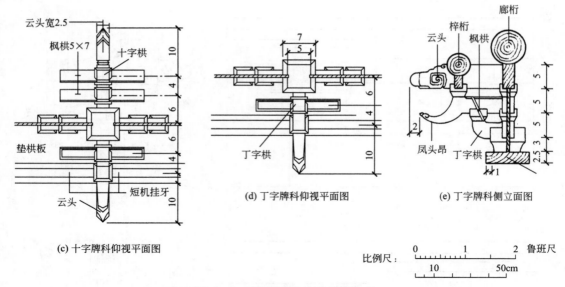

(c) 十字牌科仰视平面图

(d) 丁字牌科仰视平面图

(e) 丁字牌科侧立面图

比例尺：

图 5-43　丁字牌科与十字牌科构造

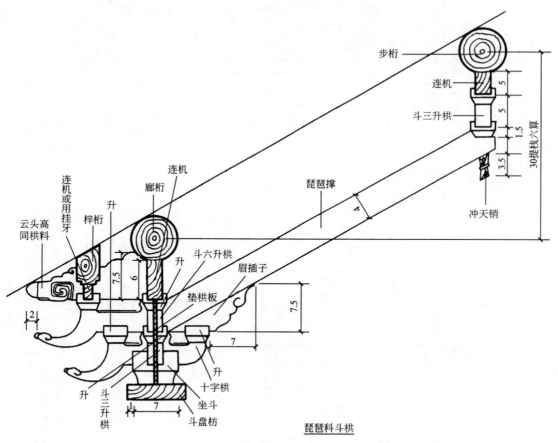

琵琶科斗栱

图 5-44　琵琶科构造（单位：鲁班尺）

4. 网形科

又称如意斗栱，常出现在牌楼斗栱中，特征为每攒斗栱除了纵横双向各出翘昂与栱之外，还在45°方向挑出斜栱斜昂，多攒斗栱的斜栱斜昂相互勾连成复杂的整体网络状。在江南牌楼牌科中，两柱之间坐斗为普通坐斗两倍长，开双十字口，在转角部位斗盘枋上置三枚坐斗，除开双十字口外，复开45°斜口，斜向栱昂相交成网状。

网形科构造详见图5-45。

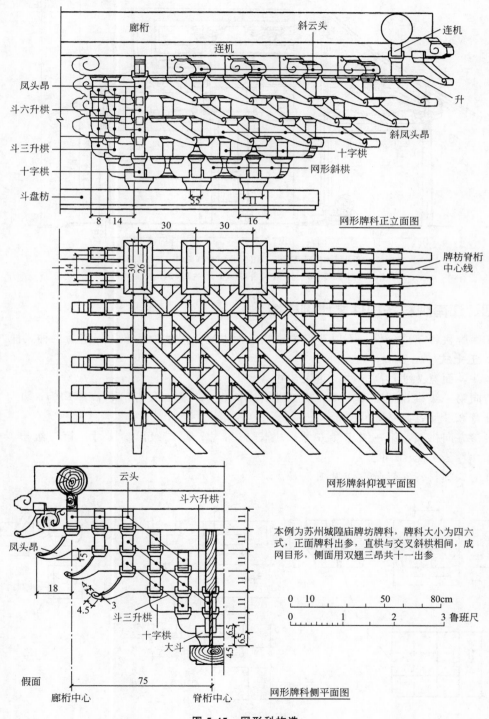

图 5-45　网形科构造

5. 代梁科

它是设置在随梁枋上的斗栱，相当于北方官式建筑中的隔架科，多为斗三升栱和斗六升栱，具有承重与观赏的双重功能。代梁科斗栱详见图5-46。

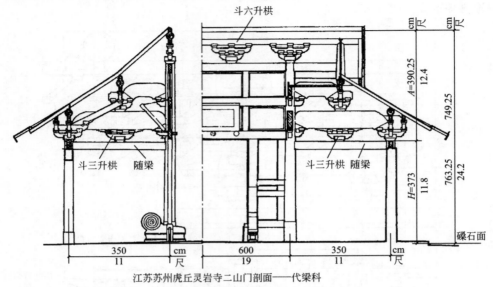

江苏苏州虎丘灵岩寺二山门剖面——代梁科

图 5-46　代梁科斗栱（1 尺＝31.5cm）

四、江南牌科各构件之比例权衡

江南牌科各斗栱分件，不以斗口为模数，而以坐斗尺寸为基准，规定为三种式样。

1. 五七式

坐斗，面宽7寸，高5寸，斗底5寸。

桁向第一级栱，长1尺7寸；第二级栱加长8寸，为2尺5寸，高厚均为3.0寸×2.5寸。升宽3.5寸，高2.5寸。

出参方向栱长，第一级出参6寸，栱长14.5寸；第二级出参4寸；第三级出参4寸；昂出8寸，云头出10寸。

五七式牌科各斗栱分件详见图5-47。

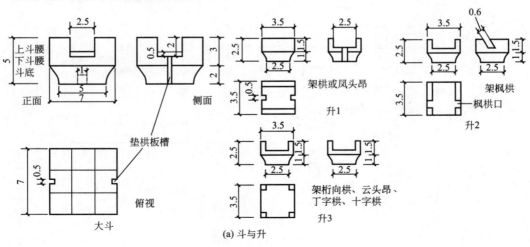

(a) 斗与升

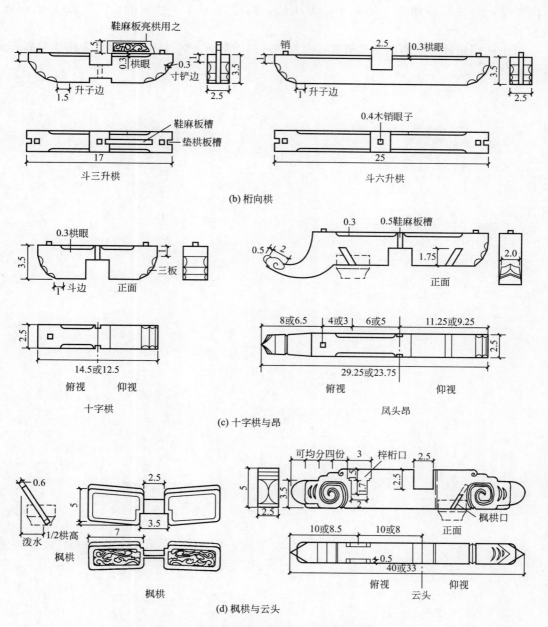

图 5-47 五七式牌科各斗栱分件（单位：寸）

2. 四六式

按照五七式的 0.8 倍计算。即坐斗面宽 6 寸，高 4 寸，斗底 4 寸。

横向第一级栱，长 1 尺 4 寸；第二级栱加长 6 寸，为二尺，高厚均为 2.4 寸×2 寸。升宽二寸八分，高 2 寸。

3. 双四六式

按照四六式的 2 倍计算，即坐斗面宽 12 寸，高 8 寸，斗底 8 寸。横向第一级栱长 2 尺 8 寸；第二级栱加长 1 尺 2 寸，为 4 尺，高厚均为 4.8 寸×4 寸。升宽 5 寸 6 分，高 4 寸。

五七式用于较华丽的厅堂或祠堂；四六式常用于亭阁、牌楼；双四六式常用于殿庭等大型建筑物。

第六章

古建筑屋顶构造

古建筑屋顶位于中国式三段的上段，最为引人注目。它不仅是在建筑最上面起围护结构的作用，而且屋顶形式、屋脊做法和装饰物，以及采用的屋面材料等，都能反映出建筑的等级、建筑的使用性质、类别、建筑物主人的身份地位等，并在这些方面有着严格的规定，是绝对不可逾越的。

第一节　古建筑屋顶概述

一、屋顶类型

我国古代建筑屋顶大部分属于坡屋顶的范畴。与平屋顶相比，其优点是排水迅速、不易积水，所以一般不会形成渗漏并影响下部结构。各种坡屋顶类型早在秦汉时期就已基本形成，到宋代更为完备。在《营造法式》中就记录了四阿顶、厦两头造（九脊殿）、不厦两头造和斗尖（撮尖）四种主要形式的屋顶。到了明清时期，古建筑屋顶的类型更为多样，具体可概括为以下几类。

1. 正式建筑九种屋顶类型

明清时期，古建筑行业习惯将官式建筑分为正式与杂式。硬山、悬山、庑殿、歇山是正式建筑屋顶的四种基本型。庑殿、歇山可以做成重檐建筑，歇山、悬山和硬山建筑可以区分为带有正脊和不带正脊（卷棚）做法。这样正式建筑屋顶就形成了重檐庑殿、重檐歇山、单檐庑殿、单檐歇山、卷棚歇山、起脊悬山、卷棚悬山、起脊硬山、卷棚硬山九个依次降低的等级，构成了正式建筑屋顶严格的等级序列，详见表 6-1，正式建筑屋顶详见图 6-1。

表 6-1　正式建筑屋顶等级序列

屋顶等级	一	二	三	四	五	六	七	八	九
庑殿	重檐庑殿		单檐庑殿						
歇山		重檐歇山		单檐歇山	卷棚歇山				
悬山						起脊悬山	卷棚悬山		
硬山								起脊硬山	卷棚硬山

2. 杂式建筑屋顶类型

在古建筑中，凡是平面不是长方形，屋顶为庑殿、歇山、悬山、硬山四种基本型之外的均属于杂式建筑范畴。杂式建筑屋顶的类型有攒尖、盝顶、盔顶、圆顶、平台屋顶、单坡顶、扇面顶等形式。杂式建筑屋顶详见图 6-2。

3. 组合屋顶类型

组合屋顶多是由于建筑平面较为复杂，从而引起了屋顶的变化。从形态构成来看，主要是在庑殿、歇山、悬山、硬山、攒尖基本型的基础上，通过人字坡、围护和端部结束形式的穿插组合，形成组合型屋顶。大致可以分成简单和复杂两种类型。

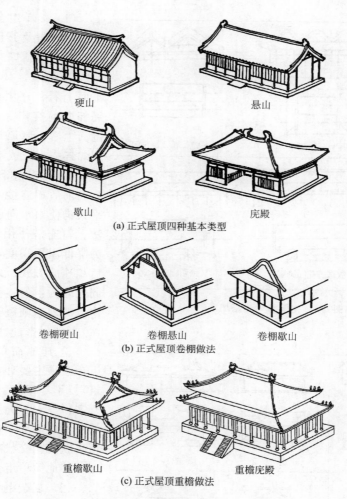

硬山　　　　　　　　　悬山

歇山　　　　　　　　　庑殿

(a) 正式屋顶四种基本类型

卷棚硬山　　　　卷棚悬山　　　　卷棚歇山

(b) 正式屋顶卷棚做法

重檐歇山　　　　　　　　重檐庑殿

(c) 正式屋顶重檐做法

图 6-1　正式建筑屋顶

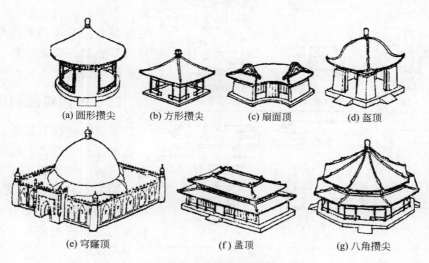

(a) 圆形攒尖　　(b) 方形攒尖　　(c) 扇面顶　　(d) 盔顶

(e) 穹隆顶　　　　(f) 盝顶　　　　(g) 八角攒尖

图 6-2　杂式建筑屋顶

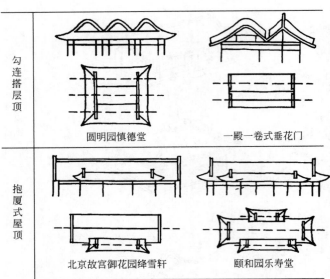

图6-3 抱厦与勾连搭屋顶

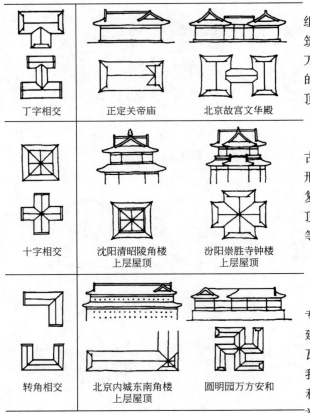

图6-4 其他简单组合屋顶

（1）简单组合屋顶 主要有抱厦、勾连搭及L形、工字形、十字形、万字形顶等。

① 抱厦，又称"龟头屋"，从平面上看，在主建筑一侧或两侧，局部向前突出一间（或三间）。从剖面上看，屋顶与主体建筑可以采用勾连搭形式或丁字相交形式。

② 勾连搭，多个屋顶沿进深方向前后相连接，在连接处做一水平天沟使雨水向两边排泻的屋面做法。勾连搭使用于建筑进深较大，为降低屋顶高度，则采用低屋面前后相连的方式。勾连搭与抱厦的不同之处为：勾连搭为通长勾连，而抱厦的勾连则短于殿身面阔。

抱厦与勾连搭屋顶详见图6-3。

③ 其他简单组合屋顶。其他组合屋顶主要有L形屋顶（转角建筑）、丁字顶、十字顶、工字顶、万字顶等。各类屋顶均为适应不同的平面而形成，参与组合的建筑屋顶呈纵横相交状态的组合关系。

其他简单组合屋顶详见图6-4。

（2）复杂组合屋顶 还有很多古建筑，其屋面形式比L形、丁字形、十字形、工字形、万字形还要复杂很多，形成平屋顶及各类坡屋顶上下叠置、高低错落、平行并列等多层次的组合关系，详见图6-5。

二、古建筑屋面类型

瓦原为烧制土器的总称，后来专指覆盖在屋面之上起防水作用的建筑材料。依其质地有琉璃瓦、布瓦、铜瓦、铁瓦、木瓦、竹瓦等。我国古建筑屋面主要为琉璃瓦屋面和布瓦屋面两大类型，各自又有多类不同做法。

1. 琉璃瓦屋面

琉璃瓦是表面施釉的瓦，它由

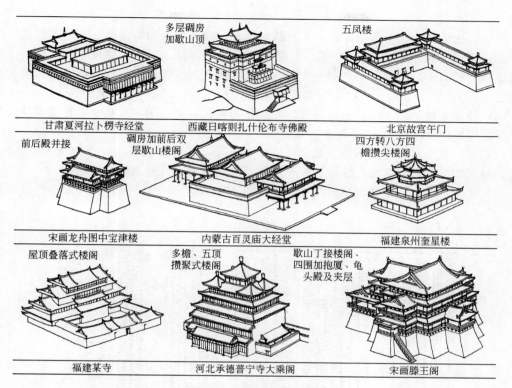

多层碉房
加歇山顶

五凤楼

甘肃夏河拉卜楞寺经堂

西藏日喀则扎什伦布寺佛殿

北京故宫午门

前后殿并接

碉房加前后双
层歇山楼阁

四方转八方四
檐攒尖楼阁

宋画龙舟图中宝津楼

内蒙古百灵庙大经堂

福建泉州奎星楼

屋顶叠落式楼阁

多檐、五顶
攒聚式楼阁

歇山丁接楼阁、
四围加抱厦、龟
头殿及夹层

福建某寺

河北承德普宁寺大乘阁

宋画滕王阁

图 6-5　复杂组合屋顶

琉璃胎经过 1100℃ 以上的高温烧制后涂上釉料，然后再进行 800～900℃ 的低温回烧而成。在宋朝时已经在宫殿上使用黄绿色琉璃瓦。元朝宫殿则用黄、绿、蓝、红、粉、白、黑、紫等多色琉璃瓦和琉璃构件。明清两代宫殿、陵寝和皇家寺庙多用黄色琉璃，皇家园林建筑和离宫别馆杂用蓝、绿、黑等色的琉璃及琉璃聚锦。亲王府邸、园寝多用绿色琉璃或琉璃剪边。琉璃瓦屋面主要有以下三种做法。

（1）单色琉璃屋面　屋面和屋脊均采用同色琉璃瓦件形成。单色琉璃屋面多用于宫殿建筑，如北京天坛，全部采用蓝色琉璃瓦；太和殿全部采用黄色琉璃瓦。

（2）琉璃剪边　用布瓦做屋面，用琉璃瓦做檐头和屋脊，或者用一种颜色的琉璃瓦做屋面，用另一种颜色的琉璃瓦做檐头和屋脊。前一种多见于城楼与庙宇，后一种多见于园林建筑。

（3）琉璃聚锦　是在屋面上采用两色琉璃或多色琉璃拼出图案的做法。常见的图案有方胜（菱形）、叠落方胜（双菱形）、双喜字等。琉璃聚锦的做法常见于园林建筑或地方建筑。

除了上述三种琉璃瓦屋面外还有一种叫削割瓦屋面，也常归类在琉璃屋面。削割瓦是指用琉璃瓦坯烧制成型后"焖青"成活，但不施釉彩的瓦件。外观与青瓦相似，但做法必须遵循琉璃规矩。尤其是屋脊，仙人走兽的做法与琉璃瓦屋面完全相同。

2. 布瓦屋面

颜色呈深灰色的黏土瓦称为布瓦，布瓦屋面又称为黑活屋面。根据其屋面做法又分为以下几种形式。

（1）筒瓦屋面　以板瓦做底瓦，筒瓦做盖瓦的屋面做法为筒瓦屋面。它常用于宫殿、庙宇、王府、县衙等大式建筑，以及牌楼、影壁、亭榭等。小式建筑中不得使用 3 号以上的筒瓦。

（2）合瓦屋面　北方称阴阳瓦，南方称蝴蝶瓦。合瓦屋面的特点是底瓦和盖瓦均采用板瓦，底、盖瓦按照一反一正即"一阴一阳"排列。合瓦屋面多用于小式建筑和民宅。江南地区的蝴蝶瓦屋面中，不铺设泥背和灰背层，直接将底瓦搁置在板椽上，再把盖瓦铺盖于底瓦瓦垄之上。

（3）仰瓦灰梗屋面　屋面不施盖瓦，以板瓦为底瓦，在两垄底瓦相交的瓦楞部位用灰堆抹出形似筒瓦垄，宽约4cm的灰梗，多用于不太讲究的民宅。

（4）干槎瓦屋面　屋面不施盖瓦，以板瓦为底瓦，在两垄底瓦相交部位也不堆抹灰梗，通过瓦与瓦的互相搭置遮盖瓦缝。这种形式多见于河南地区及河北地区民居。

（5）棋盘心屋面　在合瓦屋面的中间部位或下半部挖出一块，局部改作灰背或石板瓦的做法。

各类布瓦屋面详见图6-6。

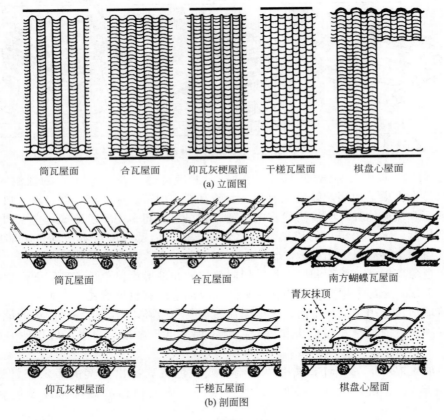

图6-6　各类布瓦屋面

3. 其他杂类屋面

其他杂类屋面是指除了琉璃瓦和布瓦屋面以外的屋面做法。

（1）灰背顶　屋顶表面不用瓦覆盖，以"灰背"直接防雨的屋面就是灰背顶。常用于平台屋顶，也可用于屋顶局部，如用于勾连搭房屋连接处的天沟，用于棋盘心屋面等部位。

（2）石板顶　屋面采用小规格的薄石片排列有序地铺在屋面上。石板顶做法属于地方手法，具有较强的田园风格。

（3）金属瓦顶　屋面多采用铜瓦或铜胎溜金瓦，以造成金碧辉煌的效果。多用于皇家园林和喇嘛教建筑。

（4）茅草顶　以茅草作为屋面覆盖材料，多用于园林景观建筑中的小品。

（5）明瓦顶　用玻璃覆盖屋面的做法，宫殿建筑中也有云母片加工成的明瓦顶，装饰效果较好但采光稍差。明瓦顶多用于花房或是特殊观赏需要的园林建筑。

三、古建筑屋脊类型

屋脊是古建筑对于屋面交界线或边沿线的特殊处理而产生的构造形式。

1. 屋面与屋面的阳角相交

（1）正脊　它是指沿前后两坡屋面相交线做成的脊。正脊往往是沿檩桁方向，且在屋顶最高处。

（2）垂脊（包括排山脊）　凡是与正脊或宝顶相交的脊统称为垂脊。

（3）戗脊　戗脊是在歇山建筑中，前后坡与两山坡面交界线处的脊，该脊沿着四角45°方向上与垂脊倾斜相交。

（4）角脊　角脊是重檐建筑屋顶中，下檐屋面转折处，沿角梁方向所做的脊。

2. 坡屋面与垂直墙面的交接

（1）博脊　当坡屋面与竖向墙面交接时，往往要沿接缝处做脊，一般将此处的脊称为博脊。在歇山建筑中，两山坡面与山花板相交处，沿接缝方向所做的水平脊就是一种典型的博脊。

（2）围脊　重檐建筑下层屋面与木构架（如承椽枋、围脊板、枋等）相交处的水平脊。围脊能够头尾相接呈围合状，故俗称"缠腰脊"。

3. 处理边沿线产生的脊

（1）排山脊　在歇山、悬山、硬山建筑两山部位屋面边缘，顺山尖而上所做的垂脊称为排山脊。

（2）披水梢垄　它是悬山、硬山建筑屋面在两山部位的简易处理，不做垂脊而仅做梢垄，不用排山勾滴，而仅用披水砖檐的做法。详见本章第三节相关内容。

（3）盝顶围脊　特指盝顶上部平台屋面四边的水平脊，因其围合相交故称围脊，也因其在屋顶最高位置处，也称正脊。

各类屋脊在重檐歇山屋顶中表现得最为全面，详见图6-7。

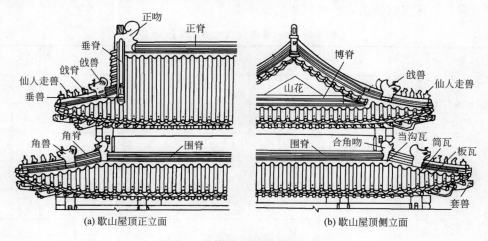

(a) 歇山屋顶正立面　　(b) 歇山屋顶侧立面

图 6-7　重檐歇山屋顶中的各类脊

四、大式屋顶和小式屋顶

在明清做法中，除了通过屋顶的等级序列来规定建筑屋顶的形态外，还通过瓦件的材质、脊件做法和脊饰构成，明确地把屋顶分为大式做法和小式做法两个大类，这两类屋顶的主要区别如下。

（1）在屋顶形制上　本着"上可兼下、下不得似上"的原则，大式屋顶可以采用正式建筑中的九种屋顶，而小式屋顶只限于正式建筑屋顶序列的后四种低档屋顶，并限于硬山与悬山两种基本型。

（2）在宽瓦材质上　大式屋顶既可以采用琉璃瓦，也可以采用布瓦；而小式屋顶只能采用布瓦，即所谓的黑活屋顶。

（3）在吻兽的设置上　大式屋顶可以带吻兽，也可以不带吻兽，而小式屋顶一律不允许带吻兽。

（4）在宽瓦方式上　大式屋顶通用筒瓦屋面，属于高等级体制，而小式屋顶只能用最小号规格的筒瓦屋面，大部分还是使用合瓦屋面、仰瓦灰梗屋面、干槎瓦屋面、棋盘心屋面等，等级依次降低。

（5）在用脊形制上　大式屋顶的正脊，尖山式采用大脊，卷棚式采用过垄脊。小式建筑屋顶的正脊通常分为过垄脊、清水脊、鞍子脊，做法简单。大式建筑屋顶通用带排山勾滴的铃铛排山或带披水砖的披水排山。小式建筑中除铃铛排山和披水排山之外，还增设"披水梢垄"，等级依次降低。

（6）从屋面做法的变通上　可采用大式小作和小式大作的调节机制。大式小作具有大式屋脊的基本特征，但屋顶的脊件做了必要的简化。小式大作具有小式屋脊的基本特征，但脊件做法借鉴了大式屋脊的脊件特点。这两种变通方法，属于大、小式做法中的中间档次。

五、古建筑屋面材料

1. 宋《营造法式》中记述的屋面瓦件

在《营造法式》中记述了 6 种瓶瓦（同筒瓦）、7 种瓯瓦（同板瓦），并规定了不同的瓶瓦和瓯瓦的使用范围（在后面叙述中皆采用筒瓦与板瓦）。

（1）筒瓦　宋《营造法式》中筒瓦尺寸详见表 6-2。

表 6-2　宋《营造法式》中筒瓦尺寸

瓦号		1	2	3	4	5	6
长度	尺	1.4	1.2	1	0.8	0.6	0.4
	cm	43.7	37.4	31.2	25	18.7	12.5
口径	寸	6	5	4	3.5	3	2.5
	cm	18.7	15.6	12.5	10.9	9.4	7.8
厚度	分	8	5	4	3.5	3	2.5
	cm	2.5	1.6	1.3	1.1	1	0.8

（2）板瓦　《营造法式》中板瓦尺寸详见表6-3。

表6-3　《营造法式》中板瓦尺寸

瓦号		1	2	3	4	5	6	7
长度/尺		1.6	1.4	1.3	1.2	1	0.8	0.6
宽/寸	大头	9.5	7	6.5	6	5	4.5	4
	小头	8.5	6	5.5	5	4	4	3.5
厚度/分	大头	10	7	6	6	5	4	4
	小头	8	6	5.5	5	5	3.5	3

（3）瓦当和滴水

① 瓦当（清称勾头瓦）又称华头筒瓦，纹样历代不同，有云纹、几何纹、动植物、四神、文字、莲瓣、兽面、龙凤、花草等。

② 滴水（清称滴子瓦），有重唇板瓦（带形或齿形）及垂尖华头板瓦两种。

（4）当沟与线道瓦

① 当沟，用在屋脊的最底层，正好卡在筒瓦垄与板瓦垄之间。《营造法式》中提到有大当沟与小当沟。

② 线道瓦，为直线形板瓦，相当于清代的压当条。

（5）屋顶脊饰

① 鸱尾。它用于正脊两侧，围脊转角部位，尺寸有2.5尺、3.0尺、3.5尺、4.0尺、4.5尺……直至1丈，鸱尾由数块采用铁鞠（锯）拼接而成。

② 正脊火珠、斗尖火珠与滴当火珠

a. 正脊火珠用于寺观等殿阁正脊当中。火珠的直径有1.5尺、2尺、2.5尺三种。火珠都为两焰，在其夹脊的两面做盘龙或兽面。

b. 斗尖火珠用于四角亭子顶部。火珠的直径有1.5尺、2.0尺、2.5尺、3.5尺等几种，火珠做两焰、四焰或八焰，下部使用圆形的基座。

c. 滴当火珠用于位于华头筒瓦滴当钉之上（相当于清代的瓦钉钉帽），滴当火珠高三寸至八寸不等。

③ 兽头。兽头分为正脊兽头和垂脊兽头，有1.4尺、1.6尺、1.8尺、2尺、2.5尺、3.0尺、3.5尺、4.0尺等几种。

④ 嫔伽、蹲兽、套兽。嫔伽为女身鸟状仙女（人头鸟身的神鸟），蹲兽有九品，分别为行龙、飞凤、行狮、天马、海马、飞鱼、押鱼、狻猊、獬豸。嫔伽高0.6尺到1.6尺不等，蹲兽高0.4尺到1尺不等。宋代蹲兽用双数，最多使用8枚。套兽用于殿、阁、厅堂、亭榭转角子角梁端，套兽径从四寸到一尺二寸不等。

常见的宋代屋面瓦件见图6-8。

2. 清代屋面瓦件

清代屋面瓦件根据上不上釉，分为琉璃瓦件和布瓦。

（1）琉璃瓦件　琉璃瓦件包括筒瓦、板瓦、勾头、滴子、正脊筒子、正吻、垂脊筒子、垂兽、戗脊筒子、戗兽、仙人走兽、套兽等，种类繁多。明代规定为十样瓦，清代头样和十样瓦不常用，规定为二样至九样瓦。常见琉璃瓦件尺寸详见表6-4～表6-9。

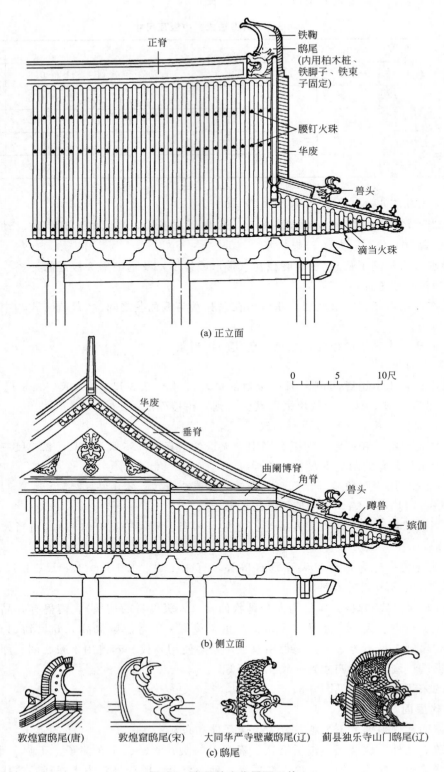

正脊

铁鞠

鸱尾
(内用柏木桩、
铁脚子、铁束
子固定)

腰钉火珠

华废

兽头

滴当火珠

(a) 正立面

0　　5　　10尺

华废

垂脊

曲阑博脊

角脊

兽头

蹲兽

嫔伽

(b) 侧立面

敦煌窟鸱尾(唐)　　敦煌窟鸱尾(宋)　　大同华严寺壁藏鸱尾(辽)　　蓟县独乐寺山门鸱尾(辽)

(c) 鸱尾

图 6-8　常见的宋代屋面瓦件

表 6-4　常见琉璃瓦件尺寸（部分）

瓦件名称（部分）			二样	三样	四样	五样	六样	七样	八样	九样
筒瓦	长	营造尺	1.25	1.15	1.10	1.05	0.95	0.90	0.85	0.80
		cm	40.00	36.80	35.20	33.60	30.40	28.80	27.20	25.60
	口宽	营造尺	0.65	0.60	0.55	0.50	0.45	0.40	0.35	0.30
		cm	20.80	19.20	17.60	16.00	14.40	12.80	11.20	9.60
板瓦	长	营造尺	1.35	1.25	1.20	1.15	1.05	1.00	0.95	0.90
		cm	43.20	40.00	38.40	36.80	33.60	32.00	30.40	28.80
	口宽	营造尺	1.10	1.05	0.95	0.85	0.80	0.70	0.65	0.60
		cm	35.20	33.60	30.40	27.20	25.60	22.40	20.80	19.20
勾头瓦	长	营造尺	1.35	1.25	1.15	1.10	1.00	0.95	0.90	0.85
		cm	43.20	40.00	36.80	35.20	32.00	30.40	28.80	27.20
	口宽	营造尺	0.65	0.60	0.55	0.50	0.45	0.40	0.35	0.30
		cm	20.80	19.20	17.60	16.00	14.40	12.80	11.20	9.60
滴子瓦	长	营造尺	1.35	1.30	1.25	1.20	1.10	1.00	0.95	0.90
		cm	43.20	41.60	40.00	38.40	35.20	32.00	30.40	28.80
	口宽	营造尺	1.10	1.05	0.95	0.85	0.80	0.70	0.65	0.60
		cm	35.20	33.60	30.40	27.20	25.60	22.40	20.80	19.20

表 6-5　琉璃正脊构件尺寸　　　　　　　　　　　　单位：cm

名称		样数							
		二样	三样	四样	五样	六样	七样	八样	九样
正吻	高	336	294	224～256	122～160	109～115	83～102	58～70	29～51
	宽	235	206	157～179	86～112	76～81	58～72	41～49	20～36
	厚	54.4	48	33	27.2	25	23	21	18.5
吻座	长	54.4	48	33	27.2	25	23	21	18.5
	宽	31.68	29.12	25.6	16.64	11.52	8.32	6.72	6.08
	厚	36.16	33.6	29.44	19.84	14.72	11.52	9.28	8.64
赤脚通脊	长	89.6	83.2	76.8	五样以下无				
	宽	54.4	48	33					
	高	60.8	54.4	43					
黄道	长	89.6	83.2	76.8	五样以下无				
	宽	54.4	48	33					
	厚	19.2	16	16					
大群色	长	89.6	83.2	76.8	五样以下无				
	宽	54.4	48	33					
	厚	19.2	16	16					

名称		二样	三样	四样	五样	六样	七样	八样	九样
群色条	长				41.6	38.4	35.2	34	31.5
	宽	四样以上无			12	12	10	10	8
	厚				9	8	7.5	8	6
正通脊	长				73.6	70.4	67.4	64	60.8
	宽	四样以上无			27.2	25	23	21	18.5
	高				32	28.4	25	20	17

表 6-6　琉璃垂脊构件尺寸　　　　　　　单位：cm

名称		二样	三样	四样	五样	六样	七样	八样	九样
垂兽	高	68.8	59.2	50.4	44	38.4	32	25.6	19.2
	宽	68.8	59.2	50.4	44	38.4	32	25.6	19.2
	厚	32	30	28.5	27	23.04	21.76	16	12.8
垂兽座	长	64	57.6	51.2	44.8	38.4	32	25.6	22.4
	宽	32	30	28.5	27	23.04	21.76	16	12.8
	高	7.04	6.4	5.76	5.12	4.48	3.84	3.2	2.56
大连砖（承奉连砖）	长	57.6	51.2	44.8	41	39	37	33	31.5
	宽	32	30	28.5	26	25	21.5	20	17.5
	高	17	16	14	13	12	11	9	8
三连砖	长				43.5	41	39	35.2	33.6	31.5
	宽	三样以上无			29	26	23	21.76	20.8	19
	高				10	9	8	7.5	7	6.5
小连砖	长						32	28.8	
	宽	七样以上无					16	12.8	
	高						6.4	5.76	
垂通脊	长	99.2	89.6	83.2	76.8	70.4	64	60.8	54.4
	宽	32	30	28.5	27	23.04	21.76	20	17
	高	52.8	46.4	36.8	28.6	23	21	17	15
平口条	长	32	30.4	28.8	27.2	25.6	24	22.4	20.8
	宽	9.92	9.28	8.64	8	7.36	6.4	5.44	4.48
	高	2.24	2.24	1.92	1.92	1.6	1.6	1.28	1.28
压当条	长								
	宽				同平口条				
	高								

中国古建筑构造技术

续表

名称		样数							
		二样	三样	四样	五样	六样	七样	八样	九样
正当沟	长	38.4	36.8	33.6	28.3	26.7	24	22	20.4
	宽	27.2	25.6	21	16.5	15	14.5	13.5	13
	高	2.56	2.56	2.24	2.24	1.92	1.92	1.6	1.6
斜当沟	长	54.4	51.2	46	39	37	32	30	28.8
	宽	27.2	25.6	21	16.5	15	14.5	13.5	13
	高	2.56	2.56	2.24	2.24	1.92	1.92	1.6	1.6
撺头	长	57.6	51.2	44.8	41	39	36.8	33.6	31.5
	宽	32	30	28.5	26	23	21.76	20.8	19
	高	17	16	14	9	8	7.5	7	6.5
捎头	长	48	41.6	38.4	35.2	32	30.4	30.08	29.76
	宽	30	28	26	23	20	19	18	17
	高	8.96	8.32	7.68	7.36	7.04	6.72	6.4	6.08
咧角盘子	长	五样以上不用盘子				40	36.8	33.6	27.2
	宽					23.04	21.76	20.8	19.84
	高					6.72	6.4	6.08	5.76
三仙盘子	长	五样以上不用盘子				同咧角盘子			
	宽								
	高								

表 6-7 琉璃仙人走兽及套兽构件尺寸 单位：cm

名称		样数							
		二样	三样	四样	五样	六样	七样	八样	九样
仙人	长	40	36.8	33.6	30.4	27.2	24	20.8	17.6
	宽	6.9	6.4	5.9	5.3	4.8	4.3	3.7	3.2
	高	40	36.8	33.6	30.4	27.2	24	20.8	17.6
走兽	宽	22.1	20.16	18.24	16.32	14.4	12.48	10.56	8.64
	厚	11.04	10.08	9.12	8.16	7.2	6.24	5.28	4.32
	高	36.8	33.6	30.4	27.2	24	20.8	17.6	14.4
套兽	长	30.4	28.8	25.2	23.6	22	17.3	16	12.6
	宽	30.4	28.8	25.2	23.6	22	17.3	16	12.6
	高	30.4	28.8	25.2	23.6	22	17.3	16	12.6

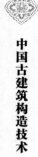

中国古建筑构造技术

表 6-8　琉璃戗脊、角脊构件尺寸　　　　　　　　　　　单位：cm

名称		样数							
		二样	三样	四样	五样	六样	七样	八样	九样
戗兽	高	59.2	56	44	38.4	32	25.6	19.2	16
	宽	59.2	56	44	38.4	32	25.6	19.2	16
	厚	30	28.5	27	23.04	21.76	20.08	12.8	9.6
戗兽座	长	57.6	51.2	44	38.4	32	25.6	19.2	12.8
	宽	30	28.5	27	23.04	21.76	20.8	12.8	9.6
	高	6.4	5.76	5.12	4.48	3.84	3.2	2.56	1.92
戗通脊	长	89.6	83.2	76.8	70.4	64	60.8	54.4	48
	宽	30	28.5	27	23.04	21.76	20.8	17	9.6
	高	46.4	36.8	28.6	23	21	17	15	13

表 6-9　琉璃博脊构件尺寸　　　　　　　　　　　单位：cm

名称		样数							
		二样	三样	四样	五样	六样	七样	八样	九样
博脊连砖	长					40	36.8	33.6	30.4
	宽		五样以上无			22.4	16.5	13	10
	高					8	7.5	7	6.5
承奉博脊连砖	长	52.8	49.6	46.4	43.2				
	宽	24.32	24	23.68	23.36		六样以下无		
	高	17	16	14	13				
挂尖	长	52.8	49.6	46.4	43.2	40	36.8	33.6	30.4
	宽	24.32	24	23.68	23.36	22.4	16.5	13	10
	高	29	27	24	22	16.5	15	14	13
博脊瓦	长	52.8	49.6	46.4	43.2	40	36.8	33.6	30.4
	宽	30.4	28.8	27.2	25.6	24	22.4	20.8	19.2
	高	7.5	7	6.5	6	5.5	5	4.5	4
博通脊（围脊筒子）	长	89.6	83.2	76.8	70.4	56	46.4	33.6	32
	宽	32	28.8	27.2	24	21.44	20.8	19.2	17.6
	高	33.6	32	31.36	26.88	24	23.68	17	15
满面砖	长	51.2	48	44.8	41.6	38.4	35.2	32	28.8
	宽	51.2	48	44.8	41.6	38.4	35.2	32	28.8
	高	6.08	5.76	5.44	5.12	4.8	4.48	4.16	3.84

名称		样数							
		二样	三样	四样	五样	六样	七样	八样	九样
蹬脚瓦	长	40	36.8	35.2	33.6	30.4	27.2	24	20.8
	宽	20.8	19.2	17.6	16	14.4	12.8	11.2	9.6
	高	10.4	9.6	8.8	8	7.2	6.4	5.6	4.8
合角吻	高	105.6	96	89.6	76.8	60.8	32	22.4	19.2
	宽	73.6	67.2	64	54.4	41.6	22.4	15.68	13.44
	长	73.6	67.2	64	54.4	41.6	22.4	15.68	13.44

（2）布瓦　布瓦瓦件主要为筒瓦、板瓦、吻兽、望兽、套兽等。清代规定为1号、2号、3号及10号四种。各地生产的尺寸大小不一，其中北京现行瓦件尺寸较为接近清代官窑尺寸，详见表6-10。

表6-10　布瓦尺寸　　　　单位：cm

名称		现行尺寸		清代官窑尺寸	
		长	宽	长	宽
筒瓦（勾头）	头号（特号）筒瓦	30.5	16		
	1号筒瓦	21	13	35.2	14.4
	2号筒瓦	19	11	30.4	12.16
	3号筒瓦	17	9	24	10.24
	10号筒瓦	9	7	14.4	8
板瓦（滴子瓦）	头号（特号）板瓦	22.5	22.5		
	1号板瓦	20	20	28.8	25.6
	2号板瓦	18	18	25.6	22.4
	3号板瓦	16	16	22.4	19.2
	10号板瓦	11	11	13.76	12.16

常见的清代屋面瓦件见图6-9。

3. 江南《营造法原》中记述的屋面瓦件

《营造法原》的瓦材多是对唐宋瓦件传承的提升，对厅堂类房屋一般采用板瓦，又称蝴蝶瓦、合瓦、阴阳瓦等。殿庭之类房屋，规模较大者，可将盖瓦改用筒瓦（长1.2尺，筒径6～7寸）。蝴蝶瓦是各种房屋所常用瓦材，但盖瓦和底瓦尺寸略有差异，其规格详见表6-11和表6-12。

表6-11　《营造法原》盖瓦尺寸

瓦号		1	2	3	4	5	6	7
长	尺	1.00	0.90	0.90	0.85	0.83	0.80	0.75
	mm	275	248	248	234	228	220	206
宽	寸	1.10	1.05	1.00	0.97	0.93	0.90	0.88
	mm	303	289	275	267	256	248	242
厚	分	6.5	6.0	6.0	5.5	5.5	5.5	4.5
	mm	18	16.5	16.5	15	15	15	12.5

注：《营造法原》中，1尺＝275mm。

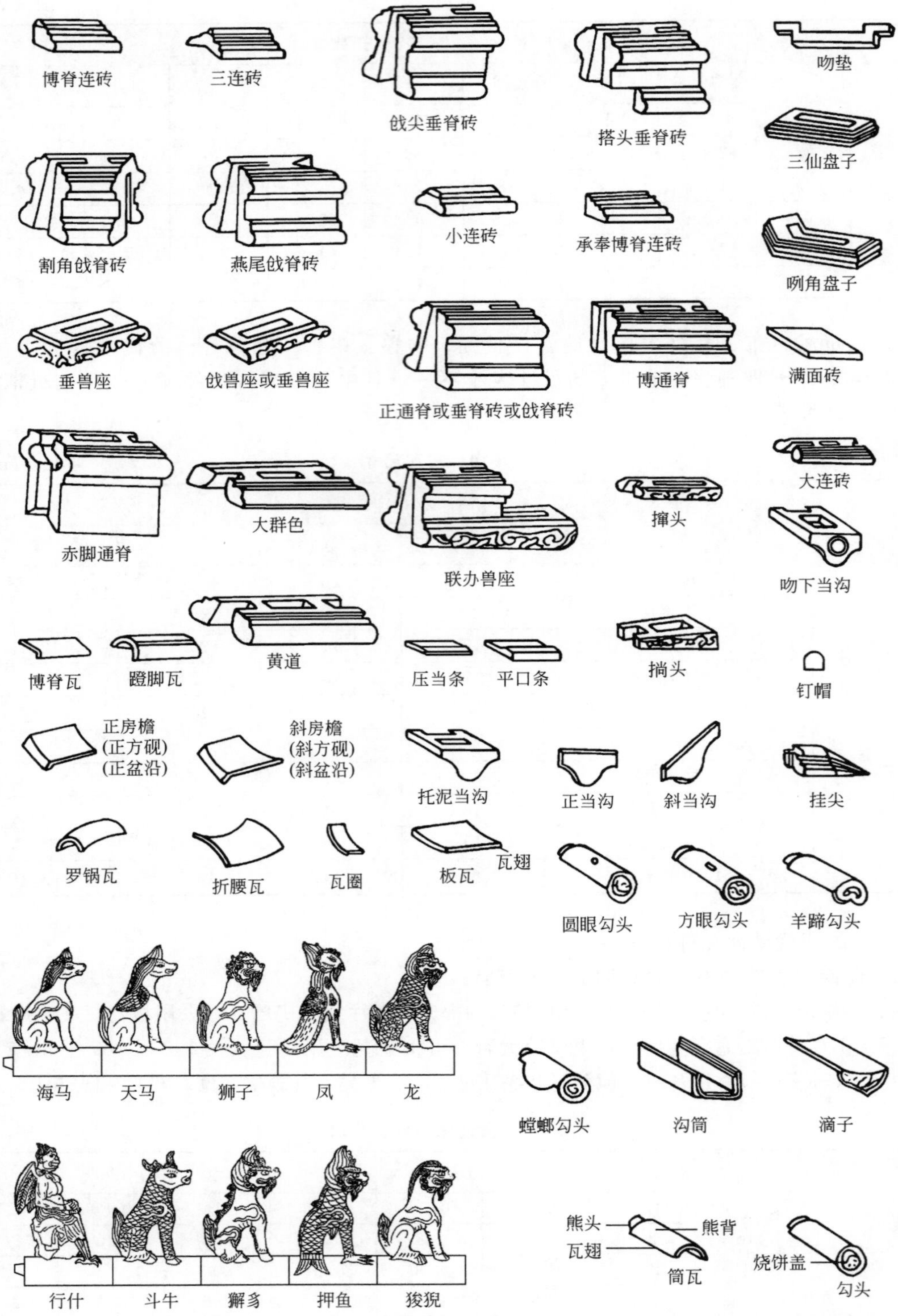
博脊连砖
三连砖
戗尖垂脊砖
搭头垂脊砖
吻垫
三仙盘子
割角戗脊砖
燕尾戗脊砖
小连砖
承奉博脊连砖
唰角盘子
垂兽座
戗兽座或垂兽座
正通脊或垂脊砖或戗脊砖
博通脊
满面砖
赤脚通脊
大群色
联办兽座
撺头
大连砖
吻下当沟
博脊瓦
蹬脚瓦
黄道
压当条
平口条
捎头
钉帽
正房檐
(正方砚)
(正盆沿)
斜房檐
(斜方砚)
(斜盆沿)
托泥当沟
正当沟
斜当沟
挂尖
罗锅瓦
折腰瓦
瓦圈
板瓦
瓦翅
圆眼勾头
方眼勾头
羊蹄勾头
海马
天马
狮子
凤
龙
螳螂勾头
沟筒
滴子
行什
斗牛
獬豸
押鱼
狻猊
熊头
瓦翅
熊背
筒瓦
烧饼盖
勾头

图 6-9 常见的清代屋面瓦件

表 6-12 《营造法原》底瓦尺寸

瓦号		1	2	3	4	5	6	7
长	尺	0.90	0.85	0.83	0.80	0.75	0.75	0.72
	mm	248	234	228	220	206	206	198
宽	尺	1.05	0.97	0.93	0.90	0.90	0.88	0.83
	mm	289	267	256	248	248	242	228
厚	分	6	5.5	5.5	5.5	5	4.5	4
	mm	16.5	15	15	15	14	12.5	11

注:《营造法原》中,1 尺=275mm。

第二节 古建筑屋面构造

一、古建筑屋面构造组成

古建筑屋面由基层、苫背层、结合层和瓦面四部分组成。

1. 基层

基层为铺设在椽条之上的构造层次,基层作为屋面各层做法的铺设面,要求有足够的刚度,以免变形过大引起上部苫背层的开裂。

(1)宋《营造法式》中基层做法 宋《营造法式》将屋面构造层铺砌称为"补衬"。凡是屋面补衬,以"柴栈"最好,是指用竹木、荆条、柳枝等所编织成的片状物;"版栈"稍次,是指用薄板、竹片等所做的平整板状物;"苇箔"是指草席之类的编织物,如果采用竹笆苇箔时,殿阁七间以上的屋面先铺竹笆一层,再铺苇箔五层,五间以下可减少一层苇箔。具体做法是:在柴栈上先用胶泥普遍铺一层,再用石灰膏铺筑瓦面;如果在版栈或竹笆苇箔上用纯石灰铺瓦时,可不抹泥,而用膏灰随抹随铺设瓦;如果只采用抹泥铺瓦,要先在版栈或竹笆苇箔上抹泥,然后铺瓦。

(2)清《工程做法则例》中基层做法

① 小式建筑基层做法

a. 席箔或苇箔。这是用苇子、竹子、高粱秆等劈开成篾,编成的薄片。席箔或苇箔厚度较薄,将其覆盖在房屋椽木之上时往往需要数层叠压在一起。

b. 荆笆、竹笆。这是按规定尺寸将荆条或竹片纵横编织成的笆席制品。其受力性能要好于席箔或苇箔。

② 大式建筑基层做法

a. 木望板。它是铺设在椽子之上的木板,一般为松木板,厚度为 18~25mm。

b. 望砖。它是铺在椽子上的薄砖,规格与斧刃砖接近,厚度更薄,只有 18~20mm。望砖多见于宋式建筑和江南游廊敞轩。

2. 苫背层

苫背层分为泥背层和灰背层,根据建筑的等级与做法的讲究程度不同,所需层数不一。

苫背层兼有保温和防水作用，北方建筑的屋顶的苫背层厚度都很厚，一般厚达 20～30cm，宫殿建筑则更厚达 30～40cm。南方普通房屋虽然很少用苫背层，瓦件直接搭置在椽子之上，但一些庙宇、祠堂的主要建筑，也有较厚的苫背层。

① 泥背。它用于屋面基层之上，有滑秸泥背和麻刀泥背两种，滑秸泥背是在掺灰泥中加入用石灰水烧软的麦秸而成。掺灰泥按泼灰：黄土＝3：7 或 4：6 或 5：5（体积比）配制，灰泥：麦秸按 100：20（体积比）配制。麻刀泥背是在掺灰泥中加入麻刀制成。掺灰泥按泼灰：黄土＝3：7 或 4：6 或 5：5（体积比）配制，灰泥：麻刀按 100：6（体积比）配制。泥背每层厚度 40～50mm，一般不超过 50mm。

② 灰背。它用于泥背之上，有月白灰背和青灰背两种，月白灰背为大麻刀灰，青灰背在大麻刀灰的基础上反复加青浆赶轧。灰背每层厚度 20～30mm，一般不超过 30mm。

3. 结合层

结合层是灰背层与屋面瓦之间的构造层，一般称为宽瓦泥或底瓦泥，是由泼灰和黄土拌匀后加水搅拌而成，宽瓦泥层厚一般为 40mm。

4. 瓦面

瓦面可分为琉璃瓦屋面和布瓦屋面。古建筑屋顶处理以排水为主、防水为辅，为了做到排水顺畅，屋面都具有较大的排水坡度。为了做到更好的防水性，特别注意屋面瓦的摆放和瓦缝的处理。

琉璃瓦屋面中底瓦的安放应窄头朝下，从下往上依次摆放。底瓦的搭接要"压六露四"做到三搭头（即每三块瓦中，第一块和第三块瓦能做到首尾搭头）。在檐头和靠近脊的部位，瓦要特殊处理，即所谓的"稀瓦檐头密瓦脊"，宽底瓦时还要做到不合蔓，不喝风（即要求底瓦合缝严实）。筒瓦的安放，应熊头朝上，从下往上依次安放。在筒瓦与筒瓦之间相接的地方用小麻刀灰勾抹严实称为捉节，将筒瓦与底瓦之间的睁眼用夹垄灰抹平，叫夹垄。

布瓦屋面中筒瓦屋面要求与琉璃瓦屋面相似，合瓦屋面瓦的摆放与搭接为：底瓦小头朝下、大头朝上，盖瓦大头朝下、小头朝上，搭接一般也要做到压六露四。

古建筑屋面一般构造详见图 6-10。

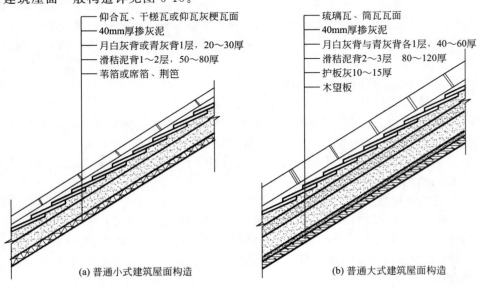

（a）普通小式建筑屋面构造
- 仰合瓦、干槎瓦或仰瓦灰梗瓦面
- 40mm厚掺灰泥
- 月白灰背或青灰背1层，20～30厚
- 滑秸泥背1～2层，50～80厚
- 苇箔或席箔、荆笆

（b）普通大式建筑屋面构造
- 琉璃瓦、筒瓦瓦面
- 40mm厚掺灰泥
- 月白灰背与青灰背各1层，40～60厚
- 滑秸泥背2～3层　80～120厚
- 护板灰10～15厚
- 木望板

图 6-10　古建筑屋面一般构造

二、古建筑屋面分层构造

1. 瓦顶屋面分层构造

屋顶屋面分层构造详见表 6-13～表 6-17。

表 6-13　小式建筑屋面分层构造（一）

构造层次	构造做法	说明
瓦面	仰合瓦、干槎瓦或仰瓦灰梗	
结合层	40 厚掺灰泥［泼灰∶黄土＝3∶7 或 4∶6 或 5∶5（体积比）］	
泥背层	滑秸泥背 1～2 层，50～80 厚（掺灰泥∶滑秸＝5∶1）	泥背每层厚度 40～50mm
基层	木椽上铺苇箔或席箔、荆笆	

表 6-14　小式建筑屋面分层构造（二）

构造层次	构造做法	说明
瓦面	仰合瓦、干槎瓦或仰瓦灰梗	
结合层	40 厚掺灰泥［泼灰∶黄土＝3∶7 或 4∶6 或 5∶5（体积比）］	
灰背层	月白灰背或青灰背 1 层，20～30 厚［灰∶麻刀＝100∶（3～5）］	灰背每层厚度 20～30mm
泥背层	滑秸泥背 1～2 层，50～80 厚（掺灰泥∶滑秸＝5∶1）	泥背每层厚度 40～50mm
基层	木椽上铺苇箔或席箔、荆笆	

表 6-15　江南干垒瓦屋面分层构造

构造层次	构造做法	说明
瓦面	仰瓦、盖瓦	上下瓦间的搭盖长度，一般为压六露四，搭接处保证有 3 皮瓦的厚度
基层	圆椽或板椽	椽条间距为青瓦小头宽度的 4/5

表 6-16　大式建筑屋面分层构造

构造层次	构造做法	说明
瓦面	琉璃瓦、筒瓦	
结合层	40 厚掺灰泥［泼灰∶黄土＝3∶7 或 4∶6 或 5∶5（体积比）］	
灰背层	青灰背 1 层，20～30 厚［灰∶麻刀＝100∶（3～5）］	灰背每层厚度 20～30mm
	月白灰背 1 层，20～30 厚［灰∶麻刀＝100∶（3～5）］	
泥背层	滑秸泥背 2～3 层 80～120 厚（掺灰泥∶滑秸＝5∶1）	泥背每层厚度 40～50mm
基层保护层	护板灰（深月白灰）1 层，10～15 厚（灰∶麻刀＝100∶2）	
基层	木椽上铺木望板	

表 6-17　宫殿建筑瓦面分层构造

构造层次	构造做法	说明
瓦面	琉璃瓦或筒瓦	
结合层	40 厚掺灰泥［泼灰：黄土＝3：7 或 4：6 或 5：5（体积比）］	
灰背层	青灰背 1 层，20～30 厚［灰：麻刀＝100 ：（3～5）］	灰背每层厚度 20～30mm 纯白灰背每层厚度 40～50mm
	月白灰背 3 层以上 60～90 厚或纯白灰背 3 层以上 120～180 厚	
泥背层	麻刀泥背 3 层以上 120～180 厚（灰泥：麻刀＝100：6）	泥背每层厚度 40～50mm
基层保护层	护板灰（深月白灰）1 层，10～15 厚（灰：麻刀＝100：2）	
基层	木椽，上铺木望板	

2. 灰背顶分层构造做法

在古建筑中，有时屋顶不铺瓦片，直接采用灰背作为屋面的最外层。这样的做法多出现在平台屋顶、单坡屋顶及瓦面采用棋盘心做法等情况下。常见的灰背顶分层构造做法详见表 6-18～表 6-20。

表 6-18　小式建筑灰背顶分层构造

构造层次	构造做法	说明
灰背层	青灰背 1 层，20～30 厚	青灰背和月白灰背均采用大麻刀灰，灰：麻刀＝100：5 灰背每层厚度 20～30mm
	月白灰背 1～2 层，30～40 厚	
泥背层	滑秸泥背 1～2 层，50～80 厚（掺灰泥：滑秸＝5：1）	泥背每层厚度 40～50mm
基层	木椽，上铺苇箔或席箔、荆笆	

表 6-19　大式/小式建筑灰背顶分层构造

构造层次	构造做法	说明
灰背层	青灰背 1 层，20～30 厚	青灰背和月白灰背采用大麻刀灰，灰：麻刀＝100 ：（3～5） 灰背每层厚度 20～30mm
	月白灰背 2～3 层，40～60 厚	
泥背层	滑秸泥背 2～3 层，80～120 厚（掺灰泥：滑秸＝5：1）	泥背每层厚度 40～50mm
基层	木椽，上铺苇箔或席箔、荆笆或木望板	

表 6-20　宫殿建筑中灰背顶分层构造

构造层次	构造做法	说明
灰背层	青灰背 1 层,20～30 厚[灰:麻刀＝100:(3～5)]	灰背每层厚度 20～30mm 纯白灰背每层厚度 40～50mm
	多层月白灰背或纯白灰背	
防水层	单层锡背	采用焊接的方法接头,并在锡背上粘麻
泥背层	多层麻刀泥背(灰泥:麻刀＝100:6)	泥背每层厚度 40～50mm
防水层	单层锡背	采用焊接的方法接头,并在锡背上粘麻
基层保护层	护板灰(深月白灰)1 层,10～15 厚(灰:麻刀＝100:2)	
基层	木椽,上铺木望板	

3. 现行仿古建筑屋面分层构造做法

传统灰背的现行做法比古时有了较大的改进,石灰砂浆、混合砂浆及水泥砂浆常用来替代掺灰泥作为结合层。新型的防水卷材,如 SBS 改性沥青油毡、聚氨酯防水、三元乙丙片材防水等,以及新型的保温材料开始应用于仿古建筑屋面,使传统的泥背和灰背层数变少,厚度变薄,屋顶自重减轻。常见的仿古建筑屋面分层构造举例详见表 6-21～表 6-23。

表 6-21　普通做法 (一)

构造层次	构造做法	说明
瓦面	琉璃瓦或筒瓦	
结合层	40 厚混合砂浆或水泥砂浆	
找平层	30～60 厚水泥砂浆或细石混凝土找平层	
	防裂金属网一道(防止找平层裂缝)	钢筋混凝土基层可不设
基层	钢筋混凝土楼板基层或木望板	

表 6-22　普通做法 (二)

构造层次	构造做法	说明
瓦面	琉璃瓦或筒瓦	
结合层	40 厚掺灰泥[泼灰:黄土＝3:7 或 4:6 或 5:5(体积比)]	
灰背层	青灰背 1 层,20～30 厚	灰背每层厚度 20～30mm
泥背层	滑秸泥背或大麻刀泥背 1 层,50 厚(滑秸泥,灰泥:滑秸＝5:1;麻刀泥,灰泥:麻刀＝100:6)	
防水层	沥青油毡(二毡三油)或 6 厚 SBS 改性沥青油毡一层	
基层保护层	护板灰(深月白灰)一层,10～15 厚(灰:麻刀＝100:2)	
基层	钢筋混凝土楼板基层或木望板	

表 6-23　高级做法

构造层次	构造做法	说明
瓦面	琉璃瓦或筒瓦	
结合层	40 厚混合砂浆或 1∶2.5 水泥砂浆	
保护层	20 厚 1∶3 水泥砂浆保护层,表面粘粗砂或小石砾	
防水层	5 厚 SBS 改性沥青油毡一层	
找平层	30 厚 1∶3 水泥砂浆找平层	
保温层	60～120 厚水泥白灰焦渣保温层或其他保温层	
基层	钢筋混凝土楼板基层或木望板	

三、宫廷灰背中几种特殊的做法

在宫廷建筑中,由于灰背层数多、厚度较大,容易产生裂缝,进而影响到灰背的整体防水性能。所以在宫廷建筑中工匠们又总结出了一些特殊的做法以提高灰背的质量。

1. 压麻做法

压麻做法常应用于屋面脊部、中腰附近和角梁等屋面防水的关键部位。在这些部位,每层都要压麻,通过麻纤维的抗拉力将泥背和灰背结合成整体,使之不产生裂缝。压麻应与苫背同时进行,随苫随压。

2. 钉麻做法

钉麻做法是瓦面防滑的措施。在苫好的青灰背上均匀地钉入钉子,钉子的间距约为30cm ,然后在钉子之间缠麻,在灰背表面形成麻网。在钉麻的基础上铺宽瓦泥,再宽瓦,可以确保灰背与瓦面的整体性。

3. 锡背做法

锡背做法是利用铅锡合金薄板作为屋顶防水层,以提高屋顶的防水能力的一种做法。锡背有单层做法和双层做法。单层做法,锡背铺设在护板灰之上,采用焊接的方法接头,并在锡背上粘麻。双层做法,锡背分别铺设在护板灰和泥背顶部,有时也将锡背铺设在最后一层青灰背上,两层之间通过灰背或泥背隔开,相当于双层防水。

4. 油衫纸做法

油衫纸又称“乾隆高丽纸”,是一种强度、韧性和防水都很好的材料。油衫纸在灰背中有两种做法,一种为压纸做法,另一种为糊纸做法。压纸做法使用于灰背或泥背之上,每苫一段“背”,就在“背”上铺一层油衫纸,并使纸与背贴实,这种做法能够提高灰背或泥背的整体性,防止开裂。糊纸做法使用于望板之上,先在望板上刷一道生桐油,然后使用“油满”将油衫纸糊在望板上,油衫纸可以糊1～3层,这种做法能够起到很好的防水和保护望板的作用。如果压纸和糊纸做法并用,则既能提高灰(泥)背的防水能力,又能极大地增强灰(泥)背的整体性能。

5. 三麻布做法

三麻布是一种织法很稀的麻布,布纹粗糙多孔。但是其拉结力和防腐能力都很强,使用于灰背或泥背之上,能够有效地防止整体或是局部的开裂。三麻布既可以夹在每层灰(泥)背之间,也可以铺在每层灰(泥)背之上。

6. 盐卤铁做法

盐卤铁做法即采用盐卤溶液和铁粉应用于顶层灰背之上,通过提高灰背表面的硬度和密实度来提高了灰背的抗风化和抗裂性能。

盐卤的主要成分为氯化镁，另外含有少量的氧化镁，当盐卤铁与水混合后，会形成碱式氯化镁。

化学分子式为：$MgCl_2 + MgO + H_2O = 2Mg(OH)Cl \downarrow$

即将盐卤铁溶解在水中，会析出一种白色坚固的固体，这种固体现代称为镁氧水泥，具有很高的硬度。当盐卤铁水与灰背接触后，灰背中的主要材料 $Ca(OH)_2$（氢氧化钙）作为沉淀剂，可以加快镁氧水泥的生成。

铁粉是作为骨料拍进灰背表层，用来提高灰背表层的硬度与密实度。

四、屋面瓦件的选择

1. 琉璃瓦件

① 按照椽径尺寸选择与之相近的筒瓦宽度，宜大不宜小。如椽径为 12cm 时，可选用 7 样瓦（筒瓦宽 4 寸，12.8cm）。檐口很高的建筑，如城台上的建筑，可加大一样。重檐建筑的上檐瓦屋面可加大一样。

② 影壁、院墙、砖石结构的门楼，按照檐口高度选择瓦样。檐口高度在 3.2m 以下者选用九样瓦，檐口高度在 4.2m 以下者选用八样瓦，高度在 4.2m 以上者用七样瓦。

③ 牌楼用六～七样瓦。

④ 宇墙、花墙等矮墙用七～八样瓦。

2. 黑活瓦件

（1）筒瓦屋面

① 按照椽径尺寸选择与之相近的筒瓦宽度，宜大不宜小。如椽径 6cm，选用 10 号瓦（筒宽 7cm）；椽径 10cm 时，选用 2 号瓦（筒宽 11cm）。

② 影壁、院墙、砖石结构的门楼，按照檐口高度选择瓦样。檐口高度在 3.2m 以下者选用 10 号瓦，檐口高度在 3.8m 以下者选用 2 号或 3 号瓦，高度在 3.8m 以上者用 2 号瓦。

③ 牌楼一般用 2 号或 3 号瓦。

（2）合瓦与干槎瓦

① 按照椽径，椽径在 6cm 以下时用 3 号瓦；椽径 6～8cm 时，用 3 号或 2 号瓦；椽径 8～10cm 时，用 2 号瓦；椽径 10cm 以上用 1 号瓦。

② 无椽者按照檐口高度定。檐口高度在 2.8m 以下者选用 3 号瓦，檐口高度在 3m 以下者选用 2 号或 3 号瓦，高度在 3.5m 以下者用 2 号瓦，3.5m 以上者用 1 号瓦。

五、古建筑屋面细部构造

1. 天沟与窝角沟部位的构造处理

（1）天沟　当两座房屋采用"勾连搭"时的交接部位，或低层坡屋顶与高层墙面交接处都会形成水平天沟。天沟处大多采用灰背做法。一般在天沟两侧或天沟一侧砌 1～2 层砖（金刚墙）。天沟处的勾头换作"镜面勾头"，滴子瓦换作"正方砚"，正方砚底部与金刚墙之间的缝隙要用灰堵严实。天沟处的构造详见图 6-11。

（2）窝角沟　窝角沟常出现在屋面阴角部位，两坡的雨水在此汇集。窝角沟沟底一般采用沟筒自下而上铺砌，沟筒两侧的勾头瓦应改做"羊蹄勾头"，滴子瓦应改做"斜方砚"。窝角沟处的构造做法详见图 6-12。

2. 瓦面细部构造

（1）瓦垄垄距的确定　在筒瓦屋面有相应的筒瓦垄，合瓦屋面中有相应的盖瓦垄。受材

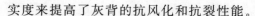

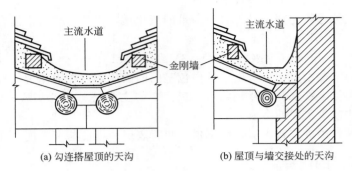

(a) 勾连搭屋顶的天沟   (b) 屋顶与墙交接处的天沟

图 6-11　天沟处的构造

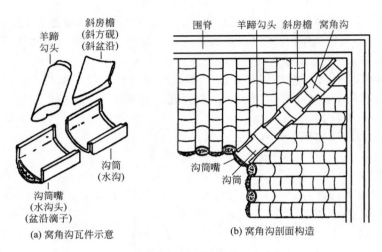

(a) 窝角沟瓦件示意   (b) 窝角沟剖面构造

图 6-12　窝角沟处的构造

料尺寸的限制，瓦垄间距不能过大。根据《古建筑修建工程施工与质量验收规范》（JGJ 159—2008）屋面瓦垄间距应符合下列规定。

① 琉璃瓦屋面。在琉璃瓦屋面中，筒瓦垄和板瓦垄与正脊相接部位要安放正当沟，该瓦件正好掐在两垄筒瓦中心线上，下凹部位与板瓦垄相吻合。所以有：筒瓦瓦垄中距＝正当沟长度＋灰缝宽，灰缝要求不超过 15mm。

② 筒瓦屋面。当筒瓦屋面正脊两侧的当沟为灰泥堆抹时，不使用当沟瓦，故筒瓦垄间距不受正当沟限制，而以筒瓦能够压住板瓦与板瓦之间的空当为准。所以有：筒瓦瓦垄中距＝板瓦宽＋板瓦蚰蜒当宽，蚰蜒当宽度要求 10 号瓦不超过 2cm，3 号瓦和 2 号瓦不超过 3cm，1 号瓦不超过 4cm。

③ 合瓦屋面。合瓦屋面上下均采用板瓦，盖瓦的瓦垄中距为两边各 1/2 盖瓦宽加中间的走水当宽。为了防止屋面渗水，铺瓦时，要求底瓦规格宜较盖瓦大一号。为了保证屋面排水顺畅并照顾到外观美观，走水当不能过窄，一般为 1/3 底瓦宽。

瓦垄垄距的确定详见图 6-13。

（2）筒瓦与筒瓦、筒瓦与板瓦交接构造　筒瓦与筒瓦之间交接缝隙的抹灰处理称为捉节，捉节要求瓦缝勾灰应尽力将灰浆嵌入，外与瓦面平齐。

盖瓦距离底瓦应留出适当的"睁眼"（筒瓦或盖瓦下口与板瓦垄之间的夹垄灰高度称为睁眼），筒瓦、琉璃瓦屋面的睁眼不宜小于 1/3 筒瓦高，合瓦屋面的睁眼宜为 5～6cm。

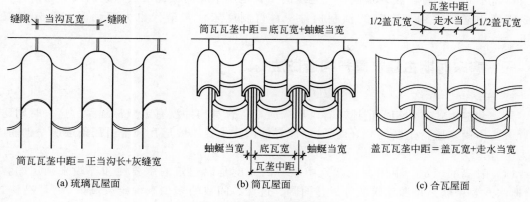

缝隙 | 当沟瓦宽 | 缝隙

筒瓦瓦垄中距＝底瓦宽+蚰蜒当宽

1/2盖瓦宽 | 走水当 | 1/2盖瓦宽
瓦垄中距

筒瓦瓦垄中距＝正当沟长+灰缝宽

蚰蜒当宽 | 底瓦宽 | 蚰蜒当宽
瓦垄中距

盖瓦瓦垄中距＝盖瓦宽+走水当宽

(a) 琉璃瓦屋面　　　　　(b) 筒瓦屋面　　　　　(c) 合瓦屋面

图 6-13　瓦垄垄距的确定

筒瓦两侧下口与板瓦之间的"睁眼"用麻刀灰抹平称为夹垄，夹垄要求注意不要突出瓦边，要稍稍凹进一些，如果突出瓦边过多，夹垄灰干燥收缩后，雨水很容易沿瓦垄边渗入筒瓦内部，造成垄内积水。

筒瓦与筒瓦、筒瓦与板瓦交接构造详见图 6-14。

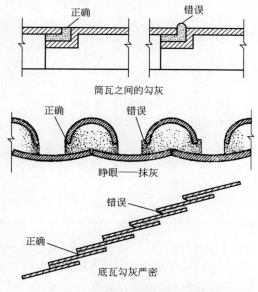

正确　　　　错误

筒瓦之间的勾灰

正确　　　错误

睁眼——抹灰

错误

正确

底瓦勾灰严密

图 6-14　筒瓦与筒瓦、筒瓦与板瓦交接构造

（3）星星瓦与瓦钉　对屋面面积较大，或坡度较陡的屋面，为防止瓦垄过长而产生下滑现象，需要在每条瓦垄上每间隔适当距离安插一块星星瓦（即带有钉孔的琉璃瓦），在瓦孔中钉瓦钉以增强阻滑作用，然后在钉孔上用钉帽盖住以防雨水。

第三节　古建筑屋脊构造

古建筑瓦坡屋面相交而成脊，脊部处理不好容易漏水，因而需要勾抹严密，同时中国古代建筑还将脊做得极为高耸，更配以吻兽雕饰，使得屋脊成为装饰性较强的一个部分。宋清建筑有着不同的屋脊做法，宋代官式建筑的屋脊是用结瓦的板瓦层层垒砌而成，而清代官式建筑屋脊用瓦则采用了专门的预制构件。脊兽制度宋代与清代也大相径庭，现分别叙述如下。

一、唐宋时期古建筑屋脊构造做法

1. 垒脊

从《营造法式》的相关记述来看，唐宋时期，脊身构件没有定型窑制品。这一时期建筑屋脊做法中尚未盛行烧制的"脊筒子"，屋脊的做法主要以线道瓦和普通瓦条逐层垒砌而成，称为垒脊。

（1）脊高的确定　中国古代建筑中屋脊的高度是以建筑的重要性和等级来确定的。宋《营造法式》中就是按照建筑的等级、面阔、进深、间数的多少来确定脊高的。《营造法式》中关于正脊高度及用瓦层数的规定详见表 6-24。在同一幢建筑屋面中，垂脊规制一般要低于正脊规制，具体做法为，垂脊较正脊降低 2 层，厚度较正脊减少 2 寸。

表 6-24　《营造法式》中正脊的做法

建筑类型	标准间椽	正脊高度/层	高度增减规律	正脊最大高度/层	上部收分	线道瓦外露尺寸/寸
殿阁	3 间 8 椽或 5 间 6 椽	31 层	每增 2 间或 2 椽正脊增高 2 层	37	2/10	3.5
堂屋		21 层		25		3
厅屋		19 层		25		3
门楼屋	1 间 4 椽	11～13 层		19		3
	3 间 6 椽	17 层并不得高过厅				3
廊屋	进深 4 椽	9 层		11		3
常行散屋	6 椽，使用大当沟	7 层		9		2.5
	6 椽，使用小当沟	5 层		7		2.5
营房	两椽	3 层		5		2.5

（2）脊的构造做法　唐宋时期建筑的屋脊构造，自下而上依次为当沟瓦、线道瓦、垒脊条瓦、合脊筒瓦。当沟瓦掐砌于筒瓦瓦垄之间，上边压线道瓦，二者构成脊座。线道瓦露明高度一般为 3 寸左右，具体应视不同建筑的屋脊高度进行调度，详见表 6-24。自线道瓦往上为垒脊条瓦，条瓦用瓦为上下宽窄一致的板瓦，较大的脊将板瓦从中一分为二，两边对叠，中心填充灰泥，顶上扣盖合脊筒瓦，具体做法详见图 6-15。在线道瓦之上，正脊上部收分为 2/10，垂脊的上部收分为 1/10。垂脊外侧出际收边有三种形式，一种是在两际垂脊外做成排山勾滴，称为"华废"；另一种是在垂脊外不用华废而用板瓦（扣瓦）压边，称为"剪边"；第三种是在垂脊与排山勾滴之间保留 2～3 垄筒瓦。具体做法详见图 6-16。

为了加强屋脊的整体性，在正脊和垂脊的内部都设有贯穿的铁链，两端固定在鸱尾或垂兽内部的大铁钉上。

2. 脊兽制度

宋式官式建筑中十分强调脊兽的应用，脊兽的选择应根据建筑的等级及体量而定，详见表 6-25～表 6-27。

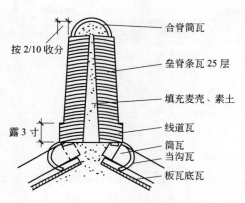

图 6-15　垒脊剖面构造

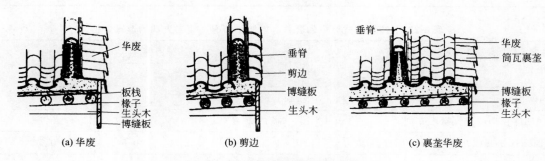

图 6-16　垂脊外侧出际收边做法

表 6-25　《营造法式》中鸱尾高度的确定

建筑类型	建筑规模	鸱尾高度/尺
殿屋	面阔 9 间,进深 8 椽以上	9~10(有副阶)
		8(无副阶)
	面阔 5~7 间	7~7.5
	面阔 3 间	5~5.5
楼阁	三重檐	7~7.5
	二重檐	5~5.5
殿阁挟屋	—	4~4.5
廊屋	—	3~3.5
小亭榭	—	2.5~3

表 6-26　《营造法式》中（正脊、垂脊）兽头高度的确定

建筑类型	正脊层数/层	正脊、垂脊兽头/尺
殿阁	37	4.0
	35	3.5
	33	3.0
	31	2.5

建筑类型	正脊层数/层	正脊、垂脊兽头/尺
堂屋	25	3.5
	23	3.0
	21	2.5
	19	2.0
廊屋	9	2.0
	7	1.8
散屋	7	1.6
	5	1.4

表 6-27 《营造法式》中的套兽、嫔伽、蹲兽、滴当火珠的选择

屋顶形式与建筑规模		套兽长、高/尺	嫔伽高度/尺	蹲兽		滴当火珠高度/尺
				蹲兽数量/个	蹲兽高度/尺	
四阿顶 9 间或九脊殿 11 间以上		1.2	1.6	8	1.0	0.8
四阿顶 7 间或九脊殿 9 间		1.0	1.4	6	0.9	0.7
四阿顶 5 间或九脊殿 5～7 间		0.8	1.2	4	0.8	0.6
九脊殿 3 间或厅堂 3～5 间		0.6	1.0	2	0.6	0.5
亭榭及厦两头	8 寸筒瓦	0.6	0.8	4	0.6	0.4
	6 寸筒瓦	0.4	0.6	4	0.4	0.3
厅堂类不厦两头		—	1.0	1	0.6	—

二、清代古建筑屋脊构造做法

清式古建筑屋脊做法可以分为琉璃屋脊、大式黑活屋脊及小式黑活屋脊。

1. 琉璃屋脊构造

（1）正脊构造

① 琉璃正脊"样数"选择。清代琉璃瓦件的尺寸变化从二样到九样共分为 8 种，应根据房屋的规模、等级、在建筑群中的位置以及檐口的高低进行合理的选择。

琉璃正脊的样数一般与屋面瓦样相同，在较为重要的建筑中或重檐建筑的上檐屋顶中，正脊的样数可以比屋面瓦样大一样。在影壁、小型门楼、牌楼等小型建筑中，正脊应采用降低高度的处理方法。

② 琉璃正脊的尺寸控制

a. 正脊高指的是从正当沟瓦底至扣脊筒瓦上皮的距离，一般可以采用以下三种方法来确定：

方法一，所有脊件相加求总高（适用于瓦件尺寸齐全或可以查表）；

方法二，取 1/5 檐柱高；

方法三，根据板宽度求总高，二～四样，正脊高：板瓦宽 = 3.5：1，五～七样，正脊高：板瓦宽＝2.5：1，八～九样，正脊高：板瓦宽＝1：1。

b. 正脊厚。二～四样，比筒瓦宽约 3 寸；五～九样，比筒瓦宽约 4 寸。

③ 琉璃正脊的构造做法。做法详见图 6-17 和表 6-28。

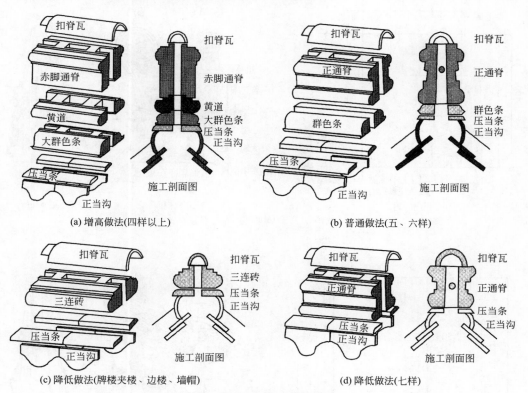

图 6-17　琉璃正脊的构造做法

表 6-28　琉璃正脊的构造做法

做法	适用范围	脊件组成					
常用做法	五～七样	正当沟	压当条	群色条	—	正通脊	扣脊筒瓦
增高做法	二～四样	正当沟	压当条	大群色	黄道	赤脚通脊	扣脊筒瓦
降低做法 1	七～九样	正当沟	压当条	—	—	正通脊	扣脊筒瓦
降低做法 2	牌楼明楼、影壁、小型门楼	正当沟	压当条	—	—	小 1～2 样正通脊	扣脊筒瓦
降低做法 3	牌楼夹楼、边楼、墙帽	正当沟	压当条	—	—	大连砖	扣脊筒瓦
降低做法 4	牌楼夹楼、边楼、墙帽	正当沟	压当条	—	—	三连砖	扣脊筒瓦

④ 正吻与正脊兽。正吻与正脊兽为正脊端部的装饰构件。正吻，由吻兽、箭把和背兽组成，吻兽为含龙的形象，又称吞脊兽，吞口朝向正脊。背兽之下设有吻扣，在正吻安装时，通过吻座与下部构件联系。某些城楼建筑或府邸建筑之中常将正吻改为正脊兽，正脊兽也叫"望兽"或"带兽"，其形象与垂兽相同，放置时兽口朝外。正吻"样数"的选择，一般情况下同正脊样数，如六样脊用六样吻；重檐建筑允许大一样，如六样脊用五样吻。正脊兽不常用，一般仅限于城楼等建筑。正吻与正脊兽详见图 6-18。

⑤ 过垄脊。过垄脊应用于卷棚式硬山、悬山和歇山屋顶的正脊部位。它的特点是前后

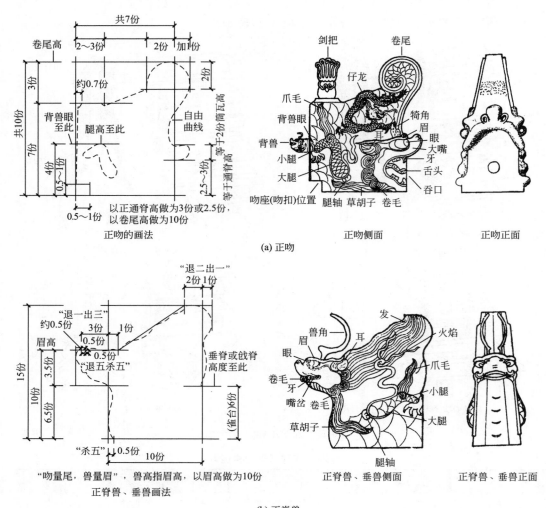

(a) 正吻

(b) 正脊兽

图 6-18　正吻与正脊兽

坡屋面上的各个瓦垄（包括底瓦垄和盖瓦垄）均是呈圆弧的形式经过屋脊顶部相互连接。过垄脊的做法比较简单，前后坡采用"折腰瓦、续折腰瓦"及"罗锅瓦、续罗锅瓦"相互连接。过垄脊构造详见图 6-19。

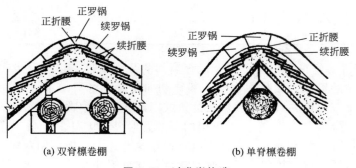

(a) 双脊檩卷棚　　　　　(b) 单脊檩卷棚

图 6-19　过垄脊构造

（2）垂脊构造

① 垂脊类型。垂脊的类型详见表 6-29。

表 6-29　垂脊的类型

垂脊类型	特征	构件组成
歇山建筑垂脊	与正脊垂直相交	垂脊兽后、垂兽
悬山、硬山建筑垂脊	与正脊垂直相交	垂脊兽后、垂兽、垂脊兽前
庑殿、攒尖建筑垂脊	与正脊或宝顶斜交	垂脊兽后、垂兽、垂脊兽前

② 琉璃垂脊"样数"选择与尺寸控制

a. 样数选择。琉璃垂脊的样数与屋面瓦样相同，对于墙帽、影壁、牌楼、小型门楼等坡面较小的建筑，垂脊高度应降低。

b. 垂脊高度控制。垂脊的高度以垂兽为界，兽前与兽后各不相同，兽后高度要高一些，兽前因为安放仙人走兽高度应降低。当屋顶采用正脊做大脊时，兽后垂脊斜高与正脊高相同或略低。

③ 垂脊构造

a. 垂兽位置的确定

Ⅰ. 有桁檩者，硬山、悬山在正心桁位置（无斗栱者为檐檩位置）；歇山在挑檐桁位置（无斗栱者为檐檩位置），歇山垂兽位置与戗兽位置大致在一条直线，戗兽位置可以稍靠前部；庑殿、攒尖在角梁之上，具体位置根据仙人小跑所占长度确定。

Ⅱ. 无桁檩者，一般在坡屋顶长度的 1/3 处（从檐头部位量起）；屋面坡长过长或过短时，具体位置根据仙人小跑所占长度确定。

b. 琉璃垂脊构造做法，详见图 6-20 和表 6-30、表 6-31。

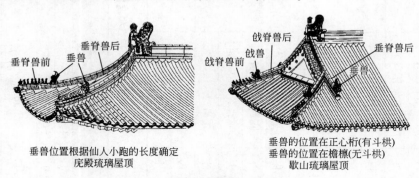

垂兽位置根据仙人小跑的长度确定
庑殿琉璃屋顶

垂兽的位置在正心桁(有斗栱)
垂兽的位置在檐檩(无斗栱)
歇山琉璃屋顶

图 6-20　垂脊各部分在屋顶中的位置

c. 垂脊端部构造做法

Ⅰ. 对于卷棚硬、悬山，歇山建筑，屋顶无正脊，在两坡交界处的垂脊分件应做成罗锅形状，否则就不能做成"圆山卷棚式"；对于起脊硬、悬山，歇山建筑，屋顶有正脊，垂脊兽后部分与正吻相接，在交界处要使用一块"戗尖脊筒子"，即割角垂通脊。

Ⅱ. 在硬、悬山屋顶中，垂脊兽前端部要进行咧角处理，即将端部沿 45°方向向外咧出一个筒瓦长度。咧角部分的瓦件从下往上依次为：螳螂勾头、咧角撠（zhēng）头、咧角撑头、方眼勾头。而在庑殿和攒尖建筑中，垂脊兽前端头不需要咧角处理，端部各构件与垂脊在一条直线上，各构件依次为螳螂勾头、撠头、撑头、方眼勾头。在歇山建筑中，只有垂兽

表 6-30　垂脊构造做法——歇山、悬山、硬山建筑垂脊构造

做法分类	使用范围	脊件组成										
		垂脊兽后					垂兽	垂脊兽前				
		内/外	平口条/正当沟	压当条	垂通脊	扣脊筒瓦		内/外	平口条/正当沟	压当条		小跑
常见做法	二~九样	内	平口条	压当条	垂通脊	扣脊筒瓦	兽座下采用托泥当沟				无	
		外	正当沟	压当条								
常见做法	五~九样	内	平口条	压当条	垂通脊	扣脊筒瓦		内	平口条	压当条	三连砖	小跑
		外	正当沟	压当条				外	正当沟	压当条		
增高做法	二~四样	内	平口条	压当条	垂通脊	扣脊筒瓦		内	平口条	压当条	承奉连砖（大连砖）	小跑
		外	正当沟	压当条				外	正当沟	压当条		
降低做法 1	牌楼、影壁、小型门楼、墙帽	内	平口条	压当条	用小 1~2 样的垂通脊	扣脊筒瓦	用小 1~2 样垂兽	内	平口条	压当条	用小 1~2 样的三连砖	小跑
		外	正当沟	压当条				外	正当沟	压当条		
降低做法 2		内	平口条	压当条	承奉连砖或三连砖	扣脊筒瓦		内	平口条	压当条	小连砖	小跑
		外	正当沟	压当条				外	正当沟	压当条		
降低做法 3		内	平口条	压当条	三连砖	扣脊筒瓦		内	平口条	压当条	平口条	小跑
		外	正当沟	压当条				外	正当沟	压当条		

表 6-31　垂脊构造做法——庑殿、攒尖建筑垂脊构造

做法分类	使用范围	脊件组成								
		垂脊兽后				垂兽	垂脊兽前		
		斜当沟	压当条	垂通脊	扣脊筒瓦		斜当沟	压当条	小跑
常见做法	五~九样	斜当沟	压当条	垂通脊	扣脊筒瓦		斜当沟	三连砖 压当条	小跑
增高做法	二~四样	斜当沟	压当条	垂通脊	扣脊筒瓦		斜当沟	承奉连砖（大连砖） 压当条	小跑
降低做法 1		斜当沟	压当条	用小 1~2 样的垂通脊	扣脊筒瓦	用小 1~2 样垂兽	斜当沟	用小 1~2 样的三连砖 压当条	小跑
降低做法 2	牌楼、影壁、小型门楼、墙帽	斜当沟	压当条	承奉连砖	扣脊筒瓦		斜当沟	小连砖 压当条	小跑
降低做法 3		斜当沟	压当条	三连砖	扣脊筒瓦		斜当沟	小连砖 压当条	小跑
降低做法 4		斜当沟	压当条	三连砖	扣脊筒瓦		斜当沟	平口条 压当条	小跑

及兽后。垂兽的最下边安放托泥当沟，在托泥当沟之上砌压当条，再在其上砌垂兽座和垂兽。托泥当沟是卡在坡屋面边垄的两盖瓦垄之间的。垂脊各部分在屋顶中的位置详见图6-20，垂脊构造详见图6-21。

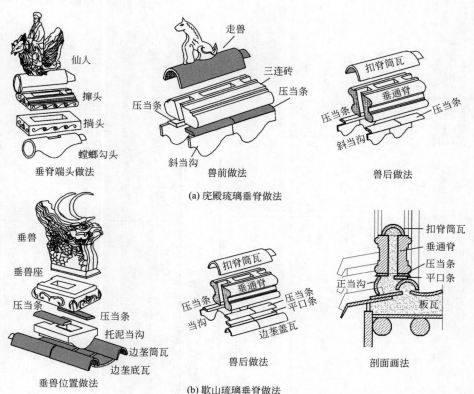

图 6-21　垂脊构造做法

d. 仙人走兽。仙人走兽位于垂脊或戗脊兽前坐瓦之上，仙人在前，其后所跟小跑先后顺序为：龙、凤、狮子、天马、海马、狻猊、押鱼、獬豸、斗牛、行什。小跑的数目除了北京故宫太和殿用 10 个以外，其他建筑最多使用 9 个。如果数目达不到 9 个，按照先后顺序使用，排序在前者，其中天马与海马、狻猊与押鱼的位置可以互换。小跑的数目一般情况下可以这样确定，每柱高二尺放一个，另视等级和檐出酌定，但得数要求为单数，影壁、牌楼、小型门楼等屋面坡短者，可以根据实际长度计算，得数应为单数，但可以出现 2 个。柱高特殊或者无柱子的建筑，可以参照瓦样确定数目：九样用 1～3 跑，八样用 3 跑，七样用 3～5 跑，六样用 5 跑，五样用 5 或 7 跑，四样用 7 或 9 跑，二、三样用 9 跑。小兽与小兽之间的距离可依小兽的数量和垂脊兽前的长度而变化，但小跑与垂（戗）兽之间的距离是固定的，二者之间要安放 1 块筒瓦，俗称"兽前一块瓦"。

（3）戗脊与角脊构造　戗脊是歇山建筑中特有的脊，与歇山屋顶上部的垂脊相交并沿角梁方向向外伸出。角脊是重檐建筑下檐瓦面转折处沿角梁方向所做的脊。戗脊与角脊均出现于角梁之上，二者也经常被称为岔脊。从构造上二者也非常相似，首先脊上安装有兽，将脊分为兽前和兽后两个部分，兽后部分一般用戗脊筒子，兽前高度要降低，多采用三连砖。二者不同之处在于，戗脊兽后与垂脊相交，相交部位采用割角戗脊砖。角脊的后部与合角吻相交，相交处的戗脊筒子为一燕尾形的脊筒子。

表 6-32　琉璃歇山铰脊、重檐角脊构造做法

做法分类	适用范围	脊件组成								
		兽后部分				铰兽（角兽）	兽前部分			
常见做法	五～九样	斜当沟	压当条	铰通脊	扣脊筒瓦		斜当沟	压当条	三连砖	小跑
增高做法	二～四样	斜当沟	压当条	铰通脊	扣脊筒瓦		斜当沟	压当条	承奉连砖	小跑
降低做法1		斜当沟	压当条	用小1～2样的铰通脊	扣脊筒瓦	用小1～2样铰兽	斜当沟	压当条	用小1～2样的三连砖	小跑
降低做法2	八～九样或牌楼、影壁、小型门楼、墙帽	斜当沟	压当条	承奉连砖	扣脊筒瓦		斜当沟	压当条	三连砖	小跑
降低做法3		斜当沟	压当条	三连砖	扣脊筒瓦		斜当沟	压当条	小连砖	小跑
降低做法4		斜当沟	压当条	三连砖	扣脊筒瓦		斜当沟	压当条	平口条	小跑

表 6-33　琉璃歇山博脊构造做法

做法分类	适用范围	脊件组成						
		中间部分				两端		
常见做法	六～九样	正当沟	压当条	博脊连砖	博脊瓦	正当沟	压当条	挂尖
增高做法1	四～五样	正当沟	压当条	承奉博脊连砖	博脊瓦	正当沟	压当条	承奉连挂尖
增高做法2	四样	正当沟	压当条	博通脊	博脊瓦	正当沟	压当条	博通脊挂尖
增高做法3	二～四样	正当沟	压当条	博通脊	蹬脚瓦、满面砖	正当沟	压当条	博通脊挂尖

八、九样瓦屋面或牌楼、影壁、墙帽等屋面的戗脊，常采用降低高度的做法，兽后不采用脊筒子，改用大连砖（承奉连砖）或三连砖，兽前则使用三连砖或小连砖，若兽后使用三连砖或小连砖，兽前的压当条之上仅用平口条，平口条之上直接放走兽。撺、揢头改用三仙盘子。

戗脊与角脊的构造做法详见图6-22和表6-32。

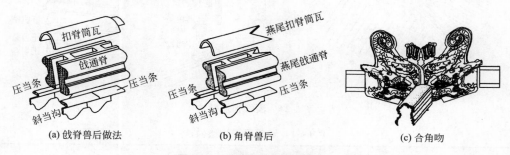

（a）戗脊兽后做法   （b）角脊兽后   （c）合角吻

图6-22　戗脊与角脊构造做法

（4）博脊构造　博脊是坡屋面与竖向墙面相交处所做的水平脊，是一种单面脊。歇山建筑两山坡面与山花板相交处，沿接缝方向所做的水平脊就是一种典型的博脊。琉璃博脊由博脊身和两端的博脊尖组成，博脊身，自下而上有正当沟、压当条、博脊连砖或承奉连砖、博脊瓦等构件叠砌而成，两端的博脊尖又称博脊挂尖，是由挂尖与博脊连砖或承奉连砖连做烧制而成的定型窑制品，砌筑时挂尖插入两山的排山沟滴下部。若博脊需要加高时，则用博通脊代替博脊连砖，两端也更换为博通脊挂尖。博脊部位的脊件按瓦的样数定，也可根据围脊板的高度决定样数。博脊构造做法详见图6-23与表6-33。

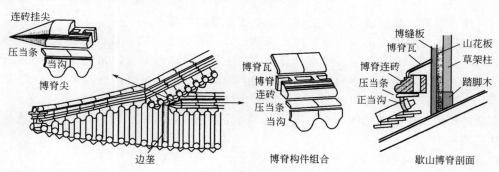

边垄   博脊构件组合   歇山博脊剖面

图6-23　博脊构造做法

（5）围脊构造　围脊出现在重檐建筑的下层檐，不管上层檐采用哪种屋面形式，下层檐的屋脊做法都是相同的。

围脊也是一种单面脊，里边紧贴围脊板，常见的构件自下而上有正当沟、压当条、博通脊、蹬脚瓦和满面砖。当建筑体量较大时，比如瓦件在四样以上，可加一层群色条。当围脊需要降低时，可将博通脊、蹬脚瓦和满面砖改作博脊连砖和博脊瓦。围脊构件主要根据瓦面至木额枋之间的距离决定，以围脊的上皮不超过木额枋的下皮为宜。

在围脊转角部位常采用合角吻或合角兽。合角吻的位置，以上层檐额枋的霸王拳为依据，使合角吻的尾巴不能碰到霸王拳，但又不宜距离太远为原则。吻高不宜超过博通脊或博脊连砖2.5～3倍，几样吻的高度合适就选择几样。

围脊构造做法详见图6-24与表6-34。

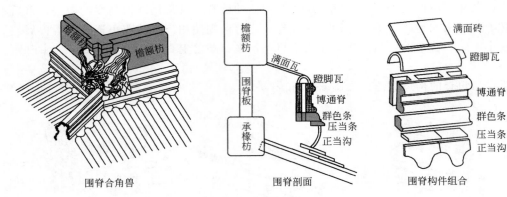

围脊合角兽   围脊剖面   围脊构件组合

图 6-24　围脊构造做法

表 6-34　琉璃围脊构造做法

做法分类	适用范围	脊件组成					
常见做法	四～七样	正当沟	压当条	群色条	博通脊	蹬脚瓦	满面砖
增高做法	二～四样	正当沟	压当条	大群色	黄道　赤脚博通脊	蹬脚瓦	满面砖
降低做法 1	五～九样	正当沟	压当条	（无）	博通脊	蹬脚瓦	满面砖
降低做法 2	七～九样	正当沟	压当条	（无）	承奉博脊连砖	蹬脚瓦	满面砖
降低做法 3	八～九样	正当沟	压当条	（无）	博脊连砖	蹬脚瓦	满面砖

（6）琉璃宝顶　宝顶常用于攒尖建筑顶部或正脊的中部。

琉璃宝顶的造型大多为须弥座上加宝珠的形式，偶尔也可以做成其他形式，如宝塔形、炼丹炉形、鼎形等。常见的宝顶形式可分为宝顶座和宝顶珠两部分，无论屋顶平面是什么形状，琉璃宝顶的顶座平面大多为圆形，顶珠也多为圆形，但也可以做成四方形、六方形或八方形等。小型的顶珠多为琉璃制品，大型的常为铜胎鎏镏金做法。

宝顶的构成及尺度详见图 6-25。常见琉璃宝顶的基本构件组成详见图 6-26。琉璃宝顶实例详见图 6-27。

2. 大式黑活屋脊构造

（1）大式正脊构造　大式正脊用于起脊硬山、悬山、歇山和庑殿建筑屋顶上。与琉璃正脊所不同的是，大式正脊不使用烧制成型的正脊筒子，主要采用砖和瓦件砍制出所需构件，逐层垒砌而成。在大式正脊两端也采用吻兽或正脊兽，但均为不上釉的烧制构件。

① 大式正脊尺度控制

a. 按照檐柱高定高。正脊高 ≈ (1/6～1/5) 檐柱高。其中当沟高约同筒瓦宽，瓦条与混砖每层 5～7cm，眉子高为 7～9cm，其余为陡板高度，根据砖的实际尺寸进行调整。

b. 按照吻高定正脊高。吻高 ≈ (2/7～2/5) 檐柱高，选取吻样，根据吻样的吞口尺寸定陡板高度，叠加其他各层高度即得正脊总尺寸。

c. 根据瓦号定陡板高。该方法适用于无柱子的仿古建筑，具体为，用 10 号瓦，陡板高 8～10cm；用 3 号瓦，陡板高 10～13cm，用 2 号瓦，陡板高 13～18cm；用 1 号瓦，陡板高不低于 20cm；用特号瓦，陡板高不低于 35cm。

对于牌楼，用 3 号瓦者，陡板高可为 13～18cm；用 2 号瓦，陡板高可为 15～20cm。

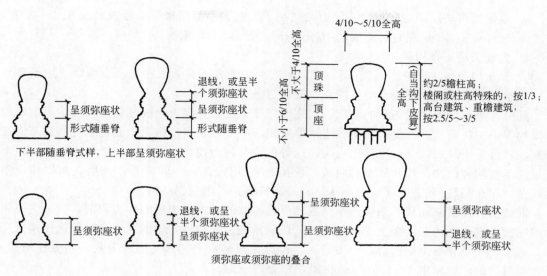

图 6-25 宝顶的构成及尺度

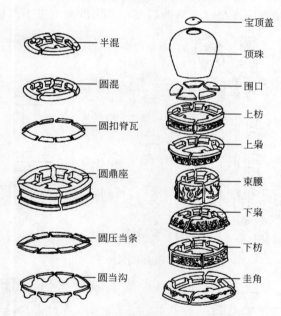

图 6-26 常见琉璃宝顶的基本构件组成

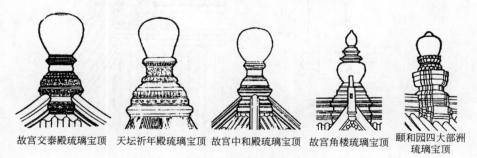

故宫交泰殿琉璃宝顶　　天坛祈年殿琉璃宝顶　　故宫中和殿琉璃宝顶　　故宫角楼琉璃宝顶　　颐和园四大部洲琉璃宝顶

图 6-27 琉璃宝顶实例

d. 根据檐口高度确定陡板高。该方法适用于影壁、小型门楼等，檐口高度在 3m 左右，陡板高 8～10cm；4m 左右，陡板高 10～13cm；4m 以上，陡板高 13～18cm。

② 大式黑活正脊构造

a. 普通构造做法详见图 6-28(a)。普通做法的正脊自下而上依次为：当沟墙（胎子砖）、二层瓦条、下层圆混、陡板、上层圆混、筒瓦眉子。

其中，当沟墙为大式正脊的基础，其宽度应等于正脊中陡板边线之间的距离，当沟墙的高度约等于一块筒瓦的宽度。在正脊当沟墙两侧，一般不采用当沟瓦，而是顺脊摆放草绳或麻绳，然后再用麻刀灰分层堆抹出当沟，这种做法又称为拽当沟。

瓦条有两种做法，用砖砍制的叫做"硬瓦条"。用板瓦从中间断开，再用花灰砌抹成型的叫做"软瓦条"。瓦条厚度约为一砖厚，板瓦较薄，需用灰泥垫衬。

混砖由青砖磨制而成，一侧为半圆或四分之一圆的砖料。半圆的称为圆混，四分之一圆弧的叫做半混。混砖在陡板上下两侧使用，既能承托上部构件，也起到一定的装饰作用。

眉子，在垂脊最上层圆混之上盖筒瓦，在筒瓦两侧及上部抹一层麻刀灰，叫做托眉子。眉子与混砖之间应留出 1～1.5cm 的空隙，称为眉子沟。

正脊所有瓦件的总高，不应超过正吻的嘴唇，即应做到"吻不淹唇"。若不使用正吻改做正脊兽时，眉子的高度不应该超过龙爪的高度，即应做到"带不淹爪"。

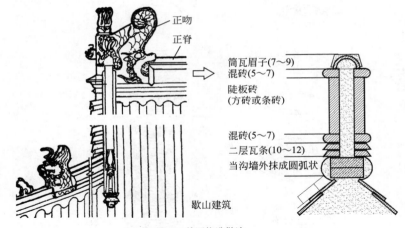

(a) 普通构造做法

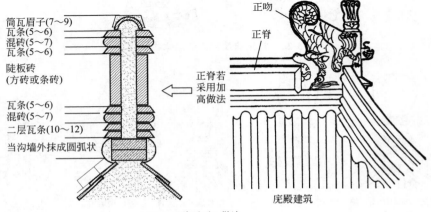

(b) "三砖五瓦" 做法

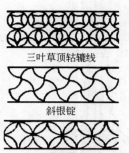

三叶草顶轳辘线

斜银锭

沙锅套

皮毯花

长银锭

鱼鳞

花瓦样式

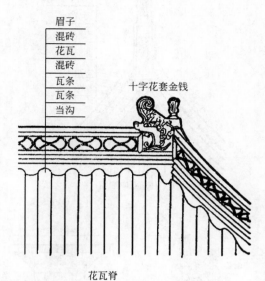

眉子
混砖
花瓦
混砖
瓦条
瓦条
当沟

十字花套金钱

花瓦脊

(c) 花瓦脊做法

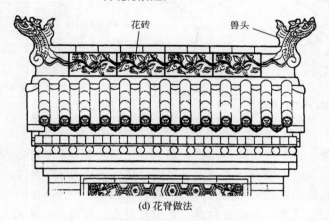

花砖   兽头

(d) 花脊做法

图6-28 大式黑活正脊构造（单位：cm）

b. "三砖五瓦"做法。这是一种正脊增高的做法，多用于比较重要的庙宇、宫殿建筑。其剖面形式详见图 6-28（b）。即在普通做法的基础上，在下层混砖的上部和上层混砖的上下部位各加一层瓦条，使瓦条的层数增加为 5 层。

c. 花瓦脊做法。俗称"玲珑脊"，其特点是将陡板部分用筒瓦或板瓦摆成各种漏窗图案。这种做法是借鉴南方建筑风格而来，形式活泼。

d. 花脊做法。其特点是在陡板面上雕做花饰，图案多为卷草、宝相花、二龙戏珠、丹凤朝阳等。花脊的做法多见于庙宇、王府和地方民居建筑之中。

花脊及花瓦脊详见图 6-28（c）、（d）。

③ 正吻部位构造与尺寸权衡

a. 正吻部位构造。在大式正脊两侧安装有正吻，正吻安装在混砖和两端的天盘之上。两端吻下构件主要有坐中勾头、圭角、面筋条、天混、天盘等，详见图 6-29。

b. 正吻尺寸权衡。大式黑活正吻尺寸确定有两种方法，一是按脊高定吻高。先计算出

第六章 古建筑屋顶构造

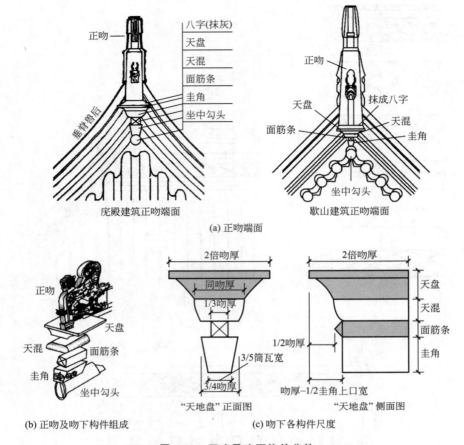

图 6-29　正吻及吻下构件分件

正吻吞口应有的高度，这个高度应等于陡板高加一层混砖高，然后按这个高度及吞口与正吻高的比例，就可以得知正吻应有的高度。另一种是按柱高定吻高。吻高为柱高的 2/7～2/5，选用与此范围尺寸相近的正吻。正吻全高应为吞口高的 3～4 倍，相同的吞口尺寸，正吻高度变化，可按下列规定选择：房高坡大者或重檐建筑宜选择高的；体量较小的建筑宜选择低的；同一院内，瓦号相同，吻高应有所区别，正房宜高出厢房。

（2）大式黑活垂脊构造　大式黑活垂脊分为两种类型，歇山、悬山、硬山垂脊相似，垂脊均位于两山部位，与正脊垂直相交，又称排山脊。其中歇山屋面中，只有兽后部分，无兽前。悬山、硬山建筑中垂脊被垂兽分为兽前和兽后部分。庑殿与攒尖建筑中垂脊位于两坡屋面阳角相交位置，与正脊或宝顶成一定角度相交而下垂。垂脊也被垂兽分为兽前和兽后部分。

①垂兽位置的确定

a. 有桁檩者，硬山、悬山在正心桁位置（无斗栱者为檐檩位置）；歇山在挑檐桁位置（无斗栱者为檐檩位置）；歇、庑殿，攒尖建筑，在角梁之上，具体位置根据狮、马小跑所占长度确定。

b. 无桁檩者，一般可按兽前占 1/3，兽后占 2/3 计算，垂兽在分界处；屋面坡长过长或过短时，应按狮、马小跑所占长度确定。

②垂脊高度控制。大式垂脊兽后部分一般与正吻相交，其高度控制可按照以下原则

进行：

　　a. 兽后垂脊的斜高应等于或稍小于正脊高，然后按照坡度计算出垂脊的实际高度；

　　b. 垂脊的眉子不应该超过垂兽的龙爪高度，即符合"垂不淹爪"的原则。

　　③ 垂脊构造

　　a. 兽后构造。垂脊兽后段的构造做法与正脊基本相同，只是陡板的高度也比正脊要低。

　　其构造自下而上为，当沟墙（胎子砖）、二层瓦条、圆混、陡板砖、圆混。当沟墙一般为1～2层砖，上皮高度与垂脊端部的圭角同高，宽度应与垂脊的眉子同宽。

　　b. 兽前构造。垂脊兽前要安放狮马小跑，高度要比兽后降低。其构造层次为：当沟墙（胎子砖）、一层瓦条、圆混、筒瓦眉子。

　　c. 端部构造。

　　Ⅰ. 悬山、硬山建筑垂脊端部要进行咧角处理，即将端部沿45°方向向外咧出一个筒瓦长度。则此处的构件自下而上包括圭角、瓦条和盘子均需要割角处理。

　　Ⅱ. 庑殿、攒尖建筑，垂脊端部采用圭角、瓦条、盘子与仙人勾头等构件与垂脊在一条直线上，不需要进行割角。

　　大式黑活垂脊构造详见图6-30。垂脊端部构造详见图6-31。

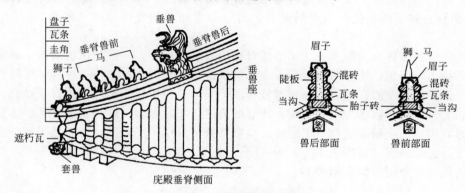

(a) 庑殿垂脊构造(攒尖建筑同)

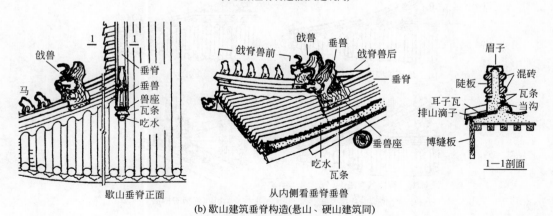

(b) 歇山建筑垂脊构造(悬山、硬山建筑同)

图6-30　大式黑活垂脊构造

　　d. 狮马小跑。在大式建筑垂脊（戗脊与角脊）兽前常使用狮马小跑，狮马小跑以单数计，狮子打头，后部全部用马，数量最多5个。

　　（3）大式黑活戗脊与角脊构造　戗脊与角脊做法与庑殿建筑垂脊做法基本相同，但应注

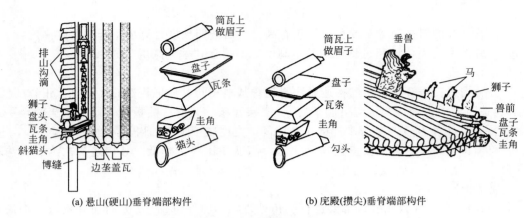

(a) 悬山(硬山)垂脊端部构件　　　　(b) 庑殿(攒尖)垂脊端部构件

图 6-31　垂脊端部构造

意以下两点。

a. 戗脊兽后应比垂脊略低。戗兽位置的确定，有桁檩者，戗兽在挑檐桁搭交处，也可顺角梁方向往前移约一个兽的宽度；无桁檩者，应与垂兽在同一条直线上，或稍靠前。

b. 角脊总高不应超过合角吻的腿肘。与合角吻相交的脊件应打"割角"，以保证交接紧密。

（4）大式黑活博脊构造　　大式黑活博脊构造有三种做法：一种为仿琉璃挂尖做法，博脊两端隐入排山勾滴里，博脊两端的瓦件应当仿照挂尖的角度砍制；另一种为平接戗脊法，博脊与戗脊逐层平接交圈；第三种为弯接戗脊法，当博脊位置较低不能与戗脊平接时，可以将两端向斜上方砌筑，以求与戗脊交圈。博脊的高度按实际做法，逐层累加计算。体量很大的建筑的博脊可增加一层陡板和一层混砖；高度降低可只用一层瓦条，可以适当减少当沟和眉子的高度，瓦条和混砖可降至 4cm。

大式黑活博脊构造详见图 6-32。

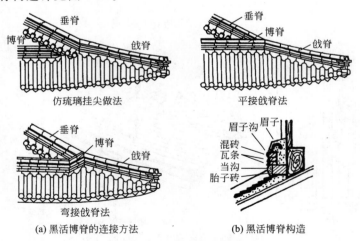

仿琉璃挂尖做法　　　　平接戗脊法

弯接戗脊法

(a) 黑活博脊的连接方法　　　　(b) 黑活博脊构造

图 6-32　大式黑活博脊构造

（5）大式黑活围脊构造　　围脊的做法有两种，一种与正脊做法相同，在围脊的四角放置合角吻；另一种与博脊构造做法相同，可不用合角吻，四条围脊直接交圈。围脊高度不超过额枋下皮，因此应按围脊板（承椽枋至额枋的距离）定高。围脊板高度等于当沟、瓦条（可为一层）、混砖（可为一层）、陡板（可不用）及眉子的总高。合角吻一般按陡板和一层混砖的总高定吞口尺寸，然后选择吞口尺寸与此相近的合角吻，如不用陡板，吞口尺寸应等于一层瓦条和一层混砖的高度。

大式黑活围脊构造详见图 6-33。

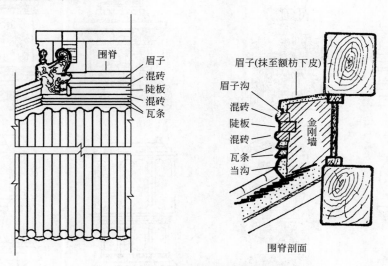

图 6-33　大式黑活围脊构造

（6）大式黑活宝顶构造　黑活宝顶常出现在攒尖建筑顶部。其造型与琉璃宝顶较为相似，一般由宝顶座加顶珠组合组成。

a. 宝顶的尺度权衡。当建筑的檐柱高度在 9 尺以内时，宝顶总高一般可以按照 2/5 檐柱高定高，如柱子很高或者是楼阁建筑等，可以按照 1/3 檐柱高定高。山地建筑、高台建筑及重檐建筑的宝顶，应适当增加，一般可以控制在 1/2～3/5 檐柱高范围内。

宝顶的顶座高度一般不小于 3/5 宝顶全高，顶珠高不超过 2/5 全高，宝顶的总宽度（直径）为 4/10～5/10 全高。

黑活宝顶的尺度详见图 6-34。

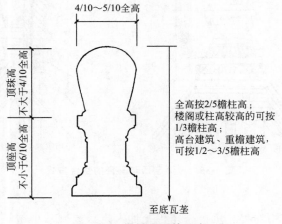

图 6-34　黑活宝顶的尺度

b. 宝顶的形式。宝顶顶座的平面形式一般与攒尖建筑的屋顶平面相同，如屋顶为六边形，则顶座也为六边形。宝顶顶柱的形式多呈圆形，也可做成四方、六方、八方等形状。常见的黑活宝顶形式详见图 6-35。

图 6-35　常见的黑活宝顶形式

　　c. 宝顶与屋脊的结合方式。宝顶与屋脊的结合方式有两种：一种是宝顶落在底座上，底座的做法与垂脊的做法相同；另一种是宝顶直接落在瓦垄的当沟上。黑活宝顶与屋脊的结合方式详见图 6-36。

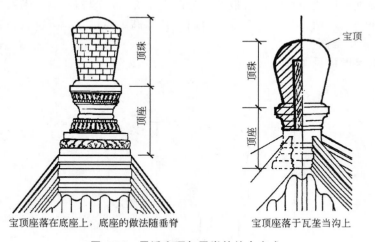

宝顶座落在底座上，底座的做法随垂脊　　　　　　宝顶座落于瓦垄当沟上

图 6-36　黑活宝顶与屋脊的结合方式

3. 小式黑活屋脊

小式黑活屋脊不使用吻兽、垂兽、角兽、仙人走兽或狮马小跑等。

（1）小式黑活正脊　常见的小式黑活正脊有皮条脊、清水脊及扁担脊等。

① 皮条脊。皮条脊既可用于大式屋脊，也可用于小式屋脊。若皮条脊用 3 号及 3 号以上的筒瓦墙帽或脊的两端使用吻兽时为"大式小作"的手法。当脊的两端直接与披水梢垄相接时，为小式做法。

皮条脊构造做法为：胎子砖（搜当沟）、头层瓦条、二层瓦条、混砖、筒瓦眉子。皮条脊构造详见图 6-37。

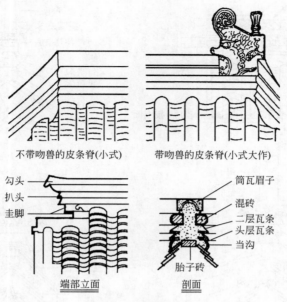

不带吻兽的皮条脊(小式)　　带吻兽的皮条脊(小式大作)

勾头
扒头
圭脚

端部立面　　　　剖面

筒瓦眉子
混砖
二层瓦条
头层瓦条
当沟
胎子砖

图 6-37　皮条脊构造

② 清水脊。清水脊是小式建筑中屋顶正脊最复杂的一种。其造型别致，在两端向上翘起作"蝎子尾"状，并且在其下砌有雕饰花纹的平草砖及盘子。

清水脊屋顶的瓦垄可分为三段，两端做法比较简单，称为低坡垄，作为清水脊主体的是中间较长的一段，比低坡垄段高大且做法复杂，称高坡垄。

a. 低坡垄构造。低坡垄位于两山最近处四条瓦垄的屋脊范围内，在扎肩灰背的基础上进行砌筑，由下而上的构件为：瓦圈（即横向截断的板瓦）、条头砖（用条砖按需用长度截断）、头层蒙头瓦、二层蒙头瓦、抹灰。

b. 高坡垄构造。高坡垄正脊分为脊身和脊端。脊身构造由下而上依次为：瓦圈、条头砖、二层蒙头瓦、头层瓦条、二层瓦条、圆混、筒瓦眉子。脊端构造由下而上依次为：圭角、盘子、头层瓦条、二层瓦条、雕花草砖、蝎子尾。

脊端与正身各层对应关系为：圭角——当沟头条砖、小当沟瓦圈；盘子、当沟象鼻——蒙头瓦、抹灰当沟；头层、二层瓦条通作；平草砖——混砖；蝎子尾——筒瓦、眉子。

清水脊构造详见图 6-38。

c. 扁担脊。扁担脊是小式建筑中较为简单的一种正脊，多用于干槎瓦屋面、石板瓦屋面，也可用于仰瓦灰梗屋面。其构造做法为：在两坡底瓦交接缝处坐灰扣放瓦圈，在瓦圈之间，即底瓦垄之间扣盖"合目瓦"（合目瓦为板瓦一正一反扣放，形成锁链图案，又称锁链瓦），在合目瓦接缝处坐灰扣放二层蒙头瓦，二层蒙头瓦之间应错缝搭接，最后抹灰勾瓦脸。

扁担脊构造详见图 6-39。

(2) 小式黑活垂脊

① 铃铛排山脊。铃铛排山脊的排山，是由勾头瓦作分水垄，用滴子瓦作淌水槽，相互并联排列而成，一般称之为"排山勾滴"。由于滴子瓦的舌片形似一列悬挂的铃铛，故又称"铃铛排山脊"。

小式铃铛排山脊只用于卷棚顶，在顶部采用罗锅构件和续罗锅构件进行前后坡的过渡。

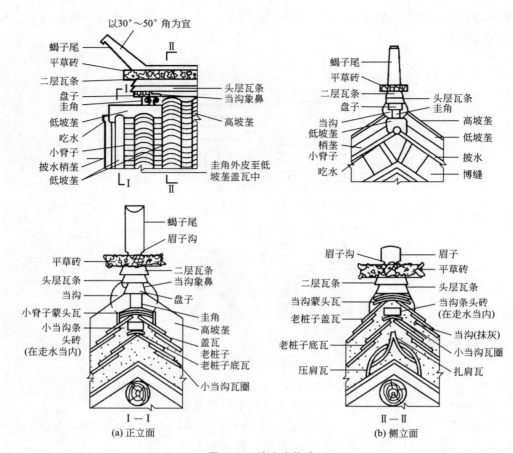

以30°～50°角为宜

蝎子尾
平草砖
二层瓦条
盘子
圭角
低坡垄
吃水
小脊子
披水梢垄
低坡垄

头层瓦条
当沟象鼻
高坡垄

圭角外皮至低坡垄盖瓦中

蝎子尾
平草砖
二层瓦条
盘子

头层瓦条
圭角

当沟
低坡垄
梢垄
小脊子
吃水

高坡垄
低坡垄
披水
博缝

蝎子尾
眉子沟

平草砖
头层瓦条
当沟
小脊子蒙头瓦
小当沟条
头砖
（在走水当内）

二层瓦条
当沟象鼻
盘子

圭角
高坡垄
盖瓦
老桩子
老桩子底瓦
小当沟瓦圈

眉子沟

二层瓦条
当沟蒙头瓦
老桩子盖瓦

老桩子底瓦

压肩瓦

眉子
平草砖
头层瓦条
当沟条头砖
（在走水当内）
当沟（抹灰）
小当沟瓦圈
扎肩瓦

(a) 正立面 Ⅰ—Ⅰ

(b) 侧立面 Ⅱ—Ⅱ

图 6-38　清水脊构造

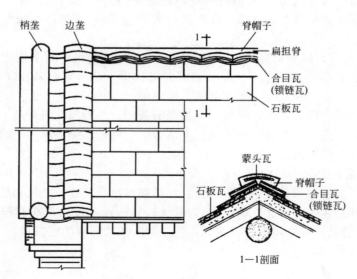

梢垄
边垄
脊帽子
扁担脊
合目瓦
（锁链瓦）
石板瓦

蒙头瓦
脊帽子
合目瓦
（锁链瓦）
石板瓦

1—1剖面

图 6-39　扁担脊构造

其构造自下而上依次为：当沟、压当条（一层或二层）、圆混、筒瓦眉子。铃铛排山脊不使用垂兽，也不分兽前和兽后，其端部依次安装圭角、瓦条、咧角盘子和勾头眉子。

小式铃铛排山脊构造详见图 6-40(a)。

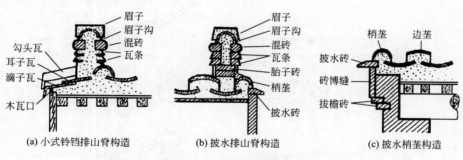

(a) 小式铃铛排山构造   (b) 披水排山脊构造   (c) 披水梢垄构造

图 6-40　小式黑活垂脊构造

　　② 披水排山脊。披水排山脊与铃铛排山脊不同之处在于，披水排山脊不做排山勾滴，而是直接安放于边垄与梢垄之上。在梢垄之下、博缝之上，砌一层披水砖檐。披水排山脊构造详见图 6-40(b)。

　　③ 披水梢垄。披水梢垄不能算作垂脊，而是位于垂脊位置但有不做脊的处理方法。披水梢垄的具体做法为，在博缝砖上砌披水砖，然后在边垄底瓦和披水砖之上扣一垄筒瓦。披水梢垄构造详见图 6-40(c)。

三、苏南地区古建筑屋脊构造做法

1.《营造法原》中各脊的名称

　　(1) 正脊　在江南地区，前后坡屋面相交于脊桁之上，在其上砌筑而成的脊称为正脊。正脊广泛使用于硬山、悬山、歇山及四合舍屋顶上。

　　在《营造法原》中，殿庭用脊和厅堂用脊的做法各不相同。厅堂类建筑常用的正脊类型有：游脊、甘蔗脊、雌毛脊（又名鸱尾）、纹头脊、哺鸡脊、哺龙脊等，其中游脊做法（正脊用瓦相叠而斜铺者）简陋，不宜用于正房，甘蔗脊、雌毛脊、回纹脊、纹头脊等用于普通平房。普通厅堂多用哺鸡脊，寺庙建筑中的厅堂多用哺龙脊。殿庭类建筑正脊的两端常安放龙吻或鱼龙吻，称为龙吻脊。

　　《营造法原》中正脊的类型详见图 6-41。

　　(2) 竖带　在北方官式建筑中称为垂脊。从正脊起直至老戗根部筑脊称为竖带，常出现在歇山建筑和四合舍建筑之中。硬山厅堂两侧不用竖带。

　　(3) 水戗　又称为戗脊，位于歇山、攒尖和四合舍建筑的戗角，戗根与竖带（垂脊）相连，戗端逐皮挑出上弯，轻松灵巧、曲势优美，是中国南方建筑的典型特征。

　　(4) 赶宕（音：dàng）脊　赶宕脊是使用于殿庭类歇山屋顶落翼部位顶部的水平脊。另外在重檐建筑中，绕下层屋檐顶部的水平脊也称为赶宕脊。相当于北方官式建筑中的"博脊和围脊"。

　　(5) 黄瓜环脊　对于小型建筑、临水建筑，为使建筑轻巧自然，屋顶不用正脊，用黄瓜环瓦覆于盖瓦和底瓦之上做成的屋脊，类似于北方的过垄脊。

2.《营造法原》中各脊的构造

　　(1) 正脊构造

　　① 普通平房正脊构造。普通平房正脊可用游脊、甘蔗脊、雌毛脊和纹头脊。这类脊高在 1～1.2 尺左右，其脊端形式如图 6-41 所示。脊身构造如图 6-42(a) 所示，从下往上依次为：攀脊、瓦条、竹节瓦、盖头灰。

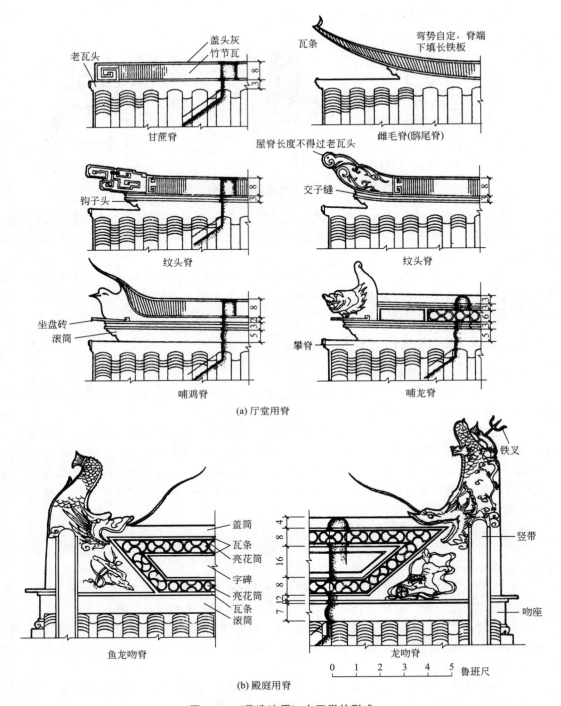

图 6-41 《营造法原》中正脊的形式

　　攀脊的位置相当于北方官式做法中的正当沟，此处一般使用攀脊瓦。攀脊顶面高处盖瓦二～三寸。攀脊做好之后，在上面砌上一路瓦条，然后筑脊（也可砌二路瓦条，中间留出交子缝，瓦条及缝共厚约 3 寸）。甘蔗脊将瓦竖立紧排在瓦条上，两端刷回纹，脊顶抹一层盖头灰（盖头灰可用纸筋灰加适量的烟墨拌匀）。纹头、雌毛脊等，先将攀脊在两端砌高，做

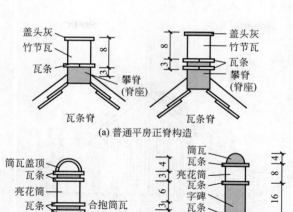

图 6-42 《营造法原》中正脊构造

成钩子头，使脊端翘起，中部微凹。攀脊砌好后，先做纹头，纹头的形式由瓦工自己设计并施工，但纹头的端头不准超出山墙。筑脊的方法是从两端的纹头处开始向中央筑，合拢后用三角尺在瓦条上抹出灰线，再抹盖头灰，做出纹头花纹，最后将背脊处抹平、抹光。

② 厅堂正脊构造。厅堂正脊构造常做成哺鸡脊和哺龙脊。这类脊高在 1.8～2.0 尺左右，又称滚筒脊。具体做法为：在攀脊之上起滚筒，滚筒用 5～7 寸筒，对合砌成，然后再在滚筒之上砌两路瓦条，瓦条之上仍为竹节瓦和盖头灰。哺鸡和哺龙置于筑脊两端，头朝外，后部用铁片弯曲，外加粉刷，翘起如尾，在哺鸡和哺龙下部设置坐盘砖，置于瓦条之上。厅堂正脊构造详见图 6-42(b)。

③ 殿庭正脊构造。殿庭正脊构造常做成龙吻脊。龙吻分为五套、七套、九套、十三套等，正脊的高低与所选龙吻紧密相关，二者之间关系详见表 6-35。

表 6-35 殿庭建筑脊吻的选用与脊高的关系

间数	用脊吻	脊高
三开间	五套龙吻	3.5～4 尺
五开间	七套龙吻	4～4.5 尺
七开间	九套龙吻	4.5～5 尺
九开间	十三套龙吻	5 尺以上

殿庭正脊又称为花瓦脊，它的脊身分为两部分，一部分为用砖瓦垒砌的实体，称为"暗"；另一部分为用筒瓦拼砌成各种花纹图案，称为亮花筒。亮花筒的使用既能增加美观，还能减轻自重，减小风力，再在此基础上加上的瓦条形成了活泼的正脊样式。以九套龙吻脊为例，脊身构造自下而上依次为：滚筒、二路瓦条、三寸宕、亮花筒（含上下瓦条）、字碑、亮花筒（含上下瓦条）、三寸宕、瓦条、盖筒。

其中，龙吻脊下部不做攀脊，脊直接砌在盖瓦上，底瓦处留出空当，以减小风力。三寸宕是指在二路瓦条线上部的平面收进部分，高度为 3 寸。字碑为亮花筒之间用方砖镶砌的部分，其高度可以根据脊高进行调解。

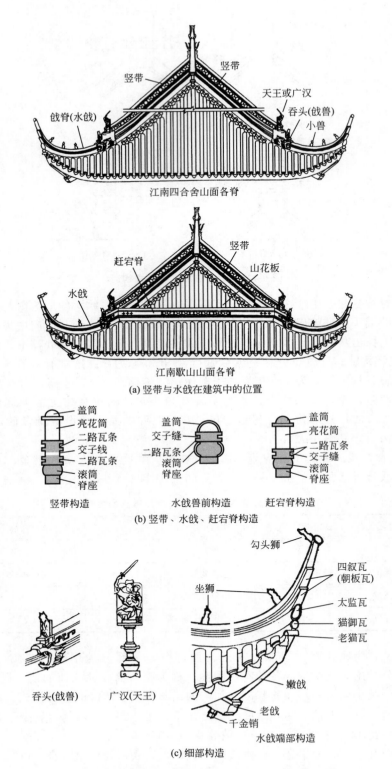

江南四合舍山面各脊

江南歇山山面各脊

(a) 竖带与水戗在建筑中的位置

竖带构造

水戗兽前构造

赶宕脊构造

(b) 竖带、水戗、赶宕脊构造

吞头(戗兽)

广汉(天王)

水戗端部构造

(c) 细部构造

图 6-43　殿庭建筑中的竖带、水戗、赶宕脊构造

殿庭正脊构造举例详见图6-42(c)。

（2）竖带与水戗构造

① 歇山厅堂和攒尖建筑的竖带与水戗构造。歇山厅堂一般无正脊。这类竖带做法较为简单，高度为一尺三寸至一尺五寸，厚度约六寸。竖带的构造自下而上依次为：砖基座、滚筒、二路瓦条（中间为交子缝）、盖筒。

水戗根部高同竖带，若为嫩戗发戗，戗端逐渐减低。如果为水戗发戗，戗脊高度不变，至端部，先将戗座垫高六七寸，成壶口形，然后逐皮挑起弯起，或兜转作卷叶状。水戗内必须贯以木条或铁条，戗端承以铁板，上端承戗头弯起。其下端则钉在戗角木上。

② 殿庭建筑的竖带与水戗构造

a. 四合舍建筑的竖带与水戗构造。四合舍竖带位于二坡交汇之处，可以分为上下两部分，上部与正脊相交，竖带的斜高与正脊相同或略低，下部从老戗根起始，高度减低而转化为水戗，在二者交汇之处做花篮靠背，上置天王（类似于北方的戗兽）。若正脊使用了亮花筒，则竖带也使用亮花筒。以正脊为九套龙吻脊为例，竖带构造自下而上依次为：脊座、滚筒、二路线、三寸宕、二路线、亮花筒、瓦条、盖筒，共高约3尺。在天王之前为水戗，戗根部位只需将竖带的脊座、滚筒及二路瓦条延伸，上部盖筒瓦即可。在水戗端部，滴檐板合角处、滴水之上与戗成直角横置的五寸筒瓦称为老鼠瓦，通过拐子钉钉于嫩戗之上。在老鼠瓦之上置钩头筒瓦，称为猫御瓦。猫御瓦之上，滚筒端部处理成葫芦形状，称为太监瓦。其上以瓦条逐皮向外伸出，称为四叙瓦。最上部采用勾头狮子，在勾头狮后的戗背上，跟以走狮和坐狮，要求数目为单数。

b. 歇山殿庭的竖带与水戗构造。歇山殿庭竖带构造与四合舍基本相同，不同之处是歇山竖带旁依山尖，顺屋面坡度而下与正脊呈垂直状，其端部过老戗根设花篮靠背，上置天王，通过吻座固定于屋面瓦垄之上。

歇山殿庭的水戗与竖带成45°夹角，水戗分为兽后与兽前部分，戗根构造为脊座、滚筒、二路瓦条、暗花筒、瓦条、盖筒。兽头类似于北方的戗兽，因其张口含脊所以称为吞头，兽头上部一半处做花篮靠背，上置坐狮。兽前发戗构造与四合舍相同，将戗根的脊座、滚筒及二路瓦条延伸，上部盖筒瓦即可。

殿庭建筑中的竖带与水戗构造详见图6-43。

c. 重檐建筑下檐水戗。江南重檐建筑的下檐四角部位出现的脊，江南建筑中也称为水戗，其构造与歇山殿庭的水戗基本相同。

（3）赶宕脊构造 赶宕脊为水平脊，出现在歇山落翼屋面的上部或重檐建筑下层檐的上部。赶宕脊均与水戗相连，歇山殿庭建筑上的赶宕脊可以做成一字宕或八字宕，重檐下檐的赶宕脊位于承椽枋外绕屋而筑。赶宕脊脊高二尺，依次为脊座、滚筒、二路瓦条、亮（暗）花筒、瓦条、盖筒。

赶宕脊构造详见图6-43(b)。

第七章

古建筑木装修

在以木结构体系为主体的中国古代建筑施工中，做柱、梁、枋、檩等主体木结构的工种，称为大木作。与此对应，做建筑门窗、天花顶棚、室内隔断等木结构部分的工种称为小木作。这种木工分工明确记载于宋《营造法式》中，一直沿用至今。小木作到清代也称为木装修，并细分为外檐装修和内檐装修，在江南称为装折，依照位置也区别为外装折和内装折。

第一节　古建筑木装修用材

与木构架用材相比较，木装修用材的要求更高。除了有一定的强度要求外，耐久性、抗腐性、不易变形、不易开裂方面的要求更高，此外还要求色泽一致或基本一致，能近看、细看。

一、树种的选择

小木作宜选用天然生长的优质木材为制作原料。常用的树种有红松、白松、杉木等，比较考究者可用水曲柳、柳桉、柚木、东北楸等，高档的装修甚至用楠木、樟木、红木。古建筑雀替、花板、垂莲柱、飞罩等部位经常采用木雕工艺，适宜于雕刻的木材分为软杂木和硬杂木两类。软杂木有楠木、樟木、楸木、椴木、红松等，硬杂木有紫檀木、花梨木、酸枝木、柏木等。另外，古建筑门窗、楣子、栏杆中含有大量的棂条，棂条用材多为楸木、花梨木、酸枝木等。

二、木材的干燥

木材的含水率和木材的使用年限有着极大的关系，当木材含水率控制在20%以下时，木腐菌的活动就会受到抑制，使木材产生腐朽的概率大大降低。当木材含水率与当地平衡含水率接近时，就不宜产生收缩变形（一般木材的变形直接影响其使用，如门窗变形，使开启产生困难）。一般说来，建筑大木作含水率应在15%～18%，小木作应在12%～15%，特殊用材含水率要求还要更低。

直接从自然界砍伐的木材为湿材，湿料在使用中易产生收缩变形，并且在加工中容易产生毛刺、裂口、钝棱等人为缺陷，一般木材都要经过干燥处理，方法主要有以下两种。

1. 自然风干法

又称自然干燥法，选择地势略高而平坦、气流畅通、干燥而狭长的场地，将木材用一定的方法堆积起来，利用流通的空气进行干燥。这种方法一般只能干燥到当地的平衡含水率，并且需要花费较长的时间。一般干燥时间不应少于3个月。木材堆积有十字形堆积、交搭堆积、交替堆积等，切忌采用实积法，不留空气流通的空隙，并要避免雨水侵蚀和阳光曝晒。

2. 人工干燥法

也称烘干法，传统多将木材放在密闭的窑室里进行加热干燥，现在一般利用热管输送150℃蒸汽，通过热辐射加热密闭室的空气，并设喷洒管，保持高温高湿，加速干燥过程。采用人工干燥法时，含水率不应大于12%。

经过自然风干法和人工干燥法处理过的木料通常称为风干料和烘干料，在小木作中，凡材种为软杂木者，一般使用风干料，凡材种为硬杂木者，一律使用烘干料。小木作中的棂条、卡子花、花牙子等，在满足含水率的条件下，宜优先选用风干木料。

三、板材与方材

在小木作中很少使用原木料，多为经过锯解而成的板材或方材。板材是指断面宽度为厚度的 3 倍及 3 倍以上者，方材是指断面宽不足厚 3 倍者。板材多用于古建筑大门门扇、余塞、门头板、木墙壁、坐凳面、天花板、木地面、楼梯踢面和踏面等。方材多用于门窗槛框、楞木、天花支条、沿边木、楼梯梯梁、栏杆望柱等。

1. 板材的划分

板材按照厚度可分为以下几种。

薄板，厚度在 18mm（5 分）以下；

中板，厚度在 19～35mm（5 分～1 寸）；

厚板，厚度在 36～65mm（1～2 寸）；

特厚板，厚度在 66mm（2 寸）以上。

2. 方材的划分

小枋，截面积在 54cm² （5 平方寸）以下；

中枋，截面积在 55～100cm² （5～10 平方寸）；

大枋，截面积在 101～225cm² （10～22 平方寸）；

特大枋，截面积在 226cm² （22 平方寸）以上。

四、木装修构件的选材标准

木装修构件的选材应符合表 7-1 的规定。

表 7-1　木装修构件的选材标准

木材缺陷	矩形材（方材）		板材	
	断面短边在 100mm 以下	断面短边在 100mm 以上	厚度在 22mm 以下	厚度在 22mm 以上
单个活节直径/mm	≤1/4 断面短边（不在榫卯位置）		≤20	≤30
任何延长米活节的个数	≤2	≤3	≤2	≤3
死节	不允许	不允许贯通	不允许	不允许贯通
斜纹	斜率≤4%	斜率≤6%	斜率≤10%	斜率≤15%
腐朽	不允许	不允许	不允许	不允许
表面虫蛀	不允许	不允许	不允许	不允许
裂缝	深度≤短边的 1/6		深度≤板厚的 1/4	
	长度≤构件长的 1/5		长度≤板宽的 1/4	
髓心	不限	不限	不限	不限
含水率	≤15%	≤18%	≤15%	≤18%

注：1. 表中材料规格均为毛料规格。

　　2. 表中含水率为上限值，采用风干料时含水率应该达到当地的平衡含水率；采用烘干料时，含水率不应大于 12%。

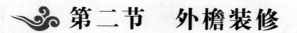

第二节　外檐装修

外檐装修是指直接与室外接触的门、窗、楣子、坐凳和栏杆等，位于室外，易受风吹日晒，雨水侵蚀，在用材断面、雕镂、花饰、做工等方面，都应考虑这些方面的因素，较为坚固、粗壮。其中的门和窗又是房屋围护结构的一部分，兼可采光、通风，门还用来交通内外。

一、门

1. 宋《营造法式》时期的门

《营造法式》所列门有外门与内门之分：外门含乌头门、版门❶（板门）、软门三种；内门则仅有格子门一种。这几类门从构造上看可分为三类，一类是版门，以实心木板拼合而成；另一类是格子门，门扇上部为镂空花格，下部为木板；还有一类为乌头门，这种门虽然门扇上部也为空格，下部为木板，但均为双扇，两旁带有挟门柱。从功能上看，版门使用范围最广，最大的可作城门，中等可作为建筑群入口的门殿及大殿之门，小型的可作为厅、堂之门。格子门只限于作为殿、堂或厅堂之门。乌头门只作为建筑群之门，安装在建筑群的围墙上。

（1）乌头门　乌头门又名乌头绰楔门，俗称棂星门，位于住宅、祠庙正门之前，是一种安置于围墙上的门，高8～22尺，广与高尺寸相等。若高15尺以上则广可减少1/5。门的形式简单，两旁有两根木柱，称挟门柱，柱断面为方形，柱高为门高的1.8倍，下部栽入地下，上部套瓦筒用以防雨水腐蚀，用墨染黑，故称"乌头"。两柱间装两扇门，每扇上下有一腰串分中，腰串以上做空棂，腰串以下有腰华版、障水版、镯脚版，其间也有横向的"串"作分割。腰华版及镯脚版表面常常雕有花纹，障水版多用牙头护缝（压障水版接缝处的板条）装饰。空棂做直棂式，中间加一条或两条承棂串，直棂背后有"左右结角，当心绞口"的罗文楅（bì），以防止门的变形。门上有额枋联系两柱，门限（地栿版）为活动式，必要时可抽去，以通车马。地栿版由立桄（zhì）与卧桄夹持定位。同时为防止门在整体上前后歪闪，于两挟门柱前后各施戗柱两根。

乌头门构造详见图7-1。

（2）版门　版门是一种用木板实拼而成的门，高在7～24尺之间，分为单扇版门、双扇版门和多扇版门。双扇者其高宽比为1：1或1：0.8，即"广与高方"，"如减广者不得过五分之一"。单扇版门，只限于7尺高的小门。版门的构造特点是门扇中的拼板"身口版"用横木"楅"串连，并有暗榫——"劄（zhā）"及"透栓"从木版中间穿透。每扇两侧有较拼板更厚的边框即肘版、副肘版。版门除门扇之外还有门框，上框为额，下框为地栿，两侧门框为立颊，为了固定门扇，在额的背后有鸡栖木，两端开圆孔，以容上部门轴，下部门轴则立于石门砧上。门的大小不同，固定门扇的构件也有所区别。7尺小门，门上不需用通长的鸡栖木，下部也不做石门砧，上下只用一块短木"伏兔"即可。而高12尺以上的大门，为防止木门轴磨损，上下套"铁筒子"，下部石砧成凸起的半圆球，称为"鹅台石砧"，使之与铁筒子匹配。高20尺以上的门，对门轴上下需做进一步处理，上部门轴安铁锏，鸡栖木承门轴的圆孔内安铁钏，下部门轴安铁靴臼，石地栿门砧安铁鹅台，铁靴臼套在铁鹅台上。经过这样的处理，在开关门扇时，利用铁构件相互摩擦，使门轴得到保护。门板常用铁钉钉

---

❶ "版门"宋代作"版门"，清代作"板门"。

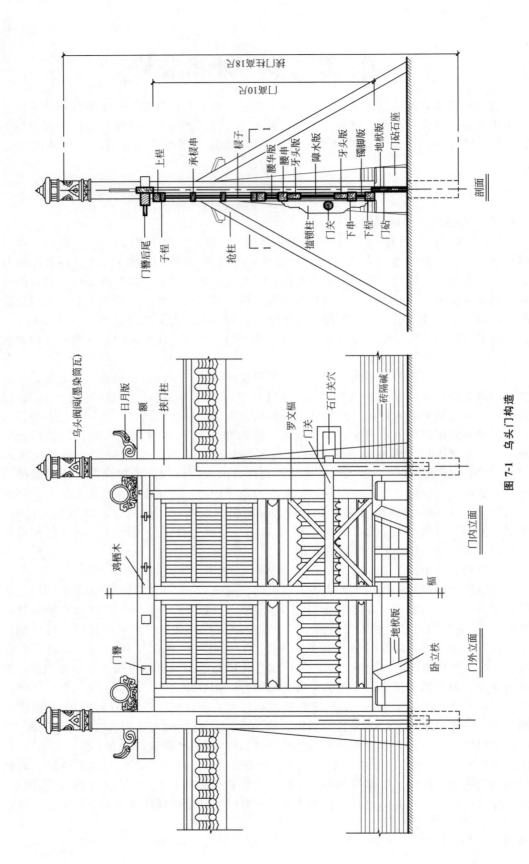

图 7-1 乌头门构造

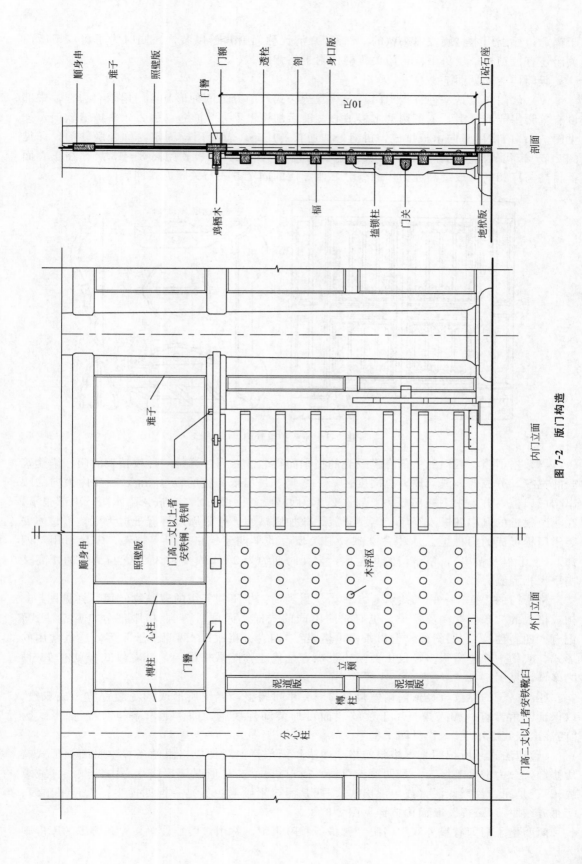

图 7-2 版门构造

于楣上，板上用木材旋成馒头状的"浮沤"（清代称门钉）予以装饰。同时为了将双扇版门关闭还有搕锁柱、伏兔手栓、门关等构件附于门背面。

版门构造详见图7-2。

（3）软门　也是一种拼板木门，宋《营造法式》中分为两种形制：门扇带有边框，中部设有单腰串或双腰串，上下用薄木板填心，前后加设"牙头"护缝，称为牙头护缝软门，详见图7-3；门扇用竖向木板拼成，拼缝处加通长的压条，背后用楅固定，称合版软门，详见图7-4。宋代软门多用作大门。牙头护缝软门高6～16尺，合板软门高8～13尺，在正立面上，高与广相同，或者高度为广的五分之四。门的固定方式与关闭方式同版门。

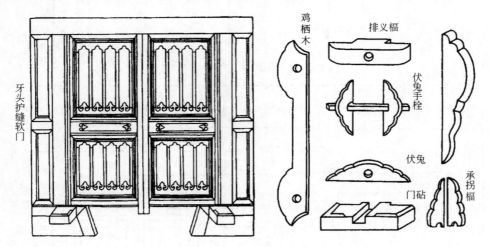

图 7-3　牙头护缝软门

（4）格子门　因门的上部有供采光的格子而得名。在当时算是一种较精致的门，依建筑开间宽窄，分成四扇或六扇，总高度在6～12尺。每扇依周边的桯（tīng）及身内横向的腰串构成扇框，分上中下三部分，上部占2/3，做格眼，下部占1/3，嵌入障水版，中部很窄，在相距很近的腰串间嵌入窄版，名腰华版，兼加固措施。格眼周边另有子桯为框，可整体安装于门桯形成的扇框上。从相关文献资料及现存的早期建筑格子门实物看，宋代习用"四抹"（上下桯及腰串），格子门的高宽比，宋元时期约为2∶1或不足3∶1。与清代的瘦高型槅扇大相径庭。

格子门的边框——桯的线脚有6种，从繁到简，供不同等级的建筑物使用，详见图7-5。构成格眼的"条桱"（及棂子）也有繁简不同的式样，详见图7-6。格眼部分《营造法式》记有"四斜球纹""四斜球纹上出条桱重格眼""四直方格眼""两明格子"等，这是常用的形式，实物中却丰富很多，仅山西朔州崇福寺金代建弥陀殿格子门，其花纹式样就有15种之多，详见图7-7。

球纹格子的球纹直径依门扇宽度在3～6寸间调整，球纹所形成的花瓣皆应做成双数，以保证四角皆有一瓣入角。对于球纹表面可加装饰性线脚，即"上出条桱"，断面形式为"四混出双线或单线"，详见图7-8。

《营造法式》所记四直方格眼的格子做法较简单，但对构成格眼的条桱本身断面形式有所修饰，分为七个等级：一是四混绞双线（或单线）；二是通混压边线，心内绞双线（或单线）；三是丽口绞瓣双混（或单混出线）；四是丽口素绞瓣；五是一混四撺尖；六是平出线；七是方绞眼。"条桱"断面构造详见图7-6。

两明格子门即有里外双重格眼、腰华版和障水版，并用双层纸被覆，桯和腰串的厚度则

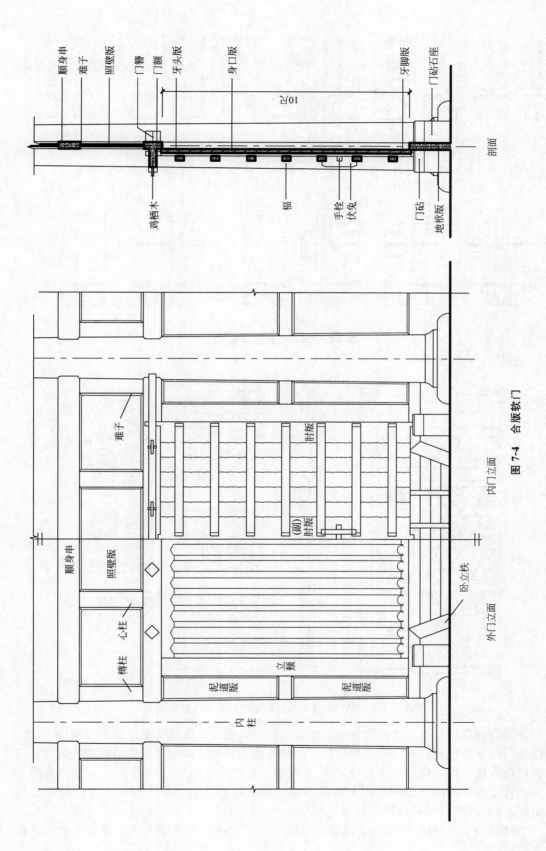

图 7-4 合版软门

第七章 古建筑木装修

323

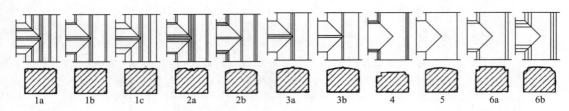

图7-5 "桯"断面构造

1—四混中心出双线；人混出单线（或混内不出线）；2—破瓣双混平地出双线（或单混出单线）；

3—通混出双线（或单线）；4—通混压边线；5—素通混；6—方直破瓣

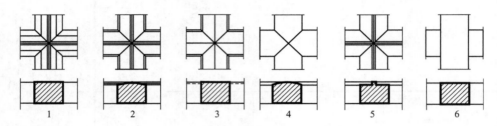

图7-6 "条桯"断面构造

1—四混绞双线；2—通混压边线，心内绞双线；3—丽口绞瓣双混；4——混四撺尖；5—平出线；6—方绞眼

图7-7 山西朔州崇福寺弥陀殿格子门大样（部分）

增加至足以容纳双层结构。这种门的防寒性能较好，适用于冬天保暖要求高的房屋。

格子门的重量较轻，其门另设搏肘附于边桯上作为转轴。关门后不用横向的卧关（及门闩）而用拨捘或立捘。门上、下轴承也不用鸡栖木与门砧，而用小构件伏兔。门的启闭方式，从《营造法式》格子门额限图来看，四扇门中，两旁二扇是固定的，但必要时可以卸去，中间两扇可启闭。《营造法式》卷七规定："桯四角外上下各出卯长一寸五分，并为定法"。这些出卯，对门框的榫卯结合也有一定好处。门关闭时的锁定方式有两种：直卯拨捘

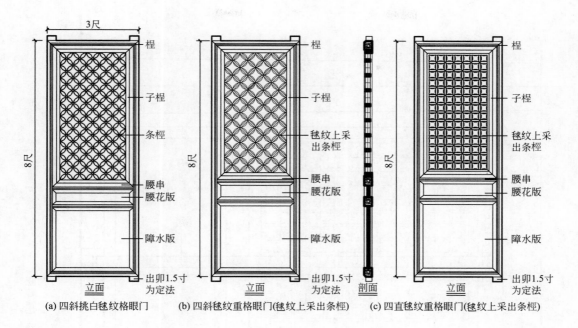

(a) 四斜挑白毯纹格眼门　　(b) 四斜毯纹重格眼门(毯纹上采出条桯)　　(c) 四直毯纹重格眼门(毯纹上采出条桯)

图 7-8　毯纹格子门

与麗（丽的繁体，同"立"）卯插栓。

　　格子门额限详见图 7-9，格子门锁定方式详见图 7-10 和图 7-11，麗卯插栓大样详见图 7-12。

2. 明清时期的门

　　明清时期的门，按构造方法主要分为板门和槅扇门两种。板门是用木板实拼而成的门，用作宫殿、庙宇、府第的大门及民居的外门等，有对外防范的要求。槅扇是木装修中最具特色的部分，所有棂花、花纹式样灵活多样且繁简不同，在安排上虚实结合，十分精巧细致，是木工工艺高度发展的产品。

　　（1）板门　清代建筑中最常见的板门，依构造方法的不同，可分为实榻门、棋盘门（又名攒边门）、撒带门、屏门四种。板门的种类详见图 7-13。

　　① 实榻门。实榻门的构造是依木门所在的位置确定。

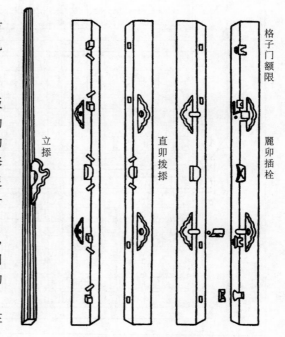

图 7-9　格子门额限图

　　a. 安装在城门洞内的实榻木门，在《工程做法则例》中没有做法要求。在城门洞内安装的实榻木门扇往往都是由厚木板拼成的，门框和上下槛多是由石材制作的，连楹是金属制品，多是铜与其他金属的合金，门轴套和门枕石上的轴椀都是铜和其他金属的合金制成。

　　b. 安装在屋宇门座内的实榻木门，构造由三部分构成，一是槛框部分，二是门扇部分，

第七章　古建筑木装修

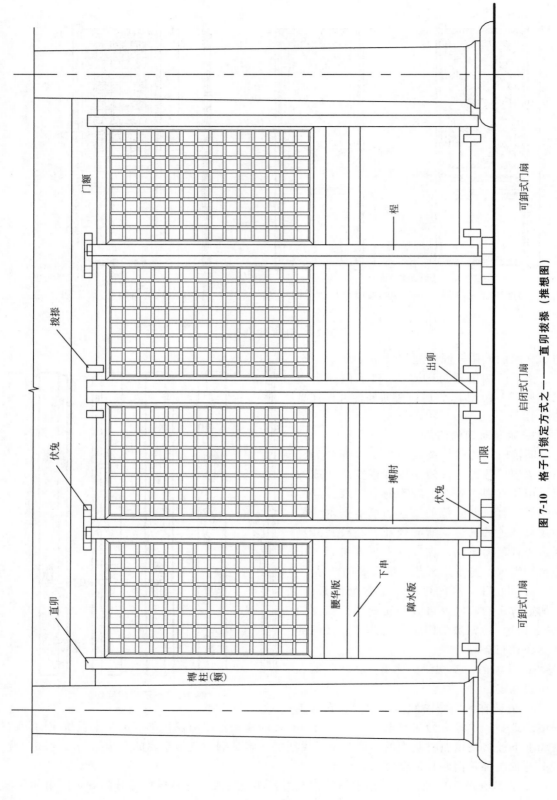

图 7-10　格子门锁定方式之一——直卯拨掀（推想图）

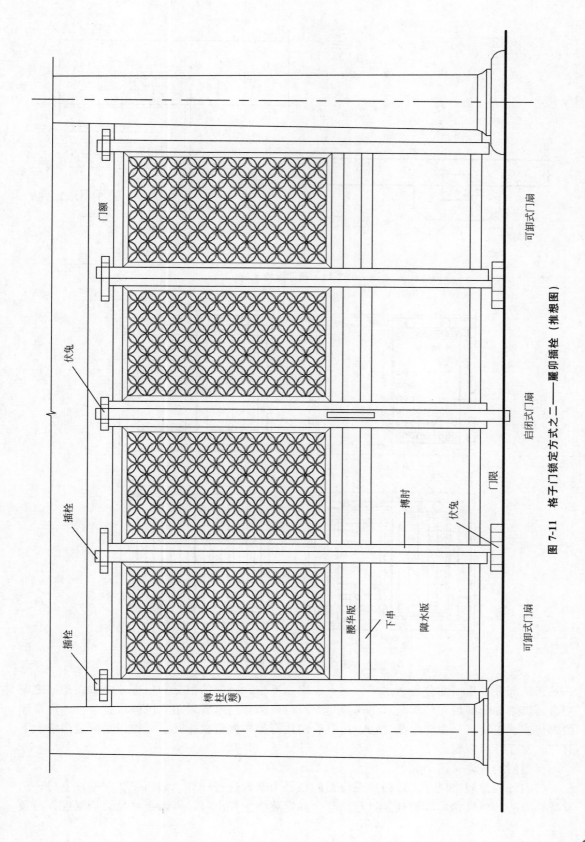

图 7-11 格子门锁定方式之二——麗卯插栓（推想图）

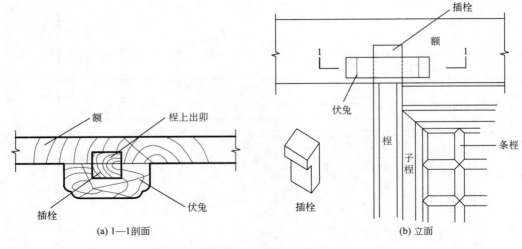

(a) 1—1剖面　　　　　　　　　　　　　　(b) 立面

图 7-12　麗卯插栓大样

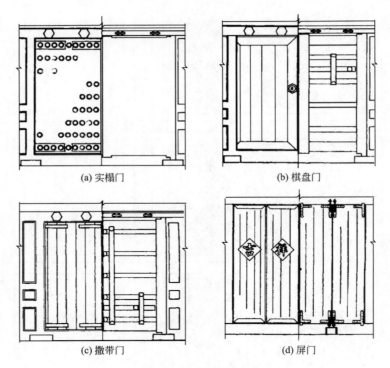

(a) 实榻门　　　　　　　　　　　　(b) 棋盘门

(c) 撒带门　　　　　　　　　　　　(d) 屏门

图 7-13　板门的种类

　　三是连接部分。槛框部分包括水平向的上、中、下槛，竖向的抱框和门框，以及在槛框之间空当处填塞的余塞板和门头板（走马板）等。门扇部分由厚板采用龙凤榫或企口榫、穿带连接成整体。连接部分主要包括连楹、门簪、门枕石等构件组成，其主要作用是固定门扇上下肘位，保证开启顺畅。

　　实榻门构造详见图 7-14。

　　门的各构件规格尺寸，以门所在位置的柱径为基数进行计算。如门安装在檐柱上时，门及框料等的各项尺寸，以檐柱径进行推算。如安装在金柱上时，则以金柱径为依据推算门及

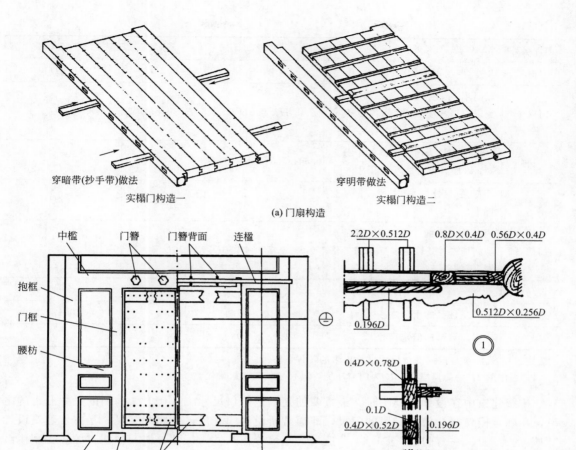

穿暗带(抄手带)做法

实榻门构造一

穿明带做法

实榻门构造二

(a) 门扇构造

中槛　　门簪　　门簪背面　　连楹

抱框

门框

腰枋

下槛　门枕石　角页　　大门立面图

$2.2D×0.512D$　　$0.8D×0.4D$　$0.56D×0.4D$

$0.196D$

$0.512D×0.256D$

①

$0.4D×0.78D$

$0.1D$

$0.4D×0.52D$　　$0.196D$

$0.4D×0.8D$

②

注：D为门所在位置柱径。各构件尺度参照《工程做法则例》和一些实测尺度

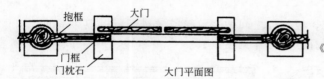

抱框　　大门

门框
门枕石　　大门平面图

(b) 构造实例

图 7-14　实榻门构造

框料的尺寸。表 7-2 是以《工程做法则例》卷四十一为主，《营造算例》作为补充，列出的各构件高、厚、宽的比例关系。

表 7-2　实榻门构件比例　　　　　　　　　　　　　　　　单位：柱径

构件名称	比例尺度	高	宽	厚
下槛	以柱径十分之八定高,以本身之高减半定厚	$0.8D$		$0.4D$
中槛	高是下槛高的十分之八	$0.8D×0.8=0.64D$		$0.4D$
上槛	高是下槛高的十分之八,厚与下槛同	$0.64D$		$0.4D$
抱框	宽是下槛高的十分之七,厚与下槛相同		$0.56D$	$0.4D$

构件名称	比例尺度	高	宽	厚
门框※	宽、厚与下槛相同		$0.8D$	$0.4D$
门扇※	门扇高,以门口净高加掩缝,宽以门口净宽加掩缝,厚以抱框之宽减半定门厚	$H+0.8D$	$(B+0.8D)/2$	$0.2D$
门簪	外出头长为门口净高的十分之一,以槛高十分之八定径寸	$0.64D \times 0.8 = 0.512D$		
连槛※	宽是十分之六柱径,厚为宽折半		$0.6D$	$0.3D$
门枕石	高是下槛的十分之七,宽是本身高加二寸,长是本身宽的二倍加下槛厚	$0.8 \times 0.7D = 0.56D$	$0.56D+2$ 寸	$2(0.56D+2$ 寸$)+0.4D$
走马板				5 分
余塞板	厚是柱径的十分之一			$0.1D$
门栓	以门扇厚加倍定径寸	直径 $0.4D$		

注:1. 凡注※是根据测量尺寸推算出来的,仅供参考。

2. 表中的 H 为门口净高,B 为门口净宽,其尺寸依门光尺确定。

传统建筑中在设计"门"时,最重要的是确定门口尺寸。古代人认为门的尺寸有吉凶之说,在确定门口时,使用专用的门尺,即通常所说的门光尺,也叫八字尺,是古代建筑设计"门"的专用尺。一门尺等于 1.44 营造尺,全尺分作八寸,每寸分档,标注吉凶。吉字用红色字标注,凶字用黑色字标注。设计时选用吉字各档定门口高宽尺寸,以达到取吉避凶之目的。

实榻门的门扇用厚木板拼合而成,板与板之间做企口缝或龙凤榫,板中穿带的方法有穿明带与穿暗带两种。门上的金属配件有五种,详见图 7-15。

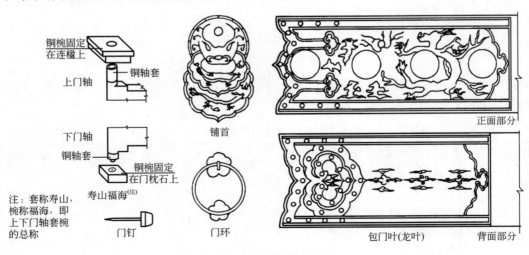

图 7-15 实榻门金属配件图

a. 门钉。按等级规定或九路,或七路,或五路,钉于实榻门正面,有加固门板与穿带的结构作用、表现建筑等级和装饰作用。《工程做法则例》卷五十规定："凡门钉以门扇除里大边一根之宽定圆径高大。如用钉九路者，每钉径若干，空档照每钉之径空一分。如用钉七路者，每钉径若干，空档照每钉之径空一分二厘。如用钉五路者，每钉径若干，空档照每钉之径空二分。门钉之高与径同。"

b. 鉊钑兽面。即铺首，安装于宫门正面，为铜质面叶贴金造，形如雄狮，凶猛而威武，大门上安装铺首，象征天子的尊贵和威严。兽面直径为门钉直径的 2 倍，每个兽面带仰月千年锦一份。

c. 包叶。在门的四角用金属薄板包裹，普通的木门用铁板，宫殿中多用铜板贴金或鎏金。每扇门用四块，用小泡头铜钉钉在大门上下边，包叶宽约为门钉径的 4 倍。大门包叶有防止门板散落及装饰的功能。

d. 寿山福海。它是安装于实榻门上下门轴的旋转枢纽构件，是套筒、护口及踩钉、海窝的总称，用于上面称为寿山，用于下面称为福海。通常为铁质。

e. 门闩倒环。木门闩的两端要用铁板包裹，以达到耐磨的目的，放置木栓的铁倒环和扣锦等。

f. 安装在室内的实榻木门。这类门只有上槛、下槛、门框和门扇。门的金属饰件只有包角叶和门钹，比较简单。

② 棋盘门。棋盘门又称攒边门，即门的四周边框采取攒边，当中门心装板，板后穿带的做法，包括墙门、屋宇大门、房门等。屋宇门往往做成余塞门，由下槛、上槛、抱框、门框、门簪和连楹等构件组成。墙门或房门比较简单，往往只有下槛、上槛、门框、连楹、门枕石等。棋盘门的尺寸，也是按门口尺寸定。在封建社会，门口尺寸的确定，既受封建等级制度约束，又受封建迷信观念制约，要求是非常严格的。

棋盘门与实榻门相同，也是贴附在槛框内侧安装的，其上下及两侧掩缝之留法略同实榻门，由于攒边门一般体量较小，所以掩缝的大小一般在 2.5cm 左右。门扇大者，掩缝尺寸也应随之加大。

棋盘门主要是由外框、门心板、穿带三部分组成。外框分为里、外大边及上、下抹头。

这种门的门心板与外框一般都是平的，但也有门心板略凹于外框的做法。制作门时，按门扇大小及边框尺寸画线，首先将门心板用穿带攒在一起，穿带两端做出透榫，在门边对应位置凿眼。门边四框的榫卯，做大割角透榫，榫卯做好后，将门心板和边框一起安装成活。棋盘门各构件规格尺寸参见表 7-3。

表 7-3 棋盘门（攒边门）各构件规格尺寸

构件名称	其他名称	安装部位	规格尺寸			附注
			长	宽	厚	
门边	大边	门扇两侧	高为门口净高外加掩缝、碰头、门肘	宽 0.4 倍柱径	厚为宽度的 7/10	上碰头长 2cm，下碰头长 2.5cm
抹头	冒头、桯	门扇上下两端	门扇宽	宽同门边宽	厚同门边厚	
门心板		门边与抹头之间	长宽随门扇减边抹尺寸，另加四周榫长		厚为门边厚的 1/3	用板条以企口榫拼装

构件名称	其他名称	安装部位	规格尺寸			附注
			长	宽	厚	
穿带		门心板内侧（每扇4根）	门扇宽	宽同门边厚	厚按本身宽的7/10	露明穿带
插关梁	顺带	两根穿带间	两根穿带宽加间距	宽同穿带宽	厚同门边厚	当中留插关眼
插关	门闩	插关梁内	门扇宽减一大边宽	宽同穿带宽	厚为门边厚的1/3	注意推拉灵活

为便于门扇的开闭，一般在正面安装有门钹，门钹为铜制件，六角形，其直径同门边宽，上带纽头圈子。门轴上也装寿山福海。

棋盘门构造详见图7-16。

③ 撒带门。所谓撒带门，是门扇一侧有门边（大边），而另一侧没有门边的门。这种门上由于所穿的带均撒着头，故称撒带门。撒带门一般用作街门或屋门。

撒带门的高、宽尺寸计算同棋盘门，只是门边设在有门轴的一侧。这种门的做法是：用穿带将木板及一侧的门边贯穿起来，上下不使用抹头。穿带使用明带做法，一端做成榫头（连接门边），一端做成撒头，可用一根纵向压带连接。撒带门构造详见图7-17。

④ 屏门。屏门，也称镜面门，又分为单面和双面屏门两种。屏门采用一寸半厚（约5cm）木板作为门面板，用穿带拼板。这种门多用在垂花门后檐柱间，做单面走廊中的通道门，或用在室内的后金柱间起到屏风作用，也可用在木影壁上。门扇有四扇与六扇。屏门没有门边门轴，为固定门板不使散落，上下两端要贯装横带，称为拍抹头。屏门除门扇外，还有下槛、上槛和门框等主要木构件，以及鹅项、转轴、插销、铁闩和门环等金属构件。屏门构造详见图7-18。

（2）槅扇门 槅扇门，宋代称"格子门"。由外框架、槅扇心、裙板及绦环板组成。外框是槅扇的骨架，长宽比为4∶1或3∶1。槅扇心是安装于外框内部的仔屉，主要用做采光，在槅心上一般糊纸或糊纱。裙板是安装在外框下部的隔板，有的槅扇不用裙板而全用格心，谓之落地明造。绦环板（宋称腰华版）是安装在相邻两根抹头之间的小块隔板。

槅扇门构造详见图7-19。

槅扇门可以四扇、六扇或八扇组成，视开间或进深大小而定。槅扇门中间的两扇是一对开扇，总共四扇时，两旁各有一单开扇；六扇时，则两旁各有一对开扇。槅扇门可以安装在檐柱上，称为"檐里安装"，也可以安装在金柱上，称为"金柱安装"。安装在檐柱上时，除槅扇外应有下槛、上槛、抱框；安装在金柱上时，除了这些外，还要有中槛、短抱框、间柱、横披窗等。

帘架及横披详见图7-20。

槅扇门中的各类槛框构件的尺寸，可根据木板门所在柱径的尺寸推算，在此不再重述。槅扇门扇的构造有：边梃、抹头、槅扇心、裙板、绦环板等构件。各构件的尺寸、比例关系，清工部《工程做法则例》卷四十一有比较详细的记载，见表7-4。

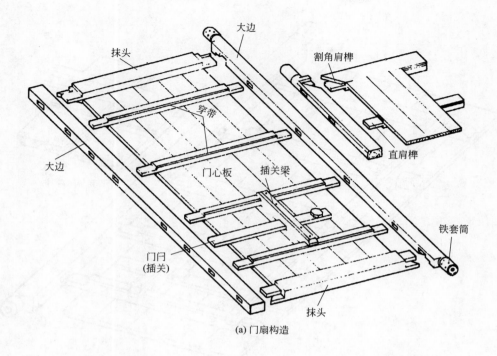

（a）门扇构造

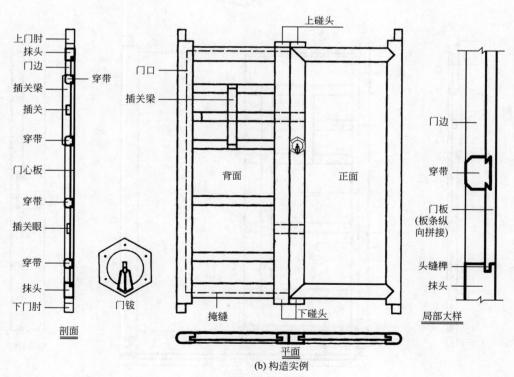

（b）构造实例

图 7-16 棋盘门构造

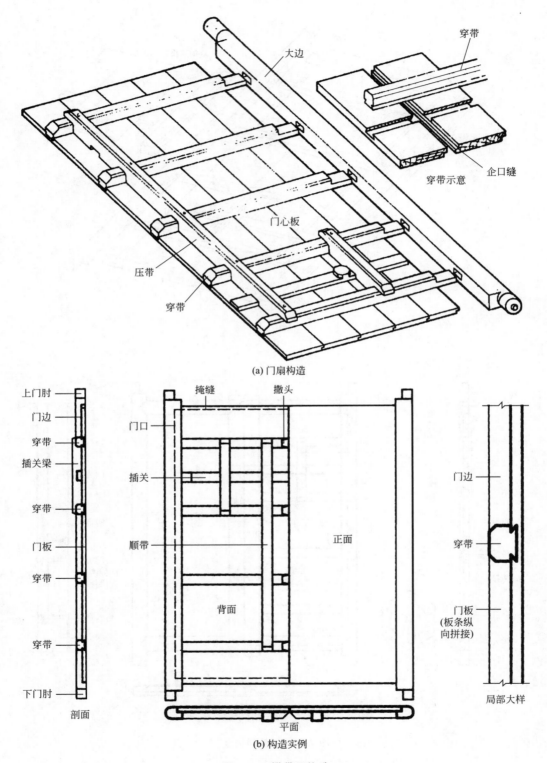

穿带

大边

穿带示意

企口缝

门心板

压带

穿带

(a) 门扇构造

上门肘

门边

穿带

插关梁

穿带

门板

穿带

穿带

下门肘

剖面

掩缝

撒头

门口

插关

顺带

正面

背面

平面

(b) 构造实例

门边

穿带

门板
(板条纵
向拼接)

局部大样

图 7-17　撒带门构造

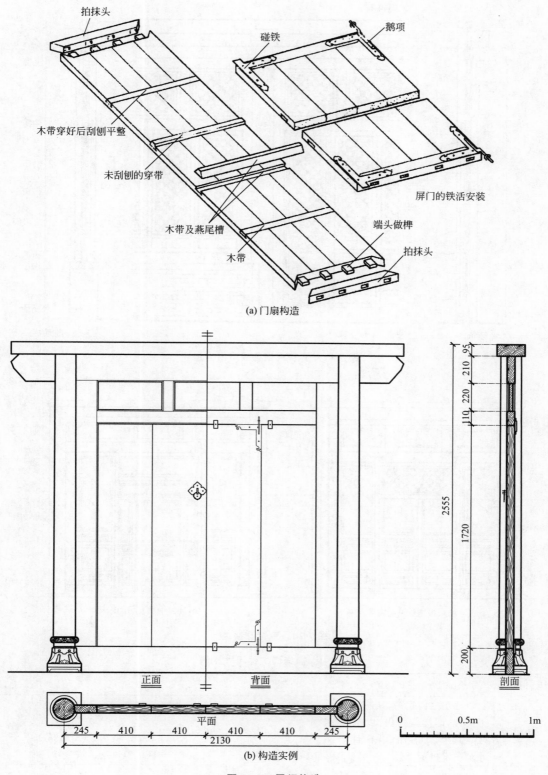

拍抹头

碰铁

鹅项

木带穿好后刮刨平整

未刮刨的穿带

屏门的铁活安装

木带及燕尾槽

木带

端头做榫

拍抹头

(a) 门扇构造

正面　背面

平面

2555

95
210
220
110
1720

200

剖面

245　410　410　410　245
2130

0　　0.5m　　1m

(b) 构造实例

图 7-18　屏门构造

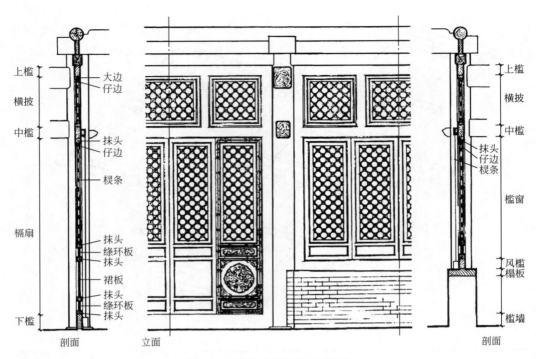

剖面　　　　立面　　　　　　　　　　　　　剖面

图 7-19　清官式棂花槅扇门构造

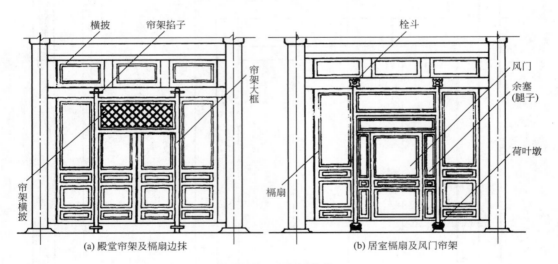

(a) 殿堂帘架及槅扇边抹　　　　　　　　　(b) 居室槅扇及风门帘架

图 7-20　帘架及横披

表 7-4　槅扇门构件尺寸比例

名称	构件比例尺度	高	宽	厚
边梃	以槅扇之高定高,其一加上下掩榫,即梃宽一份;以抱框之宽减半,定看面;以看面尺寸加二定进深	$H+0.28D$	$0.56D/2=0.28D$	$0.28D×1.2=0.336D$
抹头	以槅扇之宽定长,看面进深与边梃同	长 $B/4$ 或 $B/6$	$0.28D$	$0.336D$

名称	构件比例尺度	高	宽	厚
转轴	长随槅扇净高尺寸，再加上下入槛之长，照上槛高一份；以边梃之看面、进深各减半定宽、厚	即长 $H+0.64D$	$0.28D/2=0.14D$	$0.336D/2=0.168D$
绦环板	以抹头看面加倍定宽，以边梃进深 1/3 定厚。长按槅扇之宽，除边梃宽二份加两端入榫尺寸，照本身厚	板高$=0.28D\times2+0.112D$	长（即板宽）$B/4-2\times0.28D+0.112D$	$0.336D/3=0.112D$
裙板	槅扇总高减去抹头高、绦环板高，余下高的 4/10 为裙板之高。厚与绦环板相同	$4/10$ $(H-n\cdot0.28D-0.56nD)$	$B/4-2\times0.28D+0.112D$	$0.112D$
槅扇心	槅扇总高减去抹头高、绦环板高、余下高的 6/10 为槅扇心高	$6/10(H-0.28nD-0.56nD)$	$B/4-2\times0.28D$	
仔边	按槅扇心净高宽尺寸定长，以边梃进深 7/10 定进深，5/10 定看面	—	$0.28D\times0.5=0.14D$	$0.336D\times0.7=0.235D$
棂条	以仔边进深、看面 7/10 定进深、看面	—	$0.14D\times0.7=0.098D$	$0.235D\times0.7=0.165D$
连二槛	以下槛 7/10 定高，以转轴之宽加一份定宽。长按本身宽加一份	$0.8D\times0.7=0.56D$	$0.14D\times2=0.28D$	长$=0.28D\times2=0.56D$
单槛荷叶栓斗	以连二槛 3/4 定长，高宽与连二槛同	$0.56D$	$0.28D$	长$=(0.28D\times2)\times3/4=0.42D$
闩杆	长随转轴，宽、厚与转轴相同	长$=H+0.64D$	$0.14D$	$0.168D$
连架梃	以槅扇之高加下槛高、中槛高，减荷叶墩高，得净长。宽、厚与槅扇边梃同	长$=H+0.8D+0.64D-0.56D$	$0.28D$	$0.336D$

注：D 为柱径；H 为槅扇总高；n 为抹头数量和绦环板数量；B 为门口净宽。

因槅扇的高矮不同，横向使用抹头的数量也不一样，有六抹（即六根横抹头，下同）、五抹、四抹，以及三抹、二抹等数种，以功能及体量大小而异。通常用于宫殿、坛庙一类大体量建筑的槅扇，多采用六抹、五抹两种，这不仅仅是为显示帝王建筑的威严豪华，更是坚固的需要。四抹槅扇多见于一般寺院和体量较小的建筑，三抹槅扇多见于宋代，明清时期较为少见。有些宅院花园的花厅及轩、榭一类建筑，常做落地明槅扇，这种槅扇一般采取三抹及二抹的形式，下面不安装裙板。

槅扇的缺点是门扇体量大，开启不便，扇与扇之间分缝大，不利于保温。因此常在槅扇外侧加装有帘架和帘架风门。一般殿堂中加装帘架，居室中加装帘架风门，详见图 7-20。帘架主要由边梃、抹头、横披、楣子、腿子、风门、风门门槛等组成，宽为两扇槅扇之宽外加边梃看面一份，高同槅扇，立边上下加出长度，用铁制帘架掐子安装在横槛上。帘架各构件的截面尺寸与槅扇相同或稍小。用于居室的风门、帘架具有一定的装饰性，固定帘架立边的木质栓斗上面做出雕饰，通常上刻荷花，下刻荷叶，称为莲花栓斗和荷叶墩，详见图7-21。

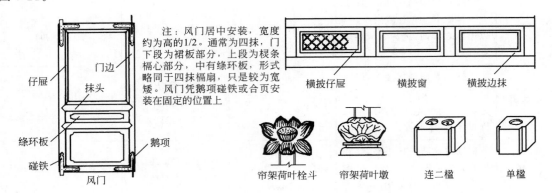

注：风门居中安装，宽度约为高的1/2。通常为四抹，门下段为裙板部分，上段为棂条槅心部分，中有绦环板，形式略同于四抹槅扇，只是较为宽矮。风门凭鹅项碰铁或合页安装在固定的位置上

图 7-21　风门、横披窗、槛子、栓斗、荷叶墩

槅扇门中最富于变化的是槅扇心（心屉）部分，图案变化繁多。北方图案较朴素，有直棂、步步锦、灯笼锦等。宫廷中多用三交六椀、双交四椀菱花或古老钱等。南方图案则十分灵活，有万川、回纹、冰纹、六角套叠、井字嵌棂花等式。而且复杂者其棂条还分为粗细两套，棂条端部做出夔龙钩式装饰，称夔式。棂条之间尚加用许多结子、卡子等，有工字、卧蚕、方胜、蝙蝠、团云等。在浙江东阳、云南剑川等木雕发达地区还用整块木板精雕细刻，组成套叠的龙凤、花鸟图案，实际成为一件雕刻美术品。

槅扇心屉样式详见图7-22。

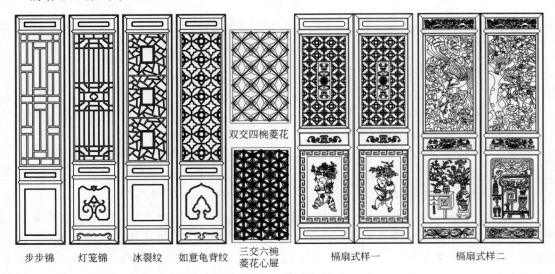

图 7-22　槅扇心屉样式（部分）

清代槅扇门的裙板、绦环板部位亦经过重点装饰，一般皆有雕刻，如如意纹、夔龙纹、团花、五福捧寿、云龙、云凤等，在南方还可雕出四季花卉、人物故事等标题化图案。

槅扇门的金属构件有：菱花钉，钉在每一菱花心上；寿山福海，即在槅扇门轴上、下两端镶安的铜件；面叶，即"用云龙铰钑双拐角叶、双人字叶、看叶，内看叶一块，带钩花钮圈子一副"，不用拐角人字等面叶时，"单用云头棂叶一块，或单用素棂叶一块，俱各带钮头

圈子"，还有钉面页的小泡钉、帘架卡子、门环、门钮等。

槅扇门金属构件及槅扇形式详见图 7-23。

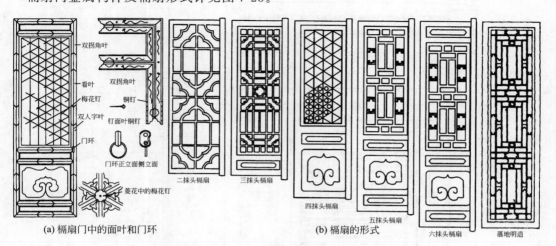

(a) 槅扇门中的面叶和门环　　　　　　　　　　(b) 槅扇的形式

图 7-23　槅扇门金属构件及槅扇形式

二、窗

建筑物中设置窗，是起源于穴居和半穴居。那时的窗是设在屋顶上的。《说文解字》中说："在墙曰牖，在屋曰囱（窗）"。窗在屋顶上是为排气、通风的。牖在墙上，主要用于采光的。古代的窗、牖是有区别的，而今窗牖不分，且统称为窗。

1. 宋《营造法式》时期的窗

《营造法式》中记载之窗有破子棂窗、版棂窗、睒电窗（水纹窗）、阑槛钩窗等，从功能上看，可分为"高窗"和"看窗"两类，睒电窗与水纹窗多施于墙壁高处，但也可做看窗。从构造上看可分为两类：一类是不可启闭的棂条窗；另一类是可启闭的阑槛钩窗。其中阑槛钩窗主要用于阁楼上，可以临窗倚坐，浏览窗外风光。阑槛钩窗在宋画《雪霁江行图》《清明上河图》中所画的江船上可以看到，但在宋代建筑中尚未发现实物遗存。明清江南园林及民居中的"美人靠""飞来椅"则是这种窗的传承。

（1）棂条窗　棂条窗有三种：一种是"破子棂窗"，即将方木条依断面斜角一剖为二成两根三角木条做窗棂，三角形底边一面向内，可供糊纸，窗高 4～8 尺，窗宽需用棂条数来推算，棂档以空一寸为定法，但棂条宽厚随窗高变化，每间广一丈用十七棂，广加一尺则加二棂，破子棂窗窗棂插入上、下子桯，左右为立颊，其外为额及腰串，详见图 7-24（a）；另一种是"版棂窗"，即用板条做棂子，内外两侧均为平面，详见图 7-24（b）；还有一种是将棂条做成曲线或水平向波浪形，由于棂条的弯曲，人在走动时向外望可见光线闪动的效果，故称为"睒电窗"或"水纹窗"，施于殿堂后壁之上或佛殿壁山高处，也可以装在平常高度上作看窗，详见图 7-25。

（2）阑槛钩窗　是一种通间安置的带钩阑的大窗，类似江南清代流行的长窗，窗的下部有一段低矮的窗下墙，上覆木板，称为槛面。《营造法式》规定槛面高一尺八寸至二尺，槛面之上设钩窗，窗高五尺至八尺，阑槛钩窗总高七尺至一丈。窗宽则随开间，每间分成三扇，每扇窗做成四直方格眼形式。此外在槛面之上、窗之外有一矮钩阑，寻杖由托柱、鹅项承托，鹅项端用云栱纹来装饰。槛面以下、地栿以上，装障水版。钩窗做活扇，可推开，供人坐于槛面板上，凭栏眺望，也可关闭，用通长的"卧关"自室内锁住。宋画《雪霁江行

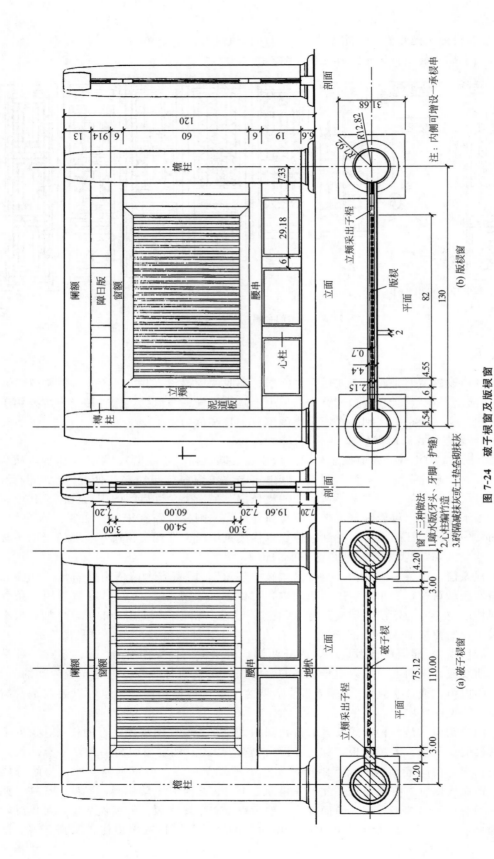

图 7-24　破子棂窗及版棂窗

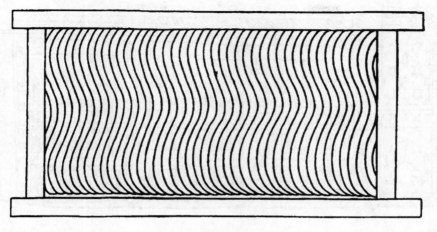

(a) 睒电窗

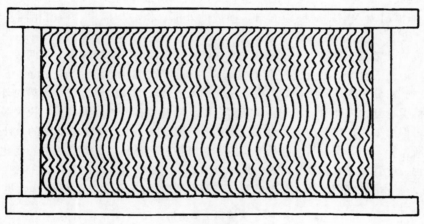

(b) 水纹窗

图 7-25　睒电窗及水纹窗

图》所绘阑槛钩窗形制与《营造法式》小有不同，在槛面版下的障水版勾片棂条，更具装饰性。阑槛钩窗详见图 7-26 和图 7-27。

2. 明清时期的窗

明清木结构建筑中的窗的类型有下列几种。

（1）槛窗　槛窗也称"槅扇窗"，是立于砖槛墙之上的窗。其构造一如槅扇门，只是把槅扇门的裙板去掉。槛窗的比例及棂格心与槅扇门需协同考虑，组成统一的构图，成樘配套。每间装 2～6 扇。在南方则不用砖槛墙，而改用木板壁，称为提裙。槛窗及木板壁皆可拆下，将厅堂变为敞口厅，这种窗称为半窗。其构造在槛墙上有榻板、风槛（即槛窗的下槛）、中槛、抱框、间柱和横披窗等。槛框的尺度与槅扇门的槛框相同；风槛的断面尺寸与抱框相同；榻板厚为风槛厚的 7/10，宽随槛墙的厚度内外各加二分。槛窗扇有四抹、三抹、二抹几种。四抹、三抹的槛窗扇，除窗心外，还有绦环板，四抹窗有两块，三抹窗有一块。槛窗上的金属构件与槅扇门相同，详见图 7-19。

（2）横披窗　横披窗是在金柱部位安装外檐装修时，于槅扇门、槅扇窗上部，即中槛与上槛之间安装的窗扇。明清时期的横披窗，通常为固定扇，不开启，起亮窗作用，由外框和

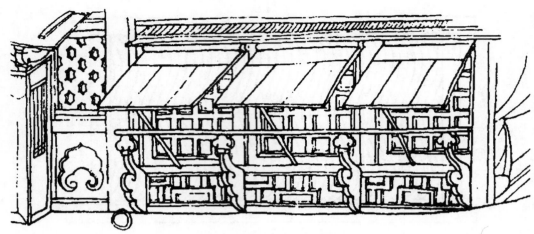

图 7-26 宋画《雪霁江行图》中的阑槛钩窗

仔屉两部分构成。横披窗在一间里的数量，一般比槅扇或槛窗少一扇。如槅扇为四扇，横披则为三扇，如槅扇为六扇则横披为五扇。横披的外框、格心与槅扇、槛窗相同。横批窗构造详见图 7-19 和图 7-21。

（3）支摘窗　常见于民居中，这种窗安装在檐柱或金柱间，一般分成上下两段，中间由间柱隔开，每组四扇。上段窗户可由支杆向外支起，并可调节支起的角度，称支窗。下段窗户可摘下，为摘窗。支窗分为内外两层，外层棂条窗，糊纸或装玻璃，内层纱屉，天热时外层支起，凭纱窗通风。摘窗也分为内外两层，外层棂条窗，糊纸以遮挡视线，白天摘下，夜晚装上，内层做玻璃屉子，可保温采光。我国南方称此窗为"提窗"或"合窗"。支窗与摘窗的大小比例，因地域不同而有所差异。北方支窗与摘窗相等，南方支窗要大于摘窗。支摘窗的格心变化很多，有步步锦、灯笼锦、龟背锦、冰裂纹、万寿、福寿等图案。支摘窗构造详见图 7-28。

支摘窗主要木构件的尺寸，按清工部《工程做法则例》及实测数据折算，见表 7-5。

表 7-5　支摘窗主要木构件尺寸

构件名称	构件比例尺度	高	宽	厚
抱框	以檐柱高减上槛高、榻板厚和槛墙高为高，下槛 7/10 定宽，厚与下槛同	$H-0.64D-0.28D-$槛墙高	$0.8D \times 0.7 = 0.56D$、125mm	$0.4D$
间柱※	按实测折算，同抱框高、宽、厚	同抱框	$0.65D$、150mm	$0.4D$
替桩	以面阔定长，以檐枋高 3/10 定高，厚与上槛同	长=$B-0.5D$ 高 $0.3D$ 高 220mm	—	$0.4D$
榻板	以面阔定长，以风槛之厚 7/10 定厚，宽随槛墙之厚外加金边各二分	长=面阔	槛墙厚+4 分	$0.28D$、120mm
外扇边框		—	—	$0.22D$※、60mm	$0.24D$※、65mm
仔边		—	—	$0.18D$※、22mm	$0.11D$※、35mm
棂条		—	—	$0.12D$※、16mm	$0.07D$※、20mm
内纱扇边框		—	—	$0.18D$※、40mm	$0.15D$※、40mm
棂条		—	—	$0.12D$※、16mm	$0.07D$※、20mm

注：凡有※标记的，均为实测尺寸，并经折算后所得的近似尺寸仅供参考。标记 mm 的均为实测尺寸。H 为檐柱高；B 为柱间净宽；D 为柱径。

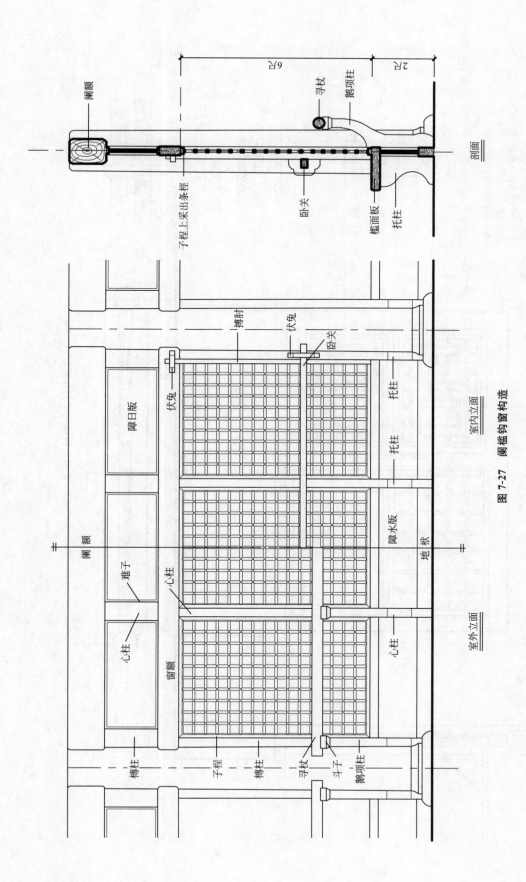

图 7-27 阑槛钩窗构造

343

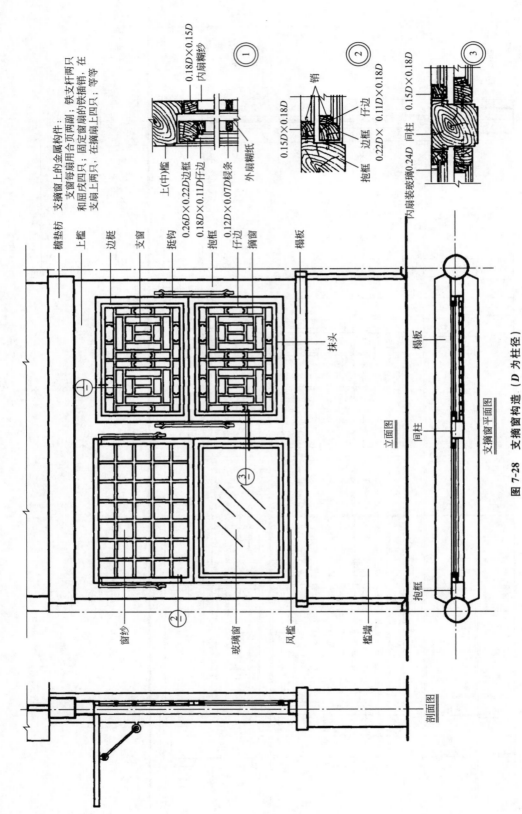

图 7-28 支摘窗构造（D 为柱径）

（4）支窗　支窗也称"推窗"，为明清宫殿的次要房屋（如库、厨等）常用。与支摘窗的主要区别是支窗下不设摘窗，上下为一整扇支窗或上下均为支窗。它是由四边的边框组成，中心是竖向直棂，在直棂条上的上、中、下三个部位贯以横穿，故又称"一马三箭"窗。其边框和棂条尺寸，据清工部《工程做法则例》规定："边档以抱框之宽十分之四定看面，以抱框之厚三分之一定进深"，即边档宽应是 $0.26D$，厚是 $0.12D$；"凡直棂以边档之宽减半定看面，进深与边档同"，即直棂宽是 $0.13D$，厚是 $0.12D$；（横穿）以直棂看面定宽，"以直棂之进深三分之一定厚"，即横穿宽是 $0.13D$，厚是 $0.04D$（注：D 为柱径）。支窗构造详见图 7-29。

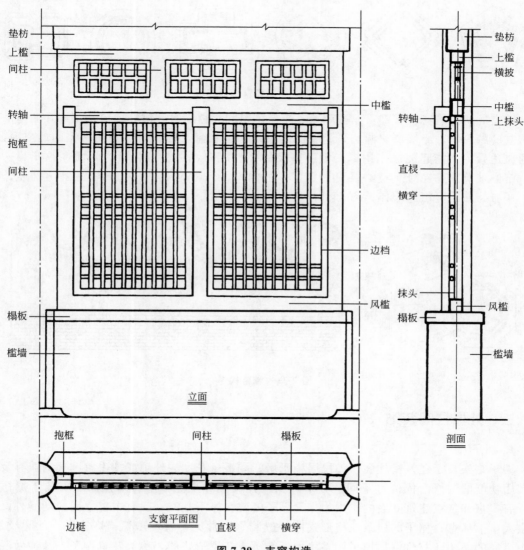

图 7-29　支窗构造

（5）牖窗　牖窗是窗的一种。古时称开在墙上的窗为牖。在园林建筑中有各种形式的窗洞，如扇面、六角、月洞、双环、套方、玉壶、方胜、寿桃等，都统称为牖窗，也有称为什锦窗。其做工精致，具有很浓的装饰性和园林气氛，特别是在游廊的一侧墙壁上，既有极好的装饰美化效果，同时，夜间又可起到照明"灯箱"的作用。牖窗常用形式见图 7-30。

图 7-30　牖窗常用形式

牖窗的构造有三种，即：镶嵌牖窗、单层牖窗和夹樘牖窗。镶嵌牖窗是镶嵌在墙壁一面不透空的牖窗，即半墙厚窗洞，只起装饰作用；单层牖窗又称漏窗，是墙壁上的透空窗洞，既通风透景，又能起装饰作用；夹樘牖窗又称夹樘灯窗，是在窗洞墙的两面，各安装一窗框，镶嵌玻璃或贴花纸，空心装灯照明。一般洞口径尺寸为 0.7～1.2m，主要由桶座、边框、仔屉、贴脸等组成，详见图 7-31。

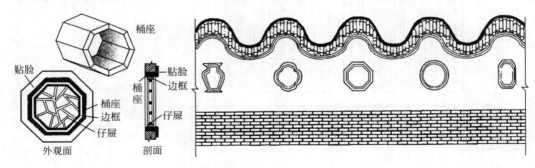

图 7-31　牖窗构造

三、外檐柱间装饰

1. 楣子

楣子是安装于建筑檐柱间（如民居中正房、厢房、花厅的外廊或抄手游廊）的兼有装饰和实用功能的装修。依位置不同，分吊（倒）挂楣子和坐凳楣子。吊挂楣子安装于檐枋之下，有丰富和装点建筑立面的作用；坐凳楣子安装在檐下柱间，除有丰富立面的功能外，还可供人坐下休息。楣子的棂条花格形式同一般装修，常见者有步步锦、灯笼框、冰裂纹等，较为讲究的做法还有将倒挂楣子用整块木板雕刻成花罩形式的，称为花罩楣子。这种做法费时费工，但装饰效果更强，多见于私家园林中。

（1）吊挂楣子　吊挂楣子主要由边框、棂条以及花牙子等构件组成，楣子高（上下横边外皮尺寸）一尺至一尺半不等，临期酌定。边框断面为（4cm×5cm）～（4.5cm×6cm），小面为看面，大面为进深。棂条断面同一般装修棂条，花牙子是安装在楣子立边与横边交角处的装饰件，通常做双面透雕。常见的花纹图案有草龙、番草、松、竹、梅、牡丹等。

（2）坐凳楣子　坐凳楣子既是护栏，又可供乘坐小憩，主要由坐凳面、边框、棂条等构件组成。坐凳面厚度在一寸半至二寸不等，坐凳楣子边框与棂条尺寸可同倒挂楣子，坐凳楣子通高一般为 0.5m 左右。楣子上棂条的式样与布局应与上面的吊挂楣子相呼应。边梃、抹头、棂条的断面尺寸也要与吊挂楣子相同。由于坐凳楣子需要承担一定负荷的重量，故在下抹头至地面的空当内可制安圭脚，圭脚可做成如意头形状，也可以参照边梃制作。吊挂楣子与坐凳楣子构造详见图 7-32。

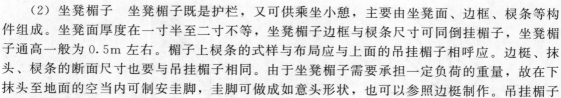

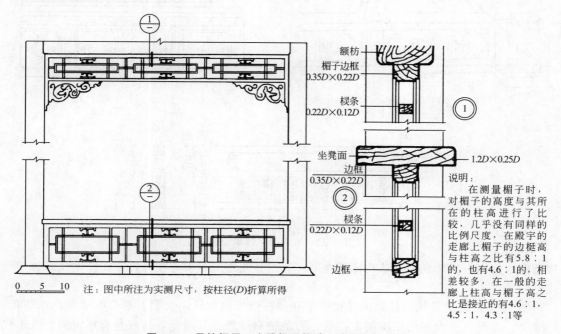

图 7-32　吊挂楣子、坐凳楣子构造（本图为实测图）

2. 栏杆

栏杆古作阑干，在《营造法式》中称为钩阑。栏杆用于楼阁亭榭平坐回廊的檐柱间及楼梯上，主要功能是围护和装饰。栏杆式样的发展，可追溯到浙江余姚河姆渡聚落遗址中的直棂栏杆。在汉代的画像石和明器中栏杆的形象已经颇为丰富，望柱、寻杖、栏板都已具备，阑板纹样亦有直棂、卧棂、斜格、套环等多种。唐宋木勾阑式样更为华丽，在寻杖和栏板上常绘以各种彩色图纹。

（1）唐、宋时期的木勾阑　唐、宋时期的木勾阑实物多已不存，其形式多见于壁画，另在辽金建筑之中有少量栏杆遗构，承袭了早期栏杆的特征。这一时期常见的栏杆样式有以下几种。

① 寻杖绞角造与寻杖合角造。宋及其以前木勾阑的寻杖多为通长，仅转角或结束处才立望柱。若木寻杖在转角望柱上相互搭交而又伸出者，称为寻杖绞角造；若寻杖止于转角望柱而不伸出的为寻杖合角造。

② 斗子蜀柱栏杆。初见于汉代，盛行于宋、金时期，沿用直到明清。即由蜀柱将栏杆分成多段栏板或棂子，仿斗子构件立于蜀柱之上，支垫寻杖，故称斗子蜀柱栏杆。根据其栏板的形式，又可细分为素板式、卧棂式、竖棂式、勾片式。

唐宋时期的木勾阑详见图 7-33。

（2）明清时期的栏杆　明、清木栏杆按位置可分为一般栏杆、朝天栏杆和靠背栏杆；按

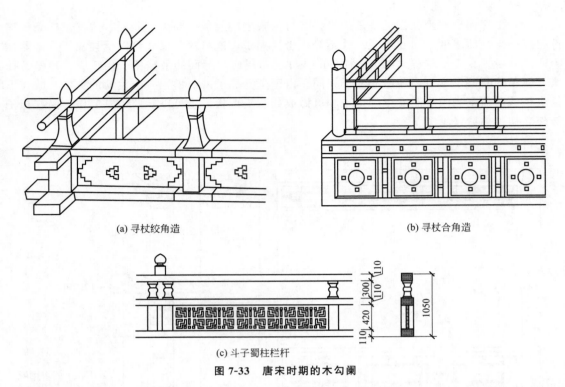

(a) 寻杖绞角造

(b) 寻杖合角造

(c) 斗子蜀柱栏杆

图 7-33　唐宋时期的木勾阑

构造做法分则有寻杖栏杆、花栏杆等类别。其中官式建筑多用寻杖栏杆，而住宅及园林多用花栏杆。

① 寻杖栏杆。寻杖栏杆是由寻杖扶手和望柱组成的栏杆，扶手下有荷叶净瓶、绦环板、地栿等。这类栏杆大多用在楼阁上，是作为防护而设置的，因此，高度是有规定的。在宋代的《营造法式》中已很明确"造楼阁殿亭钩阑之制有二，一曰重台钩阑高四尺至四尺五寸；二曰单钩阑高三尺至三尺六寸。"依照宋尺，折合现代公制：4 尺×0.31＝1.24m，4.5 尺×0.31＝1.395m，3 尺×0.31＝0.93m，3.6 尺×0.31＝1.116m。由这些尺寸可以看出栏杆的合理高度和现代规定的阳台栏杆高度相似，其总高不得小于 1m。经测量，明清以来所存的实物其高度都在 1m 以上。寻杖栏杆构造详见图 7-34，各构件规格尺度参见表 7-6。

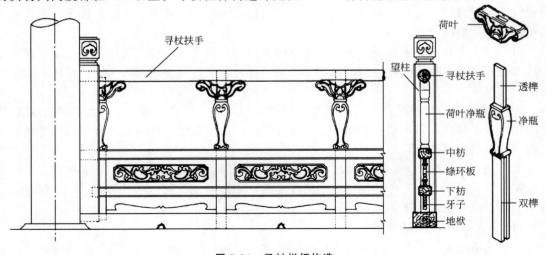

图 7-34　寻杖栏杆构造

表7-6　寻杖栏杆各构件规格尺寸表

构件名称	安装位置	规格尺度			附注
		长	看面	进深	
地栿	檐柱间、紧贴地面	面阔减柱径加榫长	面厚（高）为望柱看面的4/5或与看面相同	宽略大于望柱的进深尺寸	两端与檐柱相交，下面做排水沟眼
望柱（含柱头）	檐柱侧面地栿上面	高约为檐柱柱高的2/5或4尺（1.33m）左右	柱径的3/10或4～5寸	柱径的3/10或4～5寸	与地栿用双榫交接
寻杖扶手	栏杆最上面的横向木枋	面阔减柱径	圆径7～10cm		两端与望柱相交用透榫
中枋	扶手与地栿之间、横向木枋	同扶手	厚5～7cm	宽7～10cm	与望柱相交用透榫
下枋	中枋以下、地栿以上横向木枋	同中枋	同中枋	同中枋	与望柱连接用透榫
荷叶净瓶、间柱	扶手与上枋之间、竖向连接构件	扶手上皮至地栿下皮	完整荷叶宽为望柱看面的2.5倍。间柱宽同中枋厚	厚为望柱进深的1/3	净瓶与间柱连做，净瓶上做单榫穿透荷叶、扶手。间柱下做双榫穿透地栿
绦环板腰华板	间柱与间柱之间、中枋与下枋之间	长为间柱与间柱之间加榫长	高约为中枋高的3倍	板厚2～3cm	板心起凸或做空透花纹雕刻
牙子	下枋下皮、间柱之间	同绦环板	高约为中枋高的1.5倍	厚同绦环板	下端做壶瓶牙子曲线

②花栏杆。花栏杆的构造比较简单，主要由望柱、横枋及花格棂条构成。这种栏杆常用于住宅及园林建筑中。花栏杆望柱截面一般为120～150mm见方，也可按照0.3倍的檐柱径；柱高为1200～1600mm左右，柱头常为幞方头形。扶手截面可按照（60mm×75mm）～（80mm×100mm)进行设计。花栏杆的棂条花格十分丰富，最简单地用竖木条做棂条，称为直档栏杆，其余常见者则有步步锦、拐子锦、龟背锦、卍字不到头、葵式乱纹等。花屉棂条截面一般为20mm×25mm。

常见的花栏杆样式详见图7-35。

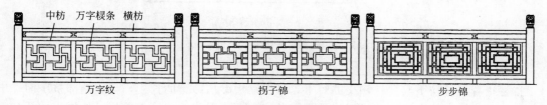

图7-35　花栏杆样式

③靠背栏杆。又称鹅颈椅、美人靠、吴王靠等，主要由靠背、坐凳面等主要构件组成。

一般用于临水的游廊、亭、榭或楼阁上层回廊，是在坐凳平盘的外缘上安一通长的向外弯曲的靠背，以供游人依靠。靠背有直有曲，往往还做出许多花饰。靠背栏杆构造详见图7-36。

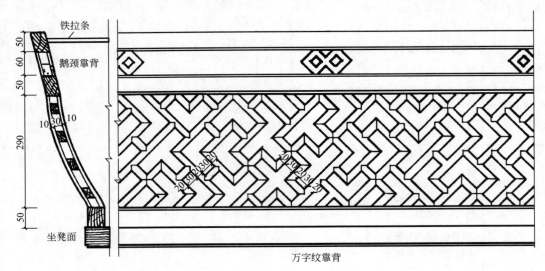

万字纹靠背

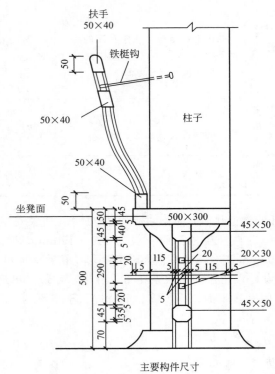

主要构件尺寸

图 7-36　靠背栏杆构造（单位：mm）

3. 雀替

雀替指置于梁枋下与立柱相交的短木，可以缩短梁枋净跨的长度，增加端部挤压面，增强构件端部的抗剪能力；防止横竖构件间因角度之倾斜引起的拔榫现象；另外作为柱子与檐枋之间的过渡构件，还起到一定的装饰美化作用。雀替据目前资料来看最早见于北魏的云冈石窟，至宋代成为一种重要构件［《营造法式》称雀替为绰幕："檐头下绰幕方广减檐额三分之一，出柱长至补间"]，普遍用于外檐额枋下，直至清代，清工部《工程做法则例》规定了雀替的规范做法。其长度为面阔的 1/4，高度同檐枋，厚度为柱径的 3/10。

　　雀替历经了受力及艺术的改进、演变，形成了以下六种构造形式，详见图 7-37。

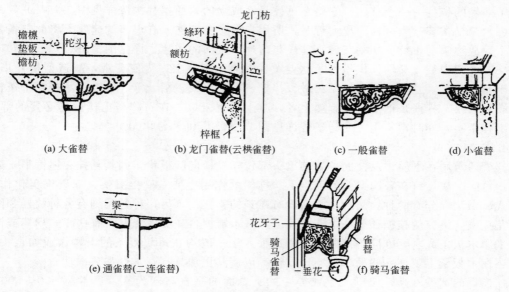

图 7-37　雀替的类型

　　（1）大雀替　用大块整木制成，上部宽，逐步向下收分后，在底部加一大斗，然后再整体放置于柱头上，如图 7-37（a）所示。大雀替在中国历史上最早见于北魏时期，在以后的各代中除喇嘛教建筑外，一般不用这类雀替。

　　（2）一般雀替　是广泛使用的单翘形雀替，体积明显小于大雀替，其位置在柱与梁枋交接处的下部，其造型不似大雀替在二度空间上多向发展，而向左或右及下发展。雀替在宋代时已较为常见，且多用于室内。从元代开始在室内外随意使用。明、清时还在雀替下加了一栱一斗，此为前代所没有的。一般雀替构造详见图 7-38（a）。

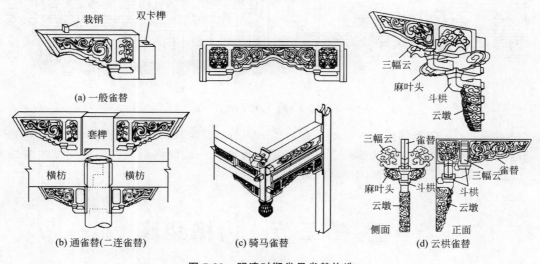

图 7-38　明清时期常见雀替构造

（3）小雀替　主要用于室内，体积较小，雀替上亦无栱子，制作甚简。本身造型没有太多时代性变化，见图 7-37(d)。

（4）通雀替　又称二连雀替，外形与一般雀替相比没有大的不同，主要区别在于结构，即柱子两侧的雀替为一个整体，它是穿过柱身而成立的。通雀替构造详见图 7-38(b)。

（5）骑马雀替　当两柱距离太近时，所用雀替难免相连，有很多的建筑上将此二雀替连成一个，故称骑马雀替。如垂花门垂莲柱与落地柱之间的雀替，详见图 7-38(c)。

（6）龙门雀替　又称云栱雀替，此类雀替专用于牌楼上，为使美观，故造型格外华丽。相较于其他雀替，龙门雀替多加用云墩、梓框、麻叶头或三幅云等。云墩是承托栱子雀替之物，满刻云纹。梓框是抱框之在牌楼上者，其上即置云墩。在石牌楼上梓框是必要的部分，但在木牌楼上，亦时常不用。龙门雀替详见图 7-37(b) 和图 7-38(d)。

4. 挂檐

挂檐通常用在平屋顶及楼阁各层的梁头部位，呈横向陡板状，因其悬挂在屋檐下，故称挂檐。每间一块，钉在各间梁头的前脸上。挂檐的作用主要是遮挡梁头，起装饰美化作用。从形式、做法上分有两种，一种是表面没有雕刻的素挂檐，另一种是雕刻有各种纹样和图案的雕花挂檐，讲究的挂檐还要在雕花板面上镶嵌木雕博古或其他饰物。有些小式房屋或铺面也有采用木板条成垂直方向拼接的，使用这种方法一般均在每块板条的下端做成如意头状，有的还在木板条上装饰一些简单的空透纹样，以使其更加具有观赏性和艺术性。

挂檐板的宽度（高）应以大于或等于梁头看面的垂直高度为宜，通常宽 350～500mm 挂檐板下面不能暴露梁头。厚度一般为 20～50mm，素挂檐比雕花挂檐要薄一些。挂檐雕花只用于外立面，其花纹形式有云盘纹线、落地万字、贴做博古花卉等。挂檐构造详见图 7-39。

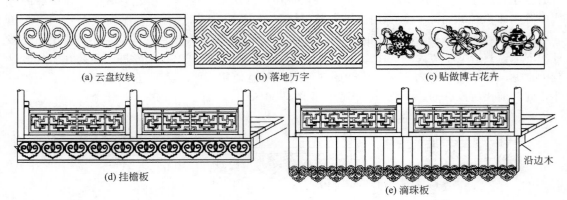

(a) 云盘纹线　　　(b) 落地万字　　　(c) 贴做博古花卉

沿边木

(d) 挂檐板

(e) 滴珠板

图 7-39　挂檐构造

民间还有一种简单的挂檐，板厚只有 1.5～2.5cm，挂檐板的高度（宽）不足以遮挡梁头，但为挡住梁头，故在梁头部位、挂檐板下方再增补一块倒梯形与挂檐板同厚的装饰木板。此种做法只限于档次较低的房屋建筑上。

第三节　内檐装修

内檐装修是指用于室内作为分隔室内空间、组织室内交通并起装饰美化作用的小木作，其主要形式有木板壁、壁纱橱、落地罩、几腿罩、栏杆罩、花罩、炕罩、博古架、太师壁、内檐屏门、天花、藻井等。内檐装修位于室内，不受风吹日晒等侵袭，与室内家具陈设一起，具有较高的艺术观赏价值。

内檐装修比起外檐装修更为精美，其选材、制作、油饰等均比外檐装修更加考究。内檐装修往往还要配上一些字画以及精细的雕刻。透明材料不仅有平板玻璃或糊纸，而且也经常使用一些较为高档的材料，如磨砂玻璃、磨花玻璃、花玻璃、五彩玻璃以及绢、纱、编竹等，营造一种高雅、华丽、庄重、大气、古朴、安静、祥和、舒适的室内气氛，从而陶冶人们的情操并给人以美的享受。

内檐装修大都可以灵活装卸，能够机动地组织室内空间，使用起来极其方便，这也是中国古建筑内檐装修的又一重要特色。

由于内檐装修在用料上比较讲究，多采用高档的木材制作，如花梨、紫檀、金丝楠木、樟木、黄杨、桂木、色杉木等，因此，装修表面一般不做油漆，而是打蜡出亮，充分体现材质和木本色。有些装修还要在木构件上镶嵌贝壳、铜丝或银丝，即传统的螺钿工艺，也有镶嵌玉、石、景泰蓝等各种装饰品的。在同一组装修中有用一种木材制作的，也有几种木材同时搭配使用的，比如内檐槅扇的边框选用金丝楠木，而槅心、绦环板、裙板则使用黄杨或黄柏制作；再如边框使用杉木，外面用花梨、紫檀等包镶，包镶的做法在清乾隆年间曾盛行一时。当然，我们现在做内檐装修不一定都去选那些高级的材料，也可以做一些油漆，仿制高级木材的颜色，装修的艺术效果也不错。

一、隔墙、隔断

隔墙、隔断是指室内作为间隔用的装修，包括完全隔绝的做法，如砖墙、板壁；可以开合的如槅扇门；半隔断性质的，如太师壁、博古架、书架；仅起划分空间作用，仍可通行的花罩类。明清在室内隔断方面积累了多样化的处理方式，表现出无穷的智慧及丰富的想象力。

清代内檐隔断种类详见图 7-40、清代建筑内檐花罩详见图 7-41。

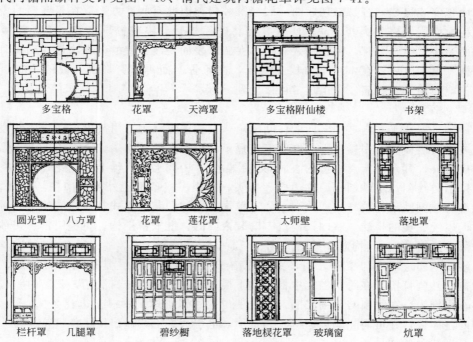

多宝格　　花罩　　天湾罩　　多宝格附仙楼　　书架

圆光罩　　八方罩　　花罩　　莲花罩　　太师壁　　落地罩

栏杆罩　　几腿罩　　碧纱橱　　落地棂花罩　　玻璃窗　　炕罩

图 7-40　清代内檐隔断种类

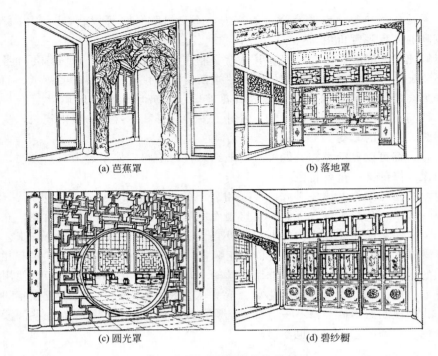

(a) 芭蕉罩   (b) 落地罩
(c) 圆光罩   (d) 碧纱橱

图 7-41   清代建筑内檐花罩

1. 木板壁

板壁是用于室内分隔空间的板墙，宋代称为截间板帐，多用于进深方向柱间，由大框和木板构成。其构造是在柱间立横竖大框，然后满装木板，两面刨光，表面或涂饰油漆或施彩绘。也可裁板面烫蜡，刻扫绿镂阳字，十分雅致。

大面积安装板壁，容易出现翘曲、裂缝等弊病，因此有些地方采取在板壁两面糊纸，或将大面积板面用木楞分为若干块的方法，如将整樘板壁分隔成槅扇形式，下做裙板绦环形式，上面装板，绘画刻字，风雅别致。也有在砖墙表面安装板壁的，方法是在砌墙时每隔数层施木楞一道，然后，在木楞上钉横竖龙骨，在龙骨上面再铺钉板壁。板壁的应用范围很广，在住宅、祠堂、寺庙、会馆里常可以见到。

2. 碧纱橱

碧纱橱是安装于室内进深方向的柱间槅扇。其构造方法为，沿高度方向分成两段，上槛与中槛之间安装横披，中槛与下槛之间安装槅扇，槅扇数量从四扇到十二扇不等，除了两扇用于开启之外，其余固定。横披的心屉为夹堂做法，中间夹纱，纱上绘制花鸟、人物、字画等，故得名碧纱橱。碧纱橱槅扇的边梃、抹头、裙板、楞条都比外檐槅扇精巧纤细，裙板、绦环板都有雕刻精致的纹样，或镶嵌金、玉雕饰。横披的装饰形式与对应的槅扇心屉是统一的，给人以统一美的享受。室内槅扇也有安装帘架的，上安帘子钩，可挂门帘。碧纱橱的构件尺度可参见表 7-7。其构造详见图 7-42。

碧纱橱的固定槅扇与槛框之间，主要凭销子榫结合在一起。常采用的做法是，在槅扇上、下抹头外侧打槽，在跨空槛（中槛）和下槛的对应部分通长钉溜销，安装时将槅扇沿溜销一扇一扇推入。在每扇与每扇之间，立边上也栽做销子榫，每根立边栽 2～3 个，可增强碧纱橱的整体性，并可防止槅扇边梃年久走形，也可边梃上端做出销子榫进行安装。碧纱橱的构造及拆装示意详见图 7-43。

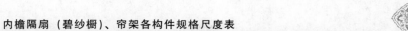

表 7-7　内檐隔扇（碧纱橱）、帘架各构件规格尺度表

构件名称	安装部位	规格尺度			附注
		长	看面	进深	
下槛	内檐柱间、紧贴地面	面阔或进深减柱径加榫长	高为柱径的3/5	厚按本身高的1/2或柱径的3/10	参照外檐做法
中槛	槅扇门上方	同下槛	下槛高的8/10	厚同下槛	参照外檐做法
上槛	中槛上方横向木枋	同下槛	中槛高的8/10	厚同下槛	参照外檐做法
迎风槛	垫枋或梁下皮	同下槛	上槛高的8/10	厚同下槛	参照外檐做法
抱框	贴柱、各槛之间	高按各槛间距加榫长	同中槛看面尺寸	厚同下槛	参照外檐做法
间柱	中槛上皮至上槛下皮加榫长	同抱柱看面或中槛看面	同中槛看面尺寸	厚同下槛	
边梃	槅扇门两立边、横披窗两立边	按槅扇门高定、横披窗长	抱框宽的1/2、槅扇本身宽1/10或1/11	本身看面的1.4倍	
抹头	槅扇门横向木枋、横披窗横向木枋	槅扇门宽、横披窗宽	同边梃	同边梃	
仔边	槅心或横披周围边框	槅扇或横披窗心长、宽	边梃、抹头看面的3/5	根据做法定	
棂条	槅心或横披窗心纵横向小木枋	依不同纹样定	仔边看面的3/5至4/5	本身看面的4/5或2/5	看面做成圆弧凹面
帘架边梃	开启门扇外侧、竖向	门扇高加上下槛高	同槅扇门边梃	同槅扇门边梃	上、下用金属兜绊固定
帘架抹头	帘架边梃之间、横向	两扇槅扇门宽加榫长	同边梃看面	同边梃厚	
帘架横披	帘架两根抹头之间	两扇槅扇门宽	为槅扇门总高的1/10		仔边、棂条断面尺寸及做法同槅扇横披
迎风板	上槛以上、抱框之间	面阔或进深减柱径即两侧抱框		板厚5分（约1.7cm）	
引条	迎风板内侧或内外两侧	随迎风板长	随迎风板宽（高）	上槛之厚减滚楞及迎风板厚的1/2定宽、厚	

第七章　古建筑木装修

中
国
古
建
筑
构
造
技
术

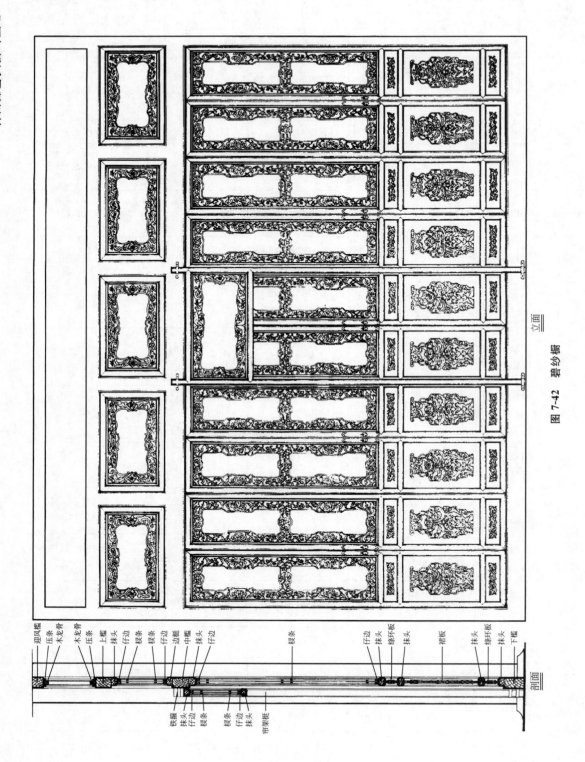

图7-42 碧纱橱

立面

剖面

迎风槛
压条
木龙骨
压条
上槛
抹头
仔边
楾条
楾条
仔边
边梃
中槛
抹头
仔边

楾条
仔边
抹头
裙板
抹头
绦环板
抹头
下槛

铁箍
抹头
仔边
楾条
楾条
仔边
抹头
帘架梃

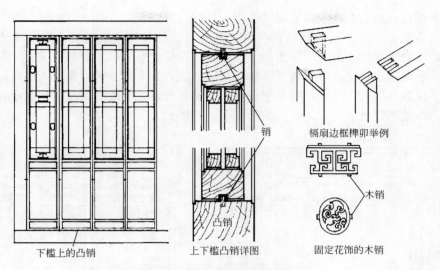

下槛上的凸销　　　　上下槛凸销详图　　　　固定花饰的木销

图 7-43　碧纱橱的构造及拆装示意

3. 罩

罩为一种示意性的隔断物，隔而不断，有划分空间之意，而无分割阻隔之实。具体形式分为落地罩、几腿罩、栏杆罩、花罩、炕罩等多种情况。罩选材多为高级硬木（如：紫檀、沉香、红木、铁梨、黄花梨等），采用浮雕或透雕的手法形成各种几何图案、缠交的动植物及神话故事等。这些罩既起到分割室内空间的效果，同时又是室内固定的艺术装饰，是室内非常考究的装饰品。罩的样式详见图 7-41。现将通用的上槛、中槛、抱框、间柱以及栏杆罩的有关尺度列于表 7-8 中，以供参考。

表 7-8　有关室内花罩用槛、框料尺寸　　　　　　　单位：mm

构件名称	宽	高	备注
上槛	70～95	80～180	长度按花罩所在的开间计算
中槛	70～95	80～220	长度要小于上槛的两个包框宽
下槛	70～95	60～160	
抱框	75～112	厚 70～95	
间柱	80～120	厚 70～95	横披窗间的柱子
边梃	52～53	厚 50～70	中槛与上槛间的横披窗
仔边	22	厚 22	用在横披窗上
棂条	14～20	厚 15	用在横披窗上
棂条	8	厚 14	用在横披窗上
花罩		厚 80～150	或称飞罩，长、宽都由设计确定
栏杆罩		厚 60～90	

注：此数据是在北京故宫宁寿宫地区测量几处所得的结果，大都在这个范围内，最小的槛框尺寸是用在开间不过 3m、高度不足 3.5m 的房间内。

（1）落地罩　落地罩是建筑内檐装修中运用较多的一种形式，是紧靠柱子安装的，有在进深方向安装的，也有在面阔方向安装的。构造形式有一部分是和内檐槅扇完全相同的，如迎风槛、迎风板（在较高的室内空间中使用）、横披窗、上槛、中槛、抱框等。所不同的是，落地罩不设下槛，而且中槛以下只有在紧贴抱框位置各安装一扇槅扇，其余部分不安装槅扇，两单扇槅扇墩在矮小的木须弥座上（须弥座的高度、厚度与相应的下槛尺寸相同，须弥座由上枋、上覆莲、束腰、下覆莲、下枋、圭脚组成，各个部分可以雕花，也可以不雕花），也有的是直接落在地面上的，同时在中槛以下、槅扇外口安装雕刻的花牙子或小花罩，中间通透可行。落地罩详见图7-44。

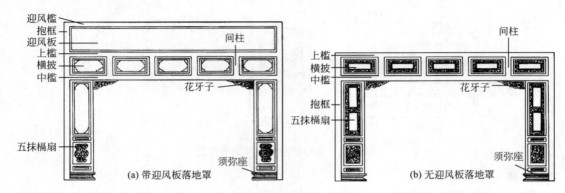

图7-44　落地罩

（2）几腿罩　几腿罩由槛框、花罩、横披等部分组成，其特点是：整组罩子仅有两根腿子（抱框），腿子与上槛、跨空槛（中槛）组成几案形框架，两根抱框恰似几案的两条腿，安装在跨空槛下的空罩，横贯两抱框之单。跨空槛下也只安装花牙子。几腿罩通常用于进深不大的空间。几腿罩详见图7-45。

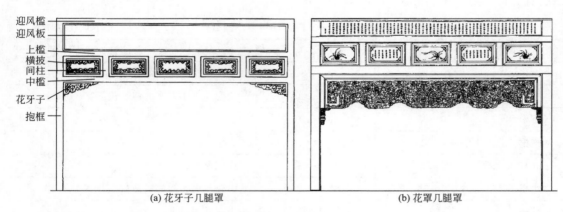

图7-45　几腿罩

（3）栏杆罩　即开间两侧各立两柱，柱间设木栏杆一段，中间部分悬几腿罩。它主要由槛框、大小花罩、横披、栏杆等组成，整组罩子有四根落地的边框、两根抱框、两根立框，在立面上划分出中间为主、两边为次的三开间的形式，这样可避免因跨度过大造成的空旷感觉，在两侧加立框装栏杆，也便于室内其他家具陈设的放置。栏杆罩详见图7-46。

（4）花罩　花罩是使用木质板材进行满堂红雕刻或用木棂条拼接成各种纹样安装在槛框间的高档装饰构件。花罩可分为大花罩和小花罩两种。大花罩又称为落地式花罩，即花罩两边的花腿落地。实际上，花腿并不直接着地，而是墩坐在木制的须弥座上。须弥座的尺寸、做法与落地罩相同，小花罩不落地，只是吊挂在槛（多为中槛）框（抱框、立框）上，使用

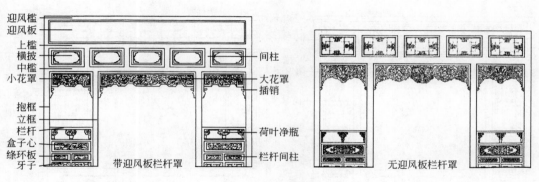

图 7-46　栏杆罩

左图标注（从上到下）：迎风槛、迎风板、上槛、横披、中槛、小花罩、抱框、立框、栏杆、盒子心、绦环板、牙子、带迎风板栏杆罩

右侧标注：间柱、大花罩、插销、荷叶净瓶、栏杆间柱、无迎风板栏杆罩

木棂条拼装成的小花罩又称为挂落。

花罩雕刻纹样的内容十分丰富，多为吉祥喜庆、延年益寿、事业兴隆等题材，如松鼠葡萄、子孙万代、岁寒三友、缠枝花卉等。雕法自然、空透，两面成形，花团锦簇，是极昂贵的工艺品。花罩详见图 7-47。

图 7-47　花罩

（5）圆光罩和八角罩　圆光罩和八角罩是在进深柱间做满装修，中间留圆形或八角形门洞，使相邻两间分隔开来。详见图 7-48。

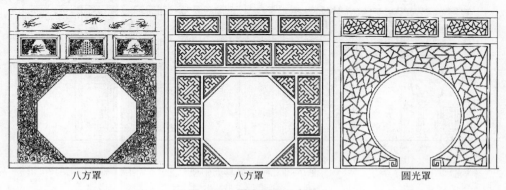

八方罩　　　　　八方罩　　　　　圆光罩

图 7-48　圆光罩和八角罩

（6）炕罩　炕罩又称"床罩"，是古代专门安置在床榻前脸的罩。罩内侧可安装帐杆，吊挂幔帐。有些几腿罩就是较简单的炕罩，复杂一些的做成落地罩或落地花罩式样。炕罩下脚有直接落在地面的，也有落在炕的边沿上的。炕罩详见图 7-49。

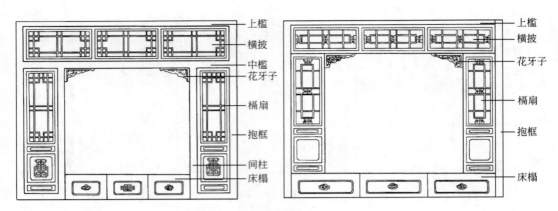

图 7-49　炕罩

4. 博古架

博古架又称多宝塔，多用来搁置古董花瓶等陈设品，是一种兼有装修和家具双重功用的室内木装修，其花格优美、组合得体，多用于进深方向柱间，用以分隔室内空间。

博古架的高度一般不超过 9～10 尺，厚度一般为 1～1.5 尺，具体尺度须根据室内空间及使用要求确定，格板厚一般为 6～7 分，最多不得超过一寸。博古架通常分为上下两段，上段为博古架，下段为柜橱，里面可储存书籍器皿。相隔开的两个房间需连通时，还可在博古架的中部或一侧开门，以供人通行。博古架不宜太高，一般同碧纱橱槅扇高，顶部装朝天栏杆一类装饰。如上部仍有空间，或空透，或加安壁板，上面题字绘画。

5. 太师壁

太师壁多见于南方民居的堂屋和一些公共建筑当中，为装置于明堂后檐金柱间的壁面装修，壁面或用若干扇槅扇组合而成，或用棂条拼成各种花纹，也有做板壁，在上面刻字挂画的。太师壁前放置条几案等家具及各种陈设，两旁有小门可以出入，这种装修在北方很难见到。博古架与太师壁详见图 7-50。

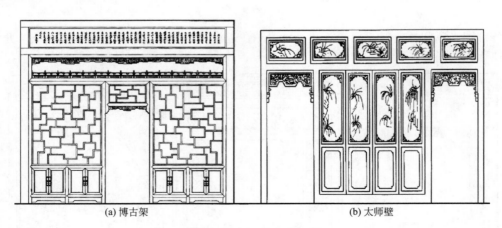

(a) 博古架　　　　　　　　　　　　　　　　(b) 太师壁

图 7-50　博古架与太师壁

6. 屏风

屏风是介于家具与隔断之间的一种可自由移动的屏障。主要用来挡风、遮蔽视线或形成围护背景。凡是室内欲临时有屏障的地方都可用之。屏风分插屏和围屏两种，插屏是不能折叠的屏风，高近 2m，宽约 1.8m，分上、下两部分，下面是腿子，腿子中心是隔板，上部是一块整板，前后雕刻或绘制山水、人物等图案。也有的插屏上部是一块高大的镜子。插屏大多由硬木制成。围屏是可以折叠的屏风，有 4 扇、8 扇、12 扇等做法，高亦 2m 左右，宽随使用要求。围屏下部是腿子和隔板，上部约占三分之二，常糊绢或纱，可在上面题字作画。

7. 组合式隔断

传统建筑的室内隔断在运用中往往呈组合状态，即是将屏风、槅扇门等组合使用，平面布置上刻进退凹凸，形成丰富的变化空间。如苏州的园林厅堂、故宫宁寿宫、乐寿堂及符望阁的室内隔断皆是成功之作。详见图 7-51。

(a) 某北京四合院室内

(b) 苏州住宅室内

图 7-51 清代住宅内檐装修图

二、天花藻井

1. 天花

天花是用于室内顶部的装修，有保暖、防尘、限制室内空间高度以及装饰等作用。在古代称承尘、仰尘，唐宋时有平棊、平闇（àn）等做法区别。清代已规格化为几等做法：第一为井口天花，具有规整的韵律美；第二为用于一般建筑的海墁天花。同时在江南一带民居中往往用复水重椽做出两层屋顶，椽间铺以望砖，在廊部处还变化做成各种形式的轩顶，也属于天花吊顶的一种做法。

（1）宋《营造法式》中的天花

① 平闇。这是最简单的一种天花做法。《营造法式》称"以方椽施素版者谓之平闇"，即以与椽子尺寸相近的方木条组成较小的格眼网骨架，架于算桯枋（清称天花枋）上，再铺以木板。一般都刷成单色（通常为土红色），无木雕花纹装饰。这种天花主要在唐、宋、辽

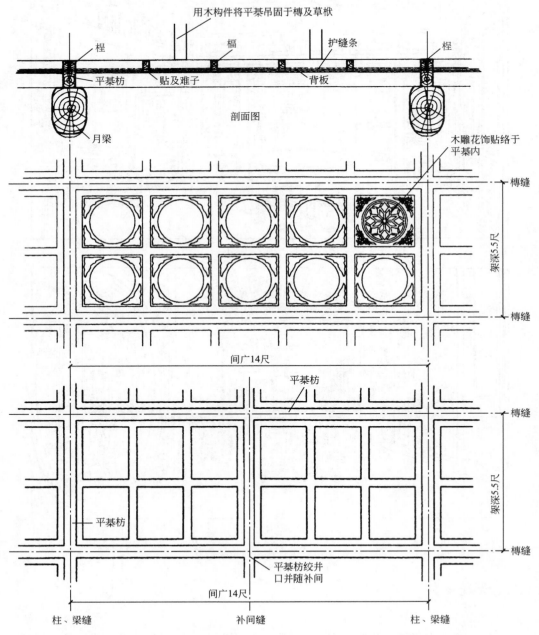

图 7-52　平棊构造

金时代盛行，在现存五台山佛光寺大殿、独乐寺观音阁、应县木塔等建筑中均能见到。

② 平棊。这是一种带有几何形格子的天花，规格高于平闇，用木雕花纹贴于板上作为装饰，并施以彩画。其构造方法为：用木板拼成约 5.5 尺×14 尺（即 1 椽架×1 间广）的板块，四边用边程为框加固，中间用楅若干条把板连接成整体，板缝均用护缝条盖住，以免灰尘下坠，这是身板上面的结构做法，身板下的装饰则用贴（厚 0.6 寸、宽 2 寸左右的板条）分隔成若干方格或长方格，再用难子（细板条）作护缝，并用木雕花饰贴于方格内。整个板块则架于算桯枋上，这和清式天花板每一格单独用一块木板的做法不同。相比之下，宋式的正板做法较笨重，安装和修理都不便。平棊构造详见图 7-52。

（2）清代天花

① 井口天花。井口天花多是用在有斗栱的建筑物内，由支条、天花板、帽儿梁等构件组成。天花支条是断面为 1.2～1.5 斗口的枋木条，纵横相交，形成井字形方格，作为天花的骨架。其中附贴在天花枋或天花梁上的支条称为贴梁，天花支条上面裁口，每井天花装天花板一块。天花板由厚一寸左右的木板拼成，每块板背面穿带二道，正面刮刨光平，上面绘制团龙、翔凤、团鹤及花卉等图案。有些考究的天花板上做精美的雕刻，如故宫乐寿堂、宁寿宫花园古华轩等天花上均雕刻有花草图案。

为架设天花，在大木构架上已有的天花梁、天花枋外，还需架设帽儿梁。帽儿梁一般沿面阔方向设置，每两井天花设置一根帽儿梁。各部分构件尺寸见表 7-9，本表按《工程做法则例》并参照《清式营造算例》第一章第十二节的有关尺度编制。井口天花构造详见图 7-53。

表 7-9　井口天花构件尺寸　　　　　　　　　　　单位：营造尺

构件名称	比例尺度	高	宽	厚
天花梁※	长按进深，以金柱径加二寸定高，以本身高收二寸定厚	D+2 寸+2 寸		D+2 寸
天花枋※	凡天花枋之长与老檐枋同，以小额枋之高加二寸定高，以本身高收二寸定厚	4 斗口+2 寸		4 斗口
帽儿梁※	长按面阔除天花枋厚一份。径按支条高二份，长一丈以外的每长一丈再加径二寸。进深每两井用一根	B-4 斗口	径 2 斗口×2=4 斗口或 4 斗口+2 寸	
支条	连二支条长按二井尺寸计长，连三支条，长按三井尺寸计长。高按斗口二份，厚按高除天花板厚	2 斗口		2 斗口-0.5=1.5 斗口
天花板	井数按斗栱空当，每一当计一路，进深面阔相乘即得井数，坐中。长按支条尺寸，每井减半个支条宽，厚按支条高四分之一			2 斗口/4=0.5 斗口
穿带	每井两根，长按天花板宽，厚按天花板厚，宽按厚五分之六		0.5×1.2=0.6 斗口	0.5 斗口

注：有※ 标记的摘录于《工程做法则例》卷一。

井口天花的金属构件："凡帽儿梁，每根用梃钩八根，其长、径临期拟定。每天花两井，用提梢一根，以帽梁之径加一倍半定长。"

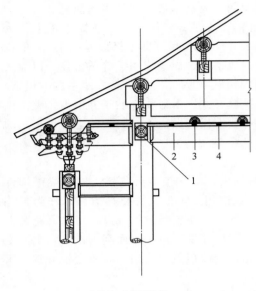

天花枋、天花梁构造 天花枋、天花梁俯视平面图

图7-53 井口天花构造

1—天花枋；2—天花梁；3—帽儿梁；4—天花支条；5—贴梁

② 海墁天花。海墁天花是以木顶格为基，在木顶格的仰面裱糊大白纸或在纸上彩绘后，裱糊到木顶格上。这种天花表面平整，故称为"海墁"。它可以梁为界，每个开间是一个平面，也可以三间、五间连接起来成为一个大的天花平面。海墁天花的木基层称为"木顶格"，以进深分扇制作。每个房间的木顶格以扇计数，每扇由边框和棂条及4根木吊挂组成。有斗栱的建筑以斗口计算边框、棂条的尺寸，没有斗栱的建筑以柱径为依据计算边框、棂条的尺寸。主要构件断面尺度按照《工程做法则例》卷四十一，详见表7-10。

表7-10 木顶格尺度

构件名称	有斗栱的建筑		无斗栱的建筑	
	宽	高	宽	厚
贴梁	1斗口	1斗口	0.25D	0.25D
边框	0.8斗口	0.64斗口	0.2D	0.16D
棂条	0.4斗口	0.64斗口	0.08D	0.2D
木吊挂			0.2D	0.16D（厚）

注：D 为柱径。

一般住宅的海墁天花，表面糊麻布和白纸或暗花壁纸。宫廷建筑中，有的海墁天花上面绘制精美的彩画。如故宫倦勤斋室内海墁天花满绘竹架藤萝。海墁天花还可以绘制出井口式天花的图案，在天花上绘出井字方格，格内绘龙凤或其他图案。

2. 藻井

藻井是用在宫殿、庙宇殿堂室内天花中央的装饰，以烘托佛像或宝座的庄严气势，是一项历史久远的装饰手法。大致说来，南北朝以前藻井的构造多为方井或抹角叠置方井。六朝隋唐时用斜梁支斗的斗四、斗八井。辽宋金时期大量用斗栱装饰藻井，在宋《营造法式》中有专文介绍斗八藻井及小斗八藻井。元明时的藻井式样变得更为细致复杂，增加了斜栱等异形斗栱，在井口周围添置小楼阁及仙人、龙凤图案等，除斗八井以外，尚有菱形井、圆井、方井、星状井等形式。清代时的藻井雕饰工艺明显增多，龙凤、云气遍布井内，尤其是中央明镜部位多以复杂姿势的蟠龙为结束，而且口衔宝珠，倒悬圆井，使藻井的构图中心更为突出，繁简对比明显。

（1）宋《营造法式》时期的藻井 《营造法式》小木作所述藻井有两种规格：一种是大藻井，用于殿身内；另一种是小藻井，用于殿前副阶内。两者之间除尺寸大小不同之外，式样也有繁简之别：前者自下而上有三个结构层——方井层、八角井层、斗八层，所用斗栱为六铺作与七铺作；后者自下而上仅两个结构层——八角井层、斗八层，所用斗栱为五铺作。

藻井的形式看上去十分复杂，其实结构十分简单：在算桯枋（天花枋）上施方形和八角形箱式结构两层，再加一个八角形盖顶即成。至于那些柱子、门窗、斗栱等（包括"天宫楼阁"）都是贴上去的装饰品，是仿大木作缩小比例尺做成的。两种藻井的构造做法分别如下。

斗八藻井的构造层次为：①在算桯枋框上安方形箱式斗槽板，在上面再加方形的内有八角孔的板（由压厦板与角蝉板组成），并在此板上施随瓣枋构成的八角框；②框上安八角箱式斗槽板，板上又加八角环形压厦板与随瓣枋；上施八角形"斗八"即成。至于斗栱，则按大木作一等材的1/5制作，用下昂或不用下昂仅用卷头与上昂均可。斗八藻井板框结构详见图7-54。实例详见图7-55。

小斗八藻井的构造层次为：①在算桯枋内加抹角做成八角框，在框上立八角箱式斗槽板，上施八角环形压厦板；②板上施八角形"斗八"。斗栱、柱枋则按大木作六等材的1/10比例缩小。小斗八藻井详见图7-56。

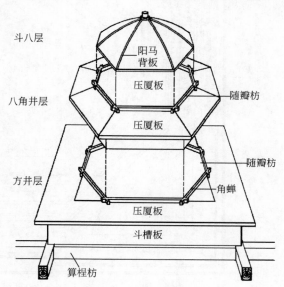

图7-54　斗八藻井板框结构示意

（2）明清时期的藻井 明清时期的藻井，较宋辽时更为华丽，这个时期藻井的造型大体是由上、中、下三层组成，最下层为方井，中层为八角井，上部为圆井。方井是藻井的最外层部分，四周通常安置斗栱，方井之上，通过施用抹角枋，正、斜套方，使井口由方形变为八角形，这是方井向圆形井过渡的部分。正、斜枋子在八角井外围形成许多三角形或菱形，称为角蝉，角蝉周围施装饰斗栱，平面做龙凤一类雕饰。在八角井内侧角枋上贴雕有云龙图案的随瓣枋，将八角井归圆，形成圆井，圆井之上再置周圈装饰斗栱或云龙雕饰图案。圆井的最上为盖板，又称明镜，盖板之下，雕（或塑）造蟠龙，龙头倒悬，口衔宝珠。这种特殊的室内顶棚装修，烘托和象征封建帝王（或神灵佛祖）天宇般的崇高伟大，有着非常强烈的装饰效果。

明清藻井的构造，主要由一层层纵横井口趴梁和抹角梁按四方变八方、八方变圆的外形要求叠擦起来的，构造并不是非常复杂。如第一层方井，一般在面宽方向施用长趴梁，使之两端搭置在天花梁上，两根长趴梁之间施短趴梁，形成方形井口。而附在方井里口的斗栱和其他雕饰则是单独贴上去的，斗栱仅做半面，凭银锭榫挂在里口的枋木上。第二层八角井是

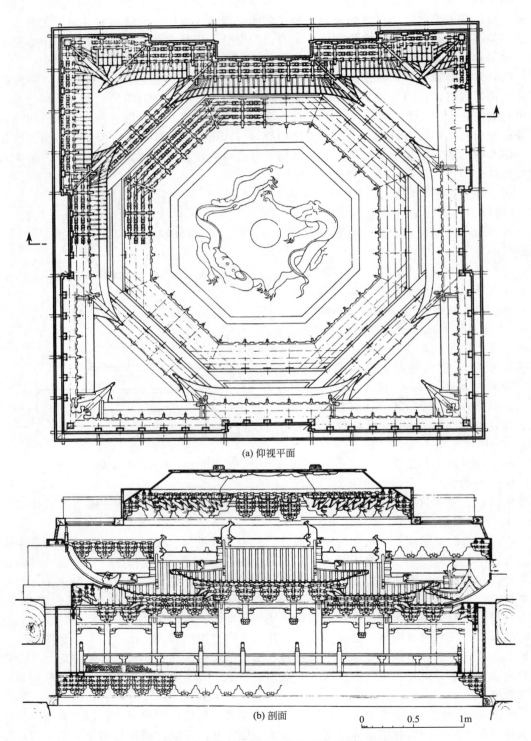

(a) 仰视平面

(b) 剖面

0　0.5　1m

图 7-55　山西应县净土寺大殿明间中部藻井构造

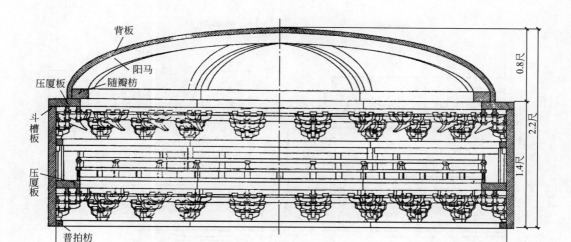

图 7-56　小斗八藻井构造

在第一层方井趴梁上面再叠置井口趴梁和抹角梁，以构成八角井的内部骨架，而露在外表的雕饰斗栱等也都是另外加工构件贴附在八角井构架之上的。最上层的圆井，则常常用一层层厚木板挖、拼而成，叠摞起来，形成圆穹，斗栱凭榫卯挂在圆穹内壁。顶盖的蟠龙一般为木雕制品，高高突起的龙头，有用木头雕成的，也有些则是用泥加其他材料塑成的。

　　除去这种四方变八方变圆的常见形式外，明清时期还有其他形式的藻井，如天坛祈年殿、皇穹宇、承德普乐寺旭光阁等处藻井，其外形随建筑物平面形状，上中下三层皆为圆

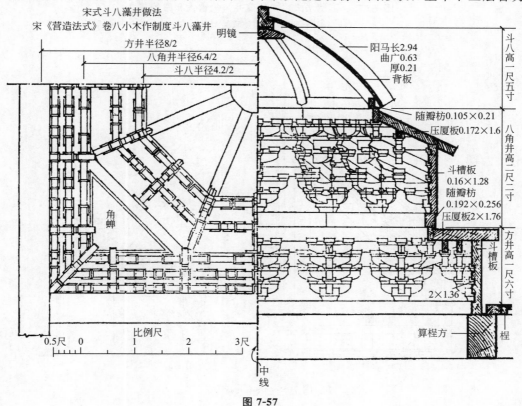

宋式斗八藻井做法
宋《营造法式》卷八小木作制度斗八藻井

图 7-57

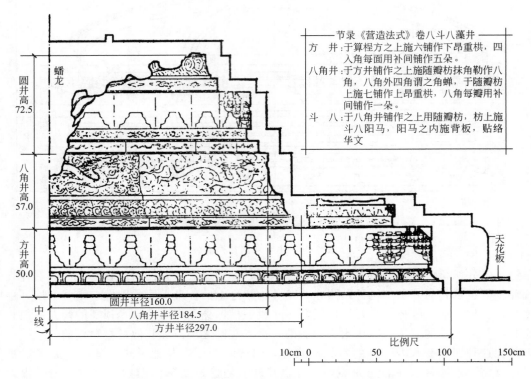

方　井：于算桯方之上施六铺作下昂重栱，四入角每面用补间铺作五朵。

八角井：于方井铺作之上随瓣枋抹角勒作八角，八角外四角谓之角蝉，于随瓣枋上施七铺作上昂重栱，八角每瓣用补间铺作一朵。

斗　八：于八角井铺作之上用随瓣枋，枋上施斗八阳马，阳马之内施背板，贴络华文。

蟠龙

圆井高
72.5

八角井高
57.0

方井高
50.0

天花板

圆井半径160.0

八角井半径184.5

方井半径297.0

中线

比例尺

10cm 0　　　　50　　　　100　　　150cm

图 7-57　《营造法式》中的藻井与故宫太和殿的藻井

（注：本图摘录《中国建筑类型及结构》）

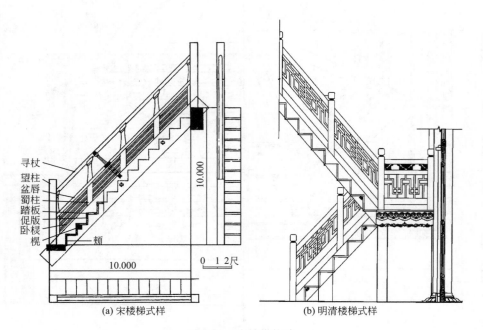

寻杖
望柱
盆唇柱
蜀版
踏版
促板
卧棂
頬

10.000

10.000

10.000

0 1 2尺

(a) 宋楼梯式样

(b) 明清楼梯式样

图 7-58　木楼梯构造

井。而北京隆福寺三宝殿的藻井则是外圆内方，圆井部分上下内外分层相间，饰以斗栱、云卷及不同形式的楼阁，中心顶端小方井的四周也雕有楼阁花纹，非常精细。由此也可以看出藻井的外形及雕饰是按人的意志设计和制作的，并非只有固定不变的模式，但无论如何变化，其内部构造都主要由趴梁、抹角梁构成，没有太大的区别。《营造法式》中的藻井与故宫太和殿的藻井比较详见图 7-57。

三、木楼梯

《营造法式》称木楼梯为胡梯，用于楼阁建筑之中，有两颊（楼梯梁）、促板（侧立者）、踏板（平放者）、望柱、勾阑、寻杖等构件。其构造特点是由两根斜梁（颊）支承所有其他构件。踏板与促板嵌于两颊内侧所刻槽中，并以"槐（huàng）"作锚杆拉结两颊。楼梯一般上下安望柱，两颊随身各用勾阑，如楼阁高远，不便直上，亦可做成两盘（跑）或三盘式以便旋转折进。

清制楼梯与宋制相似，楼梯由斜梁（梯帮）、踏脚板、踢脚板、栏杆及锚杆组成，有两种形式，一种为素楼梯（暗步楼梯），另一种为阳楼梯（明步楼梯）。素楼梯的踏脚板与踢脚

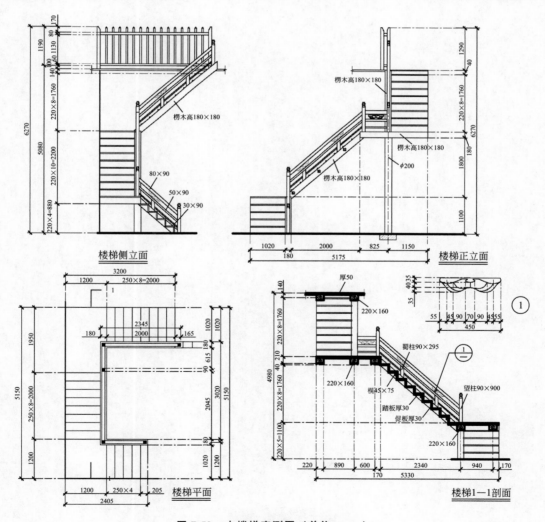

图 7-59 木楼梯实测图（单位：mm）

板在梯帮之间；阳楼梯的踏脚板与踢脚板在梯帮之上。斜梁（梯帮）是楼梯的主要受力构件，通常厚为栏杆望柱径宽的 1.1～1.2 倍，高为厚的 3 倍左右或根据计算确定。踏脚板厚不应小于 20mm，宽度为 250～350mm 不等，同一楼梯踏脚板宽度应一致。踢脚板厚宜为 12～20mm，高度在 150～200mm 之间，同一楼梯踢脚板高度也应一致。素楼梯的踏脚板和踢脚板两端与斜梁应开槽连接，板槽深不得大于梯帮厚度的 1/3。阳楼梯应采用三角木与斜梁连接，三角木的厚度一般为 30～50mm。楼梯两斜梁之间应采用木构件榫卯连接或采用螺栓拉结。拉结构件之间的间距不应大于 1.5m。传统木楼梯的宽度一般不超过 1m，当楼梯宽度大于等于 1m 时，每段楼梯应该采用三个斜梁，木质楼梯总宽度也不应大于 1.5m。木楼梯构造详见图 7-58 和图 7-59。

第八章

古建筑彩画

第一节　古建筑彩画发展历史

中国木构建筑上绘制彩画，源远流长，是中国特有的一种建筑装饰艺术，也是中国古建筑的重要组成部分。由于中国古代建筑以木结构为主，为了避免日晒雨淋对木材的损害，很久以前古人们就知道在木质结构上涂刷油漆以保护木材；到了战国时期，建筑彩画就已经发展成为一项专门的建筑装饰艺术；后又经过唐、宋、明各朝的发展，到清代达到了顶峰。也就是说，彩画原是为木结构防潮、防腐、防蛀而做，后来随着时代的发展，最终形成了三个重要的功能：保护木构、装饰美化、彰示建筑等级，这三种功能失去任何一种，都不能完整地说明彩画的意义。古建筑彩画种类众多、题材丰富，山水、楼阁、花卉、人物都能入画，历史典故、传奇故事都是彩画的常见题材。

彩画的演变发展伴随着古建筑的发展而发展，经历了由简单到复杂，由低级到高级的进化过程。由于年代久远，早期的实物例证难以保存下来，因此，彩画的早期状况已经难以全部弄清，只能了解个梗概。唐、宋、辽、金各代留存至今的遗存很少，可谓"凤毛麟角"，但总算有了可见的实物，加之又有北宋官修的《营造法式》相对应，这就为后人了解这一阶段的彩画状况提供了例证和文献依据。元、明、清三代，特别是清代，遗存的历史原迹丰富，并有清雍正朝官颁的《工程做法则例》传世，是我们学习研究古建筑彩画的重要依据。

一、古建筑彩画的起源

中国古建筑彩画起源于何时，可以从中国美术史中了解。人类最初的美术活动，不是以纸绢为载体，也不可能是丝竹，而是墙壁、洞窟、岩壁等载体。据文献记载和考古证实，早在 5500 年前的新石器时代晚期就出现了建筑彩画：江西清江县营盘里新石器时代晚期陶屋，为我们提供了一个完整装饰佐证，那整齐排列的一个个同心圆，那正反方向排列的三角纹、斜纹，作为明器的小陶屋，制作者却能如此强调突出其装饰纹样，足以说明当时现实生活中建筑装饰的普遍性及其重视程度。辽宁西部凌源、建平两县交界处牛河梁一处大致和仰韶文化同时的洪山文化［经碳 14 测定，为（4975±85）年，树轮较正为（5580±110）年］女神庙遗址中发现彩绘墙壁面、装饰平带等建筑残片六块；河南龙山文化圆屋的火塘有彩色边饰；甘肃大地湾仰韶文化晚期房屋遗址中有彩色地面。这些画面虽不是以木结构建筑为载体的，但也是建筑彩画的起源。

江西清江县营盘里新石器晚期陶屋详见图 8-1，辽宁凌源、建平两县交界处牛河梁女神庙遗址建筑残片详见图 8-2。

彩画真正施绘于木构建筑的历史可以追溯到夏、商、周时代。据考古发现，夏代宫殿木柱已有红与黑的彩色装饰，殷商和周代宫殿木构更进一步施以雕镂、绘彩，其对色彩也体现出了明确的偏好："夏人尚黑，殷人尚白，周人尚赤"。至东周时期，木构色彩已很丰富，红、黑、白、蓝、绿、黄、褐等色彩被大量应用。此时的彩画虽未留下实物例证，但有文献记载可佐证。如春秋战国时期，鲁庄公"丹桓公之楹，而刻其桷"是见于古书关于鲁国的记载的。还有臧文仲"山节藻棁"之说，是形容华美建筑在房屋构件上装饰彩画的意思。《春秋谷梁传·庄公二十三年》："秋，丹桓宫楹。礼，天子诸侯黝垩，大夫仓，士黈。丹楹，非礼也。"这段文字说明当时柱子上已涂有颜色，并有了等级的差别。从以上资料以及楚墓出土的精美纹饰来看，至晚春秋时期建筑上已经有了一些图案，到了战国时期，建筑彩画就已经发展成为一项专门的建筑装饰艺术了。

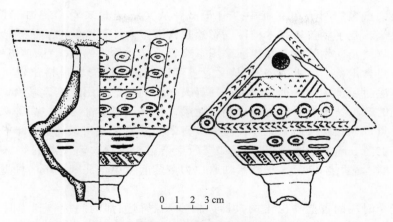

0 1 2 3 cm

图 8-1 江西清江县营盘里新石器晚期陶屋

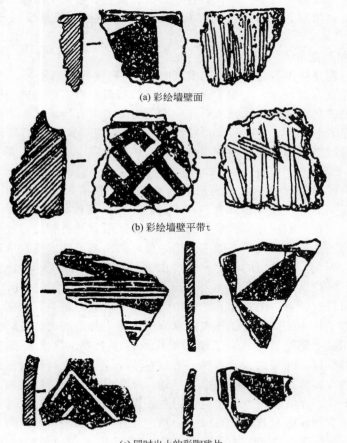

(a) 彩绘墙壁面

(b) 彩绘墙壁平带t

(c) 同时出土的彩陶残片

图 8-2 辽宁凌源、建平两县交界处牛河梁女神庙遗址建筑残片

二、中国古建筑彩画的发展

1. 秦汉时期

秦汉时期虽然没有遗留下来建筑物上的油饰彩画实物例证，但关于在建筑上施以彩绘来

防腐防蛀、装饰点缀的例子在文献中多有记载。从文献记载来看，装饰部位包括梁、楣、椽、栏、斗栱等，几乎涵盖所有木构件。彩绘是宫殿室内不可或缺的装饰手段，彩绘的纹样有云气纹、植物纹及动物纹样，并逐渐采用了织物纹样，称为锦纹。"圆渊方井，反植荷藻""云楶藻棁""飞禽走兽，因木生姿"。从文意上可以看出当时彩绘风格比较写实，彩绘这种平面的装饰方法对后世影响深远。对梁、柱等大木作的装饰采用雕刻、彩绘，髹漆也是常用的方法。因此时雕刻技术发展得比较成熟，对梁、柱装饰以雕饰为主。高等级建筑中梁、柱是室内装饰重点，如张衡《西京赋》描写未央宫中的紫宫梁柱等装饰："饰华榱与璧珰，流景曜之韡晔。雕楹玉碣，绣栭云楣。"又如《西京杂记》中说，赵飞燕的妹妹居住的昭阳殿"椽桷皆刻作龙蛇，萦绕其间"，汉哀帝刘欣"为董贤起大第于北阙下……柱壁间皆画云气华花，山灵水怪"。

同时，这个时段的古墓葬出土的冥器、棺木及器物上都能间接看到当时彩画的一些影子。比如：第一，河南洛阳附近出土的东汉墓葬，里面就有较为清晰的彩画纹饰，如云气纹等；第二，出土的秦汉时期陶制冥器（如建筑冥器、陶仓、楼阁、望楼、民舍）上面都能看到当时涂绘的纹饰；第三，此时出土的官墓上的漆画，也能间接地反映出当时彩画的实际状况。

2. 魏晋南北朝时期

魏晋南北朝时期是中国古建筑体系的发展时期。"南朝四百八十寺，多少楼台烟雨中"。可见，此时佛教建筑大量兴建，出现了许多寺、塔、石窟和精美的雕塑与壁画。在石窟中可以看到一些带颜色的建筑装饰，如云冈石窟中的莲瓣纹是带有异域风格的纹样。由于受佛教艺术的影响，在建筑装饰上还产生了许多新的图案，如卷草纹、火焰纹、莲花、宝珠、曲水、万字等。这些图案影响深远，在古建筑彩画的历代发展中始终是主要和典型图案。

3. 隋唐时期

隋唐时期的中国建筑彩画逐渐走向成熟。在此时，有了翔实的建筑彩画实例和记载：①唐时期敦煌莫高窟251号窟，里面有四件木制的斗栱，这些斗栱和壁面上所仿画的柱子、枋子上都有彩画，这是我们现存彩画最早的实例。②陕西省乾县乾陵，武则天和丈夫李治的陪葬墓——永泰公主墓、懿德太子墓的墓室里，顶部墙面画了许多建筑的造型，有柱子、枋子、斗栱、支条、天花。最典型的两个：一个在枋子上面画了红框子，里面有几个长方形的土黄色的心，到了宋代这种纹饰已经相当普遍了，宋代称为"七珠八白"，其实这种图案在宋以前使用已相当普遍；另一个就是天花板中间画一个硕大的花朵，它基本格局已经朝着程式化发展，中间有了核心纹饰。③江苏省南京市江宁区牛头山南唐二陵，陵墓内砖石仿木构的柱子、额枋、斗栱上都绘有彩画，从绘画的精致程度上看，都比永泰公主墓彩画细致多了。斗栱上画三种纹饰：柿蒂纹、云形纹、类似卷草纹。柱子上画硕大的束莲，繁细的卷草纹，纹饰造型和敦煌盛唐、中唐的纹饰极其接近。以敦煌和南唐二陵实物例证看，色调上当时颜色以土红、土黄、赭石、白色等暖色调为主，青绿颜色比较少。这可能与当时原材料生产工艺落后有关，在当时获取石青、石绿、金箔这几种材料是相当困难的，而极易获得土红色、土黄色、白色、黑色等颜色原料。纹饰构图上则已形成花边似的二方连续、四方连续形式。

通过以上实例可看出，这时期的建筑彩画开始向着成熟期发展了。这一时期较典型的彩画种类有：唐式五彩装彩画、唐式碾玉装彩画、唐式朱墨彩画。唐式五彩装彩画：图案大多以红色作底，青、绿、朱、白、黑五色攒退，色彩鲜艳，以暖色为主，图案线条刚劲有力，图案纹样多以花草为主，布局没有三廷之分，总体效果疏朗大气。唐式碾玉装彩画：图案大都是由花草、鸟兽和人物变化组合而成，碾玉装多以香色为底色，图案纹样以青色、绿色为主，间以朱色、香色、紫色等色彩，色调上比五彩装彩画偏冷，但区别不大。唐式朱墨彩画：色调淡雅，一般不用纯色，两笔起晕。图案边缘用朱红色勾线，这是不同于五彩装和碾玉装之处。图案以花叶为主，多是两方连续纹样，构图翻卷折叠，起伏回旋似水波，舒卷万千，风雅之至。

4. 宋代

宋代的建筑彩画已发展到极为成熟的时期，油漆彩画作为装饰手段开始大量使用。建筑构件的标准化也促使彩画绘制更加规则化和制度化，这一特点在北宋官修的《营造法式》中可见一斑。书中周密地记载了当时建筑彩画规则及施色技术，是我们今天研究古建筑彩画艺术的珍贵资料和重要依据。如：书中确立了建筑整体色调的观念，对间色使用也有明确的规定，即图案用色上要相互区别，如构件为青色地，上绘图案为赤黄红绿，外棱角红色叠晕，表现了冷暖色相间的法则。"鲜丽"是《营造法式》中对建筑彩画用色的指导思想，同时也是区分等级高低的标准之一，等级越高的彩画，用色的彩度也越高，即鲜丽的程度越高。例如，同样以青、绿、红为主色的"五彩遍装"和"解绿装饰"，高等级的"五彩遍装"用彩度较高的朱砂，而低等级的"解绿装饰"用彩度较低的土朱、合朱。建筑上的红色突出了其鲜丽的色彩原则，而青、绿两大主色又使得建筑的整体色调稳重高雅。这种冷暖色调并存的设计为后来的彩画以冷调子为主奠定了基础，此色彩风格也体现了儒家思想与禅宗哲理，是宋代彩画鲜明的时代风格。按《营造法式》所述彩画作制度，将当时彩画归纳为六种形式，即五彩遍装、碾玉装、青绿叠晕棱间装、解绿装、丹粉刷饰和杂间装。这一时期现存的例证如：甘肃敦煌有三四个宋代的窟檐，其中两个窟檐木构上的彩画清晰可辨；晋东南地区高平县开化寺的中殿，方形建筑，进深面宽各三间，内檐里保留着很完整的北宋时期的彩画；闽西北太宁县甘露岩，南宋建筑，上面有很清晰的南宋时期的彩画（由于失火，已于前些年烧毁）。

结合文献和现存的宋代古建筑彩画的实物例证来看，宋代彩画已经发展到较为成熟的阶段，而且花纹和表现方式都有极高的水平，其中对同一种图案的不同表现方式，奠定了之后彩画的分级方法。这是我国建筑彩画方面最宝贵的遗产之一，至今还有着旺盛的生命力，影响着彩画的构思、设计与绘制。可以说，宋代建筑彩画艺术取得了巨大成就，起到了承前启后的重要作用。

5. 元代

元代处于多民族宗教和文化相互碰撞交融的历史时期，这样的历史背景使得建筑装饰艺术在承袭唐宋风格的基础上又增添了许多新的元素。蒙古民族带来了北方建筑装饰艺术风格上的粗犷豪放，这一特点主要体现在宗教建筑上。伊斯兰教礼拜寺与中国传统建筑的结合，使装饰色彩也逐步融合形成了独特的风格。在这种宗教文化的影响下，元代建筑彩画艺术表现为用色更加丰富绚丽，施色技术更加精湛。并且在元代又出现了旋子彩画，其整体色调已经由早期的多用暖色转为以青绿冷色为主。此时的旋子彩画虽不成熟，但其构图及色彩规则对后世建筑彩画产生了深远的影响，一直沿用至明清时期。

元代现在留下的彩画数量不多，但是在年代上可以肯定的有两处：①北京的旧城墙里发现元代的城墙地上建筑遗存物，这些构件彩画是完整的元大都某座建筑的彩画；②山西省芮城县永乐宫的三清殿、纯阳殿、龙虎殿的内檐保留着数量丰富的元代彩画，并且彩画上有题记，证明时间是可靠的。通过这两处建筑和出土的建筑构件彩画看，元代官式彩画继承了宋代"三段式"的基本格局，以青绿色调为主，出现了箍头、盒子做法，纹样在如意头的基础上向旋子方向发展，向明清的"一整两破"过渡。

6. 明代

明代是中国古建筑彩画艺术鼎盛时期的开始。通过遗存的旧物与相关资料来看，明代彩画分官式做法和地方做法，旋子彩画是明代官式建筑彩画的主要形式。明代官式旋子彩画是从元代同类彩画演变而来的，主要特征是：梁枋彩画在构图上继承了元代"三段式"的基本格局，纹式方面极其简练，找头里的纹式分两种造型，即旋花型和如意头型。这两种造型有三种组合方式：一种全部是旋花型，另一种全部是如意头型，还有一种是在同一找头、同一画面旋花和如意头混合组合式。色彩上特征极其明显，完全转向以蓝绿为主的冷色调，红色常作为点缀色呈现于一片青绿基色之中，起到了万绿丛中一点红的作用，借以突出主题和核心内涵，同时也打破了冷色调的呆板感。用金也是如此，往往在最突出的部位，如花心或菱角地点缀一下，并且不十分对称，避免雷同。同时，金箔用量的多少和涂绘的精细程度也反映了建筑等级的高低。工艺上极注意退晕，强调色彩柔和的感觉，还没有出现以白色为最浅色的退晕色，而是浅蓝、浅绿、浅红色为最浅色，较之宋代彩画中常出现的热烈繁密的花纹，显得素雅宁静、整齐大方，突出了柔和、简练、淡雅、深沉的时代风格。

现存的明代彩画实例较前朝丰富，纹样保持完整，如北京地区的智化寺、石景山法海寺正殿、承恩寺天王殿、故宫钟粹宫正殿、南薰殿正殿。其他地区存在的明代官式彩画实例，如青海省海东市瞿昙寺。结合文献和现存的实物例证来看，此时的明代建筑彩画，即便是地理位置跨度很大，在构图纹样和色彩规则上都能做到几乎如出一辙，这说明，明代官式建筑已经高度标准化、定型化，建筑彩画之涂绘也已经完全有了定式，有了一套完整的法式规矩用以控制操作了，并且等级制度非常严格，中国古建筑彩画艺术在此之前历代尚未达到过如此高的水平。

7. 清代

清代是我国建筑彩画发展史上的巅峰时期，现存的以及建筑上正在描绘的绝大部分为清代或清式风格的彩画，清式建筑彩画继承和发展了前朝彩画的优良传统，此时的建筑彩画可分为三个阶段：1644～1735 年为清早期彩画，1736～1820 年为清中期彩画，1821～1911 年为清晚期彩画。

清代彩画之所以能取得丰硕的成果，除前朝前代所奠定的基础外，客观条件也提供了文化和物质方面的基础。如兄弟民族间文化的交融，文人画、民俗画的普及，以及外来文化的传入都为建筑彩画的发展提供了题材和工艺方面的新来源。颜料的进一步丰富为建筑彩画走向复杂化提供了物质保证，金箔产量的剧增为建筑彩画朝着富丽化发展提供了条件。同时封建君主制进一步加强的时代背景也是促使建筑装饰趋于富丽化的社会因素。统治者为使皇权更加巩固，在宫殿建筑上极尽装饰之能事，通过雍容华贵、金碧辉煌的彩画效果来体现其统治阶级至高无上的地位和权力，从这一角度分析，建筑彩画的运用在一定程度上满足了统治阶级追求奢华和特权的心理需求。而民居色彩极为简单，一般不施彩画，用色不可越雷池半步，可见施绘于建筑上的色彩法式规矩更加严密规范，等级层次更加严明清晰。

现存的清代建筑彩画实物比较多，如北京的故宫建筑群、北京坛庙建筑。文献资料有清1723 年颁布的《工程做法则例》。从文献和现存的实物例证来看，清代建筑彩画基本有两个类别：一是官式做法，主要指北京地区为皇家服务的建筑，做法非常规范；与之相对的还有一种地方做法，等级不十分严密。官式彩画主要分为和玺彩画、旋子彩画、苏式彩画、宝珠吉祥草彩画、海墁式彩画五种。其中和玺彩画仅限于皇宫、宗庙和大型寺观建筑群的主要殿堂，是规制最高的一种彩画。旋子彩画级别略低，可广泛见于宫廷、公卿府邸。清式各式建筑彩画的构图规则、设色规则及装饰纹样都极为成熟，充分体现了中国传统文化特点，代表了中国建筑彩画的精髓和最高成就。

纵观中国古建筑彩画艺术的发展历史，可见它伴随着古建筑的发展而发展，经历了由简单到复杂、由低级到高级的进化过程。它有着与壁画、雕塑不同的表现技法，它以独特的艺术形式和风格，丰富了我国的绘画遗产，形成了一套成熟的艺术体系。它受多方面艺术影响，是独立的、风格奇异的中国建筑装饰艺术，很好地诠释了中华民族所特有的审美观。

第二节　宋式彩画

一、宋式彩画概述

宋式建筑比唐代建筑规模小，但是组合逐渐复杂，出现了复杂的楼台式建筑，在装修和装饰方面增加了新的色彩，运用琉璃瓦、精致的雕刻和各种形式的彩画，增强了建筑的艺术装饰效果。北宋政府为了管理宫室、坛庙、官署、府第等建筑工作，颁布了由李诫编著的《营造法式》一书，这部书在总结前代建筑经验的基础上对各种建筑的设计、施工之用工用料等做出了规范，提出了一套系统的彩画规制，对彩画图形、用色、做法等记载非常周密，是当时全面总结关于建筑经验技术非常重要的历史文献。结合此文献和存在于这个历史时期的南北宋、辽金的实物例证来看，这时期是中国建筑彩画的成熟时期，具有较高的艺术水平，运笔用墨更加讲究、笔法流畅飘逸、线条刚劲有力、图案纹样多姿多彩，在操作技法上也比前代有了进一步的发展。具体表现在以下几个方面。

（1）构图基本成熟了　檩、梁、枋、柱有三种形式：①方心式（三段式），中间方心和两端找头结合起来的式样；②用束莲间隔的做法，往往用在柱子上较多，用硕大的莲花瓣把画面切割成几段；③用二方连续，最多的是"七珠八白"，还有各种锦纹。

（2）从图案纹饰上说　《营造法式》卷三十三《彩画作制度画样上》和卷三十四《彩画作制度画样下》，绘制大量宋式彩画的画样，其中包括华文、琐文、飞仙、凤凰、仙鹤、鹦鹉、山鸡、鸳鸯、鹅、狮子、麒麟、天马、海马、仙鹿、山羊、犀牛、熊、金童、玉女、真人、獠蛮、象、云头等，多达二百七十余幅。《营造法式》中的原图虽然没有着色，但详细标明了图样线条的色彩和绘画的手法。

宋式彩画华文、琐文、飞仙及飞走纹样详见图8-3～图8-8。

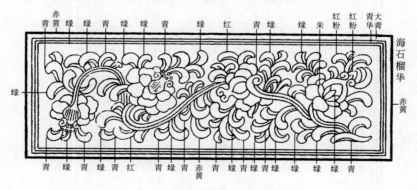

图8-3

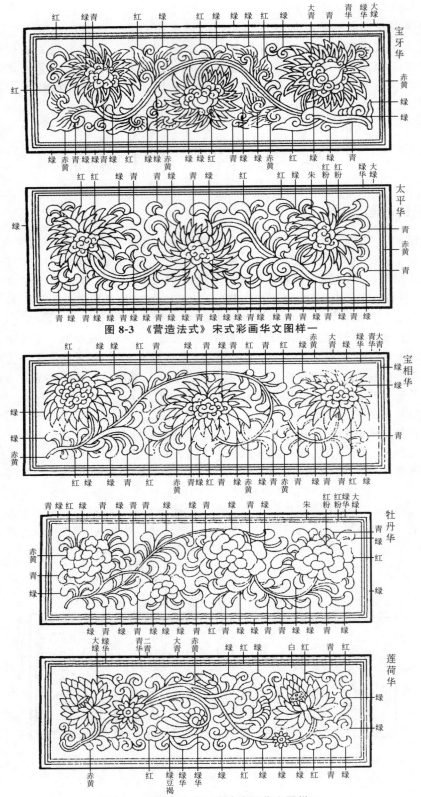

图 8-3 《营造法式》宋式彩画华文图样一

图 8-4 《营造法式》宋式彩画华文图样二

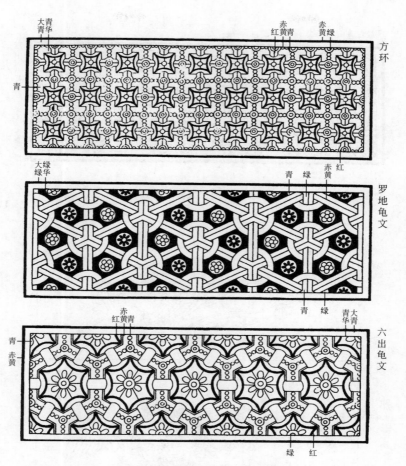

图 8-5 《营造法式》宋式彩画琐文图样一

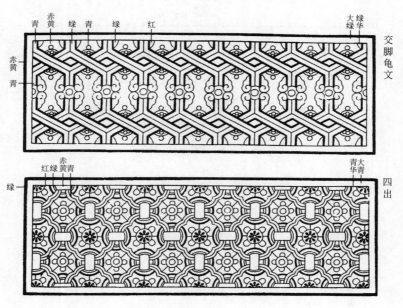

图 8-6

379

图 8-6 《营造法式》宋式彩画琐文图样二

图 8-7 《营造法式》飞仙及飞走图样一

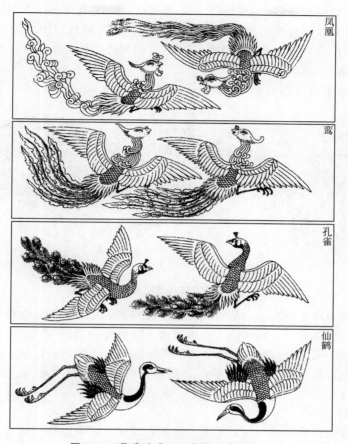

凤凰

鸾

孔雀

仙鹤

图 8-8 《营造法式》飞仙及飞走图样二

（3）从装饰部位上说　遍及梁柱、大小枋板，斗栱是重点装饰部位，上面遍绘纹饰、花。支条、天花也是重点装饰部位，中间花饰成型了。

（4）从色彩上说　冷暖色调并存，为后来的彩画以冷调子为主奠定了基础。从技法上说，宋代彩画多用叠晕画法，使颜色由浅到深或由深到浅，变化柔和，没有生硬感，表现出淡雅的风格。花纹和表现方式都有极高的水平，其中对同一种图案的不同表现方式，奠定了后来彩画的分级方法。这是我国建筑彩画方面最宝贵的遗产之一，至今还有着旺盛的生命力，影响着建筑彩画的构思、设计与绘制。

二、宋式彩画类型

宋式彩画除了在地下墓室和石窟壁画中还保留着一些外，在地面建筑上已经很少有留存了。我们只能以宋《营造法式》的文字记载为依据，以后代描绘的《营造法式》彩画图为参考，去认识这个时期的彩画艺术。按《营造法式》卷十四彩画作制度，将当时彩画归纳为三等六类形式，即第一等为五彩遍装和碾玉装；第二等为青绿叠晕棱间装和解绿装；第三等为丹粉刷饰和杂间装。

1. 五彩遍装彩画

它是在唐代五彩装的基础上发展起来的，是宋代规格最高的殿堂彩画。用色以暖色调为主，多用红、朱、赤、黄等色。叠晕除青绿外，还用朱，这为其他品种所无。所用图案有各种华文（几种花形图案）、琐文（密纹图案），大型构件还在华文、琐文中间画飞仙、飞禽、走兽、云纹等。阑额两端画各式如意头装饰，称角叶。梁周边叠晕，中心画华文、琐文。柱子上下画锦文或叠晕，柱身画缠枝花或团窠（团花）。这是用色和图案最繁复的彩画，用于重要宫殿。由于历经多次重画，绝大多数宋式五彩遍装已面目全非，仅存的宋式五彩遍装彩画实例位于山西大同市严华寺内。

《营造法式》五彩遍装彩画详见图8-9。

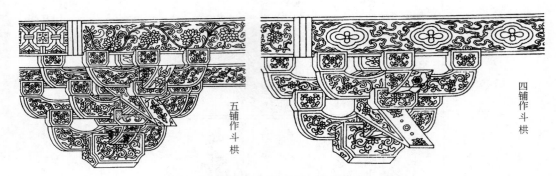

图8-9　《营造法式》五彩遍装彩画图样

五彩遍装所用的华文分九品，品级从高到低分别是：海石榴华、宝相华、莲荷华、团窠宝照、圈头合子、豹脚合子、玛瑙地、鱼鳞旗脚、圈头柿蒂。

五彩遍装所用的琐文分六品，品级从高到低分别是：①琐子，包括连环琐、玛瑙琐、叠环琐等；②簟文，包括金挺、文银挺等；③罗地龟纹，包括六出龟文、交脚龟文等；④四出、六出；⑤剑环；⑥曲水。

2. 碾玉装彩画

这是一种淡雅的彩画形式，比五彩遍装更加程式化。图案花纹较规整，用色以青、绿为主，多层叠晕，外留白晕，宛如磨光的碧玉，故名"碾玉"。有时局部也用五彩或红色作为点缀。底色以白色和豆绿色涂饰，外轮廓多作青绿相间叠晕。枋心内花纹图案与五彩遍装彩画基本相同，但不用飞仙、飞禽、走兽，正心两端采用青绿叠晕，以如意头为枋心两端的外轮廓。

《营造法式》碾玉装彩画详见图8-10。

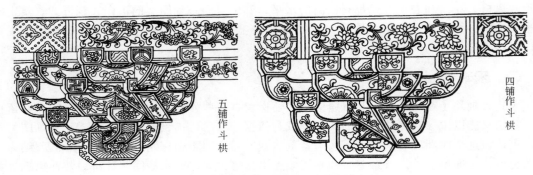

图8-10　《营造法式》碾玉装彩画图样

3. 青绿叠晕棱间装彩画

这种彩画也以青绿为主调，但不画华文、琐文，只用叠晕，柱身用青绿或素绿图案。

《营造法式》青绿叠晕棱间装彩画详见图8-11。

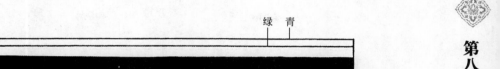

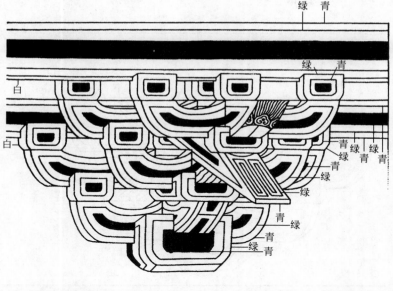

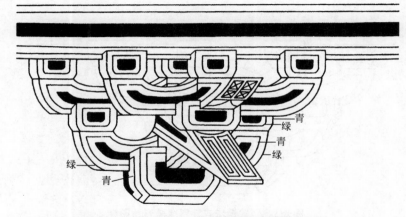

图 8-11 《营造法式》青绿叠晕棱间装彩画图样

4. 解绿装彩画

它是上部以红色为主调，斗栱梁枋满刷土朱，边缘用青、绿相间叠晕，如正面青晕则侧面绿晕，相邻构件青绿晕互换，但柱子仍画绿晕，仅把柱头、柱脚画朱色或五彩锦地。《营造法式》解绿装彩画详见图 8-12。

5. 丹粉刷饰彩画

丹粉刷饰彩画又称赤白彩画，全部以红为主调，斗栱梁枋和柱子满刷土朱，下棱画白线，构件底面通刷黄丹，然后表面通刷一道桐油，是彩画中最简单的一种。以土黄色代土朱时称黄土刷饰。

《营造法式》丹粉刷饰彩画详见图 8-13。

6. 杂间装彩画

这是宋式各种彩画形式的集合式样，千变万化，没有统一规律，图案形式多样，设色五花八门，色调无常，后世清代的海墁苏画即有此韵味。这种形式在宋辽时期不断出现，因此取名杂间装。

中国古建筑构造技术

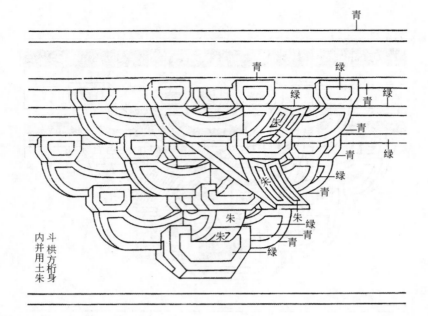

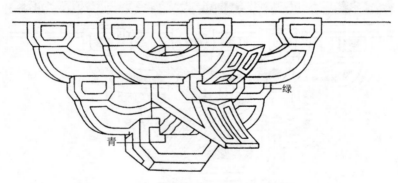

图 8-12 《营造法式》解绿装彩画图样

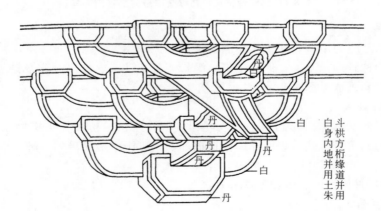

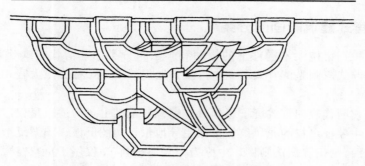

图 8-13 《营造法式》丹粉刷饰彩画图样

第三节 清式彩画

一、清式彩画概述

清代是我国建筑彩画发展史上最活跃、硕果最丰盛的时期。在继承传统的基础上，原材料和表现技法上又有了新的变化与发展，主要表现在新品种不断涌现，题材不断扩大，表现手法不断丰富，法式规矩更加严密规范，等级层次更加严明清晰。这些成就除了有前朝奠定的基础外，客观条件也为彩画的发展提供了文化和物质方面的基础，比如颜料的进一步丰富，特别是金箔产量的剧增，为彩画朝富丽化发展提供了条件。我国各民族间文化的进一步交融，文人画、民俗画的普及，以及外来文化的传入都为彩画的快速发展提供了题材和工艺方面的新来源。

这一时期的彩画，从大的方面归纳，有官式做法和地方做法两种。前者是当时建筑管理部门按照当时的等级制度和工料限额直接组织官式工匠制作的一种定型的彩画，它的服务对象是皇家御用建筑、王公大臣府第、敕建庙宇及京城衙署等。后者是指民间工匠在不违背当时等级制度的前提下，施绘于地方衙署、庙宇和民居建筑上的一类比较活泼自然、不拘泥程式的彩画。两者做法虽不尽一致，但又是互通互补的。地方做法总是尽量效仿官式做法，官式做法也不断吸收地方做法中的可用成分来充实自己。从总的方面来讲，代表这个时期最高水平、最具权威性的当属官式做法。官式彩画从构图、彩画内容、施色特征及装饰方式上都极为成熟，在建筑装饰方面充分体现了中国建筑彩画的成就及中国传统文化特点，与建筑一起达到了古建筑史上最后一个高峰，形成了如下五个显著特点。

① 清工部的《工程做法则例》，高度统一了彩画做法及用工用料等法式标准。

② 大大拓宽了彩画表现方式，创造了具有新时代特点的、用于装饰不同性质建筑的五类彩画：和玺彩画、旋子彩画、苏式彩画、宝珠吉祥草彩画、海墁彩画。

③ 创造了相对以前各朝代彩画沥粉贴金之最，极大地加大了彩画绘制工艺中的用金量，以彩画有金与否、贴金量之大小，作为衡量彩画等级的一个重要标准。

④ 彩画表现工艺多种多样，创造了彩画分贴两色金、浑金、片金、大点金、小点金、描金不贴金及金琢墨攒退、烟琢墨攒退、玉做、切活、退烟云、吉祥图案、写实性绘法等多种工艺手法。

⑤ 创立了于大木方心式彩画按分中、分三停绘制制度。

二、清代官式建筑彩画的分类

彩画分类是根据梁枋大木构件上的构图和画法来分类的，清代官式建筑彩画中和玺彩画、旋子彩画和苏式彩画是清官式彩画中占主导地位的三类，称为三大官式彩画。

1. 和玺彩画

和玺彩画是在明代晚期官式旋子彩画日趋完善的基础上，为适应皇权需要而产生的新的彩画类型。画面中象征皇权的龙凤纹样占据主导地位，构图严谨、图案复杂，大面积使用沥粉贴金，花纹绚丽，《工程做法则例》中称为"合细彩画"，仅用于皇家宫殿、坛庙的主殿及堂、门等重要建筑上，是彩画中等级最高的形式。

和玺彩画墨线图详见图 8-14。

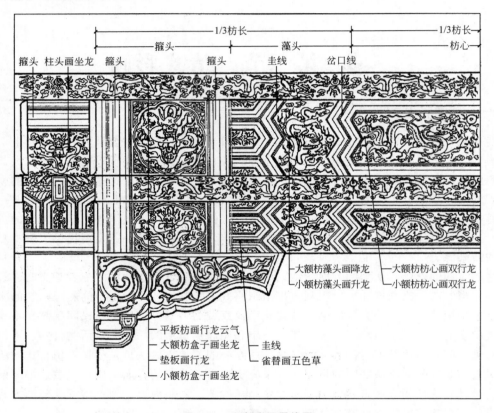

图 8-14　和玺彩画墨线图

2. 旋子彩画

旋子彩画是清代官式建筑彩画的一个主要类别，仅次于和玺彩画，有明显、系统的等级划分，既可以做得很素雅，也可以做得非常华贵。它的应用范围很广，一般官衙、庙宇的主殿，坛庙的配殿以及牌楼等建筑物都用这种彩画。

旋子彩画墨线图详见图 8-15。

3. 苏式彩画

苏式彩画源于江南苏杭地区民间传统做法，故名"苏式彩画"。明永乐年间营修北京宫殿，大量征用江南工匠，苏式彩画因此传入北方。历经几百年变化，苏式彩画的图案、布

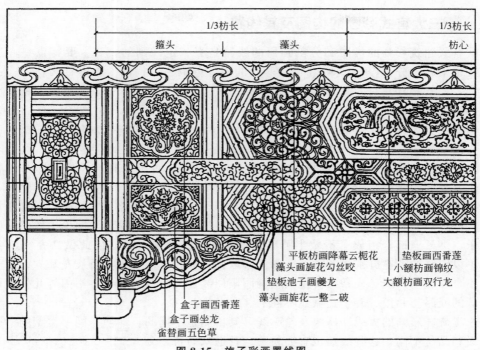

图 8-15　旋子彩画墨线图

局、题材以及设色均已与原江南彩画不同，尤以乾隆时期的苏式彩画色彩艳丽、装饰华贵，又称"官式苏画"。苏式彩画内容生动活泼，贴近生活，适于装饰园林及某些生活区建筑，如亭、台、廊、榭以及四合院住宅、垂花门的额枋上。

苏式彩画墨线图详见图 8-16。

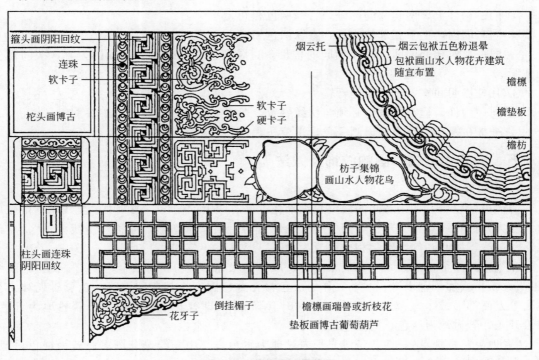

图 8-16　苏式彩画墨线图

三、清三大官式彩画的构图及其线路

清代官式建筑彩画的构图和分割画面的线路是有一定规则的，其主要特点是：三等分法，工匠术语叫"分三停"，即是将需要彩画的构件分成三段构图。中段称为枋心，占全长的三分之一，紧靠其左右的画面称为找头，找头之外的画面称为箍头。枋心左右的找头与箍头，加起来的长度也大致占构件长度的三分之一。分隔这三个部分的线路，总的称为锦枋线。锦枋线共分为五种，行话叫做五大线或简称大线，它们分别是：划分枋心轮廓的叫枋心线；找头两端的线路，内侧叫岔口线，外侧叫皮条线；箍头两端的叫箍头线；箍头内盒子（即用曲、直线勾成的方、圆状图形）的轮廓线叫盒子线。此外，还有楞线，即与枋心线同步，位于其外圈的线路；轮廓线即各类花纹的外廓线。

至于苏式彩画的构图，也是按三段分隔的，但无上述五种线路。它的枋心通常是将檩垫枋三个构件连成一气，做成一个半圆形的包袱，叫搭袱子。勾画这种半圆形的线路是由包袱线、托子、烟云三部分组成（不做半圆形包袱状的，其分隔线路亦同此做法）。分隔找头、箍头是不设线路的，它分别由各种花头和图案取代，如找头由聚锦、折枝花和软、硬卡子组成，而不是做成岔口线、皮条线。箍头则画阴阳回纹、万字、连珠、方格锦等几何纹饰。因此，苏画的线路与和玺、旋子是截然不同的。

和玺、旋子彩画的大线、楞线及轮廓线，其构图是不同的。即使是同一类型的彩画，由于其等级和品位不同，这些线路也有沥粉贴金及退晕与否之分。

四、清三大官式彩画的设色

清式彩画除贴金部位外，在其他部位的设色，均以青绿、红和少量的香色（土黄色）、紫色为主。对青、绿两色的使用，更是有一定的规则，就其梁、枋等主要构件来说，有以下几点。

① 同一构件上，两相邻的部分，青绿两色相间。

② 同一间内，上下相邻的构件，青绿两色相错。

③ 同一建筑相邻两间、两间相同的构件，青绿两色相间，如明间额枋为青，次间额枋则施绿。

④ 凡外檐明间檩条，必须是青箍头。

⑤ 同一构件，箍头的设色必须与楞线一致，即青箍头配青楞线，绿箍头配绿楞线。

⑥ 平板枋及由额垫板如通画一色，平板枋为青色，由额垫板为红色。

五、清三大官式彩画的纹饰及做法

1. 和玺彩画

清代中叶以后，和玺彩画的线路和细部花纹又有较大的变化，画面中主要线条均由弧形曲线变为几何直线；找头部位弯曲的莲瓣轮廓变为直线条玉圭形，亦称"圭线光子"；皮条线、岔口线、枋心头等线路都相应地改为"Σ"形线。

和玺彩画用金量极大，主要线条及龙、凤、宝珠等图案均沥粉贴金，金线一侧衬白粉线（也叫大粉）或加晕，以青、绿、红作为底色衬托金色图案。其花纹设置、色彩排列和工艺做法等方面都形成了规范性的法则，如"升青降绿"，即找头上绘龙纹时，若衬地为青色，则绘升龙；若衬地为绿色，则必须绘降龙。

"青地灵芝绿地草"，即若圭线光子内衬地为青色，其中必绘灵芝图案；若为绿色衬地，则绘卷草图案。由额垫板均为红色，平板枋若用蓝色，则绘行龙，若用绿色，则绘工王云。

和玺彩画纹饰方面的另一个突出特点是枋心、找头、盒子及平板枋、垫板等构件不施绘锦纹和花卉，而遍绘龙纹、凤纹、西番莲纹、吉祥草纹及仅用于重要佛教庙宇的梵文等纹饰。从细部纹饰题材方面分析，此种彩画可分为如下六个品种等级。

（1）龙和玺　亦称金龙和玺，梁枋大木中的枋心、找头、盒子内及其他重要部位内全部绘以龙纹。这种和玺等级最高，只适于装饰皇帝登基、理政殿宇和重要庙坛的主殿。

（2）龙凤和玺　梁枋大木中的枋心、找头、盒子内以及其他重要部位都以龙纹、凤纹为主题纹样交替构图。这种和玺等级仅次于龙和玺，适用于帝后寝宫和祭天建筑的主殿。

（3）龙凤枋心西番莲灵芝找头和玺　梁枋大木中的枋心及盒子内绘以龙纹、凤纹，找头内此间构件绘以西番莲，彼间构件绘以灵芝，并找头纹饰做相间式排列的和玺。这种和玺与龙凤和玺基本属于同等级和玺，只是其多见于装饰帝后寝室。

（4）凤和玺　梁枋大木中的枋心、找头等重要部位内都装饰凤纹，这种和玺等级低于龙凤和玺、龙凤枋心西番莲灵芝找头和玺，适于装饰皇后寝宫及祭祀后土神坛的主要殿宇。

（5）龙草和玺　梁枋大木中的枋心内装饰龙纹，找头内装饰大型卷草，或枋心内装饰大型卷草，找头内装饰龙纹，并枋心内的龙纹与卷草纹饰做相间式排列。此种和玺适于装饰皇宫重要宫门及皇宫主轴线上的配殿及重要寺庙殿堂。

（6）梵纹龙和玺　梁枋大木中的枋心、找头内绘以龙纹、梵纹，并龙纹与梵纹按枋心、找头部位做相间式排列。这种和玺很难与其他和玺论高低，它属于很特殊的一等，只适用于敕建藏传佛教建筑的主要殿堂。

2. 旋子彩画

旋子彩画的主要特点是：找头之内使用带旋涡状的几何图形，叫做"旋子"（或称旋花），各层花瓣从外到内分别称"一路瓣""二路瓣""三路瓣""旋眼"或称"旋花心"。旋花各部位名称详见图8-17。

旋花纹饰早在元代即有运用，明代以旋花为主体纹饰的旋子彩画就已经很规范成熟了，到了清代更进一步得到充实和发展。旋子以"一整两破"为基础，以找头的长短作为增加或减少旋花瓣的处理依据。各种旋子彩画找头详见图8-18。

旋子彩画不论其等级高低，找头中的旋花纹饰是不能改变的，而枋心、箍头及盒子等部分的细部花纹可随着等级高低而变化。枋心内纹饰从高到低的层次是：龙纹、龙凤纹、凤纹、锦纹、夔龙纹、卷草纹、花卉纹等，最低等级则只画一黑杠压心，称"一统天下"枋心，有的甚至可不绘任何纹饰而裸露底色。箍头纹饰可分为环套箍头、片金箍头及无纹饰的素箍头

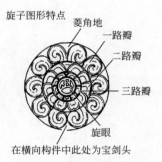

图8-17　旋花各部位名称

（死箍头）。盒子纹饰：高等级的在其间绘出一个由八条弧线组成的近圆形画框，其内绘龙纹、西番莲纹或异兽等纹饰，这种绘法称"活盒子"；低等级的盒子部分不括出圆形画框，只在方形内用四个花瓣形栀花纹组合成几何纹，这种绘法称"栀花盒子"或"死盒子"。

各种环套箍头详见图8-19。

旋子彩画按其图案纹饰、具体做法、用金量多少可分为如下八个做法等级。

（1）浑金旋子彩画　其做法特点是花纹全部沥粉贴金。

（2）金琢墨石碾玉旋子彩画　其做法特点是花纹轮廓线全部沥粉贴金，花纹青绿相间设色，旋花心、栀花（旋子靠箍头部分的图案）心、宝剑头（反正旋花中间的空地）、菱角地（旋子花瓣之间的三角空地）沥粉贴金。所设色花纹均做有晕色。

（3）烟琢墨石碾玉旋子彩画　其做法特点是彩画轮廓大线全部沥粉贴金，旋花轮廓线黑

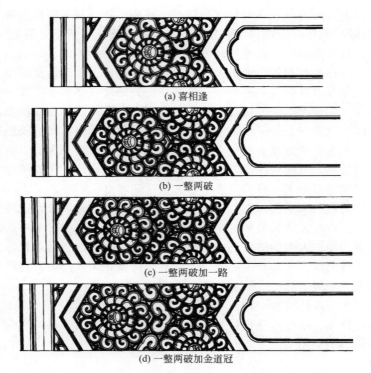

(a) 喜相逢

(b) 一整两破

(c) 一整两破加一路

(d) 一整两破加金道冠

图 8-18　各种旋子彩画找头

硬贯套箍头心　　　软贯套箍头心

图 8-19　环套箍头

注：图中的文字为颜色代码。清代古建筑彩画代码为：一（米黄）、二（蛋青）、三（香色）、四（硝红）、
　　五（粉紫）、六（绿）、七（青）、八（黄）、九（紫）、十（黑）、工（红）

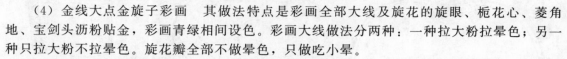

色，旋花心、栀花心、宝剑头、菱角地沥粉贴金，设色花纹均做有晕色。

（4）金线大点金旋子彩画　其做法特点是彩画全部大线及旋花的旋眼、栀花心、菱角地、宝剑头沥粉贴金，彩画青绿相间设色。彩画大线做法分两种：一种拉大粉拉晕色；另一种只拉大粉不拉晕色。旋花瓣全部不做晕色，只做吃小晕。

（5）墨线大点金旋子彩画　其做法特点是彩画全部框架大线做墨线，彩画纹饰青绿相间设色，只于旋眼、栀花心、菱角地、宝剑头沥粉贴金，全部彩画无晕色，只大线拉大粉，于旋花内吃小晕。

（6）小点金旋子彩画　其做法特点是只于旋花的旋眼、栀花心沥粉贴金，彩画青绿相间设色，大线拉大粉，旋花吃小晕，无晕色。

（7）雅五墨旋子彩画　全部彩画无金无晕色，彩画青绿相间设色，全部素做。

（8）雄黄玉旋子彩画　全部彩画用土黄色（雄黄色）作底色，用三青三绿晕色描绘纹饰，用白色线做纹饰轮廓，全部素做。此类彩画是一种专用彩画，主要用于庖制祭品的建筑装饰上，如帝后陵寝及坛庙的神厨、神库等。

3. 苏式彩画

南方气候潮湿，彩画通常只用于内檐，外檐一般采用砖雕或木雕装饰；而北方则内外兼施。北方内檐苏画与和玺、旋子彩画相同，采用狭长枋心，外檐常将檩、垫、枋三部分枋心连成一体，做成一个大的半圆形"搭袱子"，俗称"包袱"。包袱的轮廓用若干连续折叠的线条构成，做多层叠晕，内层称"烟云"，以青、紫、黑三色为主，外层称"托子"，以黄（土黄、樟丹）、绿、红三色为主。轮廓大线用墨线或金线。包袱两侧的找头若为青地，则画聚锦、硬卡子；若为绿地，则画折枝黑叶子花或异兽、软卡子，即所谓"硬青软绿"。红色的垫板上大多画软卡子，箍头内绘回纹、万字、联珠、方格锦等图案。苏式彩画底色多以土朱（铁红）、香色或白色为基调，色调偏暖，画法灵活生动，题材广泛。明代江南丝绸织锦业发达，苏画多取材于各式锦纹。清代官修工程中的苏式彩画内容日渐丰富，博古器物如鼎、砚、书、画等；山水花鸟如山水、花卉、葡萄、莲花、牡丹、桃子、佛手等；人物故事；动物如仙人、仙鹤、蛤蟆、蝙蝠、鹿、蝶等；字如福寿等；甚至西洋楼阁也杂出其间。其中以北京颐和园长廊的苏式彩画最具代表性。

聚锦壳纹饰详见图 8-20，卡子纹饰详见图 8-21。

（1）根据构图形式分　苏式彩画分为以下几种。

① 枋心式苏画。枋心式苏画的主体框架线与旋子彩画的主体框架线是近似的，着重在找头部位做了些变动，删去了旋花，换上了锦纹、团花、卡子、聚锦一类图案。枋心部分基本未变，仍然绘龙纹、凤纹、西番莲等纹饰，最多在其间绘些博古或写生画。

② 包袱式苏画。包袱式苏画的主体构图与枋心式不同之处是删去了枋心，在其位置改为一个半圆形的画框，覆在檩、垫板和额枋的中部，因其形象酷似一个下垂的圆形花巾，故称其为"包袱"。以这种形式构图的彩画，也随之被称为"包袱式苏画"。这种彩画找头部分的画作与枋心式基本一样，早期包袱式苏画的包袱内多画"寿山福海""海屋添筹"等一类吉祥图案。晚期包袱内多画山水、人物、花、建筑等，题材十分灵活。

③ 海墁式苏画。海墁式苏画的梁枋两端只保留箍头，其间的枋心、包袱、池子、找头一律删去，不设任何画框，使其成为一个开阔的画面，最多在箍头以里绘上一对卡子，其上遍绘卷草纹、蝠磬纹或黑叶子花卉等纹饰。

以上是苏式彩画中主要的三种构图形式，此外，还有两种更简单的苏画形式：一种叫掐箍头搭包袱，即只画箍头和包袱，做法如通例，并在找头内刷单色红漆，椽头做彩画；另一种叫掐箍头，即只在构件上画出箍头，其余全部刷单色红漆，椽头做彩画。

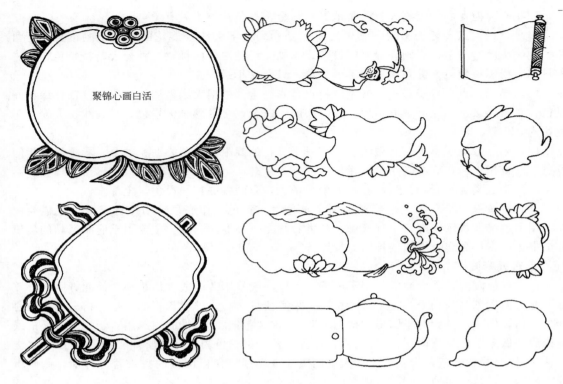

聚锦壳纹饰

图 8-20 聚锦壳纹饰

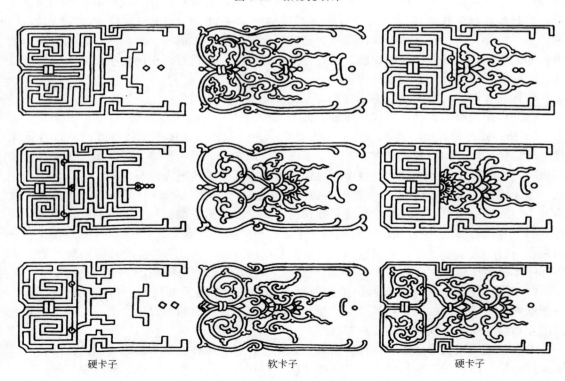

硬卡子　　　　　　　　软卡子　　　　　　　　硬卡子

图 8-21 卡子纹饰

（2）根据建筑规模、等级与功能划分 依工艺、用金量、退晕层次等不同，可将苏式彩画分为以下几种。

① 金琢墨苏画。该种等级绘制工艺最高级。绘制特点：所有框架大线均为金线，细部图案多为金琢墨或倒里做法，如箍头纹饰、聚锦等。退烟云为多道数，如包袱烟云可退达七道、九道，甚至十一道。

② 金线苏画。是中等级的苏式彩画，该等级工艺特点是凡彩画框架大线均为金线，包袱烟云一般为五道。

③ 墨线苏画（黄线苏画）。是低等级的苏式彩画，该等级工艺特点是凡彩画框架大线均为墨线（黄线），软、硬卡子用红色、香色，烟云退晕减至五道以下。

六、其他清式彩画

1. 宝珠吉祥草彩画

宝珠吉祥草彩画是清代诸多彩画中一个非常独具风格的品种。这类彩画的构图极其简练，梁枋上面不设枋心、盒子等基础框架格式，只在大木构件的中心部位绘出三颗宝珠纹作为主题。宝珠周围用卷草纹组成硕大花团形纹饰，构件两端设箍头，箍头的内侧上端用卷草组成近似岔角形的纹饰。其构图简洁、舒朗，别具一格。宝珠吉祥草彩画的设色也极有特色，大木构件以红色作为底色，宝珠的外缘用金色装饰，卷草纹用青绿色，并点缀金色，这类彩画的色调极其炽烈古朴。

从这类彩画的构图和设色分析，其极具满蒙民族建筑装饰的风范，很可能是从关外流传至京城的。清代中期以后此种彩画已不多见，渐渐与其他彩画融为一体，以新的形式出现于建筑之上。

宝珠吉祥草彩画墨线图详见图 8-22。

图 8-22 宝珠吉祥草彩画墨线图

2. 海墁彩画

海墁彩画在构图上与其他彩画有较大区别。一般彩画所装饰的部位集中于大木梁枋、斗栱、川飞等构件，下架柱框装修通常采用油饰处理。而海墁彩画施绘彩画的范围扩大到一座建筑的几乎所有木构件，上至连檐瓦口，下至柱框。

从纹饰和色彩方面划分，此类彩画大致有两种做法。

其一是所施绘彩画的构件遍绘斑竹纹。构件表面绘出一排排组合有序的斑竹纹，宛如此座建筑是用纤细的竹竿搭建而成的。竹竿绘成老竹和嫩竹两种质感，竹节处点染斑纹，以显其竹皆为斑竹，故此种做法也称为斑竹座海墁彩画。

斑竹座海墁彩画详见图 8-23。

中国古建筑构造技术

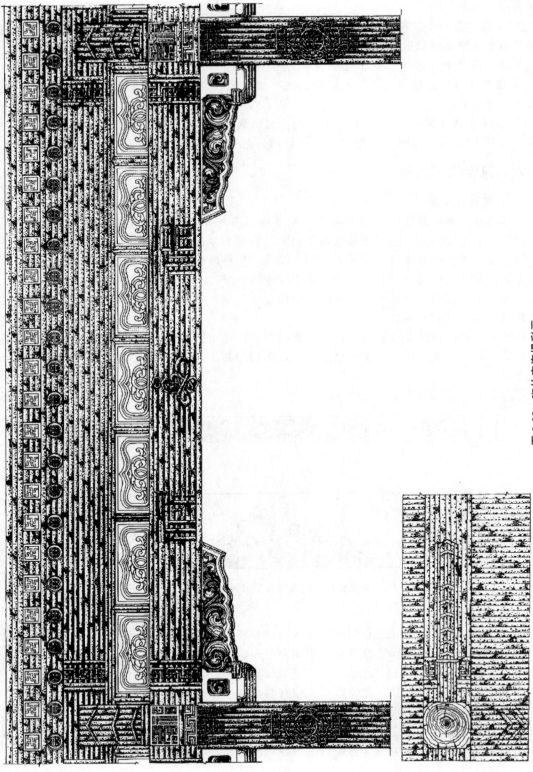

图 8-23　斑竹座海墁彩画

其二是整座建筑施绘同样彩画。凡构件遍涂深绿或淡青色的油皮，其上绘出缠绕构件生长的藤萝等花卉，有的建筑在柱的下部绘出太湖石造型，这种装饰的意境是描述自然景观之美。

从现存实例分析，这类彩画可能产生于清代晚期，使用范围也很有限，多见于皇家园囿和王公大臣花园中的部分建筑。现存实例仅恭王府戏台和故宫御花园绛雪轩两例。

七、其他部位彩画

斗栱、垫栱板、角梁、天花、椽望及平板枋、由额垫板等露明构件，它们与梁枋一样，都要绘以彩画。这些构件的彩画，繁简不一，华丽与简朴的程度也不相同，但其做法都要与大木构件相配合。

1. 斗栱彩画

斗栱彩画以青绿为主，两色间隔使用。其分配之法：凡升、斗用青，翘、栱则用绿，反之，若升、斗用绿，翘、栱则用青。柱头科斗栱，其升、斗用青色，与柱头科相邻的平升科斗栱，升、斗则用绿色。红色固定涂在斗栱的两个部位：一是栱眼部位，在彩画中称"荷包"；二是透空栱眼的下部，即各栱件的上坡楞处，彩画称"眼边"。各红色部位均为红油漆作。各层枋子底部不论立面色是青还是绿，一律为绿色。在色彩固定的前提下，由于用金多少、用金方式、退晕层次的不同，斗栱又可分为以下五种做法。

（1）混金斗栱　斗栱的所有构件满贴金，无青、绿、红等色彩，多用于室内的藻井部位，与之相配的大木也多为混金做法。

（2）金琢墨斗栱　沿各构件的外轮廓沥粉贴金，并按青绿色彩分别退晕，靠金齐白粉线，青绿色彩的中部画墨线。配金龙、金凤及金琢墨石碾玉旋子彩画。

（3）平金斗栱　不沥粉，不加晕，只沿各构件外轮廓贴金线，其他同金琢墨斗栱。配各种和玺彩画、金线大点金旋子彩画及金线苏画。

（4）墨线斗栱　斗栱边线不沥粉，不贴金，用黑色线勾边，靠黑线画白线，青绿色彩的中部画墨线。多与墨线大点金及以下等级的旋子彩画相配。

（5）黄线斗栱　等级同墨线斗栱，只是将黑轮廓改为黄色轮廓，其他同墨线斗栱，配各种无金的大木彩画。苏式彩画多用黄线斗栱而少用墨线斗栱。

2. 垫栱板彩画

垫栱板彩画固定为红色，涂红油漆，大边为绿色。若斗栱沥粉贴金，垫栱板之轮廓也沥粉贴金，内画火焰三宝珠、龙、凤、草、佛梵字等图案。若斗栱为勾墨线者，垫栱板则做成红底、黑边，不做彩画。

3. 角梁彩画

各式角梁彩画皆用绿色。子角梁下画龙肚纹，纹的道数要成单，老角梁两侧上部刷红色。

4. 天花彩画

天花是由支条与天花板组成。其形似井字，所以叫井口天花。天花板的构图由外至内分别由大边、岔角、圆鼓子心三部分组成。划分这三部分的两层线分别是方鼓子线与圆鼓子线，方鼓子线与圆鼓子线之间的部分称为"方鼓子地"，也可称"方光"，圆鼓子线内的部分称"圆鼓子线心"，也可称"圆光"。圆光内画龙凤、云、草、仙鹤、牡丹等画题，岔角多画岔角云、夔龙、夔凤、卷草等图案。天花板的色彩由外至内分别为：大边砂绿、方光浅绿、圆光青色。

支条十字相交处画圆形轱辘，轱辘四周画一整两破云形图案，两部分图案合起来称支条燕尾图案。除支条燕尾图案以外，支条其余部分都为绿色。燕尾部分整云为红色，两个 1/2 云为黄色，一整两破云的外侧为蓝色，圆轱辘心为蓝色。燕尾沥粉贴金与否，则视彩画等级而定。

5. 椽子彩画

椽分檐椽与飞椽。檐椽刷青，飞椽刷绿，与红色望板相反衬。椽头大都做彩画，圆椽头多画龙眼（也称虎眼、宝珠）等图案，飞椽头多画万字、栀花等图案，高等级者贴金。

6. 平板枋彩画

和玺彩画的平板枋为青地，画行龙或云龙；旋子彩画则用绿地或青地，画降幕云、栀子花；也有不画纹饰，只刷单一青色。

7. 由额垫板彩画

和玺彩画的由额垫板为红地，上画龙、凤、吉祥草等图案，均沥粉贴金。旋子彩画的由额垫板有两种做法：一种是画半个瓢和小池子，通常为三个池子，分隔池子之间画半个瓢，池子内画西番莲、夔龙、吉祥草等图案，半个瓢由大瓣旋花和栀花组成，用色随找头；另一种是不做彩画，只刷单一红色，称"腰带红"。

第九章　古建筑构造综合设计实训

古建筑构造综合实训是综合运用前面几章所学的构造理论知识，通过综合的、系统的设计实践活动，进一步学习在古建筑设计中建筑材料、结构、构造等相关知识的运用。这一阶段对提高读者在生产实践中分析与解决问题的能力，具有重要的意义。

一、项目概况

北方地区某传统神庙建筑群，为省级文物保护单位。该建筑群南北长 49m，东西宽 24.1m，占地面积为 1160㎡。该建筑群为单进四合院院落，大门开设于院落的东南角部位，沿中轴线上依次有戏台（清代）、献殿（清代）和正殿（明代）。两侧为配殿（清代）及配殿耳房（中华民国），详见图 9-1。现在以所提供的神庙总平面图为依据，进行古建筑构造设计，要求建筑风格以明清官式建筑风格为主体。

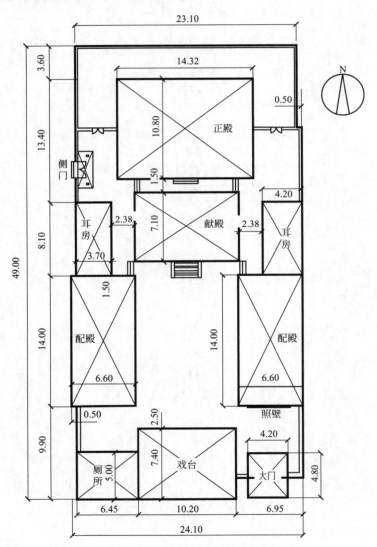

图 9-1 某神庙建筑总平面布置图（单位：m）

二、技能标准

古建筑构造综合设计技能标准详见表 9-1。

表 9-1 古建筑构造综合设计技能标准

单元名称	古建筑构造综合设计		实训形式	手绘制图＋计算机制图
教学目标	1. 专业能力 (1)掌握中国传统建筑群的布局特征与空间组织手法 (2)能够运用古建筑构造知识对古建筑群中的每一单体建筑构造进行综合选型(包含了台基与基础、墙体、木构架、斗栱、屋顶、装饰装修等分部分项构造内容) (3)能够以小组为单位,运用古建筑构造知识完成古建筑群中每一个单体的构造设计 (4)能够对古建筑群进行合理的庭院布置与环境绿化设计 2. 方法能力 (1) 具有根据项目要求,获取专业信息、客观分析问题、完成古建筑群设计的能力 (2)具有制定合理的工作计划、按照计划有条不紊地完成工作任务的能力 (3)具有根据建筑制图标准绘制古建筑群总平面图、总剖面图、单体建筑平面图、剖面图、立面图、各类详图,编制施工图文件的能力 3. 社会能力 (1)具有较好的职业素养和专业进取精神,具有自主学习和独立分析问题的能力 (2)具有良好的团队协作能力、交流沟通能力 (3)爱岗敬业、遵纪守法,自觉遵守职业道德和行业规范			
教学内容	**技能点**	**主要训练内容**		
	古建筑群体布局	古建筑总平面综合布置,场地竖向布置、庭院设计(道路、绿化、小品等环境)		
	单体建筑构造设计	台基与基础、地面、墙体、木构架、斗栱、屋顶、木装修等分部分项工程构造设计		
	古建筑施工图绘制	古建筑总平面图、总剖面图,单体建筑平面图、立面图、剖面图,各类构造节点详图		
教学方法建议	(1)案例教学法。选择典型的古建筑保护与修缮工程案例进行分析 (2)现场教学法。带领学生参观典型古建筑群,亲身体验传统建筑的布局方式与建筑特征 (3)采用"六步法",即按照"咨询、计划、决策、实施、检查、评价"的步骤展开训练			
教学场所要求	(1)教学场景:古建筑现场、古建筑材料构造工艺展室、多媒体教室、制图教室 (2)工具设备:古建筑模型,多媒体、扩音器等现场讲解设备,制图工具等			
考核评价要求	(1)成果形式:古建筑构造设计图纸(包含手绘草图和计算机辅助设计正图) (2)评价方式: 采用五分制(满分 5 分,按照 5 分、4 分、3 分、2 分)进行考评,可以根据需要插入4.5 分和 3.5 分,以过程考核为主 (3)考核标准:古建筑总平面布局的合理性、单体古建筑类型选择的合理性、单体古建筑构造设计的正确性、古建筑施工图纸绘制的规范性、小组合作的协调度			

三、实训步骤

古建筑构造综合设计工作页详见表 9-2。

表 9-2　古建筑构造综合设计工作页

实训题目	古建筑构造综合设计		实训时间	
组长		组员		

任务描述

　　教师可按照本章提供的工程案例进行实操训练,也可选择已完工的或正在进行的中小型古建筑工程项目作为综合设计任务

　　根据工程案例(详见图 9-1)所提供的设计条件,完成某神庙建筑群的总体布局、单体设计、各类详图设计,并按照建筑制图标准,编制施工图文件

工作流程图

　　确定工作任务——参观古建筑群,针对设计任务收集相关资料——小组讨论完成古建筑群体布置方案——分配单体构造设计任务——完成单体建筑构造设计草图——小组交流,检查构造设计中的问题,修正草图——完成单体建筑构造设计正图——完成古建筑群总平面图及总剖面图——提交任务,填写小组评议表——总结提高

1. 咨询(明确任务、资料准备)

　　在设计之前应先明确解答以下几个问题

　　(1)任务中"古建筑群"的建筑类型是什么?这类建筑群布置的典型特征有哪些

　　(2)古建筑群由哪些单体建筑组成,各自在建筑群中的位置应如何安排

　　(3)中轴线上的建筑应选择什么类型的台基、木构架、墙体、斗栱、屋顶、装饰装修

　　(4)中轴线两侧的建筑应如何与主轴线上的建筑区别开来

　　(5)古建筑群的庭院设计包括哪些因素?如何在保留原有的建筑环境的基础上进行创新

2. 决策(分析、并确定工作方案)

　　(1)分析研究相同或者相近的古建筑类型的案例

　　(2)收集同一类型的古建筑文化相关知识

　　(3)收集最新的古建筑行业的法律、部门规章、规范及相关的设计技术文件

　　(4)小组根据收集的资料信息,讨论并完善工作任务方案,制定实施步骤

3. 计划(制定计划)

　　(1)成立小组,制定小组整体任务与个人任务

　　(2)制定小组工作计划(包含:设计进度安排、每阶段完成的任务安排、每阶段完成任务质量监控)

4. 实施(实施工作方案)

　　(1)由 5~6 人组成一工作小组,每人完成不少于 2 个建筑单体的构造设计任务

　　(2)通过收集资料、讨论完成古建筑群总平面布置草图

　　(3)小组讨论完成古建筑群中各单体建筑的类型选择(包括台基类型、屋身类型、屋顶类型、装饰装修类型)

　　(4)通过草模的搭建,加深对古建筑群体布置和单体建筑选型的认识

　　(5)按照分配的任务,绘制单体建筑构造设计草图(手绘)

　　(6)通过讨论,检查并纠正单体建筑构造设计中的偏差与问题

　　(7)按照分配的任务,绘制古建筑构造设计正图(CAD 绘制)

　　(8)在班级内部进行成果展示,完成成绩综合评定

　　(9)成果装订成册,上交

5. 检查

　　(1)分为任务中检查与任务完成后检查

　　(2)在古建筑群总平面草图与草模完成后进行检查,小组成员共同对布局的合理性进行讨论分析

　　(3)在单体古建筑构造设计草图完成后进行检查,小组成员互查构造设计的合理性、准确性

　　(4)在完成古建筑群总平面、纵剖面,单体建筑平面、立面、剖面、构造详图设计后进行检查,小组成员互查制图的规范性、表达的准确性等

　　(5)检查学习目标是否达到,任务是否完成

6. 评价

（1）将绘制各类构造设计图纸进行班级展示

（2）成绩考核由小组自评、小组互评、教师评价三部分组成

（3）教师组织填写成绩考核评价表，并按组进行成绩评定

（4）对构造设计过程进行评估，对设计收获进行总结，对是否有需要改进的方法进行提炼

指导教师签字：

日期： 年 月 日

四、成果展示（图纸部分）

以正殿构造设计为例，详见图 9-2～图 9-9。

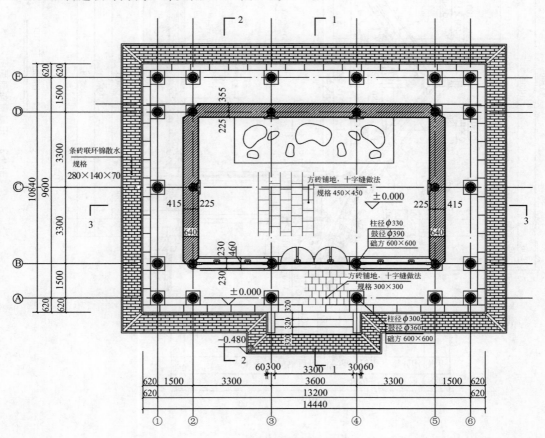

正殿平面图 1：100

图 9-2 正殿平面图

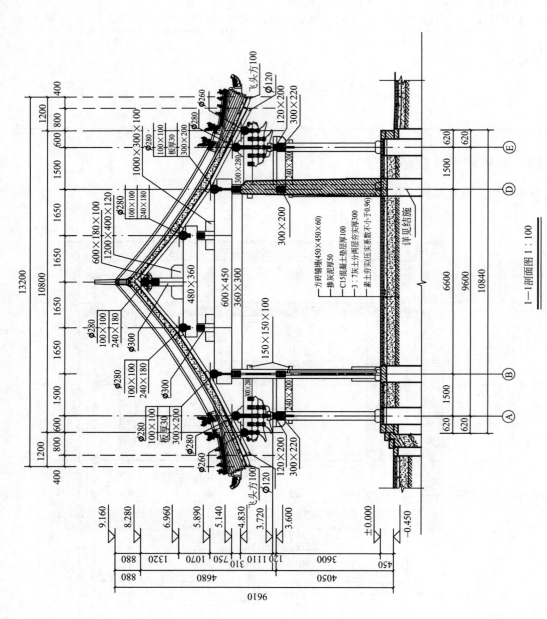

图 9-3　正殿横向剖面图

1—1剖面图1：100

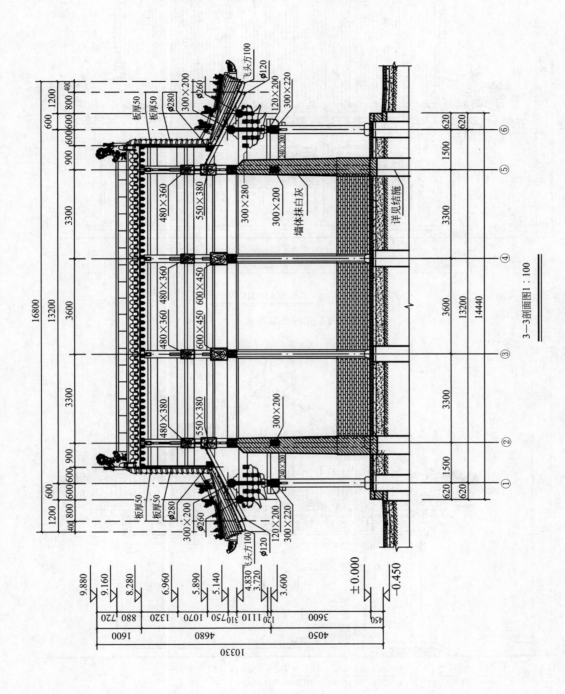

图 9-4 正殿纵向剖面图

3—3剖面图1：100

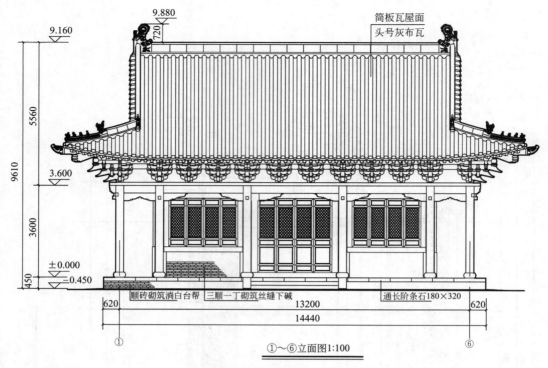

9.160

9.880

720

简板瓦屋面
头号灰布瓦

5560

9610

3.600

3600

±0.000
−0.450

450

620 顺砖砌筑淌白台帮 三顺一丁砌筑丝缝下碱 通长阶条石180×320 620
13200
14440

① ⑥

①～⑥立面图1:100

图 9-5　正殿正立面图

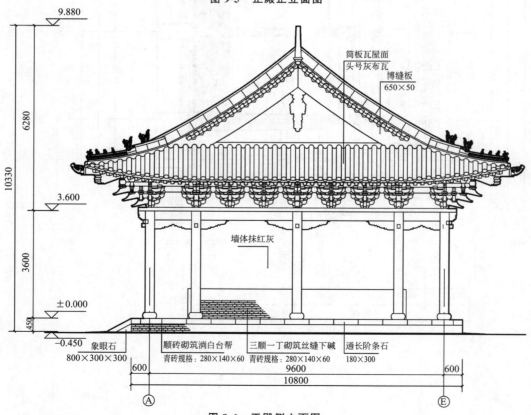

9.880

简板瓦屋面
头号灰布瓦
博缝板
650×50

6280

10330

3.600

3600

±0.000

450

墙体抹红灰

−0.450 象眼石
800×300×300
顺砖砌筑淌白台帮 三顺一丁砌筑丝缝下碱 通长阶条石
青砖规格：280×140×60 青砖规格：280×140×60 180×300

600
9600
10800
600

Ⓐ Ⓔ

图 9-6　正殿侧立面图

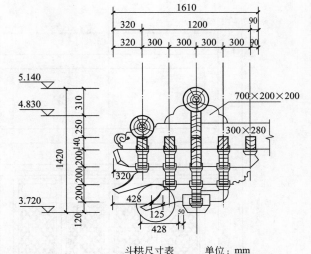

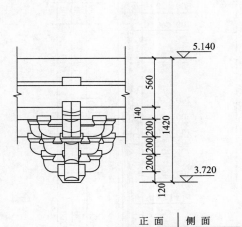

正面　｜　侧面

平　面　｜　斗栱尺寸表

柱头科大样图1：25

斗栱尺寸表　　　单位：mm

规格名称	总高	斗口	上宽	下宽	上深	下深	耳	腰	底
大　斗	200	100	300	200	300	200	80	40	80
小十八斗	100	100	200	150	150	100	40	20	40
大十八斗	100	100	250	200	150	100	40	20	40
槽升子	100	100	150	100	150	100	40	20	40
三才升	100	100	150	100	150	100	40	20	40
平盘斗	60	100	150	100	150	100		20	40

规格名称	总长	高	宽	上留	下出	卷瓣	栱眼
正心瓜栱	620	200	100	40	60	4	20
正心万栱	920	200	100	40	25	3	20
外拽瓜栱	620	140	100	40	110	4	20
外拽万栱	920	140	100	40	25	3	20
外拽厢栱	720	140	100	40	85	5	20
里拽瓜栱	620	140	100	40	110	4	20
里拽万栱	920	140	100	40	25	3	20
头昂	980	300	150	40	120	4	20
二昂	1530	300	150				20
要头	1615	300	150				

图 9-7　正殿柱头科斗栱大样图

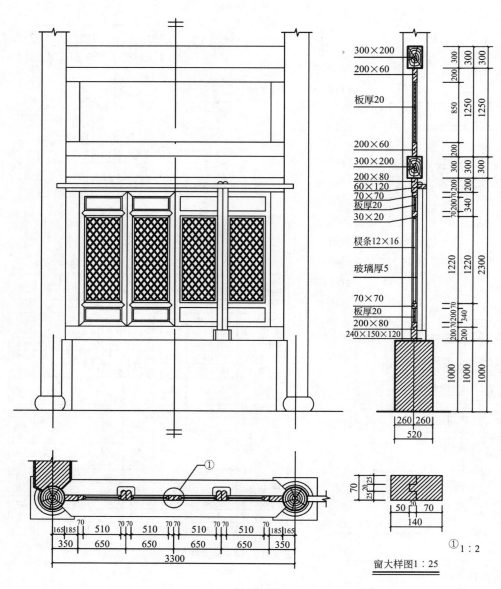

图 9-8　正殿槛窗大样图

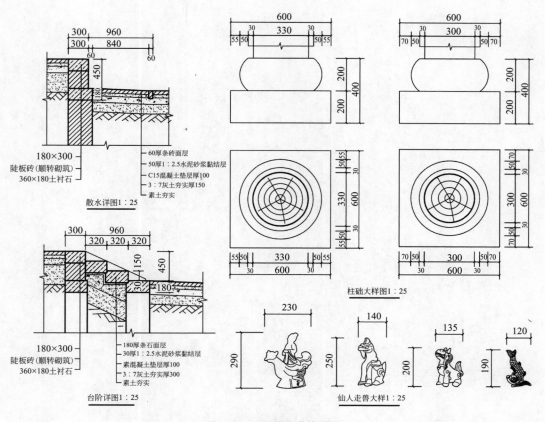

散水详图1:25

180×300
陡板砖（顺转砌筑）
360×180土衬石

60厚条砖面层
50厚1:2.5水泥砂浆黏结层
C15混凝土垫层厚100
3:7灰土夯实厚150
素土夯实

台阶详图1:25

180×300
陡板砖（顺转砌筑）
360×180土衬石

180厚条石面层
30厚1:2.5水泥砂浆黏结层
素混凝土垫层厚100
3:7灰土夯实厚300
素土夯实

柱础大样图1:25

仙人走兽大样1:25

图 9-9　正殿其他节点详图

附录

附录一 清式带斗栱大式建筑木构件权衡表

单位：斗口

类别	构件名称	长	宽	高	厚（或进深）	径	备注
柱类	檐柱			70（至挑檐桁下皮）		6	包含斗栱高在内
	金柱			檐柱加廊步五举		6.6	（檐柱径加2寸）
	重檐金柱			按实计		7.2	
	中柱			按实计		7	
	山柱			按实计		7	
	童柱			按实计		5.2或6.0	
梁类	桃尖梁	廊步架加斗栱出踩加6斗口		正心桁中至要头下皮	6		
	桃尖假梁头	平身科斗栱全长加3斗口		正心桁中至要头下皮	6		
	桃尖顺梁	梢间面宽加斗栱出踩加6斗口		正心桁中至要头下皮	6		
	随梁			4斗口＋1/100长	3.5斗口＋1/100长		
	趴梁			6.5	5.2		
	踩步金			7斗口＋1/100长或同五、七架梁高	6		断面与对应正身梁相同
	踩步金枋（踩步随梁枋）			4	3.5		
	递角梁	对应正身梁加斜		同对应正身梁高	同对应正身梁厚		建筑转折处之斜梁
	递角随梁			4斗口＋1/100	长3.5斗口＋1/100长		递角梁下之辅助梁
	抹角梁			6.5斗口＋1/100长	5.2斗口＋1/100长		

中国古建筑构造技术

类别	构件名称	长	宽	高	厚（或进深）	径	备注
梁类	七架梁	六步架加2檩径		8.4斗口或1.25倍厚	7		六架梁同此宽厚
	五架梁	四步架加2檩径		7斗口或5/6七架梁高	5.6斗口或4/5七架梁厚		四架梁同此宽厚
	三架梁	二步架加2檩径		5/6五架梁高	4/5五架梁厚		月梁同此宽厚
	三步梁	三步架加1檩径		同七架梁	同七架梁		
	双步梁	二步架加1檩径		同五架梁	同五架梁		
	单步梁	一步架加1檩径		同三架梁	同三架梁		
	顶梁（月梁）	顶步架加2檩径		同三架梁	同三架梁		
	太平梁	二步架加檩金盘一份		同三架梁	同三架梁		
	踏脚木			4.5	3.6		用于歇山
	穿			2.3	1.8		用于歇山
	天花梁			6斗口＋2/100长	4/5高		
	承重梁			6斗口＋2寸	4.8斗口＋2寸		用于楼房
	帽儿梁					4斗口＋2/100长	天花骨干构件
	贴梁		2		1.5		天花边框
枋类	大额枋	按面宽		6	4.8		
	小额枋	按面宽		4	3.2		
	重檐上檐大额枋	按面宽		6.6	5.4		
	单额枋	按面宽		6	4.8		
	平板枋	按面宽	3.5	2			
	金、脊枋	按面宽		3.6	3		
	燕尾枋	按出梢		同垫板	1		

类别	构件名称	长	宽	高	厚（或进深）	径	备注
枋类	承椽枋	按面宽		5～6	4～4.8		
	天花枋	按面宽		6	4.8		
	穿插枋			4	3.2		
	跨空枋			4	3.2		
	棋枋			4.8	4		
	间枋	按面宽		5.2	4.2		用于楼房
桁檩	挑檐桁	按面宽				3	
	正心桁	按面宽				4～4.5	
	金桁	按面宽				4～4.5	
	脊桁	按面宽				4～4.5	
	扶脊木	按面宽				4	
瓜柱	柁墩	2倍檩径	按上层梁厚收2寸		按实计		
	金瓜柱		厚加1寸	按实计	按上层梁厚收2寸		
	脊瓜柱		同三架梁厚	按举架	三架梁厚收2寸		
	交金墩		4.5斗口		按上层柁厚收2寸		
	雷公柱		同三架梁厚		三架梁厚收2寸		庑殿用
	角背	一步架		1/2～1/3脊瓜柱高	1/3高		
垫板角梁	由额垫板	按面宽		2	1		
	金、脊垫板	按面宽	4		1		金、脊垫板也可随梁高酌减
	燕尾枋		4		1		
	老角梁			4.5	3		
	仔角梁			4.5	3		
	由戗			4～4.5	3		
	凹角老角梁			3	3		
	凹角梁盖			3	3		

中国古建筑构造技术

类别	构件名称	长	宽	高	厚（或进深）	径	备注
椽飞连檐望板瓦口衬头木	方椽、飞椽		1.5		1.5		
	圆椽					1.5	
	大连檐		1.8	1.5			里口木同此
	小连檐		1		1.5倍望板厚		
	顺望板				0.5		
	横望板				0.3		
	瓦口木				同望板		
	衬头木			3	1.5		
歇山悬山楼房各部	踏脚木			4.5	3.6		
	穿			2.3	1.8		
	草架柱			2.3	1.8		
	燕尾枋			4	1		
	山花板				1		
	博缝板		8		1.2		
	挂落板				1		
	滴珠板				1		
	沿边木			同楞木或加1寸	同楞木		
	楼板				2寸		
	楞木	按面宽		1/2承重高	2/3自身高		

附录二 清式小式（或无斗栱大式）建筑木构件权衡表

类别	构件名称	长	宽	高	厚（或进深）	径	备注
柱类	檐柱			11D 或 8/10 明间面阔		D	
	金柱（老檐柱）			檐柱高加廊步五举		小式：D+1 寸 大式：D+2 寸	
	中柱			按实计		D+2 寸	
	山柱			按实计		D+2 寸	
	重檐金柱			按实计		D+2 寸	
梁类	抱头梁	廊步架加柱径一份		(1.3～1.4)D		1.1D 或+1 寸	
	五架梁	四步架加 2D		1.5D		1.2D 或金柱径+1 寸	
	三架梁	二步架加 2D		1.25D		0.95D 或 4/5 五架梁厚	
	递角梁	正身梁加斜		1.5D		1.2D	
	随梁			1D		0.8D	
	双步梁	二步架加 D		1.5D		1.2D	
	单步梁	一步架加 D		1.25D		4/5 双步梁厚	
	六架梁			1.5D		1.2D	
	四架梁			5/6 六架梁高或 1.4D		1.1D 或 4/5 六架梁厚	
	月梁（顶梁）	顶步架加 2D		5/6 四架梁高		4/5 四架梁厚	
	长趴梁			1.5D		1.2D	
	短趴梁			1.2D		1D	
	抹角梁			1.2D～1.4D		D～1.2D	
	承重梁			D+2 寸		1D	
	踩步金			1.5D		1.2D	用于歇山
	踩步梁			1.5D		1.2D	用于歇山
	太平梁			1.2D		1D	

中国古建筑构造技术

类别	构件名称	长	宽	高	厚（或进深）	径	备注
枋类	穿插枋	廊步架加 $2D$		D		$0.8D$	
	檐枋	随面宽		D		$0.8D$	
	金枋	随面宽		D 或 $0.8D$		$0.8D$ 或 $0.65D$	
	上金、脊枋	随面宽		$0.8D$		$0.65D$	
	燕尾枋	随檩出梢		同垫板		$0.25D$	
檩类	檐檩、金檩脊檩					D 或 $0.9D$	
	扶脊木					$0.8D$	
垫板瓜柱类	檐垫板			$0.8D$	0.25		
	金、脊垫板			$0.65D$	0.25		
	柁墩	$2D$	0.8 上架梁厚	按实计			
	金瓜柱		D	按实计	0.8 上架梁厚或上架梁厚—2 寸		
	脊瓜柱		$0.8D\sim D$	按举架	0.8 三架梁厚或三架梁厚—2 寸		
	角背	一步架		$1/2\sim 1/3$ 脊瓜柱高	$1/3$ 自身高		
角梁类	老角梁			D	$2/3D$		
	仔角梁			D	$2/3D$		
	由戗			D	$2/3D$		
	凹角老角梁			$2/3D$	$2/3D$		
	凹角梁盖			$2/3D$	$2/3D$		
连檐望板瓦口衬头木	圆椽					$1/3D$	
	方椽、飞椽		$1/3D$		$1/3D$		
	花架椽		$1/3D$		$1/3D$		
	罗锅椽		$1/3D$		$1/3D$		
	大连檐		$0.4D$ 或 1.2 椽径		$1/3D$		
	小连檐		$1/3D$		1.5 望板厚		

类别	构件名称	长	宽	高	厚 （或进深）	径	备注
连檐望板瓦口衬头木	横望板				1/5 椽径		
	顺望板				1/3 椽径		
	瓦口木				同横望板		
	衬头木				1/3D		
歇山、悬山楼房各部	踏脚木			D	0.8D		
	草架柱		0.5D		0.5D		
	穿		0.5D		0.5D		
	山花板				1/4D～ 1/3D		
	博缝板		2D～2.3D 或 6～7 椽径		1/4D～ 1/3D 或 0.8～ 1 椽径		
	挂落板				0.8 椽径		
	沿边木				0.5D＋ 1 寸		
	楼板				1.5～ 2 寸		
	楞木				0.5D＋ 1 寸		

注：D 为柱径。

附录三　古建筑墙体各部位尺度权衡表

墙体各部位名称		设计参考尺寸	说明
山墙	外包金	大式:1.5~1.8 山柱径 小式:1.5 山柱径	1.里外包金尺寸均指下碱尺寸 2.准确尺寸尚应根据砖的规格,经过核算(排出好活)后确定
	里包金	大式:0.5 山柱径加 2 寸 小式:0.5 山柱径加 1.5 寸或 0.5 山柱径加花碱尺寸	
墀头	咬中	柱子掰升尺寸加花碱尺寸,或按 1 寸算	
	外包金	同山墙外包金	
墀头小台阶		大式:不小于 4 寸或 6/10~8/10 檐柱径 小式:不小于 2 寸或 3/10~6/10 檐柱径	1.准确尺寸应根据天井尺寸核算 2.带挑檐石的,可定为 8/10 檐柱径
山花象眼里皮	露明	自柱中线,向外加 1 寸	
	不露明	里皮线与柱中心线平齐	
后(前)檐墙	外包金	大式:7/6~3/2 柱径 小式:1~7/6 柱径	此处的柱径指檐柱径或老檐柱径,要根据具体与墙相交的柱子情况而定
	里包金	大式:0.5 柱径加 2 寸 小式:0.5 柱径加 1.5 寸或 0.5 柱径加花碱尺寸	
槛墙	外包金	大式:0.5 柱径加 1.5 寸 小式:0.5 柱径加 1.0 寸	
	里包金	外包金＝里包金	
扇面墙、隔断墙		等于或大于 1.5 金柱径	
院墙厚		大式:不小于 60cm(符合用砖的模数) 小式:不小于 24cm,宜为 42cm(符合用砖的模数)	
花碱宽	干摆、丝缝	0.5~0.8cm	1.适应于下碱和倒花碱 2.如墙面需要抹灰,应另加抹灰的厚度
	糙砖墙	0.8~1.0cm	
	院墙	1.0~1.5cm	
五花山墙边界		按柱中线和瓜柱中线定	
下碱高	山墙、檐墙	高度为 3/10 檐柱高,按照砖厚与灰缝核层数,要求为单数	
	廊心墙、囚门子	宜于山墙下碱高度相近,以方砖心能排出好活为准	
	院墙	大式:墙身高度的 1/3 但不超过 1.5m 小式:墙身高度的 1/3	

墙体各部位名称		设计参考尺寸	说明
签尖	签尖高	等于外包金尺寸或大于等于檩垫板尺寸	
	拔檐出檐	等于或略小于砖本身厚	
硬山博缝各层出檐尺寸	头层檐	1寸	琉璃博缝有两种做法 1.博缝砖与拔檐（托山混）平，即博缝不出檐 2.博缝出檐0.6～0.8寸
	二层檐	0.8寸	
	博缝砖	0.6寸	
	随山半混	1寸	
硬山博缝砖高度		1～2倍檩径，宜小于墀头宽，另视环境而定	
挑檐石或木挑檐长		里端至金檩中	
墀头天井	荷叶墩	1.5寸	
	半混	0.8～1.25本身厚	
	炉口	0.5～2cm	
	枭	1.3～1.5本身厚	
	头层盘头	约1/6本身厚	
	二层盘头	约1/6本身厚	
	戗檐砖	通过戗檐高和戗檐部分的斜率求出	一般采用方砖斜置
柱门宽		同柱径	八字角度一般为60°

附录四 古建筑地仗分层做法表

项目		分层做法
木构件上做麻布灰地仗	两麻一布七灰	汁浆或操稀底油、捉缝灰、通灰、使麻、磨麻、压麻灰、使二道麻、磨麻、压麻灰、糊布、压布灰、中灰、细灰、钻生油
	一麻一布七灰	汁浆或操稀底油、捉缝灰、通灰、使麻、磨麻、压麻灰、糊布、压布灰、中灰、细灰、钻生油
	两麻六灰	汁浆或操稀底油、捉缝灰、通灰、使麻、磨麻、压麻灰、使二道麻、磨麻、压麻灰、中灰、细灰、钻生油
	一麻五灰	汁浆或操稀底油、捉缝灰、通灰、使麻、磨麻、压麻灰、中灰、细灰、钻生油
	一布四灰	汁浆或操稀底油、捉缝灰、通灰、糊布、中灰、细灰、钻生油
木构件上做单披灰地仗	四道灰	汁浆或操稀底油、捉缝灰、通灰、中灰、细灰、钻生油
	三道灰	汁浆或操稀底油、捉缝灰、中灰、细灰、钻生油
	两道灰	汁浆或操稀底油、捉中灰、细灰、钻生油
	一道半灰	汁浆或操稀底油、捉中灰、找细灰、钻生油
	注：单披灰地仗包括接榫、接缝处局部糊布条	
在麻遍上补做地仗	补做麻灰地仗	操稀桐油、压麻灰、使麻、压麻灰、中灰、细灰、钻生油
	补做单披灰地仗	操稀桐油、压麻灰、中灰、细灰、钻生油
	注：补做地仗项目考虑到旧有地仗斩砍至麻遍，局部空鼓斩砍到木骨后补做的情况	
混凝土构件做水泥地仗	涂刷界面胶、嵌垫建筑胶水泥砖灰腻子、满刮建筑胶水泥腻子、满中灰（血料砖灰）、细满灰（血料砖灰）、钻生油	

附录五　古建筑各类彩画特征表（官式彩画）

彩画种类		图案特征
椽头彩画	飞椽头、檐椽头片金彩画	飞椽头、檐椽头端面均做片金彩画
	飞椽头片金、檐椽头金边彩画	飞椽头、檐椽头端面做片金彩画，檐椽端头面做金边，内用颜料绘百花或虎眼或福寿图
	飞椽头、檐椽头金边彩画	飞椽头、檐椽头端面均做金边，内用颜料绘彩画
	飞椽头、檐椽头墨（黄）线彩画	飞椽头、檐椽头端面均做墨（黄）线边，内用颜料绘彩画
上架构件彩画	**明式彩画** 金线点金花枋心	大线及花心饰金，枋心内绘图案
	金线点金素枋心	大线及花心饰金，枋心内无图案
	墨线点金	大线墨色、花心饰金，枋心内无图案
	墨线无金	纹线全部为墨线
	清式和玺彩画 金琢墨龙凤和玺	大线饰金带晕色（除盒子线），贯套箍头，枋心、藻头、盒子内绘龙凤饰金，圭线光晕色
	片金箍头龙凤和玺	大线饰金带晕色（除盒子线），片金箍头，枋心、藻头、盒子内绘龙凤饰金，圭线光晕色
	素箍头龙凤和玺	大线饰金，素箍头，藻头、盒子内绘龙凤饰金，无晕色
	金琢墨龙草和玺	大线饰金，藻头为金龙与金琢墨攒退草调换构图，枋心、盒子内绘片金龙，圭线光晕色
	片金龙草和玺	大线饰金，藻头为金龙与金琢墨攒退草调换构图，枋心、盒子内绘片金龙，圭线光无晕色
	和玺加苏画	大线饰金，枋心、盒子内为片金龙与苏式彩墨画调换构图，其他同龙凤和玺彩画，无晕色
	清式旋子彩画 金琢墨石碾玉	大线及旋花，栀花均为金线退晕，旋花心、栀花心及菱角地、宝剑头饰金，枋心为龙锦调换构图
	烟琢墨石碾玉	大线为金线退晕，旋花、栀花为墨线退晕，旋花心、栀花心及菱角地、宝剑头饰金，枋心为龙锦调换构图
	金线大点金龙锦枋心	大线为金线退晕，旋花、栀花为金线不退晕，旋花心、栀花心及菱角地、宝剑头饰金，枋心为龙锦调换构图
	金线小点金	大线为金线退晕，旋花、栀花为墨线不退晕，旋花心、栀花心饰金，枋心可有龙锦调换构图，或夔龙与黑叶子花调换构图
	墨线大点金龙锦枋心	大线及旋花、栀花均为墨线不退晕，旋花心、栀花心及菱角地、宝剑头饰金，枋心可有龙锦调换构图
	墨线小点金	大线及旋花、栀花均为墨线不退晕，旋花心、栀花心饰金，枋心可有夔龙与黑叶子花调换构图，或空枋心，或一字枋心

中国古建筑构造技术

彩画种类		图案特征
清式旋子彩画	雅伍墨	大线及旋花、栀花均为墨线不退晕,无饰金,枋心可有夔龙与黑叶子花调换构图,或空枋心,或一字枋心
	雄黄玉	以雄黄或土黄加丹色做底色衬托青绿旋花瓣,各线条均为色线退晕,无金饰,枋心可有夔龙与黑叶子花调换构图,或空枋心,或一字枋心
	金线大点金加苏画	大线为金线退晕,旋花、栀花为金线不退晕,旋花心、栀花心及菱角地、宝剑头饰金,枋心、盒子内绘苏式白活
上架构件彩画	清苏式彩画	金琢墨窝金地	箍头、卡子、包袱、池子、聚锦均为金线攒退,包袱退七道以上烟云,包袱内绘窝金地白活
		金琢墨	箍头、卡子、包袱、池子、聚锦均为金线攒退,包袱退七道以上烟云,包袱内绘白活
		金线片金箍头片金卡子	箍头、卡子、包袱、池子、聚锦均为金线,箍头内为片金图案,藻头部位做片金卡子,包袱、池子退晕层次五至七道,包袱、池子、聚锦内绘一般彩墨画
		金线色箍头片金卡子	箍头、卡子、包袱、池子、聚锦均为金线,箍头内图案不饰金,藻头部位做片金卡子,包袱、池子退晕层次五至七道,包袱、池子、聚锦内绘一般彩墨画
		金线片金箍头色卡子	箍头、卡子、包袱、池子、聚锦均为金线,箍头内图案及藻头部位的卡予均不饰金,包袱、池子退晕层次五至七道,包袱、池子、聚锦内绘一般彩墨画
		金线掐箍头搭包袱	箍头线、包袱线饰金,箍头内图案不饰金,藻头部位无彩绘涂饰红油漆,包袱退晕层次五至七道内绘一般彩墨画
		金线单掐箍头	仅绘金线箍头,左右两箍头间无彩绘涂饰油漆
		金线金卡子海墁	箍头线饰金,藻头部位做片金卡子,左右两卡子之间绘爬蔓植物或流云
		金线色箍头色卡子海墁	箍头线饰金,藻头部位做片金卡子,左右两卡子(或箍头)之间绘爬蔓植物或流云
		墨线箍头、藻头、包袱满做	箍头、卡子、包袱、池子、聚锦均为墨线,藻头部位绘色卡子,包袱退七道以上烟云,包袱内绘白活
		墨线掐箍头搭包袱	仅绘箍头和包袱,全部为墨线不饰金,藻头部位无彩绘涂饰红油漆
		墨线单掐箍头	仅绘墨线箍头,左右两箍头间无彩绘
		锦文藻头片金或攒退枋心	箍头、枋心均为金线,箍头内图案不饰金,藻头部位绘金线锦纹,枋心内绘片金或攒退图案
		锦文藻头彩墨画枋心	箍头、枋心均为金线,箍头内图案不饰金,藻头部位绘金线锦纹,枋心内绘白活
		海墁宋锦	箍头为金线,左右箍头之间全部绘金线锦纹(亦有无箍头做法)

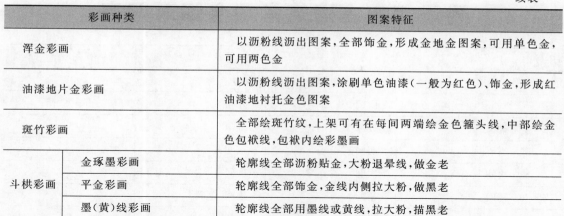

彩画种类		图案特征
浑金彩画		以沥粉线沥出图案,全部饰金,形成金地金图案,可用单色金,可用两色金
油漆地片金彩画		以沥粉线沥出图案,涂刷单色油漆(一般为红色)、饰金,形成红油漆地衬托金色图案
斑竹彩画		全部绘斑竹纹,上架可有在每间两端绘金色箍头线,中部绘金色包袱线,包袱内绘彩墨画
斗栱彩画	金琢墨彩画	轮廓线全部沥粉贴金,大粉退晕线,做金老
	平金彩画	轮廓线全部饰金,金线内侧拉大粉,做做黑老
	墨(黄)线彩画	轮廓线全部用墨线或黄线,拉大粉,描黑老

附录六 古建筑常用名词对照表

序号	《营造法式》	《工程做法则例》	《营造法原》	备注
		平面、基础、台基部分		
1	—	面阔	开间	
2	进深	进深	进深	
3	当心间	明间	正间	
4	次间	次间	次间	
5	梢间	梢间	边间、落翼	
6	—	尽间	落翼	
7	副阶	廊	廊	
8	副阶周匝	周围廊	围廊	
9	月台	平台、露台	露台	
10	屋基	地脚	基础	房屋基础的地下部分
11	台(阶基)	台明(台基)	阶台	
12	隔身板柱	陡板石	侧塘石	
13	土衬石	土衬石	土衬石	
14	压阑石(子口石)	阶条石	阶沿	
15	须弥座	须弥座	金刚座(细眉座)	外轮廓呈凹凸曲线的台基基座
16	方	上枋	台口石	
17	罨(yǎn)	枭	荷花瓣	
18	上罨涩砧	上枭	托浑(上荷花瓣)	
19	下罨牙砧	下枭	仰浑(下荷花瓣)	
20	壶门柱子	束腰	宿腰	
21	地栿(圭角)	圭角(龟脚)		
22	柱础或柱櫍	柱顶石	磉石	
23	櫍鼓	石鼓	鼓墩	
24	覆盆	圆鼓镜	磉窠(磴)	
25	勾阑	勾阑、栏杆	栏干	
26	华版	栏板	栏板	
27	望柱	望柱	莲柱	
28	踏道	踏跺	踏步	

序号	《营造法式》	《工程做法则例》	《营造法原》	备注
29	副子	垂带石	垂带石	
30	象眼	象眼	菱角石	
31	慢道	礓磋		

大木作部分

1. 柱子

序号	《营造法式》	《工程做法则例》	《营造法原》	备注
32	副阶柱或檐柱	檐柱	廊柱	
33	殿身檐柱或内柱	金柱（老檐柱）	步柱	
34	分心柱或脊柱	中柱	脊柱	
35	蜀柱（侏儒柱）	瓜柱（童柱）	童柱（矮柱）	位于梁上的短柱
36	虚柱	垂柱	垂莲柱（荷花柱）	
37	角柱	角柱	角柱	

2. 梁架

序号	《营造法式》	《工程做法则例》	《营造法原》	备注
38	举折	举架	提栈	
39	架椽或椽	步架（步）	界深（界）	梁架上架与架（檩与檩）间之水平总距离
40	栿	梁	梁	
41	椽栿	架梁、柁梁	界梁	
42	劄牵	单步梁	川、眉川、短川	
43	乳栿	双步梁	双步梁	
44	三椽栿	三步梁	三界梁	
45	平梁	三架梁	山界梁	
46	四椽栿	五架梁	四界梁	
47	五椽栿	六架梁	五界梁	
48	六椽栿	七架梁	六界梁	
49	丁栿	顺趴梁、顺梁		庑殿和歇山屋顶的山面，与主梁架成正交之梁
50	系头栿	踩步金、踩步梁		
51	递角栿	递角梁		由角檐柱上至角金柱上之梁
52	抹角栿	抹角梁	搭角梁	

中国古建筑构造技术

序号	《营造法式》	《工程做法则例》	《营造法原》	备注
53	缴背		梆	当梁的断面小，不够应有的高度时在梁上面紧贴着加上的另一根木料
54	合楷	荷叶墩、角背		
55	叉手、托脚	叉手	—	
56	大角梁	老角梁	老戗	
57	子角梁	仔角梁	嫩戗	
58	隐角梁	似仔角梁后半段		
59	续角梁	由戗	担檐角梁	
60	顺栿串（顺身串）	随梁枋	随梁枋（抬梁枋）	
61	攀间方	金枋	四平枋或水平枋	梁架中与槫平行的木枋，两端多插入蜀柱或在驼峰之上，是联系构件
62	驼峰	柁墩	荷叶凳	
63	丁华抹颏栱	捧梁云	山雾云	
64	铺板方	楞木（龙骨木）	格栅	承托楼板的枋子
65	地面板	楼板	楼地板	
66	替木	替木		
67	雁翅板	滴珠板		楼阁上平座外檐四周保护斗栱和出头木之板
68	搏风板	博缝板	博缝板	
69	阑额（檐额）	额枋（大额枋）	廊枋	
70	由额	承椽枋	承椽枋	
71	普拍方	平板枋	斗盘枋	
72	绰木方	雀替	—	
3. 檩椽类				
73	槫	檩（桁）	桁（栋）	
74	上、中、下平槫	上、中、下金檩（桁）	上、中、下金桁	清式大式称"桁"，小式称"檩"

序号	《营造法式》	《工程做法则例》	《营造法原》	备注
75	牛脊榑、橑风榑、橑檐枋	挑檐桁	梓桁	
76	生头木	枕头木、衬头木	戗山木	
77	椽	顶椽（罗锅椽）	回顶椽	
78	椽	脑椽	头停椽	
79	椽	花架椽	花架椽	
80	椽	檐椽	出檐椽	
81	飞子	飞椽	飞椽	
82	飞魁	闸挡板	勒望	钉于界椽下，以防望砖下泻之通木条，形同眠檐
83	小连檐	大连檐	眠檐	
84	大连檐	小连檐	里口木	
85	燕颔板	瓦口	瓦口	
4. 斗栱				
86	铺作	斗栱	牌科	
87	朵	攒	座	
88	柱头铺作	柱头科	牌科	
89	补间铺作	平身科	牌科	
90	转角铺作	角科	—	
91	攀间铺作	隔架科	—	
92	平座铺作	平座斗栱	—	
93	出跳	出踩	出参	斗栱自柱中心线向内、外逐层挑出的做法
94	单栱	一斗三升	斗三升栱	
95	重栱	一斗六升	斗六升栱	
96	四铺作	三踩	三出参	
97	五铺作	五踩	五出参	
98	六铺作	七踩	七出参	
99	七铺作	九踩	九出参	
100	八铺作	十一踩	十一出参	

中国古建筑构造技术

序号	《营造法式》	《工程做法则例》	《营造法原》	备注
101	—	镏金斗栱	琵琶科	
102	—	如意斗栱	网形科	
103	栌斗	坐斗(大斗)	大斗	
104	交互斗	十八斗	升	
105	齐心斗		升	
106	—	槽升子	升	
107	散斗	三才升	升	
108	泥道栱	正心瓜栱	斗三升栱	
109	泥道慢栱	正心万栱	斗六升栱	
110	瓜子栱	单材瓜栱	斗三升栱	
111	单材慢栱	单材万栱	斗六升栱	
112	令栱	厢栱	桁向栱	
113	鸳鸯交首栱或连栱交隐	把臂厢栱	—	左右相邻的两栱,制成通长的一条栱,隐刻出交线
114	丁头栱	半截栱、丁头栱	实栱、蒲鞋头、丁字栱	
115	角华栱	斜头翘	斜栱	
116	—	—	枫栱	为南方特之有,长方形木板,其形一端稍高,向外倾斜,板身雕镂各种纹样,以代替横向栱
117	栱眼壁板	栱垫板	栱垫板	正心枋以下,平板枋以上,两攒斗栱之间之板
118	琴面昂、批竹昂	象鼻昂	象鼻昂、凤头昂	
119	耍头	蚂蚱头(耍头)	耍头	
120	靴楔	菊花头	眉插子	
121	衬枋头(切几头)	撑头木(撑头)	水平枋	
122	角神	宝瓶	宝瓶	
123	遮椽板	盖斗板	—	

续表

序号	《营造法式》	《工程做法则例》	《营造法原》	备注
124	柱头方	正心枋	廊桁	
125	罗汉方	拽枋	牌条	
126	平棊方(算程方)	井口枋	牌条	
		小木作部分		
		1. 外檐装修		
127	额或腰串、顺身串	上槛	上槛	
128	门楣(门额)	中槛	中槛	
129	照壁版(障日版)	走马板(门头板)	垫板	
130	版门	板门	木板门	
131	—	实榻门	实拼门	
132	—	攒边门、棋盘门	框档门	
133	格子门	槅扇(格扇)	长窗	
134	地栿	下槛(门槛)	下槛(门限)	
135	立颊	门框	门框(门当户对)	
136	榑柱(榑柱颊)	抱框	抱柱(门当户对)	
137	门砧	门枕	门臼	
138	抟肘(肘)	转轴	摇梗	门窗的转轴
139	门关(卧关)	横关	门闩	关门之通长横闩木
140	立搽	栓杆	竖闩	关闭门的竖立闩
141	手栓(伏兔)	插关	闩	短木做的门闩
142	桯	大边(边挺)	边挺	
143	门簪	门簪	阀阅	大门中槛上将连楹销于槛上之材
144	泥道板	余塞板	垫板	大门门框与抱框间用来封堵空当的木板
145	铺首	门钹	门环	安装在门扇上的金属构件,用来拉门
146	鸡栖木	连楹(门楹)	连楹(门楹、门龙)	
147	格眼	心(花心)	内心仔	
148	腰华版	绦环版	夹堂板	

中国古建筑构造技术

序号	《营造法式》	《工程做法则例》	《营造法原》	备注
149	障水版	裙板	裙板	
150	阑槛钩窗	槛窗	地坪窗或半窗	
151	直棂窗与破子棂窗	—	直楞窗	断面为三角形的窗棂条称为"破子棂窗"
152	—	支摘窗	和合窗	
153	搛柱	间柱	矮柱（窗间柱）	支摘窗的中柱
154	—	什锦窗	漏窗	
155	风窗	横窗	横风窗	
156	拒马叉子	纤（纖）子栏杆	木栅栏	
157	钩栏	栏杆	栏杆	
158	鹅项	靠背栏杆（鹅颈椅）	吴王靠（美人靠）	

2. 内檐装修

序号	《营造法式》	《工程做法则例》	《营造法原》	备注
159	地帐	罩	落地罩（落地帐）	
160	—	倒挂楣子	挂落、飞罩	
161	明栿	天花梁	天花梁	
162	贴	贴梁	—	
163	背板	天花板	天花板	
164	平棋（綦）	井口天花	栱盘顶	
165	平闇	—	栱盘顶	
166	藻井与斗八	藻井（龙井）	鸡笼顶（窗顶）	
167	桯（楅）	支条	支条	
168	胡梯	楼梯	楼梯	
169	望柱	抹梯柱	抹梯柱	
170	促踏板	踏步	踏步	楼梯的阶级
171	踏板	踏步	拔步	楼梯阶级水平面之板
172	促板	起步（晒板）	脚板（起步）	楼梯阶级之竖立板
173	颊	大料	梯大料	安梯档和促踏板的斜梁

序号	《营造法式》	《工程做法则例》	《营造法原》	备注
174	梲	—	横料（串）	拉结两颊的锚杆
175	两盘、三盘告	折	二折、三折	梯中置平座（平台）转折二至三折而上的扶梯
屋顶部分				
176	—	瓦顶	瓦面	
177	青灰瓦	青瓦、布瓦	蝴蝶瓦、小青瓦	
178	筒瓦	筒瓦	筒瓦	
179	版瓦	板瓦	板瓦	
180	合瓦	合瓦、盖瓦	盖瓦（复瓦）	
181	华头筒瓦	勾头	勾头	
182	重唇版瓦与垂尖华头版瓦	滴水	滴水瓦	
183	华废	排山勾滴	排山	
184	剪边	剪边	剪边	
185	正脊	正脊	正脊	
186	垂脊	垂戗脊	竖带	
187	—	戗脊、岔脊	—	
188	曲脊	博脊	—	
189	—	围脊	赶宕脊	
190	鸱尾	正吻	正吻或龙吻	
191	兽头	垂兽（角兽）	天王、广汉	
192	—	戗兽	戗兽（吞头）	
193	蹲兽	走兽	走狮或坐狮	
194	套兽	套兽	套兽	
195	嫔伽	仙人	—	
196	滴当火珠	钉帽	搭人（钉帽）	
197	正脊火珠	火焰珠	火焰	
198	斗尖火珠	宝顶	—	
199	柴栈（版栈）	苫背	—	

参考文献

[1] 潘谷西．中国建筑史．北京：中国建筑工业出版社，2010.

[2] 罗哲文．中国古代建筑．上海：上海古籍出版社，2001.

[3] 梁思成．清式营造则例．北京：清华大学出版社，2006.

[4] 梁思成．营造法式注释．卷上．北京：中国建筑工业出版社，1983.

[5] 姚承祖著，张至刚增编．营造法原．北京：中国建筑工业出版社，1988.

[6] 刘大可．中国古建筑瓦石营法．北京：中国建筑工业出版社，1993.

[7] 刘大可．古建筑施工工艺标准．北京：中国建筑工业出版社，2009.

[8] 文化部文物保护科研所．中国古建筑修缮技术．北京：中国建筑工业出版社，1993.

[9] 祈英涛．古建筑保护与维修．北京：文物出版社，1986.

[10] 王校清．中国古建筑术语辞典．北京：文物出版社，2007.

[11] 贾洪波．中国古代建筑．南京：南开大学出版社，2010.

[12] 马炳坚．中国古建筑木作营造技术．北京：科学出版社，1991.

[13] 侯幼彬，李婉贞．中国古代建筑历史图说．北京：中国建筑工业出版社，2002.

[14] 田永复．中国园林建筑构造设计．北京：中国建筑工业出版社，2004.

[15] 田永复．中国园林建筑施工技术．北京：中国建筑工业出版社，2012.

[16] 张驭寰．古建筑名家谈．北京：中国建筑工业出版社，2011.

[17] 项隆元．营造法式与江南建筑．杭州：浙江大学出版社，2009.

[18] 白丽娟，王景福．古建清代木结构．北京：中国建材工业出版社，2007.

[19] GB 50165—92 古建筑木结构维护与加固技术规范．

[20] JGJ 159—2008 中华人民共和国古建筑修建质量验收标准（北方标准）．

[21] 中国文物古迹保护准则．山西省文物局印制，2000.

[22] 傅熹年．中国古代科学技术史．建筑卷．北京：科学出版社，2008.

[23] 何俊寿．中国建筑彩画图集．天津：天津大学出版社，1999.

[24] 赵双成．中国建筑彩画图案．天津：天津大学出版社，2006.

[25] 边精一．中国古建筑油漆彩画．北京：中国建材工业出版社，2007.

[26] 李路珂．《营造法式》彩画研究．南京：东南大学出版社，2011.

[27] 梁思成．清工部《工程做法则例》图解．北京：清华大学出版社，2006.

[28] 傅熹年．中国古代建筑工程管理和建筑等级制度研究．北京：中国建筑工业出版社，2012.

[29] 万彩林．古建筑工程预算．北京：中国建筑工业出版社，2014.

[30] JGJ 159—2008.

[31] 祝纪楠．《营造法原》诠释．北京：中国建筑工业出版社，2012.